工业设计教程

肖世华　主编

中国建筑工业出版社

图书在版编目(CIP)数据

工业设计教程/肖世华主编. —北京：中国建筑工业出版社，2006
ISBN 978-7-112-08567-5

Ⅰ. 工… Ⅱ. 肖… Ⅲ. 工业设计—教材 Ⅳ. TB47

中国版本图书馆 CIP 数据核字(2006)第 126810 号

责任编辑：李晓陶
责任设计：董建平
责任校对：张树梅　张　虹

工业设计教程
肖世华　主编
*
中国建筑工业出版社出版(北京西郊百万庄)
新华书店总店科技发行所发行
北京天成排版公司制版
世界知识印刷厂印刷
*
开本：787×960 毫米　1/16　印张：27½　字数：680 千字
2007 年 1 月第一版　2007 年 1 月第一次印刷
印数：1—3000 册　定价：**58.00** 元
ISBN 978-7-112-08567-5
(15231)

版权所有　翻印必究
如有印装质量问题，可寄本社退换
(邮政编码　100037)

本社网址：http://www.cabp.com.cn
网上书店：http://www.china-building.com.cn

编委会

主　　编：肖世华

编　　委：兰玉琪　主云龙　肖世华　李维立　李　津
　　　　　李　通　陈连枢　周　博　秦文婕

分章作者：

第一章：李维立
第二章：肖世华
第三章：秦文婕
第四章：陈连枢、李　津、主云龙
第五章：李维立
第六章：肖世华
第七章：李　通
第八章：陈连枢
第九章：主云龙
第十章：陈连枢、主云龙
第十一章：主云龙、周　博
第十二章：陈连枢
第十三章：陈连枢、李　津
第十四章：兰玉琪
第十五章：李　通

序

　　工业设计是传统的艺术设计与现代工业化生产相结合的产物。它并非诞生在工业革命的故乡——英国,而是肇始于一个后起之秀的科技强国——德国,这里面有一段值得深思的历史。

　　19世纪以来,随着工业革命的完成,机器生产普遍取代了手工业的生产方式。由于工业产品设计的缺位,机器生产出来的大量廉价产品形式粗陋,缺乏文化内涵。面对这一状况,英国艺术家、空想社会主义者威廉·莫里斯(1834~1896年)和艺术评论家、诗人约翰·罗斯金(1819~1900年)发起了英国手工艺运动。莫里斯把机器生产方式与资本主义制度联系在一起,试图组织手工艺作坊生产提供为大众服务的艺术化产品来对抗机器生产的产品。然而这一努力却以失败告终。究其原因是在历史观上缺乏对现代社会发展的认识。市场经济的发展,直接推动了科学技术在生产中的应用,从而实现了社会化的大工业生产,由此创造出历史上前所未有的巨大生产力。机器系统是科学技术的物化形式,它不再只是依靠单个人的技能,而是大规模的社会劳动同技能的结合体。

　　20世纪初,在作为德国政府专员长期考察过英国的建筑师赫尔曼·穆特修斯(1861~1927年)的倡导下,成立了"德意志制造联盟"。它作为德国艺术家、工业界和手工业界优秀代表的联合组织,旨在沟通各个产业部门推动社会创造力和文化的发展。1907年在慕尼黑的成立大会上,库尔特·马赫指出,"艺术是一种审美和道德的力量,它们与科技的结合最终会导致最重要的力量即经济力的提升"。

　　在该联盟中出现的第一位杰出的工业设计师便是彼得·贝伦斯(1868~1940年)。1903年他担任杜塞尔多夫工艺美术学校校长。1907年受德国通用电气公司总裁的聘任担当了该公司的艺术总监。他意识到,工业化是一个民族的必然命运,它是时代精神和大众化的体现。艺术家的使命就是要为工业化生产创造出崭新的形式。他不仅完成了企业形象和新的车间厂房设计,而且使公司迅速转向消费品和日用电器产品的生产。他所设计的灯具、水壶、电风扇和散热器等,造型简洁、文化品位高,使该公司的市场占有率居于世界前列。

　　1919年在德国魏玛成立的国立设计高等学校——包豪斯,成为现代工业设计的摇篮。校长沃尔特·格罗皮乌斯(1883~1969年)团结和带领当时欧洲一批优秀的艺术设计家开创了工业设计的教育尝试。1923年,在第一届包豪斯展览会上,格罗皮乌斯明确提出了工业设计的理念,即实现"艺术与技术——新的统一"。这一理念体现了现代社会要求科学技术与人文艺术相互结合的历史趋向,从而使当代设计成为具有高度文化整合能力的文化形态和应用学科。

　　当今我们正处于科技发展日新月异和全球经济一体化的时代。科技创新成为我国转变经济增长方式和实现自主品牌战略的内在要求。但是在人们谈论科技成果的商品化时,往往单纯侧重在产品科技内涵的创新上,或者侧重在工艺、材料和企业管理的创新上,却忽视了产品设计的创新和提高产品文化内涵的重要性。

　　众所周知,随着科技水平的提高,各国的产品技术往往表现出高度的同质性特征。也就是说,尽管某种类型的产品是由不同国家或不同企业生产的,但它们却具有大体相近的技术内涵。产品设计不同于科技发明之处在于,科技发明是与未知的科技领域打交道,而产品设计只是对现有科技成果的综合利用。然而这种综合利用却是要满足人们日益增长的物质和精神的需要，它要适应于人的感知和活动特性以及情感和精神特性的要求，这些便构成了产品设计的文化内涵。设计具有文化整合的作用，它可以把人们在社会生活和文化观念上的进步综合地纳入产品形式的体系之中，使产品成为人们对自身存在方式的一种言说，成为自我表达的一种方式。

产品设计是工业生产的前提。只有依靠对市场的开拓才能确保工业企业自身的发展，由此展现出生产与消费关系的另一个方面，即要依靠消费才能促进生产，或者说消费者的选择是企业生存的依据。正如鲍德瑞拉在《物品的体系》一书中所指的，"今天，每一种欲望、意图、需要，每一种激情和关系都可以被抽象化(或者物质化)成为一种符号和成为一种物品，从而被人所购买和消费"。市场的竞争也表现为产品设计的竞争，当科技水准达到先进行列以后，设计的竞争归根结底就成了一种文化的竞争。因此不断提高产品的文化内涵，成为对产品设计中心要求。

摆在读者面前的这本教程，是由天津美术学院工业设计系主任肖世华教授组织编写的。肖世华教授长年从事设计教学和设计实践工作，取得了优异的成果并积累了丰富的经验，经过不断的反思提出了这项教材编写的基本思路。在集思广益的基础上组织系内教师发挥各自的优势集体完成了这部教程，这是近年来教学改革成果的书面呈现，也是优化组合的群体智慧的结晶。理论与实践的结合成为本书的突出特色，教材的针对性和适应性成为本书的优势所在。

这本教程的出版正值天津美术学院建院一百周年华诞，这无疑成为肖世华教授和各位撰稿教师给学院献上的最好的生日礼物。笔者作为天津美术学院设计分院的客座教授，近年来亲身见证和体验了学院各级领导和广大教职员工为教学改革所付出的辛劳以及他们取得的突出成绩。今年教育部组织的全国高等学校教学水准的考核，天津美术学院达到优秀等级，便是对这一成绩的客观认定。这也是本教材产生的宏观背景。

谨此为序！

徐恒醇于天津
2006年6月

前 言

工业设计学科自 20 世纪 70 年代引入中国,由于国内缺乏使此学科真正生存的客观土壤,致使其发展一直缓慢,甚至停滞不前。这在一定程度上导致了高校所开设的工业设计成为冷中之冷的专业。师资少、学生少,毕业生就业对口难更是造成长时期专业低调的氛围,严重阻碍了专业前进的步伐。可能,这也正是直到今天,工业设计仍然被称为"新兴学科"的缘故。

工业设计具有非常实在的专业性质,较之其他设计门类更突出实用特色,这就意味此专业设计要与实际紧密相联系。而以往主要模仿西方模式的工业设计教学,其实是站在追随者的位置,被前行者挡住了视线,忽视了"目的",而走向"形式"。

无疑,随着我国社会的进步,经济体制的改革,加入世界贸易组织,中国的企业已被推到国际市场竞争的前沿,这也为我国的工业设计发展带来了前所未有的挑战和机遇。这使国人越发认识到了工业设计是抢占商机的有力武器,是树立品牌的重要保证。中国急需自己的工业设计,中国急需自己的工业设计人才,中国急需发展自己的工业设计教育的呼声也越响越高!

局面的改观,使得我国工业设计教育事业飞速前进。据不完全统计,全国现已有近二百所高校正式设立了工业设计专业。就天津而言,近两年,设有工业设计专业方向的院校已从当初的一两所,扩充到现今的十余所,其中包括艺术类和工科类,招生规模也在逐年增加,且毕业生就业看好。

为了适应时代的信息化、科技化,加强院校间的横向交流,进一步整体而全面地提升工业设计专业意识和不断调整专业发展动向;为了推动、宣传、发展工业设计、普及工业设计知识,将新理念和新观点予以推广,使工业设计更加紧密地与生产实践相结合,我系决定编写工业设计教程一书,以飨读者。该书的编写本着通俗易懂、易学的原则,理论结合实际,并将工业设计中经常涉及到的、常用的、常见的和必须掌握的基本知识、要领、方法以及作为一名工业设计师应具备的素质与才能等都作了详细的论述。书中各部分均由集体几经推敲而定,按照编写者各自特长分别撰写或合写而成。由于时间紧,对工业设计专业的探索和研究还在进行,不免有疏漏或不足之处,还敬请同行指正。真心希望书中的观点和内容能够引起后续的讨论和发展,并能给学习和热爱工业设计专业的人士一些帮助和提示。

2006 年 7 月

关于工业设计

　　工业设计是一门综合性的应用学科，其涉及的领域较为广泛，它以产品设计为核心，融入科学与艺术，以人性化设计的理念和生产实践相结合，以保护自然环境、提高人类生存质量为宗旨，去引领新的生活方式。

　　工业设计并不是简单的图面效果设计，也不是单纯的产品外观设计，更不是不着边际、脱离现实、盲目空洞的设计。它必须是以市场为契机、以企业为主导、以效益为基础的挑战性设计，是源于生活、高于生活的前瞻性设计；是放眼世界之潮流，着眼激烈竞争的市场，以满足社会及消费者的需求，并以此推动企业的发展，促进和加速国民经济腾飞的全方位系统设计。

　　工业设计是非常实在的应用设计，所设计的产品首先能给人以美的享受，无论从视觉、触觉以及工艺、材质、结构等方面，赋予产品高附加值，体现出尽善尽美，最终达到内外统一，使其相得益彰。其次是产品的使用价值及功能，由于社会的进步、科技的发展、生活水平的提高，人们对物质的需求也随之提升，由往日的从无到有发展到追求新意、时尚和个性化，这就要求工业设计注入更大的科技和艺术含量，来满足社会的需求和各阶层消费者的需要。工业设计就产品设计而言，不再是单一的机械化大批量生产的概念，而是在此基础上将半机械化、手工、小批量和突出个性的单件产品囊括其中。但是任何产品的问世，都是按照一定的规范标准，经过严格的程序和要求实施完成的；要受到现有的技术条件、工艺流程、材料、成本核算等诸多方面的制约。只有在此范围内进行产品的研制、改进、创新和开发，以最大程度去发挥其创造力，使之成为易于生产、低成本、高利润、新颖独特、消费者喜爱并有一定市场份额的产品，才是优秀的设计。

　　工业设计必须是依据一定的科学方法、先进的科技手段和极具创造性的创意思维，并在特定的限制下进行的。凡异想天开、脱离现实的设计只能作为对未来幻想的概念设计，没有任何依据和论证的幻想不能变为现实，只能作为参考。

　　工业设计应是以人为本的人性化设计，但同时还应提倡以大自然为本的绿色环保设计，人类在不以追求物质上的享受而破坏大自然环境为前提，去认知发现新的事物。要充分利用现有资源，物尽其用变废为宝，保护环境、减少污染，使废弃物品再生，造福于人类。以可持续发展的战略，将绿色设计应用于工业设计中，是从事工业设计者新的使命和不可推卸的责任。

目 录

017	**第一章 设计美学**
	1.1 工业设计美学初探
	1.1.1 形态要素
	1.1.2 色彩要素
018	1.1.3 空间要素
	1.2 工业设计美学原则与美感规律
	1.2.1 对称均衡的规律
020	1.2.2 尺度与比例的规律
021	1.2.3 节奏与韵律的规律
022	1.2.4 对比与协调的规律
024	1.2.5 安定与轻巧的规律
025	1.2.6 变化与统一的规律
027	1.2.7 主要与次要的规律
029	**第二章 产品形态表现与研究**
	2.1 形态生成的要素
	2.1.1 生成形态的基本要素
	2.1.2 构成产品造型的要素
039	2.2 基本形态构成方法
	2.2.1 几何形体的种类及特征
040	2.2.2 几何形体造型法
046	2.2.3 视觉与形态造型
051	2.2.4 错觉在形态造型中的应用
056	**第三章 产品色彩表现与研究**
	3.1 产品色彩研究的理论基础
	3.1.1 色彩的产生与性质
063	3.1.2 色彩的辨认和管理
065	3.2 产品色彩的功能与象征
	3.2.1 色彩与人的生理
067	3.2.2 色彩与人的心理
069	3.2.3 色彩与文化

071　3.2.4　产品色彩的重要性
072　3.3　产品色彩设计研究
　　　3.3.1　产品色彩与形态
073　3.3.2　产品色彩与纹样
075　3.3.3　产品色彩与材质
077　3.3.4　产品色彩基调
084　3.3.5　产品配色与视觉感受
091　3.3.6　结语

092　**第四章　工业产品常用材料**
　　　4.1　造型材料的特性
　　　4.1.1　材料的感觉特性
096　4.1.2　材料主要的固有性能
098　4.2　金属材料
　　　4.2.1　黑色金属的种类及应用
102　4.2.2　有色金属的种类及应用
106　4.2.3　其他金属材料
107　4.3　无机非金属材料
　　　4.3.1　木材类
111　4.3.2　玻璃类
113　4.3.3　陶瓷类
118　4.4　高分子材料
119　4.4.1　合成纤维
120　4.4.2　塑料材料
132　4.5　复合材料
133　4.5.1　复合材料的种类
134　4.5.2　复合材料的应用
139　4.6　新材料
　　　4.6.1　材料技术的发展趋势
140　4.6.2　新材料介绍

146　**第五章　人体工程学**
　　　5.1　工业设计与人体工程学的关系密不可分
　　　5.1.1　向工业设计从业人员提供各种有关人的尺度参数
　　　5.1.2　向工业设计从业人员提供与设计物相关的科学依据
　　　5.1.3　向工业设计从业人员提供健康与环保的设计标准
　　　5.1.4　向工业设计从业人员提供以人为本的研究程序

147	5.2　人体工程学的发展历程
	5.2.1　关于人体工程学学科的命名
	5.2.2　关于人体工程学学科的定义
148	5.2.3　关于人体工程学发展的各个历史阶段
149	5.2.4　人体工程学的研究内容与方法
151	5.2.5　工业设计中各阶段人体工程学的研究程序
152	5.2.6　人体工程学的应用领域
153	5.3　人的感觉体系与心理因素
	5.3.1　感觉和知觉的特征
154	5.3.2　感觉的基本特征
155	5.3.3　视觉机能及特征
157	5.3.4　听觉机能及特征
158	5.3.5　其他的感觉机能及特征
159	5.3.6　神经系统机能及特征
160	5.3.7　人的心理因素
161	5.4　人的运动系统机能及特征
	5.4.1　骨的功能
	5.4.2　主要关节的活动范围
162	5.4.3　肌肉的工作机理
163	5.4.4　肢体的出力范围
	5.4.5　肢体的动作速度与频率
	5.4.6　人的运动输出
165	5.4.7　人的空间行为
167	5.5　人体的比例与尺度
	5.5.1　人体测量的方法与知识
170	5.5.2　常用人体测量资料
191	5.6　人机界面设计原理
	5.6.1　设计界面的适用原则
192	5.6.2　图形符号设计
193	5.6.3　显示装置设计与选择
196	5.6.4　操纵装置设计与选择
198	5.7　结束语
199	**第六章　设计者**
	6.1　设计者应具备的素质和能力
	6.1.1　知识结构
200	6.1.2　素质结构

	6.1.3　能力结构
201	6.1.4　设计者应具备的基本能力
207	6.1.5　如何提高设计者的能力
208	6.2　影响创意设计的主要因素
	6.2.1　设计者在认识方面存在的不足
	6.2.2　设计者在文化素质方面存在的弊端
209	6.2.3　设计者在情感方面存在的问题
	6.3　对照自检
211	**第七章　工业设计程序与方法**
213	7.1　设计前期
	7.1.1　项目与计划
216	7.1.2　市场调查与分析
221	7.2　设计开始、展开与优化
	7.2.1　设计构思
224	7.2.2　设计展开和优化
225	7.2.3　深化设计
228	7.3　设计完成
	7.3.1　产品设计方案评估
230	7.3.2　新产品市场试探
231	7.3.3　市场反馈
	7.3.4　精确修正准备投产
	7.4　产品的造型策略及设计方法的应用
	7.4.1　产品的造型策略
232	7.4.2　产品创新设计的方法
236	**第八章　产品结构设计**
	8.1　制件结构的受力合理性
	8.1.1　剖面形状的合理性
237	8.1.2　制件的结构形状应使其具有适宜的加工工艺性
238	8.1.3　合理的设置加强肋以提高制件的强度
	8.1.4　根据受力情况设计零件的形状
239	8.2　金属制件的结构设计
	8.2.1　铸件的结构设计要素
240	8.2.2　冲压件的结构设计要素
243	8.2.3　焊接件的设计（熔焊）
244	8.3　塑料制件的结构设计要素

245	8.3.1	制件壁厚
	8.3.2	脱模斜度
246	8.3.3	圆角的设计
	8.3.4	孔的设计
247	8.3.5	加强筋的设计
248	8.3.6	支撑面的设计
	8.3.7	文字与图饰的设计
249	8.4	结构设计实例
	8.4.1	吹塑包装容器的形状设计
250	8.4.2	塑料螺杆的设计
	8.4.3	塑料盒体的工艺缝设计
251	8.4.4	制件的加工与装配的工艺性
252	8.4.5	复杂曲面形体的技术数据表达方法
	8.4.6	掩盖工艺缺陷的设计
253	8.4.7	注射成型中的斜孔设计

254	**第九章**	**产品构思和理念的传达**
	9.1	常用草图种类
	9.1.1	记录性资料草图
	9.1.2	思考性创意草图
256	9.2	草图绘制工具及特性
	9.2.1	铅笔
	9.2.2	彩色铅笔
257	9.2.3	钢笔
	9.2.4	针管笔
258	9.2.5	麦克笔
	9.2.6	色粉笔
259	9.3	草图绘制的基本方法
265	9.4	草图绘制方法范例
266	9.5	汽车草图的训练

268	**第十章**	**规范的绘图系统**
	10.1	透视的基础知识
	10.1.1	透视现象
	10.1.2	透视图的基本原理
	10.1.3	透视图的作用
	10.1.4	透视图的专业术语

270	10.2	常用的几种透视图的画法
	10.2.1	透视图的种类
271	10.2.2	透视图的画法
273	10.2.3	视点
274	10.3	正投影图
	10.3.1	制图基本规范
278	10.3.2	工程图的表达方式
280	10.3.3	形体的内部表达方式(剖视图)
284	10.3.4	简化画法
285	10.3.5	附录:正投影图表达方法应用范围
287	10.4	立体造型的表面展开图
291	10.5	轴测投影图

297　第十一章　产品设计表现

	11.1	产品效果图
	11.1.1	产品效果图的概念及其在设计过程中的位置和作用
	11.1.2	产品效果图的特点
298	11.1.3	产品效果图的种类
	11.1.4	产品表现技法的基础训练
299	11.1.5	设计过程中效果图的表现要素
302	11.1.6	绘制效果图的用具和材料
304	11.2	绘制效果图的基本技法
	11.2.1	效果图快速画法
307	11.2.2	写实法
308	11.2.3	坐标投影法
	11.2.4	勾线淡彩法
	11.2.5	色彩归纳法
310	11.2.6	渲染法
	11.2.7	色底擦粉法
311	11.2.8	有色纸画法
312	11.2.9	彩色铅笔表现
313	11.2.10	喷绘表现
	11.2.11	效果图绘制范例
315	11.2.12	电脑效果图
327	11.2.13	效果图的特殊技法

第十二章 工业产品成型方法 ... 329

12.1 金属材料成型工艺及成型设备
 12.1.1 金属材料的生产方法
 12.1.2 铸造成型
 12.1.3 板料成型技术 ... 332
 12.1.4 切削加工成型 ... 336
 12.1.5 焊接成型 ... 338
12.2 塑料制品成型工艺及成型设备 ... 341
 12.2.1 注射成型工艺
 12.2.2 挤出成型工艺
 12.2.3 吹塑成型工艺(中空成型) ... 342
 12.2.4 吸塑成型工艺
 12.2.5 模压成型工艺
 12.2.6 压延成型工艺 ... 343
 12.2.7 共注射成型工艺
 12.2.8 塑料制品的后加工
12.3 纤维增强复合材料的成型技术 ... 344
 12.3.1 浇注成型技术 ... 345
 12.3.2 手糊成型工艺
 12.3.3 喷射成型技术 ... 346
 12.3.4 纤维缠绕成型技术 ... 347
 12.3.5 模压料成型技术
 12.3.6 树脂传递模塑成型技术
12.4 木制品成型 ... 348
 12.4.1 框架结构及其结合方法
 12.4.2 板式结构 ... 350
12.5 玻璃制品成型 ... 352
 12.5.1 压制成型
 12.5.2 吹制成型
 12.5.3 拉制成型 ... 353
 12.5.4 压延成型
 12.5.5 其他 ... 354
12.6 材料的先进成型技术
 12.6.1 粉末冶金成型
 12.6.2 激光加工成型技术 ... 355
 12.6.3 快速原型技术 ... 356

358	12.7　现代制造技术
360	**第十三章　产品表面处理**
	13.1　材料表面的机械处理
361	13.2　表面层改质处理
362	13.2.1　铝及铝合金的氧化处理
363	13.2.2　黑色金属的氧化和磷化处理
	13.3　表面被覆处理
364	13.3.1　镀层被覆
366	13.3.2　涂层被覆
370	13.4　产品表面文字、图饰的印制
	13.4.1　丝网印刷
372	13.4.2　热转印
373	13.4.3　水转印
	13.4.4　移印
374	13.4.5　激光打印
	13.5　其他的表面处理方法
	13.5.1　金属材料及玻璃制品的化学铣切
375	13.5.2　化学抛光—微蚀
376	13.5.3　玻璃冰花丝印
	13.5.4　玻璃的"蒙砂"处理
	13.5.5　皮革表面的罩印处理
377	13.5.6　热喷涂技术
	13.6　涂装工艺
	13.6.1　木制品的油漆涂装工艺
379	13.6.2　金属制品的油漆涂装工艺
380	13.6.3　玻璃制品表面处理
383	**第十四章　产品三维模型制作**
	14.1　产品模型制作概述
	14.2　产品模型制作的重要性
384	14.2.1　掌握立体表达设计的方法
	14.2.2　模型制作是设计实践过程
	14.2.3　模型是展示、评价、验证设计的实物依据
	14.3　产品模型的种类与用途
	14.3.1　构思模型
385	14.3.2　实验模型

386	14.3.3 展示模型
	14.3.4 手板样机
387	14.4 常用模型材料成型方法
	14.4.1 油泥模型成型方法
393	14.4.2 石膏模型成型方法
400	14.4.3 塑料模型成型方法
410	14.4.4 玻璃钢模型成型方法
413	14.4.5 木模型成型方法
419	14.4.6 金属模型成型方法
424	14.5 模型表面装饰
	14.5.1 油泥模型表面装饰
425	14.5.2 石膏模型表面装饰
426	14.5.3 塑料模型表面装饰
427	14.5.4 玻璃钢模型表面装饰
428	14.5.5 木制模型表面装饰
429	14.5.6 金属模型表面装饰

430	**第十五章　设计管理**
	15.1 设计管理的产生
431	15.2 设计管理的概念、内容、意义
	15.2.1 设计管理的概念
	15.2.2 设计管理基本内容
434	15.2.3 设计管理的意义
	15.3 设计管理如何促进产品研发
	15.3.1 管理程序是产品有效研发的保障
435	15.3.2 提高产品设计创新的方法
	15.4 怎样做优秀的设计管理者
	15.4.1 设计管理者的工作
436	15.4.2 设计管理工作对综合能力的要求
437	15.5 设计管理与工业设计管理

439	**后记**
440	**参考书目**

第一章 设计美学

1.1 工业设计美学初探

　　工业设计的美学特征是人们在设计实践中，不断总结、不断完善而形成的。为了创造良好的工业产品形象，就必须遵循设计美学的原则和规律来进行设计活动。这样才能使工业产品具有为人们普遍接受的"美"的形象，取得满意的艺术效果。同时，工业设计的美学原则并不是固定不变的。社会在发展，时代在进步，科学技术在日新月异的创新。工业设计的美学原则，是随着科学技术的进步而发展完善的，随着人类社会文化、艺术和文明的提高而不断发展、不断创新、不断增加新的内容。

　　通常情况下，工业设计美学一般包括下述几个要素。

1.1.1 形态要素

　　形态，是形式美的重要因素。形态中的基本要素是点、线、面、体，这是形式美中的抽象概念。形态也具有表情性，使人产生不同的形态感。如：直线具有力量、稳定、生气、坚硬、刚强、有力、挺拔、呆板等意味；曲线具有柔和、流畅、轻婉、优美、流动等意味；折线具有转折、突然、断续等意味；正方形具有公正大方、固执、不妥协、刚劲等意味；正立三角形具有安定、平稳的意味；倒立三角形具有倾覆、动荡不安、危险等意味；圆形具有柔和完满、封闭、烦闷、圆滑等意味。这些也都说明形态的表情性不是单一的，而是变化多样、生动丰富的。

　　图1-1是一部小型电脑设备的造型设计，其造型为多变的几何体的组合。键盘的点、机箱的长方体与各种流线曲面的结合，丰富了人们对电脑造型的印象。

图1-1　小型电脑

1.1.2 色彩要素

　　色彩主要指红、黑、白、橙、黄、绿、青、蓝、紫等众所周知的颜色体系。色彩本身具有独特的审美特性。

　　1. 色彩具有联想性。色彩能使人产生丰富的联想，如红色，能使人联想到红日、鲜血、火等。不同的人对同一色彩会有不同的联想，这主要是由人的实践活动、生活经验所决定的。但是，由于色彩的感觉是一般美感中最大众化的形式，所以色彩的联想具有更多的共同性。

2. 色彩具有表情性。色彩以自身的属性作用于人的眼睛，向人传达出一定的感情寓意，使人内心产生情感波动，并自觉或不自觉地将这种情感表现在面部、心理、生理等方面，使人产生某种色彩感。

色彩的这种表情性主要是在观察者内心中产生的，如亢奋与沉静、暖轻与冷重、前进与后退、活泼与抑郁、华丽与朴素、肃穆与活跃等色彩寓意。这种寓意受到人们对色彩的不同联想的制约，而且在不同的环境条件下，对于不同的民族、不同的图像，色彩的表情性也不同。

3. 色彩具有象征性。具体的色彩可象征某一具象物体或是抽象的寓意，如红色是与血和火相联系的，意味着热情、奔放、活泼，不怕牺牲，是勇敢、顽强的象征。绿色常与万年松、微风中摇曳的劲草相联系，意味着长青不老，旺盛不衰，是生命、友情的象征。

图1-2同样也是一部小型电脑设备的造型设计。除了点、线、面结合形态外，黄与蓝的色彩反差也具有活泼与奔放的个性。

图1-2　小型电脑

1.1.3　空间要素

工业设计产品的造型和色彩并不是孤立存在于人们视线中的，工业产品大都是三维立体的实体形象，因此必然要占有一部分的空间量；与其所处的空间环境是否协调融洽，也是一个不可忽视的问题，尤其是一些家用电器产品更是如此。它们存在于一个拥有众多工业产品的环境中，消费者在使用它们的过程中，会与周围不同的环境相互比较并且互为依托，从而产生不同的审美体验。

1.2　工业设计美学原则与美感规律

1.2.1　对称均衡的规律

这是形式感在一定量上呈现出的美。"对称"是以一条线为中轴，形成左右或上下均等及在量上的均等。它是人们在长期的艺术实践活动中，通过对自身、对周围环境的观察而获得的，体现物体结构的一种规律。如作为大自然产物的人或动物的手、脚、眼等器官都是对称的。

"均衡"则是一种对称的延伸，是事物的两部分在形体与布局上的不等形，但在量上却大致相当，是一种不等形却等量的对称形式。均衡较对称更自由，更富于变化；而对称有时则显得机械刻板，易使人的视觉停留在对称线上，在心理上易给人以单调、呆板的感觉。所以在应用对称形式造型时应加以注意。

在工业设计中，很多的产品造型设计都采用了对称均衡的形式美规律。在满足使用功能的前提下，工业设计产品应具有良好的视觉平衡效果，给人以稳定的感觉，同时形成美的秩序。

1. 对称的形式

对称，是自然界常见的一种平衡方式。例如，人体的正面形象为左右对称形式，脊椎动物是以脊柱为对称的形体，昆虫的形体也是对称形式。

对称，是人类发现和在工程中运用最早的形式法则，这种传统形式广泛地应用于建筑及工业产品的造型设计中。

对称，能取得良好的视觉平衡效果，具有一定的静态美和条理美，给人以庄重、严肃、可靠、稳定的感觉。在工业设计中，具有运动功能的产品，一般需要在动态中保持平衡。例如汽车、火车、飞机等高速运动的产品，采用对称形式造型可使人增加运动中的平稳感和心理上的安全感，在视觉上具有较强的稳定性和力量感。这样把产品的功能与对称的造型相结合，获得协调一致的效果，显示出稳定、安全、有力的美感。

图1–3中式衣架与图1–4、图1–5柜台设计均是运用对称的规律所设计的产品外形。造型的特点是左右对称、安定温和，给人以有条不紊的感觉。

图1–3　中式衣架

2. 均衡形式

均衡是不对称的平衡方式，它来源于力学的平衡原理。均衡与对称形式相比较，对称是以对称轴线或对称平面表现出的平衡方式，而均衡是依支点表现出的平衡方式。

工业设计的均衡表现为以产品上某一元素为支点，使相对端呈现同量不同形或同形不等量构成的视觉平衡形式。均衡的工业产品外形具有一种静中有动、动中有静的秩序美，表现出生动的条理美、动态美。均衡效果好的产品具有灵巧、生动、轻快的特点；富于趣味，富于变化，能取得生动感人的视觉效果。

图1–4　柜台

图1–5　柜台

为使产品造型设计获得均衡的效果，除需妥善处理构成该产品的几何形体的形状及相对位置外，还可利用色彩、肌理、表面装饰等。如形体上光亮色与深暗色的面积及相对位置关系；材料肌理轻盈、光滑与质感沉重、粗糙及饰物的大小及相对位置等等，都可成为取得均衡效果的因素之一。

由于产品造型设计均衡形式的支点并不都十分的明确，因此，其安定感比对称形式要差，处理不当，则易形成杂乱的视觉效果。在选用这一形式时应注意聚与散、疏与密的变化，这是处理好均衡效果的关键。

图1-6台灯的设计，外形以三个色彩不同而造型相同的球体组成。相同的元素不相同的构成方式，造成了轻巧生动的均衡效果。

1.2.2 尺度与比例的规律

比例是体现各个事物之间，或整体与局部之间，或局部与局部之间的一种合适的关系。尺度即标准，是指结构、功能与人的器官和使用要求所形成的尺寸大小。

比例和尺度是形态构成中不可分割的两个要素。在工业设计中，首先要考虑尺度问题，然后才能考虑比例。

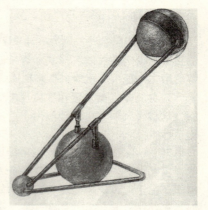

图1-6 台灯

1. 尺度

所有工业产品都是为人在某种环境中使用而设计的，因此工业产品形态的尺度是以人体的生理尺寸作为衡量的标准。对设计对象的整体及局部的大小进行相应的度量调整，同时产品造型的尺度应与产品的用途及与使用产品的周围环境相协调。因此尺度的概念，也可以看作是产品造型的整体及局部与人的生理或人所习惯的某种特定标准之间相适应的大小关系。人因这种关系而对造型物体及周边环境所产生的感觉，被称为尺度感。尺度感是造型物体与人相适应的程度，它不是造型物形体的实际大小的数量概念。

人们在使用工业产品时，由于操作活动及空间的需要，应当尽量使造型的形体尺寸和形式适应人体的需要和习惯。否则，人们会感到这些实体造型是无尺度感的。例如：人们经常使用工业产品中的操纵手柄、旋钮、控制台等，虽然产品种类不同、用途不同、使用环境也不尽相同，但这些产品的基本尺寸大都是较为固定的，与机器本身大小无关，这是因为它与人体功能相适应的原因。

产生尺度感的原因主要是造型物与人直接相关的各种构件的传统观念及行为习惯。这种传统观念和习惯，是人们在长期的实践中，在经验积累的基础上形成的。有尺度感的造型物，具有使用合理、与人的生理比例相适应、心理感觉和谐、同使用环境相协调的特点。尺度感是造型美的基本因素之一。

图1-7打磨机手柄的设计与人手的尺度应是相符的。在人体工程学尺寸标准的规范下，任何产品和使用者之间的互动关系，都是在与人体尺度相和谐的条件下产生的。

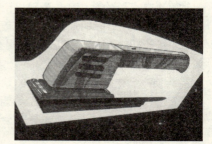

图1-7 打磨机

2. 比例

工业设计的比例一般是指造型的整体与局部、局部与局部之间大小对比的关系，以及整体或局部自身的长、宽、高之间的尺寸关系。

由于人类的视觉器官本能地接受比例得当的造型形象，因此现代工业产品各部分的尺寸，既需符合功能、技术、使用上的要求，又要产生人们视觉上比例得当的效果。

受人欢迎的工业产品，其造型都必须具有良好的比例关系，表现出比率美。工业产品造型的比率美，可以理解为是一种用几何形态和数比关系，表现艺术美、技术美和功能美的结合体。良好的比例关系是构成工业产品完美造型的基础。

工业设计比例的条件，是先根据其功能要求、技术条件、材料特性、结构种类、时代特征等，然后再结合人们对各种造型的欣赏习惯和审美爱好而形成的，它和工业产品形态的艺术表现手法密切配合、协调一致。

比例的形成，应是造型的结构方法、尺度和其他构成其规律特点的要素之间相辅相成的表现结果，从而使其局部与整体统一、匀称、相互协调。当然，工业设计的比例关系并不是固定不变的，随着产品功能要求的提高、科学技术的发展、生产工艺的革新、审美爱好的演变，造型的比例关系也将产生一定的变化。

图1-8提供了某新锐汽车外形与人体比例的视觉效果。

图1-8　新锐汽车造型

1.2.3　节奏与韵律的规律

节奏与韵律是指一种事物在动态过程中有规律、有秩序并富于变化的动态连续的美。"节奏"是有规律的反复运动，在这种反复运动中有强弱、时间等有规律的变化组合，它符合事物自身的发展规律。"韵律"是赋予一定情韵的节奏，能给人以极大的快乐与震撼，使人们获得一种更大的精神上的审美享受。

音乐之所以悦耳动听，是因为音乐具有节奏与韵律之美；同样，节奏与韵律也是工业产品形式美的内容之一。音乐所表现出的节奏为时间性的节奏，而工业设计形态上的节奏，则是随其空间、形体、容量而表现出来的，从而形成空间性的节奏。基于此，工业设计的造型艺术特点之一，就是运用某些造型要素作有规律的变化或有规律的重复，其造型中的形态、线条、色彩、肌理等，作有规律的变化或有规律的重复，因而，在空间上产生一种美的节奏与韵律，取得造型上的联系与呼应，获得整体和谐一致的效果。在使用产品的同时，最终满足人们更高的审美需求。比如钟表的刻度为有规律地变化重复，围绕中心呈有条理、连续形式的节奏；计算机键盘上的按键呈有规律、有秩序的排列，表现出节奏感和韵律美。

由于工业产品的节奏与韵律是人的视觉感受，因此，造型中美的节奏与韵律必须符合人的视觉习惯。在工业产品造型中，应用"形"、"色"作有条理、有规律的排列，产品造型有规律地变化与重复,产生抑扬顿挫的视觉效果,把节奏与韵律巧妙地结合起来,使人的视线也随之产生一种有节奏的运动,从而得到律动的美感,并给人带来心理上的愉快和享受。

应当说明的是,只有当产品造型所表现出的节奏符合人生理的自然节奏时,人才会感到和谐和愉快。而这种微妙关系是难以用数字表达的。适度把握,妥善处理好这种微妙关系,是工业产品形态设计成功的因素之一。

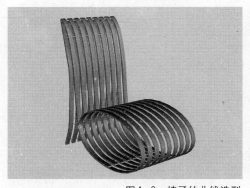
图1-9 椅子的曲线造型

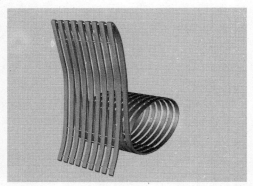
图1-10 椅子的曲线造型

图1-9、图1-10以曲线的造型,相同的因素,以大小不同的间隔,规则的重复变化,使这个坐凳的外形设计带有某种有节奏的韵律感。

1.2.4 对比与协调的规律

对比与协调的规律是一种在矛盾中寻求统一,在统一中表现出对立的美。协调是指相近但不同事物的相融或相并列在一起,使其在统一的整体中既呈现出差异性,又趋向于统一的一致性,使人感到融合、亲切、随意和互相配合。而对比则不然,它是将截然不同的事物并列在一起,使其在统一的整体中呈现出明显而强烈的差异性,突出个性,令人感到醒目、鲜明、耀眼、强烈、振奋和活跃。

在设计中常用的对比手法有:体量的协调对比;形态的协调对比;虚实的协调对比;方向的协调对比;肌理质感的协调对比和色彩的协调对比。

图1-11这个新颖的座椅设计,以色彩的强烈对比为特点,红色与绿色、白色与黑色的不等量配置达到了既对比又协调的效果,非常适用于现代感的室内空间。

在工业设计中,为了使产品造型主次分明、重点突出、形象生动,常常采用对比的手法。所谓对比就是对某一部分进行重点处理,突出地表现其强调的部分。所谓协调,是对造型中的构成要素进行统一的协

图1-11 座椅设计

调处理,使造型给人以协调、柔和的美感。

对比与协调的形式只存在于同一性质的因素之中,如形体的大小;形状的方、圆;线型的曲、直,粗、细;方向的垂直、水平,上下、左右;色彩的冷暖、明暗;材质的粗糙、光滑等。不同性质的因素之间不存在对比与调和的关系,例如线型与颜色就不存在这种关系。

对比与协调是相辅相成的。对比,可使得造型生动,个性鲜明,避免平淡;协调,可使得造型柔和亲切,避免感觉上的杂乱无章。但是,只有对比没有协调,造型会产生生硬杂乱的感觉,而只有协调没有对比,形体会显得平淡呆板。在工业产品设计中,一般以协调为主调,在协调的基础上采用对比的方法,使产品造型既具有亲切柔和的心理感觉,又具有生动、活泼的形象。

常用的协调与对比手法有以下几个方面。

1. 线型的对比与协调

线型的对比与协调主要是指造型轮廓线的对比与协调,对比表现为曲与直、粗与细、长与短、连续与间断、倾斜与垂直等。

把不同类型的线条组织在同一产品中,以一种线型为主调,局部地运用与主要风格有差异性的线型起对比和衬托作用,可使造型主、次分明。既表现了设计的主要风格,又富有变化。突出主要的部分可避免杂乱,有变化的部分可打破单调;妥善处理它们之间的关系,可得到主调丰富、形象生动的造型。这样的产品才具有独特的风格。

图1-12 自行车车架设计

图1-12自行车的车架设计,运用了直线与曲线的对比手法,不但曲中有直,而且粗中有细,在简单的造型中求得有限的变化与协调。

2. 体量的对比与协调

设计物体量的对比表现为大与小、方与圆等形体的对比;用大小对比的手法,可使产品造型获得良好的视觉效果;用方与圆的对比手法,可使产品形象生动活泼。大与小、方与圆的对比关系,是造型中普遍使用的方法,可使设计物的造型取得良好效果。这种方法不仅适用于造型的整体处理,同样也适用于造型的局部处理。

图1-13 座椅设计

图1-13座椅的设计。运用方与圆的镂空造型、直与曲的线型变化,进行对比处理,同时也起到了协调整体效果的作用。

3. 方向的对比与协调

工业产品形态与表面的设计中,方向的对比表现为垂直与水平、高与低、直与斜、集中与分散等特点。能熟练地运用这些设计手法来构成产品形态的对比,会取得协调一致、相得益彰的良好视觉效果。

4. 质感的对比与协调

在工业设计活动中，选用不同的材质、不同的加工方法，必然产生不同的外观效果。材料质感的对比与协调表现在天然与人造、有纹理与无纹理、光滑与粗糙、细腻与粗犷、坚硬与松软等方面。粗犷的材质显得稳重有力，细腻的材质显得坚实庄重，光亮的材质则显得华丽轻盈……相同的材质，加工方法不同，其表面的质感也不相同。因此，在产品造型设计中，利用这些质感特点，可以突出其主从关系，加强设计物的稳定与轻巧感，使产品形体获得更好的形态艺术效果。有时产品造型质感美的效果，会比色彩美给人的印象更深刻。

图1-14茶几的设计。玻璃与木材的质感对比，突出了光洁的平面与亚光的曲面之间光影的反差，而茶几支架上的不锈钢的材质起到了协调整体效果的作用。

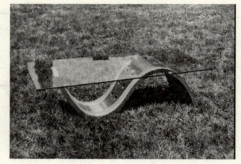

图1-14　茶几设计

1.2.5　安定与轻巧的规律

1. 安定与轻巧的概念

安定是自然界物体的一种自然属性。自然界的物体为了保持自身的稳定，靠近地面的部分往往重而大。安定的产品造型，能增强其使用中的稳定性、可靠性、安全性，给人以稳定、安全的感觉。不安定的产品造型，则会使人感到不安、动摇，甚至给人以紧张、危险的感觉。

安定的产品造型主要包括两项内容，即实际安定和视觉安定。安定是指产品的实际重量的重心满足产品在使用中安全稳定的要求，这是所有工业产品必须具备的基本特性。在产品的结构设计中，应解决实际安定的问题。

视觉安定是指人眼对产品的外部形态看上去具有安全稳定的感觉，满足视觉上的安全感。在产品的外形设计中，应着重考虑解决视觉安定的问题。在产品整体的造型设计中，应做到实际安定与视觉安定两者兼顾。

安定与轻巧是工业产品形态美的对立统一的两个方面。例如：粗短的形体给人以安定的感觉，但缺乏轻巧感；细长的形体，具有轻巧俊俏感，能给人以轻松、灵巧的视觉效果，可增加产品的生动、亲切感，但缺乏安定性。因此妥善处理产品的造型形态，得到既有安定效果，又有轻巧的直观感觉的效果，是工业设计师的匠心所在。

图1-15音箱设计。粗大的柱形低音喇叭在透明的箱体中起到了稳定整个造型的作用，而几个细小的高音喇叭和贯穿箱体的柱形连接件，则显得轻巧活泼。

2. 安定与轻巧的处理方法

在工业设计的实践中，安定与轻巧的处理方法有以下几个方面。

（1）物体的重心

图1-15 音箱设计

物体重心越低，越显得安定。扁平的形体、下大上小的形体，有良好的安定效果。对于重心低而扁平的产品进行形的处理,减小其底部的面积，可取得轻巧的造型效果。从而具有轻巧俊俏的美感。对于重心高的形体，增加其底部形体的面积，可减少其不稳定性，增加造型的安定感。

（2）底部面积

底部面积大的形体具有安定的效果，但有笨拙的感觉。为了增加其轻巧的特性，可采取底部内收的处理。电视机、电冰箱及各种控制柜的底部采用内收处理，使产品造型获得安定轻巧的效果。

（3）结构形式

架空的结构形式可增加轻巧的造型效果。下部封实的结构，可增加安全稳定的效果。如汽车的下部采用架空结构，在其运输过程中会增加轻巧快速的视觉效果。要求稳定效果的机床、机柜多采用下部封实的结构。

对称的结构形式具有良好的安定感；均衡的结构形式具有一定的轻巧感。

（4）色彩的分布

明度低的色彩，重感较大，装饰在产品的下部，可增强产品的安定感；装饰在产品形体的上部，会产生轻巧感。明度高的色彩，效果恰巧相反。

（5）材料质感

表面粗糙、无光泽的材料设置在产品的下部，可取得良好的安定效果，恰当地设置在上部，则有轻巧感；反之则会有相反的视觉效果。

（6）装饰的设置

产品的装饰，如商标、铭牌、色带等，设置于产品的下部，能增加造型的安定感，设置于产品的上部，可产生轻巧的感觉。

图1-16电话台设计就是利用了低明度色彩重感较大，用在该产品的下部，可增强其安定感的原理。这个电话台的造型是上边台面的部分大，而下面足的部分较小，如果使用与台面相同的浅色，会使该产品有头重脚轻的感觉；但现在是反其道而行之，足部的深颜色起到了加强其稳定性的重要作用。

1.2.6 变化与统一的规律

变化与统一指营造和谐一致的美感。变化是寻求差异，统一是寻求内在联系，这是最高的形式美法则。在具体的产品设

图1-16 电话台设计

计中，光有统一没有变化，产品会觉得枯燥单调，光有变化没有统一，产品会觉得杂乱无章。只有在变化中求统一，统一中求变化，产品才能给人一种秩序感、节奏感和丰富感。

完美的工业设计作品，应妥善处理统一与变化的关系，做到既有整体的统一，又有局部的变化；产品的造型，如果过分统一，缺乏必要的变化，则使人感到乏味、单调。艺术美的奥妙之一就在于变化，但过分的变化缺乏统一则会显得杂乱无章、支离破碎，失去和谐。因此我们说：统一与变化是工业设计形式美的重要法则。

统一，指形式的同一性、一致性。例如，形状相同是造型的统一；同长为长度的统一；平行为方向的统一；等比为比例的统一；深绿、淡绿为色相的统一。总之，统一能给人以整齐、协调、舒适的感觉，在工业设计中能起到治杂、防乱的效果，使造型风格与形式取得一致并因而形成美感。产品部件通用化、系列化、标准化为统一的另一形式，如组合机床、汽车、家用电器等。

变化，指形式的不同、差别和多样化。例如，形的差别、色的差别、肌理的差别、排列的差别、部位的差别、方向的差别、层次的差别等等都是变化。变化能引起视觉刺激，使人兴奋，在单调、贫乏的形象中加以变化，能取得生动、活泼、新颖的造型效果。应该注意的是，工业设计的造型变化，应以有利于产品功能的发挥为目的，不能因为变化的刺激，使人感到杂乱、烦燥、不安而产生不良的影响。

工业产品的造型通常由几个部分组成，这些造型的构成单元，既有形式的多样性又有其共性，把各种不同单元协调统一地结合在一起，组成统一和谐的整体形象，是造型美的关键。在造型设计中，注意妥善处理各组成部分的"形"、"色"、"质"，使之协调、生动，以便于获得活泼统一的整体效果。

变化与统一的美学原则在工业设计中的应用，要根据不同的对象有所侧重。以变化为主的造型，对比层次鲜明，具有强烈、新鲜、活泼的效果。以统一为主的造型，具有和谐、亲切、稳重、平静的效果。工业设计中一般多采用以统一为主的造型，把统一和变化完美地结合起来，使统一中有变化，变化中求统一。

图1—17中式风格的铁艺座椅设计、图1—18西式风格铁艺座椅设计。这两款系列铁艺座椅的设计，材质相同、制作方式相同、功能也相同，但造型不同、风格不同，在感觉上既统一又富有变化。

图1—17 铁艺座椅设计

图1—18 铁艺座椅设计

1.2.7 主要与次要的规律

工业产品的整体造型是由产品的各个组成部分按一定的组合方式结合而成的。造型的各个部分的功能作用、结构方式、结构繁简及所处的位置是各不相同的。因此，在造型设计中应妥善处理主要造型与次要造型的关系，对各部分的体量大小、形状、线型、色彩、质感和装饰等方面进行分析比较，在处理手法上应做到重点突出，轻重分明。如果主从不清、轻重不分，会使造型缺乏鲜明的主题与生动活泼的感染力，艺术效果平淡乏味。

在工业设计中运用突出重点的手法，主要是指对于设计物主体部分加以重点的表现和刻画，对于主体部分的体量、形状、线型等方面进行比较细致地研究和描绘，使其显示出较高的艺术表现力。而对于一般或次要的部分仅作普通的处理，使其在符合形体统一的原则基础上，能起到烘托或陪衬主体的作用，最后达到主体突出、生动而又与整体协调自然就可以了。

在产品造型中突出主体的手法有以下几种。

1. 运用形体和线型对比突出主体。在一定的条件下，可用比较突出的体量和比较复杂的轮廓形态，以引起使用者的注意。
2. 运用色彩、材质的对比突出主体，使主体鲜明。
3. 运用精细或特殊的加工工艺，获得特别的饰面效果来突出主体。
4. 采用特殊的外观组件和装饰件来强调重点。
5. 利用造型中的方向性和透视感等因素，引导人们的视线集中于主体。

重点处理是造型设计中常用的手法之一。如果运用恰当，可以增强设计物的艺术感染力，突出产品的功能特点，丰富产品造型的形象。但在设计处理时，应注意重点的恰当选择，在同一个产品造型中可以有若干个重点；但要有主要的重点和辅以第二、第三的重点之分；同时应注意重点不能过多，因为过多的重点不仅造成形体混乱及结构不合理的现象，而且增加不必要的制造成本，在造型效果上反而不能突出重点。

图1-19、图1-20、图1-21、图1-22电动自行车设计。运用形体和特殊的外观组件的对比，以突出车把等造型的主要部分。

图1-19 电动自行车设计

图1-20 电动自行车设计

图1-21 电动自行车设计

图1-22 电动自行车设计

图1-23汽车外观设计。外观运用中国书法的装饰效果与白色底漆的对比突出该造型的文化品位。

图1-24灯具设计。运用色彩、材质和不同加工手段的对比突出其造型主体。

图1-23 汽车外观设计

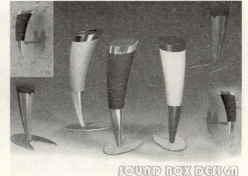
图1-24 灯具设计

思考与练习题

1. 工业设计美学一般包括哪几个要素？
2. 什么是工业设计的美学原则与美感规律？
3. 简述功能、结构、工艺、造型、色彩与设计美学的关系。

第二章 产品形态表现与研究

2.1 形态生成的要素

在产品设计中，形态造型是很重要的。世界万物均有其自己的形态，那么这些形态是如何生成的呢？这就必须要对生成形态的基本元素有所了解和认识，并对其用途、特性及生成形态的原理、过程，进行深入的研究，将其充分地掌握和利用，才能将概念的基本元素转换为有实际价值的种种形体姿态和造型。

2.1.1 生成形态的基本要素

生成形态的基本要素为点、线、面、体，即点的移动生成线，如图2-1；线的移动生成面，如图2-2；面的移动生成体积，如图2-3。

图2-1 线——点移动的轨迹

图2-2 面——线移动的轨迹

图2-3 体积——面移动的轨迹

2.1.2 构成产品造型的要素

构成产品造型的要素为点、线、面、体、空间、色彩、材质。

1. 点的特征

点是造形的最基本元素，在几何学、图形学、形态学中被视为重要的基础要素。在几何学中它只有一个属性，即只有位置没有大小形状之分，属概念、抽象的点。但在造型学中，将点视为可以感觉到的、看得见的，既有大小又有形状，这才能够产生线、面、体积和空间。它在艺术、建筑、设计等领域中，是以相对最简单、最小的视觉元素来构成所有造型的。在产品设计中，点可以理解为具象的旋钮、按键、把手等诸多的物品，这些形象的点能否运用得当，对产品的整体设计起着至关重要的作用。所以有必要对点的特性深入认识、了解,为合理的设计增加依据。

  当只有一个点时,视线集中汇集到这个点上形成焦点,明显、突出、引人注意。如图2-4。

  当有两个同样大小的点出现,视线就会在两个点上反复运动。如图2-5。

  当两个不同大小的点出现,视线先停留在大点上然后移至到小点上。如图2-6。

  当三个点三角形排列即产生视觉中心,构成平衡并形成面的感觉,若三点连线成封闭状时则具有很强的张力感。如图2-7、图 2-8。

  图2-9～图2-13,为视觉效果及应用以点为主的产品表现图。

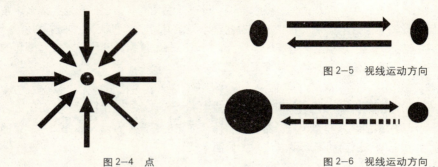

图2-4　点

图2-5　视线运动方向

图2-6　视线运动方向

图2-7　形成虚面的感觉

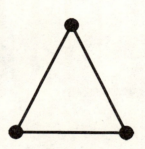

图2-8　张力感

图2-9　点的疏密组成的产品

图2-10　点的疏密组成的产品

第二章　产品形态表现与研究

图2-11　吸尘器

图2-12　拖拉机

图2-13　汽车

2. 线的特征

线即点的延伸，点移动的轨迹。线有长短粗细之分也会产生面的成分，在视觉艺术、设计中线是形体造型的重要元素。如图2-14。

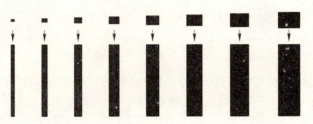
图2-14　点有大小，线有粗细

线可以划分为两大线系，即直线系和曲线系。
1）直线系：包括垂直线、水平线和斜线（含折线和对角线）。见图2-15～图2-18。
2）曲线系：包括几何曲线和自由曲线。几何曲线（含弧线、椭圆线、抛物线、涡线、双曲线等）见图2-19～图2-23。
3）线的特征

图2-15　垂直线

图2-16　水平线

图2-17　斜线

图2-18 折线　　图2-19 几何曲线　　图2-20 几何曲线

图2-21 自由曲线　　图2-22 涡线　　图2-23 椭圆线

① 直线(粗直线和细直线)：直线产生的特征为简洁、坚硬、挺拔和秩序感。粗直线偏于粗犷，有男性阳刚之感；细直线则线感较强，较为柔和。

② 水平线：水平线为基础线，所产生的特征为稳定、平和、静止和表示起始。

③ 斜线：斜线产生的特征为动感、放射、速度和不稳定感。

④ 折线：折线产生的特征为起伏、锋利、连续和角度。

⑤ 对角线：对角线产生的特征为危险、对称、张力、终止。

⑥ 曲线：曲线产生的特征为圆润、优美、浑厚、变化、动感、丰满、有女性温柔之感。

视觉效果及应用线的表现，如图2-24、图2-25。

图2-24 线的应用

图2-25 线的表现

3. 面的特征

面即线的移动所产生,还可以面与面叠加或将面分割而产生,见图2-26~图2-33。

图2-26 线移动的轨迹　　　　图2-27 切割的面

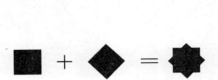
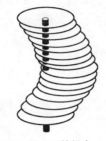
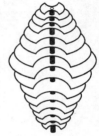

图2-28 叠加的面　　图2-29 面的组合　　图2-30 面的组合

图2-31 面组合的灯具　　图2-32 面组合的灯具　　图2-33 面组合的灯具

面的种类很多,常用的面有平面类和曲面类。平面类大致分为几何形、有机形、偶然形和不规则形四种形态。

1)平面类

① 几何形

几何形的平面是由直线构成、曲线构成和两者的合成。所构成的平面简洁、明快,秩序感较强。包括三角形、长方形、正方形、圆形、椭圆形、梯形、平行四边形、多边形等。见图2-34。

几何形产品,如图2-35~图2-42。

图2-34 几何形

图 2-35 自由组合椅

图 2-36 器皿

图 2-37 采暖器

图 2-38 餐具

图 2-39 自行车

图 2-40 酒杯

图 2-41 壶

图 2-42 壶

② 有机形

有机形不同于几何形,不能用数学方法精确计算出来,但它并不违反自然法则,具有纯朴、秩序的美感。如图2-43。

有机形产品,如图2-44～图2-46。

图2-43 有机形

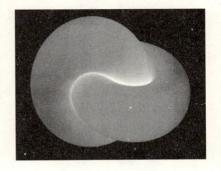

图2-44 趣味灯具

图2-45 座椅

图2-46 小音响

③ 偶然形

即无意识偶然产生的形,具有独特的视觉效果,运用不同的工具、材料刻意追求能产生较强的创意或从中获得新的灵感、新的发现。见图2-47。

④ 不规则形

所谓不规则形指的是有意识、有目的、故意制造出的形态,更贴近生活、更人性化、产生亲切感。见图2-48。

不规则形产品,如图2-49～图2-53。

2) 曲面类

图2-47 偶然形

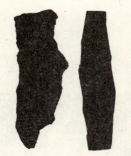

图 2-48 不规则形

图 2-49 灯具

图 2-50 坐凳

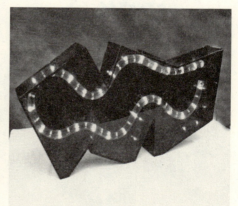

图 2-51 装饰灯

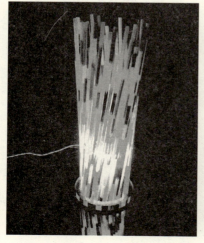

图 2-52 灯具

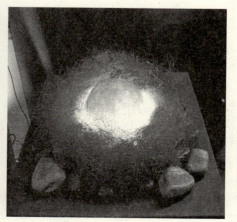

图 2-53 灯具

① 几何曲面，如图2-54、图2-55。

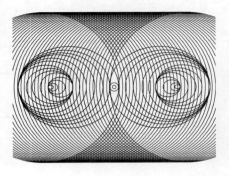
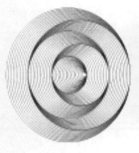

图2-54 平面设计　　　　　　　　　　　　图2-55 平面设计

② 自由曲面，如图2-56。

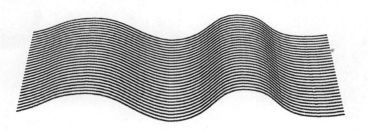

图2-56

曲面形产品，如图2-57～图2-61。

图2-57 电话机　　　　　　　　　　　　图2-58 微波炉

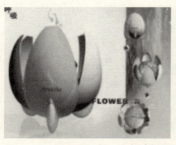
图2-59 空气清新器

图2-60 钟表

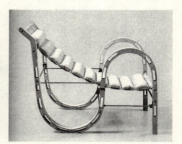
图2-61 座椅

4. 体积和空间

体积和空间即点、线、面的组合体。是具有长度、宽度及高度而形成的三度空间和体积。(点为长、宽、高汇集的点，线为边缘线，面为表面)从概念上讲平面的移动(成垂直角度移动)构成体积产生空间。见图2-62、图2-63。

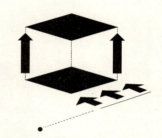
图2-62 点、线、面、生成体积示意图(体积可以是实心的，或由面封闭构成空心的)

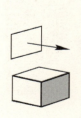 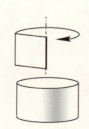 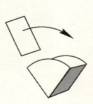  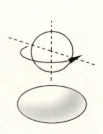

图2-63 面的移动产生体积

2.2 基本形态构成方法

包罗万象的工业设计产品，无论是已有的或未来出现的，其外观造型都源于两个主要方面。一个方面源于自然界的仿生，另一方面源于几何形体，所有产品的外观造型都是从这两个方面根据需求发展形成的。

这一节重点介绍以几何形为基本形态的造型方法。

图2-64～图2-67，为仿生造型产品图例。

图2-64　仿生产品——甲壳虫表

图2-65　仿生产品——甲壳虫汽车

图2-66　仿生产品——刨冰机

图2-67　仿生产品——接线板

2.2.1 几何形体的种类及特征

常用几何形体有：正方体、长方体、圆锥体、圆柱体、锥体、球体、半球体等。诸多的几何形体虽然形状不同，但它们之间却有着内在的联系和统一性。比如从正方形开始经过三步的渐变过渡到正圆，在经过九步渐变又回到正方，从刚到柔说明它们之间的近似性。如图2-68、图2-69。

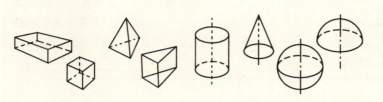
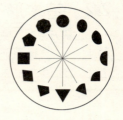

图 2-68　常用几何形体

图 2-69　几何形之间的近似性

2.2.2　几何形体造型法

　　产品的外观设计（初步构想与表现）首先应该考虑的是它的基本形态，整体的关系、比例、尺度、准确的透视及表现的角度。产品外观的造型无论简单或复杂都是依照一定的规律和原则进行设计成型的，要创造一个新颖的造型，应首先将构想的方案还原到最简单的基本形来进行分析、研究，弄清构成形体的基本元素，创意构想取材于哪一类，是源于自然界的仿生、从自然界中提取，还是几何形体修饰成型。

　　学会运用几何形体，掌握将几何形体组合与分割的造型方法，培养和锻炼对几何形体视觉的联想，将轻而易举地获得你想设计的产品的基本造型形态。如图2-70～图2-82。

从这联想到……　　　　　　　　　　……长方体的香烟

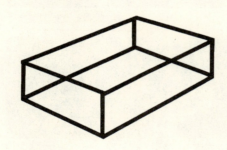

图 2-70

……长方体的手机、鼠标、火柴盒、录像机、随身听……等等

图 2-71　手机　　　　　图 2-72　录音笔　　　　　图 2-73　打火机

第二章　产品形态表现与研究

从这联想到……　　　　　　……正方体的袖珍小彩电

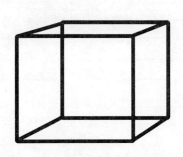

图2—74

……正方体的电脑显示器、电视、电烤箱、电冰箱……等等

图2—75　电脑显示器　　　图2—76　火烤箱　　　图2—77　电烤箱

图2—78　音箱　　　　　　　　　图2—79　灯具

从这联想到……

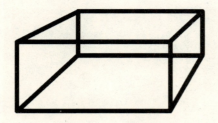

图 2-80　微波炉

图 2-81　燃气炉

图 2-82　电器产品

1. 模板快捷法

针对简单几何形体，即使是同一的基本形体，只要对其线、线型、线角、面，及面与面转折处进行创意设计、加工修饰，采用不同的处理方式，运用快捷方法（模板）即可从这基本的形态中，创造出诸多造型各异的方案来。

例如设计一把椅子，如图 2-83。

椅子的基本形可理解为一个正方体与一个薄长方体的堆砌。

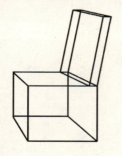 

图 2-83　椅子基本形（模板）

注：模板即规范的，拟设计的产品的基础样板，要求准确的透视、正确的比例关系，视觉角度任选以舒适为准，在构思设计时将拷贝纸附在模板上，按照模板的轮廓线进行创意设计，可获诸多设计方案。

第二章　产品形态表现与研究

图 2-84 为设计方案组图。

图 2-84　椅子设计方案组图

眼镜设计,眼镜基本形(模板),如图2-85。
图2-86为眼镜方案设计组图。

图2-85　　　　　　　　　　　　　　　图2-86　眼镜设计方案组图

照相机设计,照相机基本形(模板),如图2-87。

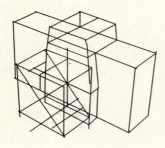
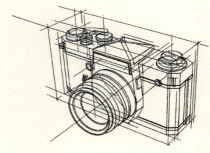

图2-87

交通工具设计,交通工具基本形(模板),如图2-88、图2-89。

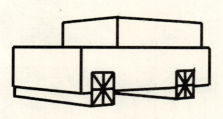

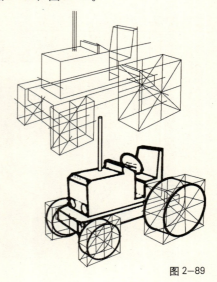

图2-88　　　　　　　　　　　　　　　图2-89

2. 三六九七方格法

汽车基本形或其他产品外观基本形成模板可以是几何形体的堆砌、分割成三六九七方格。

三六九七方格模板,如图 2-90。

(1) O—N

首先在纸上画出一条水平线,在水平线上任取一点为 O,从 O 点向下画一垂直线(略短于水平线)为 N 点,将该垂直线分为九等份。

(2) O—A

O—A 的长度为 O—N 长度的 3/9。

(3) A—C

从 A 点向下画一垂直线至 C 点,A—C 的长度为 O—N 长度的 6/9。

(4) O—B

O—B 的长度为 O—N 长度的 6/9。

(5) B—D

从 B 点向下画一垂直线至 D 点,B—D 的长度为 O—N 长度的 7/9。

(6) 求 N—D 面(N—C 面)的透视线

从 O—D(O—C)画一对角线,以 N—D 的角度线从 O—N 的九等分处引至 O—D(O—C)对角线相交,相交的点均以水平线与 B—D 线相交,相交的点与 O—N 九等分处连线即求出 N—D 面(N—C 面)的透视线(也可用两点透视法求出)。

1) 模板应用交通工具设计三六九七格模板,如图 2-92、图 2-93。

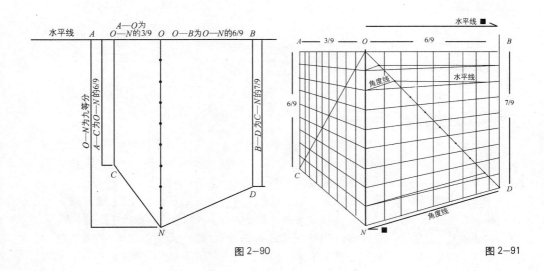

图 2-90   图 2-91

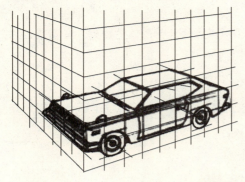

图 2-92

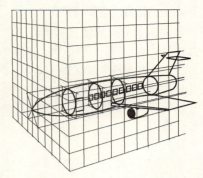

图 2-93

2）电子产品设计三六九七格模板，如图 2-94。

产品外观设计还可从侧面设计入手来推敲外观造型的形态，因大多数产品的造型变化是反映在物体的侧面上，侧面造型考虑完善后按透视原理连线即可获得三维立体效果。见图 2-95、图 2-96 不同角度的产品侧面图及图 2-97 连线后的产品立体图。

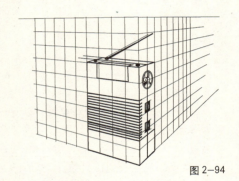

图 2-94

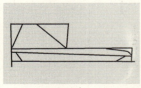

图 2-95

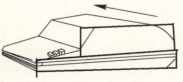

图 2-96

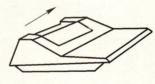

图 2-97

2.2.3　视觉与形态造型

当我们在创作一件二维的平面设计或一个三维的立体造型时，最重要的是视觉的感受，这一感受涵盖着诸多方面的因素。如构图、色彩、明暗、结构、尺度、比例、材质、关系、效果等等。就形态造型而言还应特别要考虑到错觉这个因素。

错觉是对客观事物不正确的知觉，错觉现象十分普遍，主要是视知觉方面的错觉，使人的视觉产生误差。形态造型经常会出现失真、变形等种种问题，其原因主要是生理及心理方面的因素、环境方面的影响、外界的干扰、人的习惯、惰性及视觉本身存在着角差、色差、形差，即出现了远近错觉、高低错觉、长度错觉、对比错觉、色彩错觉等等。这些将直接或间接地导致视觉对尺度、比例、方向、色彩、造型等方面的偏差。为了避免由于错觉而产生的问题，就要对产生错觉的这些因素有所了解，掌握其规律，才能有效地矫正和利用错觉。

1. 点的错觉
由于外界影响，同样大小的点发生变化产生错觉。如图2-98～2-100。

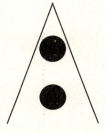  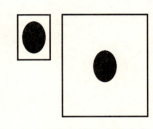

图2-98　上大下小　　　　图2-99　左大右小　　　　图2-100　左大右小

2. 线的错觉
两条平行的直线受外界影响，中间部分产生外凸错觉。相反，中间部分产生内凹错觉。如图2-101、图2-102。

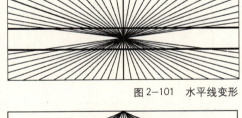

图2-101　水平线变形

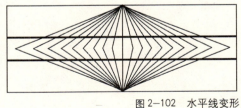   

图2-102　水平线变形　　　　　　　图2-103　重直线变长

图2-103为一横一竖等长的两条直线，由于生理因素，眼睛看垂直物体上下移动缓慢、迟钝，精确度差，所以看上去竖线比横线长。

图2-104　由于斜线对平行线的干扰使平行的直线产生斜线错觉。

图2-106　正方形的四边受弧线的影响，产生向内收缩的错觉。

图2-107　正圆形的边线受斜线和折线的影响，产生变形的错觉。

图 2-104　平行线不平行

图 2-105　被干扰了的平行线

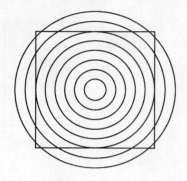

图 2-106　正方不方

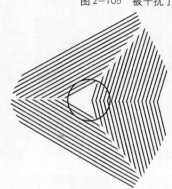

图 2-107　正圆不圆

图 2-108　两条等长的水平线看起来上宽下窄

图 2-109　两条等长的线 A—B 与 C—D 由于透视角度产生视差，看上去是一长一短

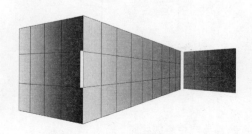

图 2-110　等长的两条垂直白线看上去前短后长

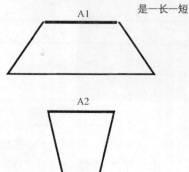

图 2-111　A1、A2 线等长 A1 与 A2 等宽但看上去 A1 长 A2 短

第二章 产品形态表现与研究

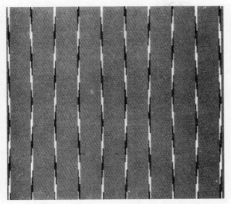

图 2-112 垂直线变形

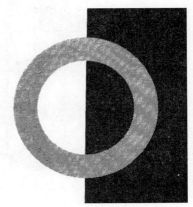

图 2-113 错觉左大右小

3. 面的错觉

图 2-114 错觉左小右大

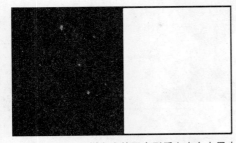

图 2-115 同样大小的正方形看上去白大黑小

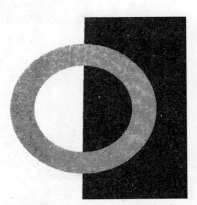

图 2-116 同样明度的灰色原点，由于所处环境不同，看上去左亮右暗

4. 方位错觉

方位错觉是两种反方向交替的空间。

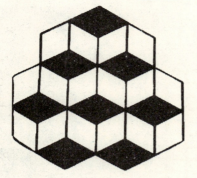
图 2-117 黑为底 7 个，黑为面 6 个

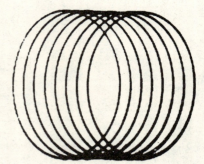
图 2-118 两个洞口

5. 反转错觉

图 2-119 人物与箭头

图 2-120 男与女

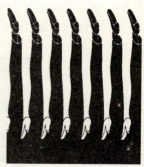
图 2-121 男、女(腿)

图 2-122 人头与花盆

图 2-123 人体护栏

6. 其他错觉现象
幻觉现象

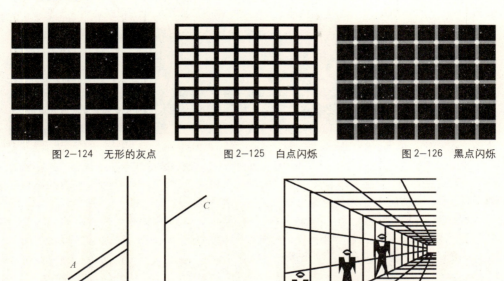

图2-124　无形的灰点　　　图2-125　白点闪烁　　　图2-126　黑点闪烁

图2-127　错位现象　　　图2-128　透视现象

在产品外观造型的设计中，经常会发现在客观上、理论上是正确的，但所设计或制作出来的形态造型往往与希望的差距甚远，其原因主要有：
(1) 对造型基本要素了解不深，对点、线、面特性认识不足。
(2) 忽视错觉对形态造型产生的影响。
(3) 对纸面设计图转换至立体造型过程中的误差估计不足。
(4) 忽略人、物、环境之间真实的比例关系和舒适的视觉感受。

2.2.4　错觉在形态造型中的应用

从视知觉方面我们已知道有错觉现象的存在，为避免在产品设计中，外观形态造型出现失真、变形等问题，应对错觉的产生进一步加以分析研究、归纳和总结，以便利用、修正错觉现象，使产品外观造型设计趋向尽善尽美。另外对错觉的应用要有所选择，选用适当效果甚佳，否则会适得其反。在设计过程中除大脑必须考虑的如功能、结构、材料等外，自始至终都应注意错觉现象对产品外观造型所造成的负面影响，不应机械地直的就画直的，圆的就画圆的，结果可能是不直不圆。应依据人的视觉感受，对造成错觉的因素进行修正，以符合人的视觉为准则来处理线型、线角及体面关系，使获得的效果恰到好处。

1. 利用错觉

所谓利用错觉，就是将错就错，借错觉规律来加强造型效果。例如胖人穿衣宜穿竖条，显得个高；而瘦人或高个子宜穿横条服装，则感觉身高显胖或降低。若反之则高的更高，矮的更矮。

2. 矫正错觉

就是提前估计到错觉的产生，借助错觉的规律使处理的量改变实际情况，结果受错觉的作用而还原，确保预期造型效果的实现。例如，龙门石窟的九米高佛像，远看比例协调，而事实上佛像的头、脚、身体比例并非符合人体之比例，而是头偏大，这就使人站在低的位置上远视时，能得到符合比例的形象。

在造型设计中，正确地使用和利用错觉规律，可以使原来比较笨重、呆滞、生硬的形体，变得轻盈精巧。利用线和面来分割、打破或合成使正方不方、平行不平、直线不直等错觉现象，以增加造型艺术的感染力是设计的重要手段。

(1) 欲直（平）则弓

直线或直的平面一般看起来有凹的感觉，欲达到平直的效果所画的垂直线或水平线都应向外侧略弓起一些。见图2-129～图2-131。

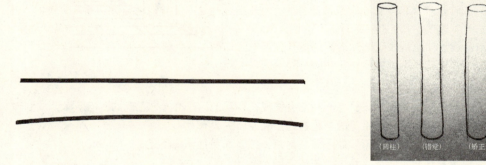

图2-129　　　　　图2-130 圆柱体矫正

图2-131

图 2-132

(2) 欲圆则缩

圆球形在几何学形态中是最完善的。但是当它的形体被其他的形态切断或穿透时，就失去了本来的性质（如果穿透圆形的柱体很细，那么错觉就不明显了）。根据这一错觉现象，在产品设计中，欲表现圆球形则应离开真正的圆球形，也就是将正圆收缩，这样设计出来的形，才有圆球形的感觉。见图 2-133～图 2-135。

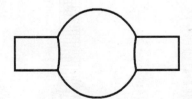  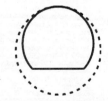

图 2-133　穿透正圆　　　图 2-134　切断正圆　　　图 2-135　收缩、切断正圆

(3) 欲高则竖（纵向分割）

这里谈到了分割，分割包括纵向分割、横向分割、环行封闭式分割以及根据需要的任意分割。分割的目的为：

1) 改变形态的视觉比例，对于过高、过矮、过宽、过厚的形态进行分割，以达到视觉美感。

2) 为了加强形体表面强度避免和减少翘曲变形。

3）为满足功能需要的分割。功能分割往往是结构设计和实际工作的需要，并不具有或不完全具有美的特征，为了补救这一方面，在满足功能同时，特别应考虑到艺术效果的分割。二者结合起来，才能统一和谐。例如，汽车车身上的焊缝线、门缝线等功能分割，要加以艺术效果则成为装饰线条，锦上添花。

图 2-136～图 2-139 为纵向分割图例。

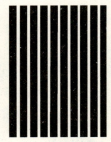

图 2-136

图 2-137

图 2-138

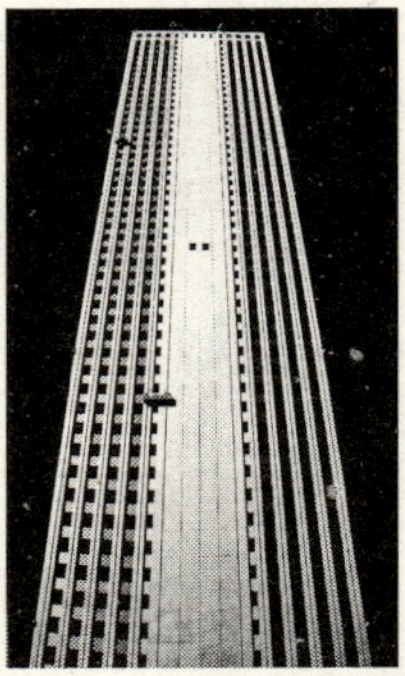

图 2-139

（4）欲宽则横（横向分割）

横向分割，就是对过高过厚的物体，进行横向平行线分割，以改变其比例形象。在使用横向分割时，要尽量减弱和压缩竖直线条对比的干扰。

图 2-140～图 2-142 为横向分割图例。

图 2-140

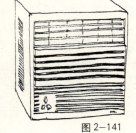

图 2-141

图 2-142

（5）欲显则圈（环行分割）

环形分割是利用封闭的曲线或直线对一个立面进行同心分割，能使较小的面积产生扩张感，又能使较大的面积产生收缩感，欲显则圈以达到突出局部的目的，但必须与其他因素配合使用。图 2-143～图 2-149 为环行分割图例。

3. 其他方面

在工业设计中有些产品要求非常精确，设计时首先应考虑的是功能保证。特别是高精

图 2—143　　　　　　　图 2—144　　　　　　　图 2—145

图 2—146　　　　　　　图 2—147　　　　　　　图 2—148　　　　　　　图 2—149

度的仪器仪表设计，要达到误差小、认读快应采用水平式造型为好，其原因主要是人的双眼是水平状的，看水平物体精确、左右移动灵活，若看垂直物体眼球上下移动则迟钝，容易造成认读缓慢，精确度较差。如图 2—150、图 2—151。

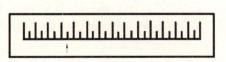

图 2—150　垂直状

图 2—151　水平状

思考与练习题

1. 产品形态生成的要素有哪些？
2. 现代产品形态构成一般可分为几类？
3. 运用几何形态构成方法，设计一件生活用品。

第三章 产品色彩表现与研究

不论哪一门现代艺术设计专业，对色彩的认识和表现都是必不可少的。从某种意义上说，艺术设计可通属于一种视觉艺术，它们首先是在通过人们"看"的过程中来传递设计的信息，达到设计的用意，满足不同的需求。而视觉中心离不开形与色这两个主要因素，其中色彩以丰富、独特的表现形式对人类生活产生了极其重要的影响和深远的意义。为此，人们专门设立了一门学科来研究它，那就是色彩学。现在，色彩学已被人们从物理学、化学、生理学、美学、心理学和人机工程学等各学科从不同角度予以广泛研究，建立了比较完整的能用于指导实践的理论体系。随着发展的需要，色彩学内容还会不断扩充完善，有关产品色彩的知识体系将逐渐成为其中一项重要的分支。

3.1 产品色彩研究的理论基础

色彩学是研究色彩产生、接受和应用规律的科学，是我们进一步了解、学习产品色彩的开始。

3.1.1 色彩的产生与性质

《辞海》中是这样阐述色的概念的："色即颜色，是人目视觉的基本特征之一。由物体发射、反射的光通过视觉而产生的印象。不同波长的可见光引起人目不同的颜色感觉"。《现代设计辞典》中对于色的定义是"色是视觉系统在光的激励下所作出的一种响应"。

由此可以得出，研究色彩应该具备三个最基本的条件，即光、物、眼；同时，我们应该主要从两方面入手，一是光的存在，二是人目的感知，前者是客观因素，后者则是主观因素。具体说，学习和研究色彩既要明白色彩自身形成的物理学上的原理，即光和色的变化关系，光色和物色等；又要观察分析色彩对人生理及心理感受的影响。一切色彩感觉都是客观物质（包括光和物体）与人的视觉器官（有时也包括其他感官的参与）交互作用的结果，是主观和客观交融的反应。

通常情况下，色彩的基础概念如下。

1. 光

光是一种客观存在的物质，是电磁波辐射能量的一种，是刺激视觉器官网膜引起视感觉的辐射源。简单地说就是会引起视感觉的辐射能。具体地说，是电磁波的波长范围包括宇宙射线、X射线、紫外线、可见光、红外线和无线电波等，它们的波长和振幅都不同（光子流动时一面振动一面前进，所以光具有波动和粒子性的双重性质），其中只有可见光能够引起人们的视觉（见表3-1）。因此，有时我们把可见光以外的电磁波通称为不可见光。

第三章　产品色彩表现与研究

电磁波与可见光谱　　　　　　　　　　表3-1

宇宙射线	γ射线	x射线	紫外线	可见光	红外线	雷达	无线电波	交流电波
380nm	450nm	480nm		550nm	600nm	640nm		780nm
紫	蓝		绿		黄	橙	红	

可见光范围：380nm～780nm，波长方向递增。

当初生的婴儿睁开双眼后的第一个瞬间首先看到的就是光，人类获得有关这个世界的绝大多数知识也是通过光。光，几乎是人的感官所能得到的一种最辉煌和最壮观的经验，没有光，人类就不会感受到色彩的存在，可以说，色是光对我们的恩赐。

注意："光线中没有色彩"（牛顿的名言）。换言之，光不等于色，它只是能引起色彩感觉的客体，光是产生色的条件，色是光被感觉的现象。

2. 光谱

光谱是指波长从380～780nm的可见光波段中，由多种频率复合起来的复色光在通过三棱镜时产生的折射现象所形成的一个带状色彩图谱。这是1666年，牛顿所作的一个光折射实验，从而确定了色与光的关系。

色彩来源于光，取决于光的波长和振幅。

3. 物体色（固有色）

物体色通常指在白光照射下物体所呈现的颜色。明白物体色的产生对今后的产品色彩设计很关键。我们知道，人的眼睛是通过光的刺激才产生色彩感觉，但这并不是指光给予了我们眼中各种事物本身的色彩，而是物体借自身表面吸收、反射、透射照射光线的现象，产生了我们最终看到的色彩。

从这种性质上说，物体表面大致可分为两种，即不透明物体和透明物体；其两者区别之处在于，前者物体颜色由它所反射的色光决定，后者物体颜色是由它所透过的色光决定。而共性之处在于，两者的颜色都要受到来自其物体表面的粗糙程度的影响。例如，在我们身边，具有相同颜色的镜面、不锈钢等平滑光洁表面的物体和表面有粗糙肌理的材质相比，给我们的视觉色彩感觉是不一样的。这就是说，产品最终色彩效果和其材质有直接的关系。其实，在平面设计、环境设计和服装设计中同样如此，一种色彩依附在不同的材料上，或者经过不同的表面处理，其后所产生的色彩效果，也就是设计的效果及品质是迥然不同的。

4. 环境色

环境色是指某一物体反射出一种色光又反射到其他物体上的颜色。环境色的强弱同样与参与其中的物体表面的性质有关。

5. 光源色

所谓光源色是指我们看到周围事物色彩时所借助的光源颜色。之所以把在白光照射下的物体所呈现的颜色称为物体色（固有色），是因为光源色会对所照射物体的色彩产生一定的影响。只有在白光的照射下，物体本身的颜色才更具有其自身的真实性。此外，光源色的强弱也会给照射物体的颜色带来变化。总之，物体色既决定于光源色的作用，又决定于物体自身的特性。

6. 色温

表示光源的色光成分的物理量。一种光线颜色如果和一个绝对黑体从绝对零度起加热至某个温度时所发出光的光谱成分相同，那么这一温度即定为这个光线的色温。色温单位为 K。色温高，蓝光成分多；色温低，红光成分多。

7. 有彩色系的颜色

除黑、灰、白以外的所有颜色称为有彩色系。

有彩色系颜色的基本特征是：色相、纯度、明度，即色彩的三属性，也是色彩最基本的构成要素。其中色相是有彩色系颜色的最大特征。

(1) 色相

是色彩的基本相貌，是由它在光谱中的位置而定。在现实中，实际有的色相要比它的名称多得多，更准确地说，色相的真实数目是无穷无尽的。日常生活中，人们给不同的颜色加以命名，用特定的名称代表特定的色彩印象，这就是色相的概念。

(2) 纯度

是指色彩的纯净程度，也可以理解为该色相中色素的包含量，有时也称为彩度。光谱中的颜色是极限纯度的颜色。所有其他有彩色的颜色，距离光谱中颜色愈近则愈纯，反之则愈低。

(3) 明度

是指色彩的明暗程度，或表述为颜色与白色相距的远近，也可称为亮度。明度往往与纯度有直接关系，这是因为它们当中一个性质的改变也自然会引起另一个性质的改变。

8. 无彩色系的颜色

黑色、白色和介于黑、白之间的所有灰色称为无彩色，又称非彩色。

无彩色系的颜色只具有一个基本性质——明度。换言之，无彩色系的颜色没有色相及纯度，它们的色相和纯度等于零。它们不包括在可见光谱中，但可以从物理学的角度得到科学的解释；同时，在视知觉及生理和心理反应上与有彩色有着同样重要的意义，因此，无彩色系是色彩体系中不可或缺的组成部分。

9. 色的混合理论

色的混合理论由三原色理论、加色法混合、减色法混合和空间混合理论组成。色的混合是指两个或两个以上的色彩混合时，会让人的视觉产生出新的色知觉，这为实际设计创作提供了更多的思路。

10. 原色

原色是指不能再分解为光谱上其他色的色，或不能由其他的色混合而成的色。

11. 三原色

所谓三原色就是指这三种色中的任意一种色都不能由另外两种原色混合产生，而其他色可由这三色按一定的比例调配出来。这三个具有独立特性的色在色彩学上被称为三原色，也叫三基色。光的三原色是红、绿、蓝(R、G、B)；颜料的三原色是红、黄、蓝(R、Y、B)。由光的三原色或颜料的三原色全部混合，色光为白色，颜料为黑色；如果按其比例混合能得到光色除去黑色，颜料除去白色以外的任何其他颜色。

12. 加色法混合

加色法混合是指色彩明度加高的色光的混合。随着不同色光混合量的增加，色光的明度也逐渐提高，全色光混合最后趋于白光。

加色法混合产生色光的基本规律是指在色相环中：

(1) 两个相邻的单色光相混合时，可得出其两个色光的中间色光。

(2) 间隔一个色的两个色光相混，所得色光也为其中间色光，其亮度等于各色光亮度的总和。

(3) 间隔距离较远的两个色光相混，其结果仍为它们的中间色光；在间隔三个色以上时，得到的中间色光的亮度提高，纯度降低。

(4) 当两个相对的补色光相混时，其结果均为白光。也就是说，当两个色光相混合产生白光，那么它们一定是互补关系。互补关系的两个色光相混合再与第三个色光相混时，那么第三色将变为淡色，其实就是等于一个色光与白光混合的结果。

13. 减色法混合

减色法混合是指色彩明度减低的颜料混合。

注意：从理论上讲，颜色的三原色可以混出一切颜色，但实际应用中，仅用三原色去调配一切颜色几乎是不可能的，这是因为市场上销售的颜料包括三原色在内的所有色彩的饱和度都相对降低，自然也就影响到了混色的效果。

减色法混合产生颜色变化的基本规律是指在色相环上：

(1) 两相邻色混合，得到两色的中间色。

(2) 非相邻的两色混合，也得到两色的中间色，其明度为两色的中间明度，且间隔距离越远的两色混合，其得到的颜色明度就越低。

(3) 互为补色的两色混合得出黑浊色。

(4) 间隔距离越近的两色相混，得出的色的纯度越高，反之则越低。当相隔距离为180°时，两色互为补色，而从理论上推理，其混合之色的纯度应该等于零。

14. 空间混合

空间混合是指各种色光同时刺激人眼或快速先后刺激人眼，从而产生投影光在视网膜上的混合。空间混合实质上是加色法混合，所区别的是加色法混合是不同色光在刺激眼睛前的混合，它具有客观性，而空间混合是不同色光在视觉过程中的混合，它具有主观性。

（1）空间混合具有两种形式

1）时间混合：是指两种或两种以上色彩在同一平面并置在一起时，经快速旋转所导致人视觉在同一时间段不能应对不同色彩刺激时所产生的混色效果。

2）区域混合：是指把两种或两种以上色彩以点状或线状的形式紧密地并置、交织在一起，使人在一定视觉距离外产生一种混色效果。

（2）空间混合的基本规律

1）互为补色关系的色彩在按一定比例空间混合时，可得到无彩色系的灰和有彩色系的含灰色。

2）非互为补色关系的色彩空间混合时，产生两色的中间色。

3）有彩色系和无彩色系混合时，也产生两色中间色。

4）色彩空间混合时所产生出的新色，其明度相当于所混合色的平均明度。

5）色彩并置产生空间混合是有其限定条件。

第一，混合之色应该是细点、细线，同时要求成密集状，其点和线越细越密，混合的效果越明显；第二，色彩并置产生空间混合效果与视觉距离有关，必须在一定的视觉距离之外，才能产生混合，距离越远，其混合效果越明显。

（3）空间混合的三大特点

1）近看色彩丰富，远看色调统一。视觉距离不同，则又会收到不同的色彩变化。

2）色彩具有颤动感，易产生光感。

3）利用混合色量比例的变化，则能以少套色得到多套色的效果。

15. 间色

间色是指两种不同的原色相混的色，也称第二次色。

16. 复色

复色是将间色与原色相混或间色与间色相混的色，也称第三次色。因为三种色以一定比例调合，可以得到近似黑色或深灰色，所以任何一个原色与黑（或灰）相混，也称为复色。

17. 补色

补色是指两个色光相加呈现白光或两个颜色相混呈现灰黑色，那么这两个色光或颜色互为补色。

在色的混合中,运用补色原理,可以提高和减弱色彩的纯度,具有十分重要的应用价值。

18. 色彩调和

指两个或两个以上的色彩形成协调、和谐的关系。

19. 色彩对比

色彩对比是指两种或两种以上的颜色并置或先后依次出现时,由于相互影响而出现色彩的各属性间分别向相反倾向加强的现象。现实生活中,我们视线中的色彩一般都是在对比的状态下存在的。色彩对比现象一般分为两种情况:一是同时对比,二是继时对比或称连续对比。

20. 色彩同化

色彩同化现象与色彩对比现象产生的条件类似,但结果正好相反:是指并置的色彩间所对应的各独立属性将分别相互靠近的现象。

色彩的对比与同化大致分为两种表现形式:一种是两色彩在明度、色相或纯度的任一属性上进行比较;另一种是两色彩在综合属性上进行比较,且后者多见。

此外,本章把色彩学的重要知识点以物理学基础、生理学基础、心理学基础和美学基础四个区域进行划分、归纳(见表3-2)。

色 彩 学 基 础　　　　　　　　　　　　　表3-2

	色彩的物理学基础			
色彩学基础	(一)光 1.光是客观存在的物质,是具有波动性的电磁波这种特殊物质的一部分。 2.电磁波的波长范围从短到长依次包括宇宙射线、Y射线、X射线、紫外线、光线、红外线、雷达、电波。 3.光线的波长是在380~780nm(纳米)的波段之间,是惟一能被人的视觉所感知的,故称可见光。不同波长的光线具有不同的色彩	(二)光谱 1666年,英国物理学家牛顿在剑桥大学做了光的折射实验。他将一束阳光从细缝引入暗室并经三棱镜折射后,再投射到白色的屏幕上,光线被分解成红、橙、黄、绿、青、蓝、紫七色彩带,称为光谱;这种现象称为色散;光谱的七色光再经三棱镜是不能再分解的,而重新混合会还原成白色光,从而确定了色与光的关系	(三)光与色 1.三棱镜分解出的七色光,用光度计测量可得出各自色光的波长和波长范围。如:红光的波长是700nm,其波长范围是640~780nm;紫光的波长是420nm,其波长范围是380~450nm。 2.被感知的色光差异,除光波波长这一决定因素外,还有光波振幅,波长决定色相,振幅强弱则决定同色相的明暗	(四)色的产生 1.物体色是各种物体(指不发光的物体)依靠自身表面有选择性地吸收、反射或透射照射到身上的光线(指白光)后所呈现出的不同色彩。 2.环境色是某一物体反射出一种色光又反射到其他物体上的颜色。 3.光源色是某物体在不同光源色的照射下则呈现出不同的色彩;包括光源的颜色和光亮的强度,光源对物体色的显色产生影响的性质称为光源的演色性

续表

色彩学基础	色彩的生理学基础			
	(一) 人的视知觉 1. 眼是人类了解外部世界并接受视觉信息的重要感官, 是人类特有的视觉器官。 2. 眼的构造主要有眼球、角膜、虹膜、晶状体、玻璃液体、视网膜、黄斑、盲点	(二) 视觉过程 1. 光线—物体—眼睛—大脑—视知觉	(三) 视觉 1. 视敏度是眼睛对光的敏感程度。 2. 视度是观看事物的清楚程度。 3. 视野是眼球固定注视一点时所看见的空间范围。 4. 眩光现象是眼睛正视强烈光照而感视觉模糊的现象。 5. 错觉由于某种原因引起视觉对客观事物的不正确的知觉。 6. 幻觉是视觉在没有外在刺激时而出现的虚假感觉	
	色彩的心理学基础			
	(一) 光色: 根据光谱分布之差别, 认识不同性质的可见辐射能的特性, 称为光色。一般用亮度和色度来表示。 (二) 感觉色: 光色的混色体系是以色感觉为基础的, 源于心理物理学概念。 (三) 色彩意象: 由色彩作用于人的感觉而形成的冷暖、轻重、动静、柔硬、厚薄等各种联想和所产生的某些更复杂的情景概念的心理活动。 (四) 色彩表情: 各种色彩会对人产生不同的心理效应, 它通过穿透人的视觉使人发生不同的情绪起伏。我们把这种由某种色彩所引起的人的某种情绪表情转称为色彩表情。 (五) 色彩联想: 人们通过视觉器官感受到颜色时想起与该色相关的其他事物。这种联想中既有具体联想, 也有抽象联想。 (六) 色彩象征: 由于把某种颜色经常性地和某种特定的事物联系在一起, 并用该色表示其事物已形成固定的传统习惯, 那么该色就成为了该事物的象征			
	色彩的美学基础			
	(一) 色彩的分类 1. 无彩色系是指黑、灰、白; 灰包括由黑和白调和出的深浅不同的灰。 2. 有彩色系是指除无彩色外的其他色彩; 如: 红、橙、黄、绿、青、蓝、紫等无数颜色。 (注: 依据物理学原理, 黑灰白不能在可见光谱中反应出来, 所以被称为无彩色系; 但在生理学和心理学上, 它们有着重要的色彩地位; 从美学角度看, 黑、白、灰可以起到调和作用, 可以和任何色彩作调和)	(二) 色彩的属性 1. 色相是色彩的基本相貌。 2. 纯度是指色彩的纯净程度。 3. 明度是指色彩的明暗程度。 (注: 无彩色只有明度一个属性)	(三) 原色理论 1. 色彩的三原色也称三基色, 是指色彩的一个基本规律, 它包括色光的三原色和颜料的三原色。 2. 色光的三原色是红、绿、蓝。 3. 色料的三原色是品红、黄、青。 4. 间色是指两种不同的原色相混的色, 也称第二次色。 5. 复色是将间色与原色相混或间色与间色相混的色, 也称第三次色。 6. 补色是指两个色光相加呈现白光或两个颜色相混呈现灰黑色的两个色光或颜色互为补色	(四) 色彩的混合 1. 加色法混合是指色光的混合, 其亮度等于各色光亮度总和。色光的三原色混合正好等于白光。光, 加色法混合是一种视觉混合。 2. 减色法混和是指色料的混合, 色料的三原色混合正好等于黑色。 3. 空间混合是指各种色光同时刺激人眼或快速先后刺激人眼, 从而产生投影光在视网膜上的混合

3.1.2 色彩的辨认和管理

通常人们习惯对自己所看到的、听到的或感觉到的事物加以符号化，并用图形、文字等命名的手段帮助识别和记忆，这是人类进行学习、研究工作的一条捷径，这样不仅可以有效地加快我们认知事物的速度，而且便于我们记忆、工作和交流。同理，为了辨认各种色彩，我们也需要给它们先起个名字，这种方法一般称为色名法，其中比较普遍的有固有色名法和系统色名法。

固有色名法就是以我们熟知的自然界或生活中的景物本色命名色彩的方法。色彩来源于自然，大自然是当之无愧的最富有创意的色彩设计师，至今，很多设计师仍然选择回归到自然中去捕获未被发现的新色彩及获取色彩组合的灵感；另外，随着商业市场竞争的激烈，新材料和新技术不断出现，产品领域出现了很多新色彩名称，它们的特点是以第二自然（人造物）中的物象名称来命名色彩。通过这些可被直接感受到的景物的名称来命名色彩最易唤起人们的联想和记忆，所以这种色名法有易理解、易通行、印象深刻的优点；一般在文学描述上或流行色发布上，都常使用固有色名，也是为了让人产生生动的意象。随着人们对大自然的深入了解，生活内容的不断丰富，辨认色彩的名称也会越来越多样丰富。例如以下我们熟知的颜色名称。

1. 以自然景色命名：天蓝、湖蓝、海蓝、雪白、曙红、土黄、土红……
2. 以矿产资源命名：金色、银色、古铜色、铁锈红、朱砂、钴蓝、宝石蓝、翡翠绿、石青、琥珀色、煤黑……
3. 以动物本色命名：象牙白、蛋黄、孔雀蓝、驼色、猩红、鸡血红、珊瑚色……
4. 以植物本色命名：咖啡色、茶色、桃红、枣红、橘红、玫瑰红、杏黄、柠檬黄、米色、亚麻色、草绿、苹果绿、竹绿、丁香紫、茄紫色……
5. 以人造物色命名：胭脂红、酒红、喇嘛红、香槟黄、酱色、军绿色、瓦灰色、警蓝、丰田蓝……

由于色彩的变化极为微妙，固有色名法虽然具有通俗性，能够很快表现出一般色彩印象，但在实际应用、生产领域，需要更精准的表述色彩面貌时，显然就不能满足要求了。系统色名法正是在此基础上，很大程度弥补了固有色名法的弱点，使色彩真实面目表述得更精确化、秩序化。所谓系统色名法就是有系统、有组织的色名，是用科学化的方法归整排列色名。其方法是在确定的基本色相前加形容色彩特点的修饰语，修饰语可以分为修饰色相之用和修饰明度及纯度（色调）之用。

可以用公式表示为：色调修饰语1+ 色相修饰语2+ 基本色名3= 系统色名

前两个位置有时颠倒，有时只用其一。例如：淡黄(1+3)、暗红灰(2+3)、极浅蓝调绿(1+2+3)、偏紫的深蓝色(2+1+3)。

系统色名最初是美国国家标准局1932年开始研究的，1939年制定了基本的构想大纲，1955年公布了系统色名法的色名辞典，1964年出版了系统色名的色标集(Centroid Color Chart)。这种色名法的统一规定，实用性很强，对我们的生活和工作有极大的帮助。

色名使我们对色彩认识和表达有了一个基准，但是相同色彩在不同人的视知觉中还是会存在差异，这是因为对色彩理解会参杂人的主观因素，致使一个色名还会涵盖一个比较笼统的范围，无法确实表示一个颜色，这给许多生产领域，如印刷、配色等行业带来了不便。1905年，美国美术教育家孟塞尔出版的《孟塞尔颜色体系图册》解决了这一问题，成为了最早开始研究和创立色彩系统的理论体系，其后的修订版也成为了色彩界公认的标准色系之一。而后，很多国家也都相继推出了有各自代表性的色彩体系。色彩学中，把为达到实际用途、目的而以科学为依据创建的色彩表示系统，称之为表色体系。

表色体系一般依据现实中的色彩三要素：色相、明度和纯度加以组织，定出色标，标出符号，用来作为物体色相比较的标准，是非常实用的色彩表示系统。通常采用三维空间关系形式表示色相、明度和纯度，由此获得立体的结构，因此又称为色立体。色立体一般由色相环、明度色阶表、纯度色阶表、等色相面和等明度面构成。

目前，国际上应用的表色体系主要有：孟塞尔表色体系；奥斯特瓦德表色体系；CIE标准色度学系统；瑞典自然色体系(NCS)；德国工业标准颜色体系(DIN)；日本实用颜色坐标体系(PCCS)；美国光学学会均匀色体系(OSA–UCS)；匈牙利coloroid颜色体系。它们都有自己的系统理论和结构特征，对应使用的领域也不同。

鉴于许多专业书籍都涉及了对色彩体系的详细讲述，这里不再赘述，可以参看表3–3有关六大色彩体系的简介，先达成一个初步的认知。

六大色彩体系　　　　　　　　　　表3–3

色彩学体系	孟塞尔表色体系
	研究最早，是基于色彩(物体色)三属性感觉的色立体色标系统。该系统是以色相环构成柱面坐标系统的圆周角，以明度为纵向坐标，以彩度为横向坐标，形成了一个如扭曲了的陀螺状。其坐标的刻度并不正比于色相、明度与彩度的物理尺度，而是按该三属性在感觉上的等差排列。利用此体系可以用分别代表色相、明度和彩度的H、V/C字符来惟一命名现实中的一个色彩
	奥斯特瓦德表色体系
	德国化学家奥斯特瓦德创立，是物体色即色料的表色系统。该系统以白W和黑S作为两极形成中心纵轴，它的色相环是以赫林四色为基准的24色相(也有分为100色相)的补色环组成。其基本原则是任何一个色相的一切色彩均由该色相的纯度C与白W、黑S按不同比例混合而成，且C+W+S=100。该系统的不足之处是没有包括白色量为0与黑色量为0的部分，所以并不能算完整
	CIE标准色度学系统
	由国际照明委员会于1931年制定的基于光学测定的表色系，是国际通用的最为科学的表色系。该系统是由强调色彩刺激的物理定量XYZ色三角形经放射变换形成的等腰直角三角形构成，每一种颜色均可以用三刺激值X、Y、Z表示，而更科学的是运用CIE色度图表示法，即用色度(X、Y)与灰度Y的表示法

续表

色彩学体系	瑞典自然色体系(NCS)
	1980年确立,又称NCS色彩体系。该系统以德国赫林四色为基础,同时又根据赫林早期的"自然色彩体系"改良而成。采用相似原则,把四个彩色原色以(黄Y—红R—蓝B—绿G)的次序组成圆形与两个无彩色原色(黑W、白S)和各阶段灰垂直作为中心,把每种色彩以其相似程度用色调Φ、纯度C、黑度S符号表示
	德国工业标准颜色体系(DIN)
	该系统不强调三维等间隔,采用折中的原则,在理论上形成一个底面为球面的逆圆锥。各种颜色的色调分别由饱和度S、黑度D和该色相T按不同比例混合而成
	日本实用颜色坐标体系(PCCS)
	该系统综合了孟塞尔体系和奥斯特瓦德体系的优点,仍以明度为纵向中心轴,两极为白与黑,但各种颜色的彩度均以其纯度为9进行等分,更易辨得色调的色彩性格

以上除CIE色度学系统属于典型的色刺激混合系统,是按照引起颜色感知的物理刺激来分类外,其他几种色彩体系都属于色表系统。在色表系统中又可分为:如孟塞尔体系的基于颜色差别来进行区分和标注的系统,如瑞典自然色体系基于颜色相似程度来进行区分和标注的系统;但它们的共性都是为了更科学、更全面、更直观、更快捷地描述色彩的感知特性。系统化的色彩体系实际上是从不同角度显现了色彩自身的逻辑关系,并且是把如此丰富的色彩排列在一起进行细微的比较。对于设计师来说,色彩表示系统如同一部色彩大词典,帮助人们分析色彩特征,标定色彩分类,启发色彩联想,开拓新的色彩思路,已经成为制定色彩计划的重要理论依据和工具。

3.2 产品色彩的功能与象征

3.2.1 色彩与人的生理

人类是在自身进化过程的适应性中生存,逐步形成和完善了各种感觉器官。毫无疑问,人是通过各种感觉器官(眼睛——视觉、耳朵——听觉、鼻子——嗅觉、肌肤——触觉、舌头——味觉)从外界获取信息,来进行学习、判断、工作、休闲、娱乐、创造等活动,从而体验完整的生活环节。但其中视觉器官——眼睛,应当排在人各感官之首,这主要是因为人通过视觉器官接受的信息量远比通过其他感官接受的信息量多得多。据了解,日本对人身体残障等级就有这样的划分,第一级,两眼永久性失明;第二级,永久性失聪;而鼻子损缺属第五级。另外,保险金额的赔付规定从第一级的100%,到第二级的70%,再到第五级的15%,都能看出它们之间明显的轻重差异。

人类的眼睛以其种种生理上的构造具有不同的功能,担负着不同的任务,它们整体协调工作,形成了一个复杂的视觉系统。这个复杂的视觉系统按照传统生理学的感受器接受能量种类划分,属于一个光感受器,也就是首先只有当人眼视网膜中的感光细胞受到光源刺激后，才可以有感受到外界的颜色、尺寸、大小、形状、肌理、距离、运动等信息的可能。然而，光的作用只是个条件，只有接受了光感后的感光细胞把所产生出的相应的脉冲信号，经视神经再传输给大脑进行最终的解释、分析和判断，才能真正出现视知觉，当然，色知觉也位列其中。

本章开篇曾经阐述过，研究色彩需要具备三个基本条件，即光、物、眼。在色知觉产生的过程中，它们三者之间的关系是紧密相连、互相牵制的。

首先，光可以使人的眼睛感受到物体的色彩（这里指一般的视觉过程，即光线→物体→眼睛→大脑→色知觉）；然而，光的强弱又可以使人眼睛中的物体色彩失真，例如在强光下，物体色彩最明显地就是明度会随之提高，纯度降低。此外，不管是在光线过强或者是光线不足的情况下，时间过长都会导致人眼睛的视力下降和精神疲惫，医学上证实，过度光照还可能会引发其他疾病。另外，在可见光中，人的视觉对光从暗到亮要比从亮到暗的适应性更强些。因此，随着光源技术的不断推新，照明条件得到了很大的提高，人们生活环境对于采光效果的持续细化，科学合理地利用光资源，创建安全、舒适、高效、多彩的光环境对色彩表现和人身心健康都尤为重要。例如，在照明灯具设计中，不论灯具放置的环境是室内还是室外，灯头处理都应避免强光源直接暴露在外，直射眼睛。

其次，物体色彩的饱和度依赖于有选择地吸收、反射的光量的同时还与物体自身表面的性质有关。换言之，在同一个光照环境中，相同色彩的物体由于表面的粗糙程度不同也会产生不同的色知觉。所以，从这个角度说，产品的材质选用与其最终定位的色彩效果有直接关系（可参见3.3.5小节的彩图）。

在光、物、眼三者中，光源和物体最终是可以人为地改变的，而眼睛的构造是人类进化的结晶，是客观存在的。我们在设计中，很多时候要先充分考虑人视觉上的特点，否则设计就会不合理，出现不够人性化的设计。

对眼睛本身的构造及视觉过程我们不必详细了解，感兴趣的话可以进一步参看专业书籍中的详实介绍，这里就不过多涉及了。而除此之外，色彩对人体其他感觉器官也有不同程度的影响，我们却应该了解。比如，曾有试验证实过，在彩色灯光的照射下，肌肉的弹力能够加大，血液循环能够加快，其增加的程度依次以蓝色、绿色、黄色、橘黄色、红色的排列顺序逐渐增大。并且指出这种顺序与心理学对这些色彩的能效所作的测试结果是完全一致的。再比如，强烈的照射、高浓度和波长较长的色彩，都会使人兴奋。但这些反应现象至今仍然没有太明确的合理解释，古尔德斯坦通过对不同人的观察测试得出这样的结论，"凡是波长较长的色彩，都能引起扩张性的反应；而波长较短的色彩，则会引起收缩性的反应。在不同色彩的刺激下，整个机体或是向外界扩张，或是向有机体的中心部位收缩"。而这个结论在一定层面还是具有某些代表性的。

最后，错觉与幻觉现象对于设计来说也是相当关键的一个问题。所谓错觉就是由于某种原因引起的对客观事物的不正确的知觉。它是当感觉器官受到两种或两种以上因素刺激以后，大脑皮层对外界刺激物的分析与其以往经验发生矛盾所致。而幻觉是指视觉在没有外在刺激时而出现的虚假感觉。产生错觉和幻觉的生理现象与心理因素有很大关系，其中，错觉又包括视错觉、听错觉、嗅错觉、味错觉、肤错觉等等，但其中视错觉最为普遍，它可细分为色错觉和形错觉。形错觉在前一章节已经有所讲述，色错觉我们可以借助图3-1来加深印象。

由此可见，在实际具体设计实践中，我们还是要尽可能地考虑到色彩带给人的潜在功效和特点，作到充分利用或适时避免，变不利为有利，最大化地增加色彩的艺术感染魅力。

图3-1

3.2.2 色彩与人的心理

色彩与人的心理关系是指在色彩作用下，由人的思想、感情等引起的相应的内心活动。表现在不同波长的光作用于人的视觉器官产生色感的同时，也必然牵制某种情感的心理活动的产生。准确地说，这种色彩所带来的生理反应和心理效应在大多数情况下是同时交替进行的，它们之间既互相联系，又互相制约。正如上文中指出的，很多色彩导致人的生理反应都不同程度的与人心理活动有关。

通常，知觉心理活动在人基本相同的生理机制下，所产生的结果是有一定规律可寻的，有相同或类似的可能。例如，色彩带来的温度感、色彩带来的距离感、色彩带来的重量感、色彩带来的硬度感、色彩带来的强弱感、色彩制造出的积极与消极感、色彩制造出的舒适与疲惫感、色彩制造出的面积空间感等等，但是这种对色彩反应的共性表现还是相对而言的，会存在很大的个人差别。只是这些规律如果能合理地运用到产品外观中，还是会使产品外观收到一定功效的。再比如，人的视觉后像问题，当外界物体的视觉刺激作用停止以后，在人眼睛视网膜上的影像感觉并不会立刻消失，这种视觉现象称为视觉后像。有一个生活实例可以说明，医院的手术室里，外科医护人员因为在手术时长时间的注视鲜红色的血液，而后就会在白色的工作服和白色的墙面上看见浅青绿色的后像，使眼睛变得格外疲劳。在色彩学家的建议后，工作服和墙面改为了绿色系的颜色，这种由人的知觉而引起的视觉后像就轻松地被避免了，解决了医护人员工作时的视力疲劳问题。

然而，色彩一旦赋予了人类的情感因素以后，就会变得有相当大的差异，它会受到观者的年龄、性别、性格、职业、兴趣、国籍、成长背景、文化修养、生活经历、所处环境等等不同因素的左右，也会存在社会、文化、习俗和民族传统等等因素的影响，所以没有绝对的理论依据。

实际上，人们对色彩世界的感受是多种信息叠加后的综合反应。色彩感觉并不单一透过视觉器官完成，根据感觉转移理论，头脑中知识经验的储备和记忆，使得听觉、味觉、触觉、嗅觉等器官也加盟其中，互相补充或是相互替代、纠缠，发生连锁反应，共同形成人对于色彩的复杂丰富且变幻莫测的心理感觉。这更增大了色彩感觉的可变性和差异性，或者说色彩的神秘性也就由此产生了。阿莱什曾在《关于色彩的审美现象》中说："人与人之间对于色彩的喜好并不一致，因为观察者本人以及观察者与观察者之间，在不同场合，所得到的经验往往是矛盾的。然而这一发现并不能证明人们对色彩的喜好无规律可言，而仅仅证明了决定色彩喜好的因素是非常复杂的"。

　　这里我们可以这样判断,当一个有思想、有知识的人对于视觉色彩的理解绝对不仅限于来自单一光波的刺激,而必然带有理解色彩文化生活所塑造的特征。所以对于设计的工作者来说,虽然学习色彩的生理理论和心理知识同样重要,但针对后者所研究的内容要比前者丰富、复杂得多,这也从另一侧面体现了色彩的无穷魅力。

　　产品设计过程中,设计师对产品的色彩定位必须建立在充分了解不同产品使用对象的色彩欣赏习惯和审美心理,摸索人们长期积累认识和欣赏色彩的心理规律的基础上;并且有时要制定多个色彩选择空间对位审美迥异的不同人群,才有可能合理地运用色彩对产品起到预期装饰美化的作用,因为色彩的美感往往与生理上的适应和心理上的满足紧密相关。

　　举几个生活中常见到的例子,见图3-2。

图3-2　例图

1. 我们看见红色的苹果，一般心理感觉是甜，而看见红色的辣椒则会感觉是辣。这些心理感觉看起来是视觉代替了味觉而作出反应的，是人们在日常生活中体验和经验所致，是对客体本质的理解后产生的最直接的联想，已经形成潜意识，是一种惯性思维。从中可以分析出，此时的色彩是依附于形态之上的，是借助了具体的形态，触发了人的记忆信息来引导人们的感受。

2. 我们看见红色的血液，一般心理会感觉紧张（医院）、恐惧（战争）、害怕（事故）、肃穆（活动）、疼（治疗）……但究竟是哪一种感觉会涌上心头，还要看发生这一反应的具体情况。

3. 当我们看见红色的信号、标识，一般心理反应是警惕、小心、注意……而在谈及这是人们习惯养成，还是条件反射之前，还是应该认识到其中的物理学原理，即有彩色系中红色的波长最长，最容易先被人感知的道理。

4. 当红色的国旗、红色的旗袍、红色的鞭炮、红色的气球……出现在我们面前时，喜庆、热闹、激动、幸福、甜蜜，一切美好的感觉会情不自禁地涌向心头。然而，这些我们熟知的国旗、旗袍、鞭炮、气球等是有我国特色的，代表地域性、民俗性，是信仰、是传统、是文化，是会因区域的转移而改变的。

以上举例说明，不管哪一种颜色，它都可能赋予在各种"变身"之上出现在我们的视觉中。那么，不管是因主体人而异还是因客体物而异、因环境场合而异，色彩本身都可以通过唤起人的记忆而产生丰富的联想；而这种联想的生成既可能是我们往日生活中具象事物的种子，也可能是从经历体验中萌发的抽象概念的种子，前者属于形象思维过程，后者属于抽象思维过程。因此说，色彩联想是模糊的、多元的、复杂多变的心理活动。而把握好色彩变化的这种规律，就需要设计师关注生活，关注形形色色的人和物，逐渐提升对色彩的认识和丰富对色彩的记忆，并以此培养成为一种职业需求的习惯。

3.2.3 色彩与文化

不同国家、民族、地区有不同的社会文化、宗教信仰、道德伦理和风俗习惯，对色彩的喜好偏爱也不尽相同。正如上文提到的红色，它可能象征的意思很多。所以，不同的人对于同一种色彩，很可能会作出截然不同的解释。正如蔡起仁先生举例，紫色在西方宗教世界中，是代表尊贵的颜色，大主教身穿的教袍便采用了紫色；但在回教国家，紫色却是一种禁忌的颜色，不能随便使用。

正是由于在不同文化体系下，同一色彩会设定为含有不同特定意义的语言，因此，在产品设计中，更应注意色彩的潜藏语意。了解不同国家的文化差异，尊重不同国家人民的生活习惯和宗教自由，这些对于设计都十分重要。

然而，我们也要注意到，随着世界范围内文化交流的不断深入，人们的价值观念、审美观念也会随之发生一定的变化。例如，从中国人对于白色婚纱的不理解，到包容、接受和喜欢，都体现了这种可变因素的存在，但这种变化程度是有限的，短期内不会达到完全相同。表3-4列出了部分国家和地区对于色彩的使用习惯，可供参考。

部分国家和地区对于色彩的使用习惯　　　　　　表 3-4

国家或地区	喜 好 色	禁 忌 色
法国	蓝色、粉红色	墨绿色
奥地利	绿色、鲜艳的蓝色、黄色、红色	
荷兰	橙色、蓝色	
瑞士	红、白相配、原色	黑色
意大利	黄、红砖色、绿色	紫色
爱尔兰	绿色、鲜艳色	红、白、蓝搭配、橙色
英国	金色、黄色、银色、白色、红色、青色、绿色、紫色、橙色	
挪威	鲜艳色、红色、蓝色、绿色	
瑞典		黄色（以信奉伊斯兰教的人为代表）
保加利亚		鲜明色（尤其是鲜绿色）
西班牙	黑色	
丹麦	红色、蓝色、白色	
希腊	白色、蓝色	黑色
罗马尼亚	白色、红色、绿色、黄色	黑色
巴基斯坦	鲜明色、绿色、金色、银色、橘红色、翠绿色	黄色
伊拉克		黑色、橄榄绿、黄色
叙利亚	青蓝色、绿色、红色	黄色
泰国	鲜明色	红、白、蓝组合、黄色、黑色
印度	红色、蓝色、黄色、绿色	黑、白、灰
马来西亚	红色、橙色、鲜明色	黄色
埃及	绿色	蓝色
新加坡	红色、绿色、蓝色、红白组合、红金组合	黄色、黑色
韩国	鲜艳色、红色、绿色、黄色	黑色、灰色
阿富汗	红绿相配	
日本	红色、绿色	黑色
伊朗、沙特科威特	棕色、黑色、绿色、深蓝色与红色相配	粉红色、紫色、黄色

续表

国家或地区	喜 好 色	禁 忌 色
加拿大		白色
巴西		紫色、黄色、暗茶色
秘鲁		紫色
巴拉圭		红色、深蓝色、绿色
委内瑞拉		红色、绿色、茶色、白色、黑色
墨西哥	红色、白色、蓝色	
古巴	鲜明色	
阿根廷	黄色、绿色、红色	黑色、紫色、紫褐色组合
美国	色彩有方向、月份、学科之分： 1. 黑色、青色、黄色、灰色分别代表东、南、西、北四个方位 2. 黑色代表一月 　藏青代表二月 　白色或银色代表三月 　黄色代表四月 　淡紫色代表五月 　粉红色或蔷薇色代表六月 　天蓝色代表七月 　深绿色代表八月 　橙或金色代表九月	茶色代表十月 紫色代表十一月 红色代表十二月 3. 橘红色代表神学 　青色代表哲学 　白色代表文学 　绿色代表医学 　紫色代表法学 　金黄色代表理学 　橙色代表工学 　粉红色代表音乐 　黑色代表美学、文学

　　我们国家是一个文明大国，有着十分丰富的文化遗产，对于色彩的意识也有很多的积淀。建立在2500年前的五色体系就充分体现了我国历代社会色彩所蕴涵的文化内涵和变迁。五色与五行（五行指阴阳五行中的金、木、水、火、土，分别对应五色中的白、青、黑、赤、黄）的记载奠定了我国色彩与哲学体系之间的渊源。另外，强调"礼"、"仁"的儒家色彩观和追求无色之美的道家色彩观等等，都值得我们去研究和发现，这些对于设计人员是需要一并补充的知识和修养。

3.2.4　产品色彩的重要性

　　产品色彩是产品外观质量的重要组成部分，也是产品美的重要体现，甚至可以被看作是影响人们生活质量的重要因素也不为过。研究表明，人们在选购商品时存在"7秒钟定律"，就是说，人们在纷繁的商品面前，往往只要7秒钟就可以基本确定对这些商品是否感兴趣。而在这短短的7秒钟中，色彩的作用达到了67%，有的色彩只是惊鸿一瞥就令人记忆深刻。毫不夸张地说，现代设计中，产品色彩应该与产品形态共坐头一把交椅，共同以特有的符号组合向人们传递各种信息。在色彩设计中，也正是在不断挖掘、创造色彩"符号"本身更为宽广的深层意蕴，才使产品逐渐显现出了它作为一种文化传播媒介的巨大潜力，同时也越来越体现出了它是实现与人之间对话和情感的交流的重要途径之一。

色彩的重要性表现在：
1．产品色彩同其形态一样具有符号性。
色彩能起到符号传达特定信息的功能。所谓符号要具备两个必不可少的条件，一是它可感的形式，二是与形式对应的可理解的内容，而色彩因素完全具备。
2．产品色彩是产品特色和品质的重要标志。
"色彩的感觉是一般美感中最大众化的形式"（马克思）。产品设计师正是利用色彩这种优势，根据不同类型的产品和购买人群来设定产品的外观颜色，使本来平淡无奇的产品焕发出夺目的光彩，从而吸引购买人群的视线，激起人们的购买欲望。
3．产品色彩也是产品实用功能的一个组成部分。
色彩是人类的分形工具，色彩使得我们区分出各种自然形态和人化形态，没有色彩的世界是难以想象的。

作为现代产品设计的三大要素——形态、材质和色彩，色彩很多时候只被认为是充当美化产品的角色，其功能性的一面常常被忽视。然而，产品在以各自不同的形态面世前，也一定要依赖于色彩来解释自己，并区分于异类和同类产品，利用人们对色彩的理解，进一步解释形态语言的表达。

总之，随着时代、经济的发展，新材料和新技术的发明与普及，使得设计人员基本上可以随心所欲地控制产品色彩了。色彩内涵丰富和"先色夺人"的特质，将成为主宰未来消费行为中最重要的组成部分。

3.3　产品色彩设计研究

20世纪，功能和结构一直充当着产品走向竞争的引擎；而21世纪的今天，产品则只有以更多的外化表现形式才能迎合人们情感消费的主要倾向。换言之，就大多数现代产品而言，其形态、色彩以及服务等因素开始真正进入了新一轮塑造产品品牌的竞争轨道中。就产品色彩而言，不仅成功的色彩定位会使得产品形象收到事半功倍的表现效果，而且色彩可谓是一项相对花钱少而收效大的设计投资，将理所当然地得到商家企业特别的青睐。

3.3.1　产品色彩与形态

科学地说，色和形是两种互有区别的现象。首先，同样作为能满足视觉职能的两种现象，它们都有自己的表情方式，都能被视为一种工具来发散信息。形表达信息的直接与准确是色所无法比及的，例如人的面孔、人的手印或是我们书写的文字等等；而色彩表情的丰富与神采又是形所望尘莫及的，我们可以回味蝴蝶的翅膀、孔雀的尾翼和山花的烂漫，或是那明亮眩目的夏日、遍地金叶的秋天以及白雪皑皑的冬日所带给我们的色彩感受。换言之，色和形之间是无法互相取代的，"形状好比是富有气魄的男性，而色彩好比是富有诱惑力的女性"。

此外，形与色还如同形与影，是一个不可分离的整体。有形就有色，色彩既可传递信息、又蕴涵寓意，是消费者确认产品价值的重要因素之一。对于产品的功能和形态，人们的知觉行为往往是更趋于理性接受，而对色彩的选择是出于本能与直觉，是多感性的。另外，我们对某一产品形态的感受和理解会受到其色彩变化的很大影响，同一形态可能由于色彩因素产生完全不同的视觉感觉，也可能因此带来产品畅销和滞销的天壤之别。任何产品为了推销，必须引人注目，在这方面，色彩起着比外形更强、更直接、更快速的作用。因此，在产品设计中，色彩所扮演的角色格外重要，无法替代。

3.3.2 产品色彩与纹样

除了依据产品结构和布局来划分色彩之外，有时还需要借助色彩的"有形的再设计"去丰富或延伸产品语态。在这里，"有形的"设计是指在产品三维表面上的二维设计，也就是产品装饰纹样的设计。之所以称之为"再设计"，是因为这种带有空间性质的二维设计不完全仅是丰富产品风格和情感内涵，起到美化外观的作用；而且有时完全可以作为一种改变实体形态效果的手段，在已经确定的结构内作出不一样的文章，起到延伸扩展产品样貌的作用。所以，现在有些产品的纹样设计是处于相对独立的设计过程，有时是由与造型设计人员并行的另一组设计人员来担负。

例如，一辆自行车，由于外部构件繁多，结构、材质、形态各异，很容易造成零乱和不安全感，通过自行车贴花设计，对其形态结构进行整合，运用适当的图形和色彩，达到自行车整体的和谐感。见图3-3、图3-4，即利用有形的色彩来改变车架视觉造型，制造出巧妙的视觉假象，使自行车外观效果灵巧多变。

再如，许多具有独立结构、简单外形的产品，更需要凭借纹样设计在外观上创造产品的高额附加值，来满足不同审美需求和实际要求的购买大众。光洁且朴素的陶瓷制品，虽

图3-3 自行车设计

图3-4 车架放样设计

然本身具有材质的纯洁之美和高雅气质,但并不能满足生活中各异的环境场合和民情民意,如果增添色彩绚丽的纹饰,就可以使器物锦上添花,见图3-5、图3-6。

图3-5 纹样

图3-6 玩具设计

3.3.3 产品色彩与材质

如果说纹样及色彩是产品的外衣，那么材质可以说是产品的肌肤。只是产品的外衣和肌肤是合为一体来表现的，它们犹如一对演绎双人舞的搭档，需要默契，才能互添光彩。纹样及色彩让人体验着视觉感受，材质则带来触觉感受以及质感的视觉联想，见图3-7。

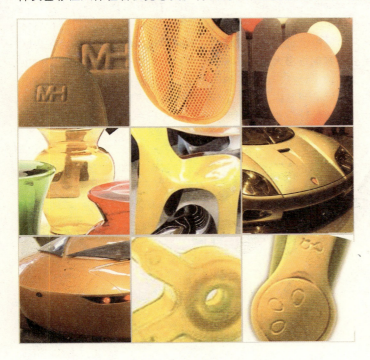

图3-7 黄色在不同材质的上的视觉效果

在产品的发展进程中，新材料和新技术构成了产品发展的一条主线，它们在作为制约产品物化的客观物质技术条件的同时，又使得产品形态、结构、表面效果以及类型得到了不断的突破发展。尤其是21世纪这个"高技术创造高情感"的时代，技术和材料不仅造就了产品的物质之躯，也成全了产品的美润之魂。在我们思考技术理性的同时，又体验到了高技术带来的全面美感和不可思议。正是这种大势所趋，使得有关产品色彩管理系统已经开始纳入材料及技术的项目，而不仅是自主开发产品的制作商，还是OEM和ODM的生产商也都开始对材料的新动向关爱有加。

例如，通用电气(GE)塑料集团推出的一种具有夜光(Luminescent)和柔光(Ferrite)金属色泽的新塑料材质为产品表现开通了一条新的道路，由此引发出了许多新的产品。其中，Luminescent材料共具有五种柔光色调，主要是具有夜光功能，出众于普通材料之处的就是能在黑暗中持续一至两个小时散发出黄绿色的光芒。而正是这一特质，很多产品将在夜间使用时焕发容颜。据称，通用公司是借助了世界著名的巴黎流行预测公司(Bureau de Style Peclers)专门编制的《色彩和效果指南》来预测未来客户对外观、效果和色彩的需求趋势的。他们让GE塑料中所有Visualfx树脂材料的颗粒本身就具有颜色和特殊视觉效果，能为产品带来色彩、精致富丽的外观品位，无需再经过昂贵的喷漆及涂层处理。

　　GE塑料还在全球美学效果材料领域推出了色彩管理及配色服务（ColorXpress）系统。同时与瑞士Regensdorf的Gretagmacbeth合作，为客户提供最先进的色彩管理服务，协助OEM生产商、来料加工客户完善色彩审核程序，更有效地确保在生产流程中色彩与设计初衷保持一致。在这方面，国内许多领域中也纷纷出现了专门研发材料技术的企业，并为各自所在行业提供着专业服务。主要是定期推出大量新品种、新颜色，根据客户定单配制、提供颜色标准和小批量材料，以备手板设计打样。存在的问题是，这些颜色样板都是出于各自企业，很多没有国家限定的统一标准和名称，这样在与客户沟通时很容易造成理解上和使用上的误差。图3-8展示的是手机设计企业关于材质、色彩的分析样品，图3-9是自行车管材展示样品。

图3-8

图3-9

选用产品材料时还要注意了解材质本身的色彩性质，一是材料的固有色彩，二是材料的人为色彩；前者是指包括金属、玻璃、木材、塑料等制品的固有色和材质感，后者则是指在材质表面进行的喷涂、染色等的后期色彩技术和效果。二者的关键在于把握材质的肌理、光泽（亮光或哑光）等对色彩真实感的影响。

目前，许多产品设计师开始格外强调产品的材质美和技术美，由此体现产品的高质量、高品位。因此，熟知材料特性和及时了解新材料的发展动向对把握最终的花色效果是十分重要的。

3.3.4　产品色彩基调

评价产品外观设计好坏，整体性应该最为关键。所谓产品外观的整体性主要取决于该产品的形态和色彩设计。形态基于功能、结构和制造工艺，注重点、线、面、体的比例、空间、位置、方向及它们相互间的转换关系；色彩则依据产品类型和材料、工艺特点，通过不同的色彩组合有效配合形态要素强化上述要点及关系，同时进一步推进产品风格和特色表现。总之，整体感强的产品在色彩定位上主要解决的两个基本问题就是产品的色彩基调和配色。

在色彩学中，基调也就是色调，也称调性，是指一组配色或画面总的色彩倾向，它是除色相以外，各种明度与各种彩度（纯度）所组成的阶调，是明度和彩度合并为一体的概念，是色彩的强弱、明暗的程度。如有针对明度高低的明调子和暗调子，针对彩度高低的清调子和浊调子等。在形容色彩性质时，色调是一个很重要的概念。产品色彩基调或说产品色调，是指支配整个产品的主体色感。一般我们日常描述产品色彩印象时，是不太可能分别用色彩三属性（色相、明度、纯度）的特征形容的，而是概括地用产品的总体色彩倾向进行交流。比如图3-10这个鲜红色(调)的订书机设计的很现代，非常适合年轻人使用。图3-11这组浅灰色(调)的苹果台式电脑看起来品质不错。其实在这里，色调的概念已经限定了色相的范围也包含了明度和纯度的变化。

图3-10　订书机

之所以运用色调的概念，是因为当一组色彩匹配在一起时，其中单个色的色彩力量会被其他色所均衡，取而代之的是整体色彩组合后的色调所营造出的色感或明快、或沉静、或喧闹、或舒缓……，这就是色调往往会触发人们浮想联翩的心理意象。这种心理意象从观者角度（审美主体）说，是观赏者自身主观化的艺术境界的存在物，是一种主观感觉的混合和再现，或者说是观赏者联觉上的通感印象，见图3-12眼镜的色彩设计。

图3-11　苹果电脑

077

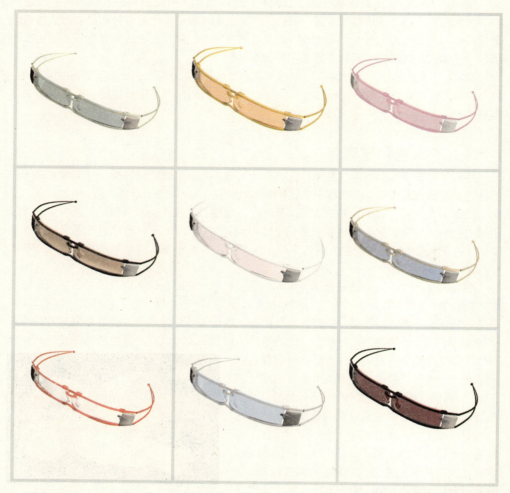

图3-12　眼镜的色彩设计

以鲜明色调和深暗色调为例，鲜明色调可细分为鲜色调和明色调，各色相最高纯度的鲜艳色，都属于鲜色调的颜色；而纯度不仅高，明度还高于最艳色的颜色就可归属于明色调。鲜色调和明色调的心理感受相近，都很强烈、令人有活泼、热情、年轻、积极、新潮、豪华、运动等意象之感，且充满欢乐、活力充沛；但又容易有俗气、野性、生硬等感觉。而由一些不同明度的暗色组合的深暗色调会逐渐增加人的心理重量，会令人感到稳定、结实、厚重、理智、可信、成熟、男性化等意象，其负面心理效应则有使人感到沉闷、忧郁、压力、固执、恐怖、冷、黑暗、孤独、老气等。又如，浅淡色调会给予人柔和的感觉，图3-13中不论是淡蓝色调还是淡粉红色调等等，虽然所含的色相不同，但柔和的感觉都一样有。它们可以用同样的形容词来描述，如温暖、清馨、可爱、朦胧、柔软、舒服、文静、淡雅、甜蜜、轻松、纯真、恬美、有气质、女性化、罗曼蒂克等等，可以划分在同一个色调领域。

图3-13

如果在浅淡色调中加入一些浅灰色，那就形成了浅灰色调。浅灰色调仍含有一些柔和的内涵，其心理意象可以用祥和、幽静、梦幻、成熟、素雅、忠实、黄昏、中庸、绅士等词描述，但有时也有不好的倾向，如消极、没主见、忧郁等。

单就从大众角度说，鲜明色调的意象更适合活力四射的年轻人，深暗色调适合理智的男性，浅淡色调适合可爱的儿童和温婉的女性，灰色调适合成熟人士等。

作为"人为事物科学"的设计，其研究方法也有别于自然科学，因为设计毕竟是要从人的角度出发，尤其是在色彩这方面。在这个领域中，日本和台湾地区曾率先开始从色彩心理效应着手研究，主要方法是从色彩计划入手，以意象调查和语意分析法为手段，进行系统地分析来指导设计，目的都是为了达到最佳的设计效果。如图3-14以轻盈与稳重、年轻与成熟的纵横轴为准的二维平面图来示意，从客观角度排序单色意象尺度空间，则位置越近的色彩说明所代表的意象就越相似，反之则相差越远。这种直观地分析色彩关系的表现形式被称作色彩意象尺度图。

准确地说，色彩意象研究属于色彩心理学的范畴，其主要考虑的是色彩所能引起人的感觉和知觉问题，以及由此引发的情感作用。涉及到的色彩意象尺度的概念就是将色彩的属性同色彩心理因素综合考虑，同时以科学的实验方法为依据进行色彩关系的研究。在设计实践中，单个色往往不能充分地体现出某种色彩意象；或者说，一个色彩有时略显单调，而一组配色所形成的总体色彩感觉才能更好地表现微妙的意象差异，这就是配色意象尺度空间；即在一组范围内，利用能表现意象间微妙差异的基本单位三色配色，将相似感觉的配色组合在一起，并赋予关键的形容词，尽可能发挥每种配色的特征和意象之差。在实际产品配色设计过程中，色调的选择往往体现得比色相的选择更重要，如图3-15、图3-16（注：图中只是示意一种方法，并不代表全面的分析结果）。

现在越来越多的企业在产品色彩计划阶段，通过色彩意象尺度图的分析分类法，把先期借助民意调查、访谈、采样等手段，收集和制定的大量色彩组合方案（如图3-17)进行科

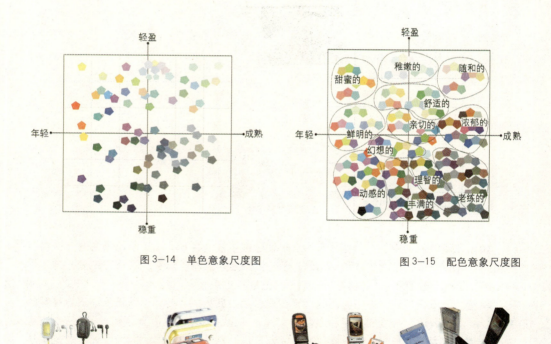

图3-14　单色意象尺度图　　　　　图3-15　配色意象尺度图

图3-16

第三章　产品色彩表现与研究

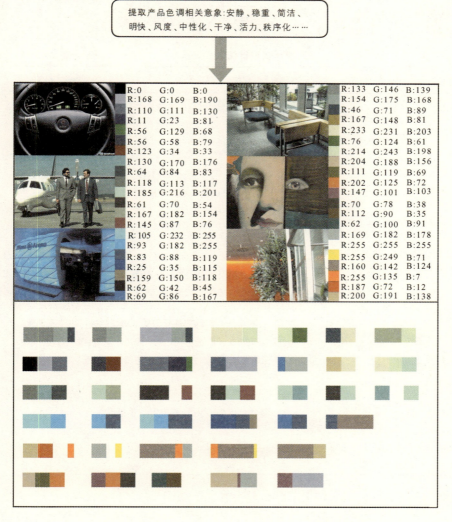

图3-17

学的定性和定量研究和评价，来有效地对位预想方向，为后续的设计工作提供相对客观的参照标准。

表3-5提供的是目前设计公司比较常规的一份色彩设计流程工作的具体内容。一般在前期设计中就会涉及产品色调分析，其后借助二维软件（多用CorelDRAW软件）进行产品套色表现。对色调的选择要考虑的因素会涉及到产品的主要功能、使用人群、使用环境、流行因素、早期产品、同类产品、竞争对手、企业PI形象等因素，如图3-18产品配色样板。

产品设计中，面对多变的产品外形和错综的色彩关系，要取得整体协调，就只有遵循色彩的普遍规律以及产品设计中的一般规律，准确理解产品的功能、用途、结构及使用对象的色彩喜好，才能适宜地把握产品色调选择。而色调的定夺，直接影响设计过程的顺利与否以及产品的最终效果和销售。

常规色彩设计流程　　　　　　　　　　　　　　　　表3-5

阶　段	交付内容(色彩环节)	
1. 产品工业设计分析	产品色彩分析 ———— →	市场定位分析(资料收集整理)、竞争对手产品分析、主题产品(本产品)分析、设计趋势分析、企业PI形象分析、设计定位分析
2. 外观设计阶段	产品外观配色方案 ———— →	二维效果图(一般3~5种套色方案)→(甲乙双方交换意见)色彩推敲调整→初步分析各方案相应材料及成本→三维效果图(包括产品LOGO、图标、文字、丝印设计)
3. 结构概念设计阶段	色彩推敲调整 ———— →	完善色彩方案，将外观配色所需要的所有颜色以及丝网文件用Pantone色卡标注色号，同时注明局部运用的表面处理工艺(包括亮光、哑光、珠光等漆面效果)，上述内容制作一份详实的工艺说明
4. 外观样机制作监理	色彩样板 (外观手板) ———— →	针对实际生产的喷漆丝印技术对颜色进行小范围调整，关键问题在于所选涂料厂家，因为喷涂过程中，如果采用(不同国家、厂家)的喷漆机型与漆质不匹配，其色差会很明显
5. 结构详细设计	整体调整 ———— →	基本选定1~2种色彩方案用于最后生产
6. 结构样机制作监理	功能性手板 ———— →	展示最终效果

第三章　产品色彩表现与研究

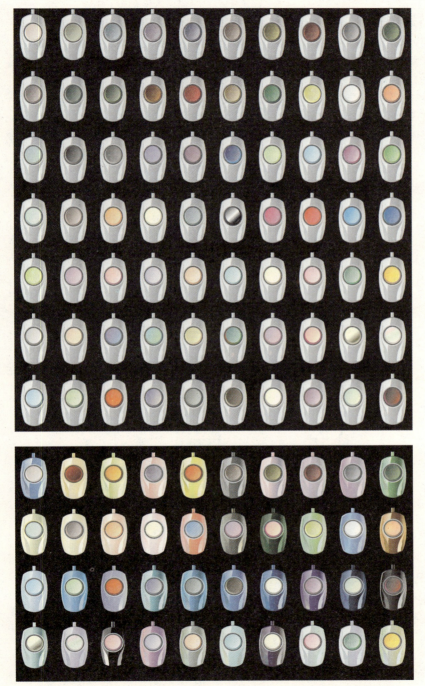

图 3-18　产品配色样板

3.3.5 产品配色与视觉感受

产品外观色调的整体效果和视觉美感是在色彩组合搭配中产生的，而色彩本身其实并无美丑可言，了解复杂的审美要求和掌握每一种色彩具有的固有属性及所能表达的意象是关键所在。在设计实务中，一件完整的产品很少是由一种颜色构成。一般情况，一件产品会分布2～3种颜色。只有合理地考虑色彩的分布位置、面积和巧妙调配色彩间的相互关系，才能收到较好的整体效果。如果过多地使用色彩，不考虑色彩的搭配关系，就会对色调识别产生障碍，影响产品的视觉品质，从而产生视觉的凌乱感。如图3-19这款手机的几套配色没有注意色彩间的明度和纯度关系以及主次色所分布的位置和比例，因此看起来很不协调、不舒服。

图3-19

那么，产品配色一般要注意以下原则。

1. 配色中的主从关系

一件产品的色彩要有一个统调支撑，换句话说，产品色彩的配色要注意主从关系。色彩的主从分明，体现在主色与次色的关系上，其决定因素在于色彩的分布面积和所处位置，而这并不意味着主色就一定分布面积最大，而关键是要把它置于重要的主体部分。另外，主从关系是相对而言的，主色要依赖次色的衬托而存在。同时，主色的确定也要依据产品功能、产品所在的产品群、使用群体、使用环境、企业PI形象以及市场发展的长远战略的分析定位；次色则应为从属色，处于衬托和点缀地位，特别是不能因此而影响了主色调（注意主色和主色调是两个概念）。

具体应用方法是：

（1）产品通体使用一种颜色，而按键、把手，乃至标志、文字等细节采用另外颜色作为点缀。见图3-20。

（2）根据产品结构特征，选用同色系或者具有相同属性的颜色区分不同部分，要注意产品类型及视觉舒服感和审美习惯。见图3-21。

（3）产品整体上只使用一种颜色。此类产品特点是产品使用功能专一；同时，也为了在单纯的色彩中更好地突出形态变化，或是体现一种光与影的组合关系，亦或是提供一种材质上的视觉对比。更看重地则是产品自身的简洁和与整体环境中的色彩联系，见图3-22。

图3-20

图3-21

2. 配色中的平衡关系

在色彩搭配中讲究平衡关系是长期以来人们形成的审美习惯,同时也是人们视觉生理和视觉心理的经验积累所致，这必然影响着产品配色中的审美原则。对于设计师而言，产品就好比一个生命体，整个设计过程就是为了在形态、色彩乃至材质配合上求得一个最终的平衡、匹配的效果，创造一种视觉流畅和舒服的感觉，从而营造出产品自身的生命力。

具体地说，这种配色的平衡关系就是指色彩的冷暖、轻重、强弱等迎合视觉生理及心理因素的平衡。其应用方法是：

图3-22

（1）在浅与深、明与暗的组合配色中，通常采用上浅下深，上明下暗的手法造成视觉中上轻下重或是上弱下强的稳定感觉。当然这一模式并不是一成不变，要视产品形态的结构关系，体量分布的特征，具体问题具体分析。见图3-23。

（2）配色应按视觉心理平衡的原理来把握色彩的色相、明度和纯度的关系。但是，色彩平衡不一定就是对组合在一起的色彩所拥有的属性和特征之间施加平均主义，而是要使得色彩总体感觉上达到平衡效果。如图3-24。

（3）配色要注意视觉残像造成的心理反应。如人的眼睛看红色过多会出现绿色的残像，若看明色过多则会出现暗色残像。如果眼睛看见的各种色相相互匹配恰当时，就不会出现视觉残像，也就说明此时视觉状态是平衡的。实践证实，中间灰色在视觉心理中会生成完全平衡状态，这也是设计师在产品设计配色中多钟情于偏灰色的缘故。如图3-25。

  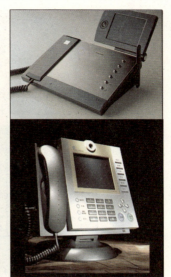

图 3-23　　　　　　　　图 3-24　　　　　　　　图 3-25

3. 配色中的呼应关系

配色的呼应关系表现在，其一是一件产品所配色彩之间的关系，即颜色在色相环的某种几何关系；其二是产品本身的色彩计划的逻辑关系。

具体应用方法是：

（1）一件产品上所搭配的几种不同色彩中都混合了同一种色素，从而产生色彩间的内在联系，使产品自身色彩呼应。如图3-26。

（2）现在不少企业实行产品系列化、家族化设计计划，目的是以花色促商机，以特色塑品牌。表现在系列性的产品中，每个单件产品都锁定相同部位采用相同色彩，而其他部位色彩选择丰富的变化。如图3-27。

从图3-27中可以看出，以无彩色系中的黑、白、灰（银色）与有彩色系中的任意一色或两个同类色搭配是成功率比较高的色彩组合方案。

4. 配色中的兼顾关系

如果能用开放的思想对待开放的空间的话，就可以认识到色彩既可以鲜明地表现一个主题和定义，也可以将琐碎的空间关系协调统一起来。

具体应用方法体现在：

（1）习惯配色与现代配色并驾齐驱，即有些先入为主的配色思维定势是可以突破和调整的。比如，厨具色彩由于与烹饪、饮食的直接关联，一般以象征洁净的浅色调为主流（以白色或不锈钢本色居多）。然而，如今部分黑如碳色的厨具也可以成为高档产品的代言，摆上了灶台。又如，康佳1998年推出的"七彩小画仙"彩壳电视，便是首次将色彩引进"黑

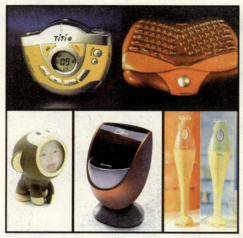 

图 3-26　　　　　　　　　　　　　　　　　　　　图 3-27

色家电"中获得成功的例子。还有，冰箱、空调的制冷功能往往使其色彩限定在了冷色系（也以白色居多）；如今，大红色、黄色等暖色系的冰箱、空调不仅大方上市，而且销售业绩不俗。如图3-28。

图3-28　容声冰箱

　　（2）产品色彩与外部色彩相得益彰，即产品色彩要有较多适应性、兼容性，要与空间整体环境色彩相协调。尤其是现代家居环境，为了营造大居室氛围，就要让所陈列品的色彩尽可能统一和谐，从而突出人的主体地位。依然以冰箱为例，如图3-29为了与整体橱柜的色彩搭配，冰箱门面板的色彩可变换出多彩的旋律。而其他同类产品，如消毒柜、洗碗机、微波炉、电烤箱、空调、电扇、电暖气、电视、音箱、家具等等用品也可参考这种设色方法。对于公共场所的室内外产品色彩同样也存在配色的兼顾问题。见图3-30。

　　以红为主色的草坪机和以绿为背景的草场环境构成了现实中机器与环境配色的又一个生动的典范，正所谓"万绿丛中一点红"。

　　值得关注的是，在产品配色所兼顾的外部色彩中还包括人的因素，即产品的主人。产品色彩在主人的服饰、心情、出席场所等发生变化后，可以轻松变身是一个新的流行趋势，也体现了一种新的生活理念——"想变就变"。实际上，就是配套产品中提供非常方便的操作方法配合使用者随时可以自行更换产品色彩秩序、改变产品面貌。例如，市场上的手机

第三章 产品色彩表现与研究

图 3-29

图 3-30

外壳、面板和可下载桌面图片的功能。这类产品的配件要求具有一定的标准化,组合随意、灵活、方便、易操作,使用户的行为带有一定的创造性,并从中体会新的快乐。这种产品色彩趋于模块化的设计与现代人生活求变、求新、讲究个性的心理一拍即合,见图 3-31 眼镜设计。

5. 配色中的象征性意义

色彩情感的抒发表白,在于它能奇妙地点燃人的内心深处的感悟,这是色彩的象征意义。象征性的色彩语言,在不同的民族、不同的地域、不同的文化体系、不同的消费层面中,既存在个性也存在共性,这就要求设计师不应以个人喜好狭义地确定产品配色,要根据具体的情况深入地了解其不同的象征意义、使用领域,并结合现代信息的补充,恰当地拟定理想的、适时的色彩计划。

在产品色彩计划中,配色还可以根据以下分类方法进行思考。

1. 依据色彩三属性进行分类。一是以色相为主的配色,色相环中的色彩都具有鲜明的本质个性,易突出主题。二是以明度为主的配色,可分为有彩色为主和无彩色为主的配色,任何一种颜色都有自己的明度特征,有彩色为主的配色还可用高明度、中明度、低明度表示。无彩色为主的配色,即黑、白、灰色阶差之间的配色。三是以纯度为主的配色分为高纯度、中纯度和低纯度配色。

2. 依据色彩感觉进行分类。色彩感觉主要可分为暖色配色、冷色配色、中性色配色、是与人们的视觉经验和心理联想有关。

　　3. 依据产品语意进行分类。它是经过深入的调查研究,了解色彩心理和色彩表情特征之后,提取并转换成具体的色彩视觉语言。对于产品中语意性配色,要根据色彩联想和色彩心理的作用依靠广泛的社会调查和设计经验来评价、确定。例如按语意性进行配色的类型可表述为:兴奋的、典雅的、纯真的、幽默的、前卫的、怀旧的、简约的、智能的、华丽的、豪华的、神秘的、庄重的、高贵的、娇美的⋯⋯。

　　一位优秀的产品设计师,在色彩表现上应该既要熟悉和掌握固有原则,又要灵活运用,善于发现、提炼和创造。正如古人云:"色有定也,色之用无定。有定故常,无定不可有常"。

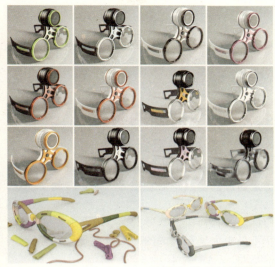

图3-31　时尚眼镜设计

3.3.6　结语

　　作为现代产品,不论是面对市场竞争,还是面对不断增长的大众审美需求,其色彩设计已经不容忽视。同时,在遵循色彩学理论及配色原理的基础上,新技术、新材料等现代加工工艺和新思想、新标准的现代生活理念都将促使我们进一步开发研究产品色彩的表现方式,运用科学的分析方法,融入理性思维,把色彩从单纯意义上的生理刺激转变为富有生活情趣和高雅生活品位的象征,从而创造出和谐美妙的产品色彩境界。

思考与练习题

1. 色彩在现代产品设计中具有哪些作用和意义?
2. 色彩的语意是指什么?如何在色彩的语意空间中设定一项产品色彩开发的尺度图?
3. 产品设计中的色彩计划应该遵循哪些原则?
4. 选择一件产品,设计几套不同思路的配色方案并阐述设计意图和理由。
5. 应用感性工学对一类产品色彩设计进行研究。探讨这类产品的色彩组合在其形态和材质的映衬下对人的五感的影响以及对这些复合感觉之间的交互作用。

第四章 工业产品常用材料

4.1 造型材料的特性

4.1.1 材料的感觉特性

感觉特性是人们通过视觉、触觉有时是味觉或听觉对材料作出的感官印象,人们正是通过这些感觉器官或通过联想得到美的认识和享受。一个造型具有赏心悦目的美感是广义的、多元的,其中包含色彩美、表面肌理美、结构美、形态美、工艺美等,它们都是以材料美为基础的。桑塔耶那在《美感》一书中写到:"假如雅典娜的帕提农神庙不是由大理石筑成的,王冠不是用黄金制造,星星没有亮光,那它们将是平淡无奇的东西"。

材料美是人们通过视觉和触觉的生理刺激对不同的材料产生的不同的感觉特征,即质感。表层的感觉是通过材料表面的色彩、光泽、肌理和材料的质地等,产生轻重、冷暖、软硬、粗细、滑涩、亮暗、干湿等生理感觉。深层的感觉是设计者通过材料的质感向消费者传达特定的情感信息和文化内蕴,例如温馨与冷酷、通俗与时尚、古典与现代、感性与理性、活泼与束缚、粗犷与柔雅、自然与高科技等心理的感觉。

材料的质感一类为自然质感,是材料的固有的属性,是由材料的元素成分与微观结构所决定的。另一类是在材料表面经过机械方法或化学方法的处理工艺,得到的一种全新的设计质感。尤其是新的造型材料和高技术表面工程的不断出现,必然会产生新的设计,产生新的造型形式,给人们带来全新的物质享受和精神感受。

1. 材料的质地

材料的质地是材料的固有的性质,是材料的物理化学性能,也是产品造型设计的要素。材料的质地有轻重、软硬、冷暖、粗细、干湿、柔脆等不同的质感。如石材的质地硬、重量大,不锈钢材料给人硬且冷的感觉,塑料发泡材料的质感是软、轻、暖、橡胶具有良好的弹性、耐磨性、气密性、柔韧性等特殊性能。虽然有些材料有相近的感觉特征,但是质地是不同的,如无机玻璃和有机玻璃,都具有很好的透光性,前者硬度高、刚性大、抗冲击性能差,后者硬度差但韧性好、质地轻。 见图4-1。

图4-1 玻璃制品

2. 材料的肌理特征

材料表面的肌理表现为视觉肌理和触觉肌理,材料的视觉肌理可以满足人的精神享受,

第四章 工业产品常用材料

触觉肌理在满足精神享受的同时还适宜人们生理上的需求。木材的纹理,大理石材的纹理,特殊处理的彩纹和网纹不锈钢板、镀锌钢板和镀锡钢板,表面印制木纹的贴纸、装饰布等均具有视觉的肌理。如图4-2、图4-3。

经过拉毛处理的不锈钢板材和管材、喷沙玻璃、压花玻璃、皮革、人造革、具有凹凸肌理的塑料制品表面都具有较强的触觉肌理。如图4-4中电动工具的手柄,为了增加摩擦力,设计了较大的凹凸肌理。

图4-2 羊皮灯罩的肌理　　图4-3 织物的肌理　　图4-4

光泽是材料表面的一种特性,实质是材料表面的肌理特征,在一定程度上可以讲是光的视觉特征。我们知道光线射于物体上,一部分光线会被反射,若是集中形成平行反射光线,则为镜面反射,镜面反射是光泽产生的主要因素。材料表面肌理的构成形式和肌理的量度不同,使反射光线分散在各个方向,正是在材料的表面漫反射的程度不同,形成视觉上柔和的亚光或失光效果。由于光泽是有方向性的光线反射,它对形成于物体表面上的物体形象的清晰程度,即反射光线的强弱,起着决定性作用。同一种颜色可显得鲜明亦可显得晦暗,这与表面光泽有关。材料表面的光泽度可以用光电式光泽计进行定量测定。

大多数金属材料的折光率较高,因此表面光泽度高。如不锈钢材料,表面镀钛、镀铬和镀镍的钢材料、塑料,经过抛光、氧化处理的铝材料等,表面平滑、光洁如镜。这些材料表面多为冷金属色,因此表现为即冷又硬的质感,一般的情况下不适合大面积使用,多用于水具、炊具、家具的支架,手表的外壳等生活用品。在IT产品、视听产品和各种交通工具中也常使用表面呈高光或亚光的金属质感材料作为装饰构件和结构件。

对于一个产品表面质感的设计,材质的选择和色彩确定下来后,用表面肌理量度的对比、光泽度的对比、粗糙度的对比作最后的修饰尤为重要。例如图4-5的红酒瓶塞,充分地使用了材质的轻重、冷暖、刚柔、高光与亚光的对比,整体设计尽善尽美。

图4-5

3. 材料的色彩特性

我们看到的材料表面的颜色是由四个方面决定的：一是材料的光谱反射（或吸收）；二是观看时照射于材料上的光谱的组成成分；三是观看者眼睛的光谱敏感性及环境色的影响。所以我们见到的颜色并非是材料本身固有的，它涉及到物理学、生理学和心理学。从物理学来说，颜色是光能；对心理学来说，颜色是感受；对生理学来说，颜色是眼部视觉神经系统与脑细胞感应的联系。人的心理状态会反映他对颜色的感受，一般人对不协调的颜色组合都会产生强烈的反应。颜色选择恰当，组合协调，同时在色彩设计中融入文化、融入情感，就能创造出美好的工作、生活环境，因此对设计而言，色彩极为重要（图4-6）。

材料是色彩的载体，在光的世界里不同材料有着不同的色彩。以有色金属材料而言，之所以称为有色金属，因为不同的金属均有各自特有的色彩。例如，锡、铝、镍、锂、镉、铬、钴和不锈钢等金属材料，看上去都是呈银白色，实际却有着微妙的区别。铝和锡是带蓝调子的银白色，铬是偏暖的带有黄调子的白色，镍是冷银白色，钴表面抛光后有淡蓝光泽，不锈钢由于表面覆铬氧化膜因此耐腐蚀，铬含量高偏黄。金属铅的颜色呈灰白色，金属铋的颜色呈灰白的粉红色。不同的金属呈现不同色彩，这些特殊的带有金属质感的自然色彩是其他材料和任何涂料也无法再现的。

材料的色彩有两种，以上讲的是材料的固有色彩，是材料的自然属性。经过表面处理的工艺可以得到我们需要的色彩，称为设计色彩，是材料的工艺特征。设计色彩可以根据产品整体的色彩构成的需要，设定适合的色调、明度，得到适宜的、协调的色彩效果。在产品设计时，是选用材料固有色彩还是采用设计色彩，要因材施艺，要根据多方面的因素去确定。例如，我们选用红木或黑胡桃木制作家具，就要充分运用材料的固有色彩、纹理，展现自然的美感。如采用经过表面处理得到的彩色不锈钢板或蚀刻不锈钢板，在建筑装饰、家具、家用电器、餐具等产品上的应用，产生了显著的装饰效果。

图4-6 色彩与光谱

4. 材料的形态特征

材料是以一定的形态存在的，我们这里讲的材料的形态，一类是指材料的自然形态（通常是原料），如树木、竹子、藤木、岩石等有着天然的无定态的形状。工业产品使用的材料是将天然的原材料经过物理的或化学的方法制作成具有一定性能和一定形状的新的材料。工业产品的材料形态（亦称市场供应状态）可分为线材、片（板）材、块材及各种型材。材料各种不同的形态，承载着不同的信息和感觉特征，是造型设计的基本元素。

（1）线形材料：一般是指材料的横截面与长度比相差较大时称为线形材料。如图4-7。线是造型的最基本的形体要素，线形材料在产品的形态构成中有两种形式，一是构成形体线，二是装饰线的作用，有时两者兼备。线材种类较多，有金属（钢、铜、不锈钢）丝、管、

第四章 工业产品常用材料

图 4-7 线形材料

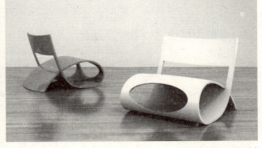

图 4-8 板形材料

棒、尼龙带（绳）、细木条、细塑料棒及棉麻线等。设计时要发挥线材方便造型和组合的特点，充分运用排列、扭曲、连续、渐变、镂空的手法产生变化丰富的视觉效果。

（2）片（板）形材料：片材是工业产品使用最多的材料形状，金属、塑料、木材、织物、皮革、石材、陶瓷、玻璃、纸等均有片材供应。如图4-8。片材的形态特征是具有较大的平面面积和相对较小的厚度，在视觉上具有很大的包容特征，在设计时利用弯曲、冲裁、拉伸、压型、折叠、切割等多种成型工艺方法，通过对称与不对称、重复、比例、对比等造型艺术的构成规律，用来营造深度、长度、体量、几何结构、强度特性等形状特征。工业产品常用的金属板材有钢板、不锈钢装饰板、铜及铜合金板、铝及铝合金板。使用量最大是钢板，按厚度分为薄板、中板和厚板，常用薄钢板材料厚度有0.3mm、0.4mm、0.5mm、0.6mm、0.8mm、1.0mm、1.2mm、1.5mm、2.0mm、2.5mm、3.0mm等，厚板可达25mm，钢板面积多为1000mm×2000mm。铜板的规格较少，但是铜箔的厚度从0.01mm～0.05mm选择。木制板材品种较多，有多层板、刨花板、中（高）密度板、大芯板及各种贴面复合板等，厚度有多种规格，面积多为1220mm×2440mm。在零部件的形状和尺寸设计时要考虑市场供应板材的尺寸，尽可能做到精打细算，提高材料的利用率，最大限度地降低材料成本，这一点在技术指标的设计中不可轻视。

（3）块状材料：块状材料在三度空间上具有一定的相关尺寸，并且具备封闭的实体形态。如图4-9。常用的块材有木材（实材）、水泥、石材、铸铁（钢）、发泡塑料及石膏、浇注树脂等材料。块材的形态特征表现为重量特性和强度特性，在产品的空间总体设计时，由于放置不同的位置，将产生实体的和视觉上的稳固、静止、紧凑的效果。在工艺上一般采用雕刻、切割、型模铸造等方法产生一元的几何造型或多元的相贯体及各种仿生曲面形体。

图 4-9 块状材料

在工业产品中，铸钢常用于机械设备的基座，以保障稳定性。聚氨酯发泡塑料用于沙发等坐具，其柔韧强度是其他材料无法替代的。天然饰面石材大理石和花岗石经雕刻、切割、研磨抛光后光亮如镜，色彩美观绚丽多彩，浅色的清新亮丽，深色的雍容典雅，装饰效果极佳。

（4）型材：具有一定截面形状的连续压（挤或切削）制的材料称为型材，从形体特征上看，有的型材也可以看作是线材。常用的有钢型材、不锈钢型材、铜型材、铝型材、塑料型材和木制型材。通用金属型材的横截面形状有圆柱形、方形、角形、圆管、方管、工字形及槽形等，专用型材的截面形状较复杂，如图4—10。由于型材截面形状的结构合理，因此力学性能好，而且型材是大批量的生产，因此价格相应较低，故而在建筑、桥梁、车辆、运动器材及家具中大量应用。尤其是各种特殊截面的专用铝型材和塑料型材的出现，使一些产品的造型设计和制作工艺发生了很大的变革，简化了设计和制造的工序，提高了效率。专用型材的种类很多，如铝合金和塑料的专用门窗型材，仪器仪表、家具、展示架（柜）用铝型材，建筑装饰用不锈钢型材和各种木线等。市场供应的型材的标准长度为4m和6m，截面形状和尺寸很多，尚有经过表面处理的型材，如经过氧化着色处理的银白色、茶色、彩色铝型材，经过漆饰的铝型材和镀锌处理的钢型材，经过抛光的不锈钢型材等。

图4—10 铝镁型材

4.1.2 材料主要的固有性能

工业设计师在进行产品的形态设计时，根据产品的使用性能，要合理的选择材料。选择材料的主要依据是材料的性能、加工工艺和经济指标。其中材料的性能直接关系到产品的使用功能，使用环境及表面效果。材料的固有性能是由材料本身的分子结构和组成方式构成的，性能是一种性质、能力，不同材料的性能是不同的，是在使用状态下表现的性质，材料的性能要符合产品的功能的要求。材料的性能可分为两大类，一类称为使用性能，主要由机械性能、物理性能、化学性能构成。另一类称为材料的成型工艺性能，表现为材料的可焊性能、机械切削性能、铸造性能、热处理性能以及表面处理性能等。材料的性能项目非常多，介绍如下两项。

1. 材料的物理和化学性能

材料的物理性能主要包括比重、导电性能（绝缘性能）、导热性能（隔热性能）、使用温度及透光性、磁性能等。

材料的化学性能表现为材料在正常使用环境下或特定使用环境下，抵抗化学腐蚀和电化学腐蚀的能力。大气中的氧、臭氧、紫外线等能够加速材料的氧化和老化的速度，能否抵抗这些破坏也是衡量材料性能的标准。

一般讲金属材料的比重大，导电性能和导热性能好，机械强度高，抗腐蚀性差。塑料材料的绝缘性能和隔热性能好，比重小，机械强度小，但耐腐蚀性好。我们设计产品时为了保障产品的使用功能，要依据材料的性能进行选择。例如，我们在设计汽车的造型时，汽车的壳体依据使用功能和材料的性能,首选就是钢材料,然后才能依据钢材料的性能设计表面被覆的材料及色调。如果设计手机等一类的便携产品,为了达到小、巧、轻的要求,而又不需要较大的强度,就应选用比重较小的塑料作壳体。

2. 机械性能

是指材料抵抗外力作用的能力,即材料在外力作用下产生变形和抗变形的特征,也称作材料的力学性能。机械性能是材料主要的质量指标,因此,为使零部件达到使用性能和加工成型的要求,首要条件应使材料达到需要的机械性能要求。常用的机械性能指标如下。

(1) 强度:是指材料在外力作用下,抵抗变形和破裂的能力。一般认为制件在工作时,既不发生任何形式的破坏,也不产生超过容许强度的残余变形,就认为满足了强度条件。在设计中当制件受力较小或结构形状复杂时要根据经验或工艺要求进行设计。材料强度依据受外力作用的方式有抗拉强度、抗压强度、抗弯强度和抗剪强度等性能指标。如图4—11。

例如常用金属的抗拉强度如下:(单位:kg/mm²)

铅:1.5,铝:8~11,金:14,铁:25~33,铜:22,钛:25~30,钨:120~140,锰:脆性材料。

(2) 硬度:硬度是表示材料抵抗硬物压入表面的能力,也是材料抵抗塑性变形和破裂的能力,是衡量材料软硬的指标。硬度的测试是用一定的压力,将较硬的物体(称作压头)压入被测材料的表面,根据压痕的深度和大小测定材料的硬度,如图4—12所示。

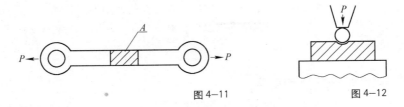

图4—11　　　　　　图4—12

例: 室温下金属的布氏硬度

锡:HB=5,金:HB=18,铝:HB=20~30,铜:HB=35,铁:HB=50,钛:HB=170,锰:HB=210,钨:HB=350。

(3) 塑性:材料受到外力作用超过一定数值,当去掉外力而不能恢复原形状,但仍保持不被破坏的能力。这种永久变形称为塑性变形。

延伸率(伸长率)δ是材料塑性的一种性能指标,δ越大金属的塑性(变形量)越好,δ>5%的材料称为塑性材料。塑性好的材料适合进行弯曲、压形、拉伸等变形加工。

例:铝:40%,铁:25%~55%,金:30%~50%,铜:60%,有些金属如硅、锰、锑属于脆性材料。

(4) 弹性:当作用在金属材料上的外力消除后,而使其恢复原状的性能。

此外还有冲击韧性、抗剪强度、抗压强度、钢度等性能指标，它们都是选择材料的重要依据。

4.2 金属材料

目前世界上传统材料已有几十万种，而新材料的品种正以每年大约 5% 的速度在增长。但就大的类别来说，可以分为金属材料、无机非金属材料、有机高分子材料及复合材料四大类。

金属材料由黑色金属和有色金属两大类组成，是工业产品使用量最大的一种材料。金属材料尤其是钢材及各类合金钢，具有优良的机械性能，加工成型容易，适合机械化大规模生产，材料成本较低。各种金属材料的性能各异，有的材料通过热处理可以大幅度提高某一项性能指标，经过电镀加工，表面氧化技术、金属溅射技术，离子氮化技术等工艺处理，不但提高了外观指标，同时还提高了机械性能指标。由于金属材料的综合性能指标高，因此在运输机械、桥梁、建筑、生产设备、日用产品以及航空、航天等领域有广泛的和不可替代的用途。

4.2.1 黑色金属的种类及应用

黑色金属是指铁和铁的合金。如钢、生铁、铁合金、铸铁等。钢和生铁都是以铁钢材为基础，以碳为主要添加元素的合金，统称为"铁碳合金"。黑色金属通常包括铁、钢及其合金。金属材料尤其是钢铁材料在工业产品中占绝大部分，运输机械、建筑机械、生产设备等主要是使用各种钢材。例如一辆汽车由几千个零件组成的，统计表明，各种零件使用的材料为：各种钢材约占 71%，铸铁占 15%，橡胶占 4%，各种有色金属、塑料、玻璃等占 10%。

钢铁材料能够广泛的应用，是由于钢铁材料具备优良的使用性能和加工性能，还可以进行热处理等工艺，使其内部组织结构发生改变，提高性能指标。另外钢铁材料在地球上资源丰富，价格较低。

1. 铸铁材料的成分和应用

钢和铁均是铁碳合金，钢和铁的区别是含碳量不同。理论上将含碳量小于2%的铁碳合金称为钢，大于 2% 的称作铁。另外其还含有少量的硅、锰、磷、硫等元素。我们通常讲的铁材料指的是各种生铁和铸铁，而不是纯铁元素。生铁是开采的铁矿石经过高炉熔炼制成的，它是炼钢和铸造的原材料。因生铁的含碳量高，因此硬而脆。这种生铁的断口处呈白色，又称作白口生铁。它不能锻造，切削加工困难，在工业产品中应用较少，主要制成耐磨工具和零件，如火车车轮、轧辊和农用犁、铧等。

铸铁是用生铁加入其他的原料在化铁炉(如冲天炉)中再熔化后浇铸成铸铁毛坯。其断口程灰色，称作灰口铸铁。使用性能和加工性能优良，成本低，是制造零件应用较广泛的材料。灰口铸铁的抗压强度好，但抗拉强度差，使用上受到限制。另一种是球墨铸铁，是将铁水进行球化处理，使石墨呈球状的铸铁。它的强度和韧性均比灰口铸铁高，可制作齿轮、曲轴、机床主轴、缸套等重要的机械零件。

2. 钢材的分类及应用

把炼钢用生铁放到炼钢炉内按一定工艺熔炼,即得到钢。钢的产品有钢锭、连铸坯和将钢材直接铸成各种钢铸件等。通常所讲的钢,一般是指轧制成各种钢材的钢。钢和铁的化学成分和组织不同,因此性能差异也很大。一般的钢材具有较高的强度和良好的塑性,是属于韧性材料,可进行塑性变形加工。钢的含碳量愈高,钢的硬度愈高而塑性和韧性愈低,强度也要改变。钢的分类方法如下:

(1) 按化学成分分类

按照钢的化学成分可分为碳素钢和合金钢两类。

按含碳量分类:低碳钢(含碳量小于0.25%);中碳钢(含碳量0.25%~0.60%);高碳钢(含碳量大于0.6%)。

按照含合金元素量分类:低合金钢(含合金元素总量小于5%)、中合金钢(含合金元素总量5%~10%)、高合金钢(含合金元素总量大于10%)。

根据合金钢所含主要合金元素种类的不同,可分为铬钢、铬镍钢、锰钢等。

(2) 按质量分类

普通钢,钢中硫和磷含量允许较高。优质钢,钢中硫和磷含量要求较低。高级优质钢,钢中硫、磷和其他杂质都要求含量很少。

普通钢的生产成本低,材料的市场价格也低。在普钢中,低碳钢和低碳低合金钢占有很大比重,这类钢材主要用于各类工程结构。优质钢用于机械零件和各类工具的制造,一般都要经过热处理后使用。高级优质钢,质量最好,但成本也最高,主要用于制造工具和模具及少数要求很高的机械零件制造。

(3) 按用途分类

结构钢:用于制造零件和工程结构,是使用最广泛的品种,包括碳素结构钢和合金结构钢。工具钢:用于制造各种切削工具、模具、量具,包括碳素结构钢和合金结构钢。特殊钢:是指具有特殊物理,化学性能的钢,如不锈钢、耐热钢、耐磨钢、磁钢、弹簧钢等,一般都是高合金钢。

3. 常用钢材的综合分类和用途

(1) 普通碳素结构钢:用于各类工程结构的制件,或制造螺钉等小五金件,主要制作钢板、角钢等各种钢型材。型钢的截面形状如图4-13所示。

| 扁钢 | 圆钢 | 方钢 | 六角钢 | 钢管 | 方管 | 角钢 | 槽钢 |

图4-13 型材的截面形状

(2) 优质碳素结构钢:这类钢的牌号用两位数字排号,如10号钢,即含碳量为10%。

常用的牌号有10号、15号、20号低碳钢,这类钢强度低,但塑性和韧性好,具有良好的冷变形性能,焊接性能优良,一般用于冲压和拉伸零件、齿轮等。30~50号的中碳钢,经过热处理具有良好的综合机械性能,尤其是45号钢材料应用最广,可制作齿轮、轴、冲压模具和注塑模具等。60号以上的钢材经过热处理后,具有良好的强度和弹性,可制作弹簧、板簧等弹性零件。

(3) 碳素工具钢:这类钢的牌号是在T(碳)后加数字表示,如T9,即含碳量0.9%。工具钢一般用于制造各种五金工具,如钻头、丝锥、板牙、锉刀及量具。只有高碳钢并经过热处理才能具有高的硬度和耐磨性。

(4) 合金钢:碳钢和其他金属熔炼可制成各种类型的合金钢,可提高碳素钢的某些性能,用来制造高性能或需要特殊性能的零件和工具。如2Cr13不锈钢,1Cr18Ni9Ti耐酸钢板,65Mn弹簧钢带,用20CrMnTi钢制作汽车变速箱齿轮,60Si2Mn钢制造汽车的板簧。

(5) 不锈钢:通俗地说,不锈钢就是不容易生锈的钢,实际上一部分不锈钢,既有不锈性,又有耐酸性(耐蚀性)。所有金属都和大气中的氧气进行反应,在表面形成氧化膜。在自然状态下,普通碳钢上形成的氧化铁继续进行氧化,使锈蚀不断扩大,最终形成孔洞。我们可以利用涂覆油漆或镀一层耐氧化的金属(例如锌、镍、铬)来保证碳钢表面不被锈蚀。但是,这种保护作用仅是依靠一层薄膜,如果保护层被破坏,下面的钢便开始锈蚀。

不锈钢的不锈性和耐蚀性是由于其表面上覆铬氧化膜(钝化膜)。这种不锈性和耐蚀性是相对的,试验表明,钢在大气、水等弱介质中和硝酸等氧化性介质中,其耐腐蚀性能随钢中铬含量的增加而提高,当铬含量达到一定的百分比时,表面氧化物就会转变,即形成非常薄一层膜,这层不可见薄膜使钢的耐蚀性发生突变,即从易生锈到不易生锈,从不耐蚀到耐腐蚀。钢中加入13%～19%的铬,就成为有磁性不锈钢,如在这种钢中再加入9%的镍,就变成无磁性不锈钢了。由于不锈钢材料一方面具有优异的耐蚀性、成型性、环境相容性以及在很宽温度范围内的强韧性等特殊性能,同时表面可以进行抛光、喷砂、压花、拉毛、化学刻蚀、染色等处理,具有很强的装饰效果。所以在重工业、轻工业、生活用品行业以及建筑装饰等行业中取得广泛的应用。如图4-14。

图4-14 不锈钢果盘

4. 常用钢材的品种

钢材是钢锭、钢坯或钢材通过压力加工制成我们所需要的各种形状、尺寸和性能的材料。

大部分钢材加工都是通过压力加工,使被加工的钢(坯、锭等)产生塑性变形。根据钢材加工温度不同分为冷加工和热加工两种。

钢材的主要加工方法有:

(1) 轧制:将钢材金属坯料通过一对旋转轧辊的间隙(各种形状),因受轧辊的压缩使材料截面减小,长度增加的压力加工方法,这是生产钢材最常用的生产方式,主要用来生产钢型材、板材、管材。分冷轧、热轧。

(2) 锻造钢材：利用锻锤的往复冲击力或压力机的压力使坯料改变成我们所需的形状和尺寸的一种压力加工方法。一般分为自由锻和模锻，常用作生产大型材、开坯等截面尺寸较大的材料。

(3) 拉拨钢材：是将已经轧制的金属坯料(型、管、制品等)通过模孔拉拨成截面减小长度增加的加工方法，大多用作冷加工。

(4) 挤压：是钢材将金属放在密闭的挤压筒内，一端施加压力，使金属从规定的模孔中挤出而得到不同形状和尺寸的成品的加工方法，多用于生产有色金属材钢材。

钢材是工业生产必不可少的重要物资，应用广泛，品种繁多，根据断面形状的不同，钢材一般分为板材、管材、型材和金属制品四大类。

(1) 钢板(包括带钢)：钢板是一种宽厚比和表面积都很大的扁平钢材。按表面特征可分为普通钢板(俗称黑铁皮)、镀锌板(俗称白铁皮)、镀锡板(俗称马口铁)、复合钢板、彩色涂层钢板。镀锡钢板(带)表面覆盖有镀锡层，有很好的耐蚀性，且无毒，可用作食品罐头、饮料的包装材料，电缆内外护皮，仪表电讯零件等小五金。在薄钢板和钢带表面用连续热镀方法镀上锌，可以防止薄钢板和钢带表面腐蚀生锈。镀锌钢板和钢带广泛用于机械、轻工、建筑、交通、仪器仪表等行业。钢板按厚度可分为薄板、中板、厚板、特厚板四类，薄钢板厚度≤4mm，厚钢板厚度>4mm。在实际工作中，常将厚度≤20mm的钢板称为中板，厚度>20～60mm的钢板称为厚板，厚度>60mm的钢板称为特厚板。宽度比较小，长度很长的钢板，称为钢带，列为一个独立的品种。

钢板有很大的覆盖和包容能力，可用作屋面板、苫盖材料以及制造容器、储油罐、包装箱、火车车箱、汽车外壳、工业炉的壳体等。可按使用要求进行剪裁与组合，制成各种结构件和机械零件，还可制成焊接型钢，进一步扩大钢板的使用范围。可以进行弯曲和冲压成型，制成锅炉、容器、冲制汽车外壳、民用器皿器具、还可用作焊接钢管、冷弯型钢的坯料。

钢板成张或成卷供应。成张钢板的规格以厚度×宽度×长度的毫米数表示。熟悉板、带材的规格，在宽度和长度上充分利用，对提高材料利用率，减少不适当的边角余料、降低工时及产品成本，有十分重要的意义。

(2) 钢管：钢管具有很好的力学性能，而且尺寸规格多，因此使用方便。钢管的品种常用的有水煤气管、薄皮管、无缝管、不锈钢管等，各种钢管的品种规格很多。例如不锈钢管分为两大类，一种是极具装饰性能的装饰，用不锈钢管，管壁较薄；另一种是强度大(壁厚较大)、抗腐蚀性高的工业用不锈钢管，用于产品结构和食品、化工设备管道。

(3) 角钢：俗称角铁，是两边互相垂直成角形的长条钢材。有等边角钢和不等边角钢之分。等边角钢的两个边宽相等。其规格以边宽×边宽×边厚的毫米数表示，如"∠30×30×3"，即表示边宽为30mm、边厚为3mm的等边角钢。也可用型号表示，型号是边宽的厘米数，如∠3#。角钢可按结构的不同需要组成各种不同的受力构件，也可作构件之间的连接件。广泛地用于各种建筑结构和工程结构，如房梁、桥梁、输电塔、起重运输机械、船舶、工业炉、反应塔、容器架以及仓库货架等。

(4) 冷弯型钢：冷弯型钢是制作轻型钢结构的主要材料，采用钢板或钢带冷弯成型制成，它的壁厚可以制得很薄。型钢使用方便，简化生产装配工艺，提高生产效率。可以生产用一般热轧方法难以生产的壁厚均匀但截面形状复杂的各种型材和不同材质的冷弯型钢。冷弯型钢除用于各种建筑结构外，还广泛用于车辆制造，农业机械制造等方面，如用于建筑房屋顶面的彩色压型板、汽车构架用型钢等。

4.2.2 有色金属的种类及应用

有色金属又称非铁金属，指除黑色金属外的金属及合金，如铜、锡、铅、锌、铝，以及铜合金、铝合金等其他金属称为有色金属。有色金属及合金的种类很多，可归纳为轻金属，包括镁、锂、铝及其合金等。重金属，包括铜、锌、铅、锡及其合金等。贵金属有金、银、铂等和稀有金属钨、钛、钼及其合金等。有色金属在工业产品中的使用量远不及钢铁材料，但他们具有一些特殊的性能，在现代工业中有着广泛的应用。

1. 铜及铜合金

铜是人类使用最早的金属，在自然界有天然铜存在。工业产品中广泛应用的铜与铜合金有工业纯铜、黄铜、青铜和白铜。

纯铜或称紫铜，呈玫瑰红色，因表面形成的氧化铜膜层呈紫色而得名。工业纯铜的相对密度为8.96，熔点为1083℃。铜金属具有许多可贵的物理化学特性，它的体电阻很低，因此导电性能高，其导电性在所有金属中居第二位，仅次于银；同时导热性能好，其导热性居第三位，次于银和金。铜的化学稳定性强、机械性能好、易熔接、具有较强的抗蚀性、可塑性，具有极好的延展性。纯铜可拉成很细的铜丝，制成很薄的铜箔，一滴水大小的纯铜，可以被拉成长达2000m的细丝，或者被压延成几乎透明的箔片。由于有优良的电性能和机械性能，在电子、电工产品中广泛应用，如电线、电子元器件的引线、接插件触点、印刷线路板等工业产品（图4-15）。

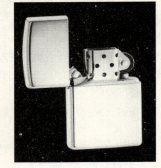

图4-15

大多数工业产品使用的是铜的合金。以锌为主要添加元素的铜基合金，其外观颜色随含锌量的增加由金黄变成浅黄，因此铜与锌合金称为黄铜。铜与锡合金因颜色呈青灰色，故称青铜，青铜是历史上应用最早的一种合金，如图4-16。锡青铜在大气、海水、淡水和蒸汽中的抗蚀性都比黄铜高。白铜是以镍为主要合金元素的铜合金，因其外观为银白色而得名，是一种传统仿纹银材料，所以白铜也称假银。铜合金品种较多，如磷青铜具有较高的弹性，纯铜中加入金属镍能够显著提高强度、耐蚀性、电性能和热性能，此外还有铅黄铜、锡青铜、铝黄铜、锰黄铜、硅黄铜等。铜合金的表面质感好、机械性能优良、宜于拉伸、锻冲和切削加工，广泛应用于日用品、电器产品、音像器

图4-16 铸造青铜

材、机器制造、飞机、船舶、军工、热工设备中,用于制造耐磨损、耐腐蚀的装饰件和结构件、各种弹性元件。在军事工业中,铜广泛用于制造各种炮弹、子弹、舰船上的冷凝器、热交换器。

在艺术品中制作铜板画,铸铜、锻铜工艺品。使用锡青铜铸造,凝固时体积收缩率小,适于铸造形状复杂,外形尺寸要求严格的铸件。我国历史曾铸造过许多精美的古青铜器。铜合金市场供应状态包括板材、线材、棒、带、条、管、箔和各种专用型材等,统称为铜材。各类铜材规格较多,如黄铜板的厚度范围是0.5~25mm;黄铜棒(包括圆、方、六角形)的直径范围为5~150mm;黄铜圆线的直径为0.4~4.5mm;黄铜管的外径从4~80mm之间有多种规格可选择。

2. 铝及铝合金

铝是地壳中储量最丰富的金属元素之一,地壳中铝的含量约为8%(重量),仅次于氧和硅,居第三位。铝被世人称为第二金属,其产量及消费仅次于钢铁。由于铝的制取技术的不断提高,铝材料将成为广泛使用的廉价金属材料。铝的密度为2.7,熔点为660℃。铝和铝合金是有色金属在工业产品中使用量最大的一种材料。

图4-17 铝合金汽车框架

它的机械性能较好,材料的质感优良,而且具有良好的延展性、导电性、导热性、耐热性和耐核辐射性,更由于在空气中的稳定性和阳极处理后的极佳外观,广泛用于结构材料和装饰材料。铝和铝合金的重量轻(约为低碳钢的1/3),但是具有高的强重比,比优质碳素钢高1~3倍。由此可见在要求同等的强度条件下,用铝及铝合金制作的零件重量就轻得多,对于要求减轻零件自身重量的产品有很大作用。例如车辆发动机的缸体、内燃机活塞、飞机蒙皮和零件等。工业纯铝的硬度和强度较低,在要求荷重较高的地方都要使用铝合金,铝合金经过热处理具备更高的机械性能。铝合金是汽车上应用得最快最广的轻金属材料,其中关键在于铝合金本身的性能。车用铝合金材料的性能已经达到重量轻,强度高、耐腐蚀的要求,目前铝合金车圈已经广泛使用,铝合金发动机也屡屡出现,车身采用全铝空间框架结构(图4-17),使车身重量比传统钢制车身轻40%以上。

常用铝材是工业纯铝,铝合金有铝镁合金,铝铜合金、铝锰合金、铝硅合金等。铝的加工性能好,适合切削、压制、锻造、铸造、化学切铣等多种工艺加工。铝材的表面可进行抛光、喷砂、微蚀处理,经过氧化、染色处理的铝制品,即可增加产品表面质感,又可提高抗磨、抗腐蚀能力。铝材料在车辆、飞机、生活用品(图4-18)、

图4-18 铝合金座椅

仪器仪表、建筑装饰材料等产品中，均有广泛的应用。如用铝和PVC复合制成的铝塑板，用铝型材制作的门窗和装饰构件都是铝材料在工业产品中的应用。铝材料的市场供应品种有板材、棒材、管材、线材、铝箔和各种规格型材。铝型材由于结构合理，性能好，是产品生产和样机制作的方便材料。铝还可用化学腐蚀的方法制作铝板画、纪念徽章等艺术品。

3. 钛金属

稀有金属中钛金属并不是真正的稀有，钛金属在地球上的储藏量是铜、镍、铅、锌的总量的16倍，只是提炼的费用高，使应用受到一定的限制。钛是一种银白色的金属，其熔点为1660±10℃，钛的比重仅是铁的1/2，却像铜材料一样经得起锤击和拉延，具有优良的塑性。钛是一种很特别的金属，质地非常轻盈，却又十分坚韧和耐腐蚀，它不会像银会变黑，在常温下终身保持本身的色调。钛合金熔点高且低温性能很好，在超低的液氮温度状态下还有较好的机械性能，变得更为坚硬，并有超导体的性能，而钢会变得很脆，锡金属制品则成粉末状态。

钛金属具有很强的耐酸碱腐蚀能力，在海中浸泡5年不会锈蚀，钢铁在海水中则会被加速腐蚀。钛金属不但抗海水和海洋空气腐蚀能力很强，而且强度大，重量轻，是造船工业的理想结构材料，已广泛应用在各种舰艇、深水潜艇的许多部件中。用钛合金制成的"钛潜艇"，可潜入4500m的深度，一般钢铁潜艇在超过300m就容易被水压压坏。"钛飞机"坚实又轻便，一架大型钛客机可比同样重的普通飞机多载100余人，飞机时速每小时可超过3000km；而铝合金飞机最多是2400km。在航天事业中，钛金属可制成飞机的"外衣"，防高温的侵袭。钛金属还能够与金属镍一起制成具有记忆功能的"记忆合金"，用这种"记忆合金"制成的汽车外壳，如发生撞车事故变形后，只须用80℃以上的热水冲洗，便会使汽车外形恢复原状。目前钛金属的提炼成本太高，故只在一些异常重要的领域使用，如航空航天、电子工业、精密仪器制造等高技术产业方面。近年钛合金在汽车、船舶及民用产品中已有应用。民用消费品的手表、眼镜架、高尔夫球棒的球头及电磁烹饪器具已成为钛合金发展的领域（图4-19）。经过长期实验证明：钛在人体内没有毒性，能够抵抗人体的腐蚀，且没有磁性，对人体无害，钛合金的人工骨关节、形状记忆合金已成为矫形外科材料和医疗器械不可缺少的材料，被誉为"未来的金属"。

图4-19　高尔夫杆

钛及钛合金在50年的应用中，获得很大的发展。随着新技术的出现，提炼的成本降低，钛金属制品将渗透到我们生活的各个方面，钛金属已被看作是一种极有使用前景的金属，成为21世纪的热点材料。

4. 银

贵金属银是较早使用的金属之一,在所有金属中,银具有最好的导电性、导热性并有良好的延展性,贵金属中银的化学性质最活泼。银的比重是10.50克/立方厘米,熔点为960℃。银是贵金属中相对比较便宜的一种金属。它在工业和人们日常生活中有着非常广泛的用途,既是一种高技术用金属,也是一种军、民两用金属。

金属银具有诱人的白色光泽,对可见光的反射率为91%,深受人们(特别是妇女)的青睐,因此有"女人的金属"之美称,如图4-20。银因其美丽的颜色,较高的化学稳定性和收藏观赏价值,广泛用作首饰、装饰品、银器、餐具、礼品、奖章和纪念币。在古代银及其合金大量用于制造货币和装饰品,近代主要用于制造感光材料、电工器材,在电镀、医疗器械、镶牙等方面也大量用银材料。

图4-20 银饰品

银在贵金属中价格最低,是黄金的几十分之一。在首饰设计中几乎不用考虑它的成本因素,因此能设计出许多前卫、夸张、豪华、厚实的首饰来满足时尚且经济的市场需求。

制作首饰用银材料可分为足银和纹银两大类,它们分别如下:

足银:含银量千分数不小于990的称足银。由于过于柔软,容易磨损,因此多用来制造银币,而不太适用于首饰制作。

纹银:含银量千分数不小于925的称纹银,也称"925银", 纹银通常是用92.5%的银加入7.5%的铜混合而成。由于掺入了铜,其制成品在打磨后的光泽,比足银耀眼美丽,因此经常用作首饰材料和银器皿。

银浆料的研制开发拓展了银在工业产品中的应用,银浆料的品种有多种,应用面较广。如轿车玻璃热线银浆、真空器件的荧光显示屏用银浆、适用于金属与非金属间相互粘结的银导电胶。在太阳能的利用方面,利用银的高反射率可作太阳能聚光镜表面材料,制造太阳能电池用银浆、银铝浆等。

银在空气中加热不会氧化,但当有水分和亚硫酸氢存在时或在硫化氢的作用下,银制品会因为硫化而发黑。银材料接触蛋类和其他含硫的食品或橡胶也会变黑,一般所说的银的氧化,其实是银的硫化。

5. 有色金属种类多,性能各异,多用于制造各种性能的合金材料,另外由于有色金属各具不同的特殊性能,常常作为功能材料或饰品材料使用。

例如:钨是熔点最高的金属,钨的硬度大,密度高,高温强度好。钨除了用于制作白炽灯丝,大部分用于生产硬质合金的钨铁,用其制作刀具,还用于金属表面层硬化材料、燃气轮叶片和燃烧管等。钨的一些化合物可作荧光剂、颜料、染料,并用于鞣革和制作防火织物等。

钴为银白色铁磁性金属,表面抛光后有淡蓝光泽。长期以来钴的矿物或钴的化合物一直用作陶瓷、玻璃、珐琅的釉料。钴及其合金在电机、机械、化工、航空和航天等工业部门得到广泛的应用，并成为一种重要的战略金属。

铂金是世界上最稀有的首饰用金属之一。世界上仅南非和俄罗斯等少数地方出产铂金，每年产量仅为黄金的5%。铂金的俗名是白金，是一种天然纯白色的首饰用贵金属，其价值很高。铂金比一般金属更坚韧，能与钻石牢牢镶嵌，安全而不易脱落，因此，品质高的钻石镶嵌在铂金上更安全，同时，铂金的天然白色光泽能更好地衬托出钻石。铂金的抗氧化力强，熔点高，因此被用于制作宇航服。铂金作为催化剂，被广泛用于汽车排尾净化装置，为保护环境起到重要作用。铂金也可用于制造潜水深度达200m的防水手表。

亚金是以铜为主体加入镍、锌等金属的仿18K金的铜合金。与18K黄金有相似的颜色，有一定的耐腐蚀性，不含黄金。是一种常用的仿18K金材料，主要用于工艺首饰。

锂是自然界最轻的金属，银白色。中国有丰富的锂资源，锂能与多种元素制成合金，用于原子能、航空、航天、焊接等工业。民用锂主要用于锂电池、铝电解、玻璃、陶瓷和润滑脂等领域。最值得一提的是可充电锂电池的应用，预期是在电动汽车（EV）领域的应用。在电动汽车当中，其先进与否在于它的动力系统，而锂离子在电池化学领域成了首选。

4.2.3 其他金属材料

1. 粉末冶金材料

粉末冶金是生产工业制件的一种方法，制造过程是将金属粉末与非金属粉末的混合物经过模具成型，再经过一定温度的烧结，制成所需形状的制品。粉末冶金材料是一种新型的材料，同时也是一种新的成型工艺。粉末冶金材料在通讯、自动控制、航空、航天、核工程等技术领域有着广泛的用途。用粉末冶金材料可烧结多孔的金属材料，用来制作金属过滤器、热交换器和吸音材料。可制造形状复杂的硬质合金工具，电热材料和磁性材料。

2. 金属功能材料

前边介绍的金属材料，在工业产品中主要是利用它们的机械性能和表面的质感，用于制造产品的外壳和内部结构，通常将这一类材料称为结构材料。另一类材料为功能材料，这一类材料具有特别优良的电、磁、热、声、光等物理性能，化学性能及生物性能。利用功能材料的特殊的性能，用来进行能量与信息的显示、交换、传导与存储。功能材料种类繁多，性能各异，例如用砷化镓材料制造半导体发光器件；用红宝石制作激光发生器；用液晶材料制作电视、手机用液晶显示屏等。再如前面介绍的银浆料、制造锂电池用的金属锂、钛镍记忆合金等都属于功能材料。近年来，功能材料的研究与开发较快，如超导材料、形状记忆合金、纳米材料、特殊性能高分子材料等能源材料、生物医学材料、智能材料、功能材料在高新技术领域有着不可替代的作用。

4.3 无机非金属材料
4.3.1 木材类

木材是一种天然生长的有机体,与其他无机及人工材料相比,有其独特的优点。是工业产品中使用很普遍的一种基材。对其特性、性能,加工方法与使用方法的了解是非常重要的。再加之我国是一个贫林国家,森林面积占国土面积的13%左右,是世界平均水平的一半左右,而且人口基数大,所以合理使用、开发木材资源是十分重要的。

1. 木材的特性

(1) 木材优点:
1) 质轻而强度大,而且有很好的柔韧性。
2) 对电、热的传导性很低,对声音有共振性。
3) 有天然美丽的纹理。
4) 易加工,也易表面涂饰。从手工到大型机械都能完成对其加工的要求。
5) 可塑性,可用物理及化学方法,弯曲、模压成型。水解或热解能制成化学纤维、化工原料纸浆等。
6) 环保性,木材是天然自然资源。在当前形势下,这一特性尤为鲜明。木材的这些优点使其成为工业产品中使用最为普遍的材料之一,比如它对声音的共振性是音箱的主要材料。它的热导性低是椅类产品手柄类产品的首选材料等等。那么,对木材缺点的了解,也是必要的,只有我们克服它的缺点,才能更好地发挥它的长处。

(2) 木材缺点:
1) 木材的生长周期长,一般需要30~50年,长则上百年,甚至更长。尤其像我国是个贫林国家,自然资源并不丰富,并且回收使用困难。
2) 受温度与湿度影响大,材性很不稳定。在贮存、加工、使用中容易变形、扭曲、收缩或膨胀。
3) 易燃。对产品来说这是非常大的缺陷倾向,所以防火处理非常重要。

2. 树种分类

树木的分类方法很多,识别树种是一个长期的积累过程。由于树木种类不同,其特性,质地,加工方法也有很大区别,所以了解识别树种也是很重要的,树种的种类繁多,现将主要常用的介绍如下。

(1) 针叶树类
1) 红松——主产东北长白山小兴安岭
树皮灰红褐色。木质层黄褐色微带肉红色,年轮分界清楚,树脂道多,加工干燥性能良好,有很好的防水性。
用途:建筑、家具、门窗、乐器、船舶。
2) 樟子松——主产东北大兴安岭

树皮灰褐色，裂开内层红棕色，木质层为黄褐色，纹理、年轮明显通直，活节子较多，加工干燥性能良好。

用途：建筑、车辆、船舶、桅杆、胶合板，由于有很好的纹理，也用于家具及工业产品。

3）马尾松——主产长江流域及以南各省

树皮深红褐色微灰，木质部深黄褐色微红树脂道大，树脂多，干燥时翘裂，变形较严重，不耐腐，胶接性能不好。

用途：胶合板、包装箱、造纸、建筑、农具。

4）落叶松（黄花松）——东北大、小兴安岭。

树皮幼时暗褐色，片状剥落，成树皮呈暗灰褐色，木质部黄褐至棕褐色，木材干燥性能不好，易变形翘裂。

用途：桥梁、车辆、跳板、护栏等。

5）鱼鳞云杉（白松）——主产东北大、小兴安岭和长白山。

树皮灰褐色，表层常呈灰白色，木质部浅驼色，略呈白色，树脂道小，树脂少，质地轻，较软，加工干燥性能良好。

用途：建筑、乐器、产品的内部材料。

(2) 阔叶树类

1）毛白杨——主产华北、西北、华东

树皮青灰色，平滑，木质部是浅黄色，质量轻、软，不易翘曲，耐久防水性差，加工时易起毛，光洁度差。

用途：包装箱、造纸及产品的内部材料。

2）楸木——主产东北、河北、河南

树皮暗灰褐色，平滑，木质部淡灰褐色带紫红，纹理上乘，不易翘曲，加工涂饰均好，为中档材料。

用途：中高档产品较普遍使用的材料。

3）白桦——主产东北各省、山西、河北

表皮平滑，皮呈白色，老龄时为灰白色，皮成片剥落，内皮肉红色。材质黄白略带淡褐。略重且较硬，力学强度大。加工涂饰性能好，切面光滑，不耐腐。

用途：承重类家具、胶合板、枪托等。

4）柞木——东北各地

表皮厚，黑褐色，龟裂，材质褐色至暗褐色，木质重，结构致密，不易干燥，易干裂，翘曲，耐水耐磨损，加工困难。

用途：地板、台面、把柄、胶合板等。

5）黄皮椤——东北

老龄木外皮暗褐色，材质灰褐色，微红，质地略软，纹理直且美

用途：家具及各种装饰性能的产品。

6）水曲柳——主产东北各地

树皮灰褐色微黄，呈规则裂隙，木质褐色略黄，材质略重而硬，纹理直且美观，易加

工，耐水，耐磨，干燥性能不好。

用途：家具、地板、胶合板及装饰性能强的产品。

7）椴木——东北、山东、山西、河北

树皮土黄色，表皮单层翘离，木质黄白色略带淡褐，质地轻、软，易加工和干燥，不耐腐。

用途：胶合板、图板、铅笔、乐器、文化产品及产品的内部材料。

8）榉木——江浙、安徽、湖南、贵州

树皮暗褐色，木质黄褐或浅红褐色，材质坚硬，纹理直，耐磨，耐腐，不易变形。

用途：家具、纺织器材、农具及装饰性强的产品。

9）花梨木——主产长江流域

树皮灰黄色，皮质薄而硬，木质呈紫红褐色，材质坚硬，纹理斜，耐腐，耐磨，干燥与加工胶接，涂饰性能好。

用途：高档家具与产品，为高档装饰材料。

10）柚木——主产广东、云南、台湾及缅甸、泰国、印度等国家

树皮淡褐色，浅纵裂薄而易剥落。木质黄褐色或深褐色，材质坚硬，纹理美观，不易变形，胶接涂饰性能好。

用途：高档家具与产品为高档装饰材料。

11）柳桉——主产菲律宾等国

树干直，树皮较厚，皮沟深。木质呈淡红色或暗红褐色，纹理不明显。材质轻重适中，易加工，出材率高，加工干燥容易。

用途：胶合板、家具、地板等。

12）紫檀（红木）——主产广东、云南、台湾及缅甸、泰国、印度等国

树皮灰白色，木质呈黄红色至深红色，暴露空气中变成紫红色，材质坚硬而重，纹理斜，加工困难，耐磨，耐腐，胶接涂饰性能好。

用途：高档家具及产品，也是高档装饰材料。

3. 人造板材

由于木材资源越来越贫乏，木材的综合利用近几十年来得到了迅速发展，各种人造板相继而生，由于它提高了木材的利用率，并且幅面大、质地均匀、变形小、强度大，便于二次加工。现已是工业产品的重要基材，人造板的构造种类很多，特点各异；常用的有：刨花板、中密度板、胶合板、细木工板、空心板、纤维板等。目前人造板代替天然实木已广泛应用于工业产品中，而且越来越受到重视。

(1) 胶合板

胶合板用处很广，多以奇数的单板胶合而成（防变形）常见的规格尺寸有：

3×6尺，915mm×1830mm；4×8尺，1220mm×2440mm。其他还有3×3，4×4，4×6，4×7。

(2) 刨花板

刨花板是利用木材采伐和加工的废料或桔梗秸杆，经过切削成碎片加胶、加压、加热

制成有一定的强度，幅面大而平整，但不宜开榫和着钉，表面无纹理，但可经过二次加工复贴单板或PVC防火板微薄木等。

其厚度尺寸，mm：6、8、10、13、19、22、25、30。

幅面宽3×6、3×7、4×6、4×8(尺)。

(3) 中密度板

中密度板加工工艺、工艺材料和刨花板大体相同，也是木材的下脚料加胶加压加热而成其颗粒比刨花板细小，强度和平整都比刨花板要好，现在已在家具生产中被普遍采用，也大量用于室内外装饰使用，二次加工后效果更好。

主要规格尺寸有：3×6尺、4×8尺。

厚度的规格有7～9mm，搁板使用12～15mm，门子使用12～15mm。

(4) 细木工板

细木工板两面为三层胶合板中间夹以木材为边脚余料的软阔叶木材，如杨木、椴木、松木等为原料。最忌讳使用软、硬性木材混合使用。经锯、刨、胶拼、压力机压力而成的。

细木板的厚度一般为16～22mm，其幅面尺寸常见有3×6尺、4×6尺，即915mm×1830mm、1220mm×1830mm。

(5) 空心板

空心板与细木工板的区别在于空心板的中间是空的，它是空心框或带某种少量填充物的框做成的。一般的填充物有木条、纸张、发泡塑料等材料，可大量节约木材，在家具中被广泛使用。

4. 成型材料

(1) 锯材家具所用的木材一般都是加工成锯材，按其加工后的规格尺寸可分为：

1) 板材：宽度是厚度的三倍以上的被称为板材。

薄板——18mm以下；

中板——19～35mm；

厚板——35～65mm；

特厚板——65mm以上。

2) 方材：宽度不足厚的三倍。

小方——宽厚相乘的积在54cm^{2}以下；

中方——宽厚相乘的积在55～100cm^2；

大方——宽厚相乘的积在101～225cm^2；

特大方——宽厚相乘的积在266cm^{2}以上。

3) 薄木：厚度在0.1～3mm之间木材称为薄木，厚度在0.1mm以下的称为微薄木。为了提高高级稀有木材的利用率，近年来厚度在0.05～0.07mm的微薄木材得到了应用和发展。按其加工方法可分为：径向刨切薄木(纹理为径向多用于人造板和复面层)；旋制薄木(主要用于胶合板或弯曲胶合材料)。

(2) 曲木：木材弯曲又称曲木，用于制各种曲线形零部件，可分为锯制曲木和加工弯曲木。加工曲木按材料和加工方法有实木弯曲与多层胶合板弯曲。其结构在后面的章节再讲。

4.3.2 玻璃类
1. 玻璃概述

玻璃,中国古代称之为璧琉璃、琉璃、玻璃,近代也称为料,是指熔融物冷却凝固所得到的非晶态无机材料。人们通常所见的大多是人造玻璃,而人们最早使用的玻璃,一般是当火山爆发时,炙热的岩浆喷出地表,迅速冷凝硬化后形成的天然玻璃。在古埃及和美索不达米亚,玻璃已为人们所熟悉。约在公元前 1600 年,埃及已兴起了正规的玻璃手工业,当时首批生产的有玻璃珠和花瓶。然而,由于熔炼工艺不成熟,玻璃还不透明,直到公元前1300年,玻璃才能做得略透光线。从历史的遗存可以发现,中国在三千多年前的西周,玻璃制造技术就达到了较高的水平。

今天,玻璃已经成为现代人们日常生活、生产发展、科学研究中不可缺少的一类产品,并且它的应用范围随着科学技术的发展和人民生活水平的不断提高还在日益扩大。这是因为玻璃的以下特点。

(1) 玻璃具有一系列独特的性质,例如透光性好,化学稳定性能好。

(2) 玻璃具有良好的加工性能,如可进行切、磨、钻等机械加工和化学处理等。

(3) 制造玻璃所用原料,在地壳上分布很广,特别是 SiO_2 蕴藏量极为丰富,而且价格也较便宜。玻璃在现代的使用主要有:在民用建筑和工业中,大量应用窗玻璃、夹丝玻璃、空心玻璃砖、玻璃纤维制品、泡沫玻璃等;交通运输部门大量使用钢化玻璃、磨光玻璃、有色信号玻璃等;化工、食品、石油等工业部门,常常使用化学稳定性和耐热性优良的玻璃;日常生活中所使用的玻璃器皿、玻璃瓶罐、玻璃餐具等更为普遍。在科学技术部门以及国防领域中则广泛应用光学玻璃。电真空玻璃用来制造电子管、电视荧光屏以及各种照明灯具。玻璃纤维和玻璃棉可制成玻璃钢、隔热材料及电绝缘材料。随着 X 射线技术、近代原子能工业的发展和宇宙空间技术的发展,各种新型的特种玻璃不断出现。见图 4-21。

图 4-21 玻璃制品

2. 玻璃的组成与分类

玻璃的主要成分是 SiO_2，一般通过熔烧硅土(砂、石英或燧石)，加上碱(苏打或钾碱、碳酸钾)而得到的，其中碱是作为助熔剂，也可以加入其他物质，例如石灰(提高稳定性)、镁(去除杂质)、氧化铝(提高光洁度)或加入各种金属氧化物得到不同的颜色。

根据玻璃的组成成分和玻璃的特性用途，可对玻璃作如下分类。如表4-1和表4-2 所示。

按组成玻璃的化学成分分类　　　　　　表 4-1

种类名	主要成分	特　性	熔融温度/℃	操作温度/℃	用　途
碳酸钠石灰玻璃	SiO_2、Na_2O、CaO	用途广泛，微溶于水	约1400	约1200	平板玻璃、餐具、器皿
碳酸钠石灰铝玻璃	SiO_2、CaO、Na_2O、Al_2O_3	难溶于水			啤酒瓶、酒瓶
铅玻璃	SiO_2、K_2O、ZnO	较软易溶，相对密度大，曲折率大，有金属的声响	约1300	约1100	光学用玻璃，装饰用玻璃
钾石灰玻璃	SiO_2、K_2O、CaO	具有较强的机械性能，耐腐蚀，曲折率大	—	—	光学用玻璃、人造宝石、化学用玻璃
硼酸硅玻璃	SiO_2、Na_2O、CaO、Al_2O_3、B_2O	膨胀率小，耐热耐酸，绝缘性好	约1500	约1300	电真空管用玻璃、光学用玻璃、化学用玻璃、安瓿玻璃
碳酸钡玻璃	SiO_2、Na_2O、BaO、CaO	易溶，相对密度大	—	—	光学玻璃
石英玻璃	SiO_2	膨胀率小，耐热			电器玻璃、化学玻璃

按玻璃的特性和用途分类　　　　　　表 4-2

类　型	特性及用途
容器玻璃	具有一定的化学稳定性、抗热振性和一定的机械强度，能够经受装罐、杀菌、运输等过程；可用作盛放饮料、食品、药品、化妆品等
建筑玻璃	具有采光和防护功能，应该具有良好的隔声、隔热和艺术装饰效果；可用作建筑物的门、窗、屋面、墙体及室内外装饰
光学玻璃	无杂质、无气泡，对光纤有严格的折射、反射数据。用作望远镜、显微镜、放大镜、照相机及其他光学测量仪器的镜头
电真空玻璃	具有较高的电绝缘性和良好的加工、封接气密性能。可作灯泡壳、显像管、电子管等
泡沫玻璃	气孔占总体积的80%～90%，相对密度小，有隔热、吸声、强度高等优点，可采用锯、钻、钉等机械加工。应用于建筑、车辆、船舶的保温、隔声、漂浮材料

续表

类　　型	特 性 及 用 途
光学化纤	直径小，工艺要求高，用于传输光能、图像、信息的光缆等
特种玻璃	具有特殊用途，如半导体玻璃、激光玻璃、微晶玻璃、防辐射玻璃、声光玻璃等

3. 玻璃熔制

玻璃的熔制是玻璃生产过程中最重要的阶段。因为熔窑的熔化能力，玻璃的均匀性，以及玻璃的许多缺陷，主要取决于玻璃熔制过程的合理进行。

玻璃的熔制是一个极其复杂的过程。在此过程中按照一定质量比例由各种原料所组成的均匀配合料，在高温作用下生成均匀而黏滞的硅酸盐熔体，称为玻璃液。玻璃的熔制过程可以分为以下四个阶段。

(1) 硅酸盐的形成：普通器皿玻璃是由硅酸盐组成的。当配合料受热时，在其中进行无数各式各样物理化学变化，这些变化的结果，生成了硅酸盐熔体。

(2) 玻璃的形成　玻璃的形成是硅酸盐形成过程的继续。随着温度继续升高(1200℃左右)，各种硅酸盐开始熔融，同时未熔化的砂粒和其他颗粒也被全部熔解在硅酸液熔融体中而成为玻璃液，这一过程称为玻璃态的形成过程。

(3) 玻璃液的澄清和均化：在玻璃形成阶段，所形成的熔融体是很不均匀的，同时还含有大量的大小气泡，所以必须进行澄清和均化。所谓澄清就是从玻璃液中除去可见气泡的过程；而均化的目的则是通过对流扩散、质点运动和放出气泡的搅拌作用，以使玻璃液达到均匀。澄清和均化这两个过程是同时进行的。玻璃熔融体中夹杂气泡乃是玻璃制品的主要缺陷之一。它破坏了玻璃的均一性、透光性、机械强度和热稳定性，导致了玻璃制品质量的降低。所以严格控制澄清过程是熔制工艺中的关键环节。

(4) 玻璃液的冷却：冷却是玻璃熔制过程中的最后一个阶段。澄清好的玻璃液虽然温度仍然很高(大约在1400℃左右)，但这时玻璃液的黏度还很小，不适应玻璃制品的成型需要，故必须将玻璃液冷却使其温度降到200～300℃之间，以增加黏度，使其适合于制品的成型操作。冷却时只允许个别大气泡存在于液体表面，它们在冷却过程中能自行逸出，同时在高温下随着玻璃液的冷却，气体在玻璃液中的溶解度也随之增加。有少数气体(小气泡)溶解于玻璃液中，而不易被肉眼所察觉。对不同成分的玻璃都应有自己的冷却制度，特别是用硒、锆、碳等着色的颜色玻璃。

4.3.3　陶瓷类

1. 陶瓷概述

陶瓷材料是人类最早利用的非天然材料。陶器有八千年到一万年的历史，是人类最早的手工制品，瓷器也是中国古代伟大的发明之一，现在发现的最早的瓷器是2000多年前的东汉越窑青瓷。传统概念的陶瓷是指以黏土为主和其他天然矿物原料经过拣选、粉碎、混炼、成型、煅烧等工序而成的制品。如今，随着科技水平的发展提高，出现了多种新型陶瓷品种。甚至有些陶瓷主要材料已经不是传统的黏土硅酸盐材料，而采用了碳化物、氮化物、硼化物等，这样陶瓷的概念就已经被大大扩展，在广义上成为无机非金属材料的统称。陶瓷这一古老的人造材料，以其优异的物理化学性能，自始至终伴随着人类社会的繁衍、生产力水平的进步和产品设计理念的日益发展而提升。

2. 陶瓷的发展历史

制陶的发明与人类知道用火有密切的关系，被火焙烧的土地或者黏土因落入火堆而变得坚硬定型，促使原始先民有意识地用泥土制作他们需要的器物。因此，制陶技术是原始先民在其生产、生活实践中发现、发明，逐步形成的。因其所处地域、生活习性、制陶原料的不同，形成了无论是在形制、器类、工艺与装饰都不一样的陶器与制陶技术。例如在中国，黄河流域新石器时代早期的裴李岗文化与磁山文化陶器，以及长江下游新石器时代早期的河姆渡文化陶器。

（1）古代陶瓷技术发展简史

原始先民最先采用的制陶技术，被文物考古工作者称为"贴敷模制法"或"泥片贴筑法"，这是源自于对中国境内早期制陶遗迹所发现的陶器残片的观察，发现有泥片粘合层理及陶片层理剥落的现象。筐篮编织成器的方法，很可能曾经启发了先民使用泥条盘筑法制成大型容器的陶坯。所谓泥条盘筑法，就是将拌制好的黏土搓成泥条，从器底起依次将泥条盘筑成器壁直至器口，再用泥浆胶合成全器，最后抹平器壁盘筑时留下的沟缝；或进一步一手在器内持陶垫或卵石顶住器壁，一手在器外持陶拍拍打，使器壁均匀结实，然后入窑烧制。如若陶拍刻印有花纹，则器表形成一种装饰花纹，即所谓"印纹"。

轮制成型，是在盘筑法的基础上产生的一种制陶技术，它借助于称为"陶车"的简单机械对陶坯进行修整（陶车亦称陶钧，它是一个圆形的工作台，台面下的中心处有圆窝置于轴上，可围绕车作平面圆周运动）。轮制陶具的坯泥一般要求品质细腻均匀，并且有相当大的湿强度，在陶车的惯性旋转中，利用坯泥的离心力，能制作形成器壁较薄、器形规整的陶坯。

随着选料（烧制原料为瓷石，与原有的易熔黏土相比，氧化硅和氧化铝的含量较高）和制陶技术的进步（烧成温度提高至120℃；器表施薄釉），原始瓷烧制成功，其出现似乎可以追溯到青铜时代。其中，釉药是被覆在陶瓷器土坯上的一种玻璃。上釉的目的在于：覆盖上坯、增加光泽、美化外观；使制成品表面光滑、防脏，去除吸水性，增加机械强度。釉药可以根据组成的主成分（铅釉、长石釉、石灰釉等）分类；也可以根据熔融温度（低软化釉900~1140℃、中软化点釉1140~1300℃、高软化点釉1300℃以上）来分类；或者根据表面的颜色、光泽、性状分为透明釉、底釉、结晶釉、色釉等。

（2）中国瓷器发展简史

至中国东汉，瓷器烧制成功，大量汉代磁窑出土的瓷器残片证明了这一观点。汉代瓷器烧制温度更高（可达1310℃），坯体烧结坚硬，坚固耐用，瓷器胎釉结合紧密，不会脱落，釉层表面光滑，不吸水。经过三国、两晋、南北朝和隋代共330多年的发展，到了唐朝中国政治稳定、经济繁荣。社会的进步促进了制瓷业的发展，如北方邢窑白瓷"类银类雪"，南方越窑青瓷"类玉类冰"。形成"北白南青"的两大窑系。同时唐代还烧制出雪花釉、纹胎釉和釉下彩瓷及贴花装饰等品种。宋代是中国瓷器空前发展的时期，出现了百花齐放，百花争艳的局面，瓷窑遍及南北各地，名窑迭出，品类繁多，除青、白两大瓷系外，黑釉、青白釉和彩绘瓷纷纷兴起。举世闻名的汝、官、哥、定、钧五大名窑的产品为稀世所珍。还有耀州窑、湖田窑、龙泉窑、建窑、吉州窑、磁州窑等产品也是风格独特，各领风骚，呈现出欣欣向荣的局面是中国陶瓷发展史上的第一高峰。

元代在景德镇设"浮梁瓷局"统理窑务，发明了瓷石加高岭土的二元配方，烧制出大型瓷器，并成功地烧制出典型的元青花和釉里红及枢府瓷等，尤其是元青花烧制成功，在中国陶瓷史上具有划时代的意义。宋、金时战乱后遗留下来的南北各地的主要瓷窑仍然继续生产，其中龙泉窑比宋时更加扩大，其中梅子青瓷是元代龙泉窑的上乘之作。还有"金丝铁线"的元哥瓷，应是仿宋官窑器之产物，也是旷世稀珍。

明代从洪武35年开始在景德镇设立"御窑厂"，200多年来烧制出许许多多的高、精、尖产品，如永宣的青花和铜红釉、成化的斗彩、万历五彩等都是稀世珍品。御窑厂的存在也带动了民窑的进一步发展。景德镇的青花、白瓷、彩瓷、单色釉等品种，繁花似锦，五彩缤纷，成为全国的制瓷中心。还有福建的德化白瓷产品都十分精美。

清朝康、雍、乾三代瓷器的发展臻于鼎盛，达到了历史上的最高水平，是中国陶瓷发展史上的第二个高峰。景德镇瓷业盛况空前，保持中国瓷都的地位。康熙时不但恢复了明代永乐，宣德朝以来所有精品的特色，还创烧了很多新的品种，并烧制出色泽鲜明翠硕、浓淡相间、层次分明的青花。郎窑还恢复了失传200多年的高温铜红釉的烧制技术，郎窑红、缸豆红独步一时。还有天蓝、豆青、娇黄、仿定、孔雀绿、紫金釉等都是成功之作，另外康熙时创烧的珐琅彩瓷也闻名于世。

雍正朝虽然只有13年，但制瓷工艺都到了登峰造极的地步，雍正粉彩非常精致，成为与号称"国瓷"的青花互相比美的新品种。

乾隆朝的单色釉、青花、釉里红、珐琅彩、粉彩等品种在继承前新的基础上，都有极其精致的产品和创新的品种。

乾隆时期是中国制瓷业盛极而衰的转折点，到嘉庆以后瓷艺急转直下。尤其是道光时期的鸦片战争，使中国沦为半殖民地半封建社会，国力衰竭，制瓷业一落千丈，直到光绪时稍微有点回光返照。但1911年辛亥革命的爆发，清王朝寿终正寝。长达数千年的中国古陶瓷发展史，由此落下帷幕。

3. 陶瓷的分类

(1) 按陶瓷材料分类

按照陶瓷材料的性能功用可将陶瓷分为普通陶瓷和特种陶瓷两种。

1) 普通陶瓷。又称传统陶瓷，除陶、瓷器以外，玻璃、水泥、石灰、砖瓦、搪瓷、耐火材料等都属于陶瓷材料。传统概念的陶瓷，是指日用陶瓷、建筑瓷、卫生瓷、电工瓷、化工瓷等。普通陶瓷是用天然硅酸盐矿物，如黏土、长石、石英、高岭土等原料烧结而成的。

2) 特种陶瓷。又称现代陶瓷，是采用纯度较高的人工合成原料，如氧化物、氮化物、硅化物、硼化物、氟化物等制成，它们具有特殊力学、物理、化学性能，例如绝缘陶瓷、磁性陶、压电陶瓷、导电陶瓷、半导体陶瓷、光学陶瓷(光导纤维、激光材料等)。

陶瓷材料的划分如表 4-3 所示。

陶瓷材料的分类　　　　　　　　表 4-3

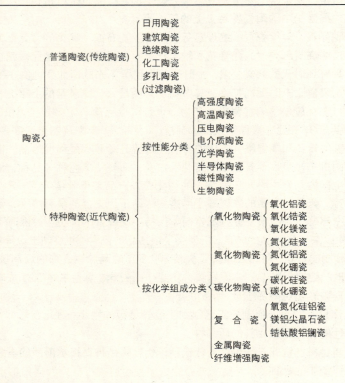

(2) 按陶瓷制品分类

按照陶瓷制品可以分为陶器、炻器、瓷器等，可由表 4-4 进行对比说明。

4. 陶瓷材料的基本性能

(1) 光学性质

1) 白度。指陶瓷材料对白色光的反射能力。它是以 45°角投射到陶瓷试件表面上的白光反射强度与化学纯硫酸钡样片(白度作 100%)的比较而得。绝大部分瓷器在外观色泽上均采用纯正的白色(色度应不低于 70%)。对于白色微泛青色的色调，其白度虽不及微带黄色的白色，但人的视觉感觉上却要白一些，觉着柔和舒适些。

2) 透光度。指瓷器允许可见光透过的程度，常用透过瓷片的光强度与射在瓷片上的光强度之比来表示。透光度与瓷片厚度、配料组成、原料纯度、坯料细度、烧成温度以及

陶、瓷器的分类　　　　　　　　　　　表4—4

名　　称		特　　征		举　　例
		颜　色	吸水率(%)	
粗陶器		带　白		日用缸器
精陶器	石灰质精陶	白　色	18～20	日用器皿、彩陶
	长石质精陶	带　色	9～12	日用器皿、建筑卫生器皿、装饰器皿
炻器	粗炻器	白或带色	4～8	日用器皿、缸器、建筑用品
	细炻器	白　色	0～1.0	日用器皿、化学工业及电器工业用品
瓷	长石质瓷	白　色	0～0.5	日用餐茶具、陈设瓷、高低压电瓷
	绢云母质瓷	白　色	0～0.5	日用餐茶具、美术用品
	滑石瓷	白　色	0～0.5	日用餐茶具、美术用品
	骨灰瓷	白　色	0～0.5	日用餐茶具、美术用品
特种瓷	高铝质瓷	耐高频、高强度、耐高温		硅线石瓷、刚玉瓷等
	镁质瓷	耐高频、高强度、低介电损失		滑石瓷
	锆质瓷	高强度、高介电损失		锆英石瓷
	钛质瓷	高电容率、钛电性、压电性		钛酸钡瓷、钛酸锶瓷、金红石瓷等
	磁性瓷	高电阻率、高磁致伸缩系数		钛淦氧瓷、镍锌磁性瓷等
	金属陶瓷	高强度、高熔点、高抗氧化		铁、镍、钴金属陶瓷
	其　他			氧化物、氮化物、硅化物等

瓷坯的显微结构有关。

3）光泽度。指瓷器表面对可见光的反射能力。光泽度决定于瓷器表面的平坦与光滑程度。当釉面平整光滑、无缺陷时，光泽度就高，反之，釉面粗糙有橘皮、针孔等缺陷，光泽度则下降。

（2）力学性质

这是指陶瓷材料抵抗外界机械应力作用的能力。陶瓷材料最突出的缺点是脆性。虽然在静态负荷下，抗压强度很高，但稍受外力冲击便发生脆裂，在外力作用下不发生显著形变即产生破坏，抗冲击强度远远低于抗压强度，致使其应用尤其作为结构材料使用有所局限。为了改善陶器材料的脆性，目前已研制出高韧性、高强度的氧化锆陶瓷，扩大了陶瓷的应用范围。

（3）热稳定性

这是指陶瓷材料承受外界温度急剧变化而不破损的能力，又称为抗热震性或耐温度急变性。热稳定性是陶瓷制品使用时的一个重要质量指标。测定方法是将试样置于电炉内逐渐升温，从100℃起，每隔20℃取出试样投入20℃水中急冷一次，如此反复，直至试样表面出现裂纹或开裂为止，此温度即作为衡量陶瓷热稳定性的数据。

（4）化学性质

这是指陶瓷耐酸碱的侵蚀与大气腐蚀的能力。陶瓷的化学稳定性主要取决于坯料的化学组成和结构特征，一般说陶瓷材料为良好的耐酸材料，能耐无机酸和有机酸及盐的侵蚀，但抵抗碱的侵蚀能力较弱。餐具瓷釉的使用要注意在弱酸碱的侵蚀下铅的溶出量超过一定量时对人体是有害的。

(5) 气孔率与吸水率

气孔率指陶瓷制品所含气孔的体积与制品总体积的百分比。气孔率的高低和密度的大小是鉴别和区分各类陶瓷的重要标志。吸水率则反映陶瓷制品烧结后的致密程度。

(6) 陶瓷的特性与金属材料相比较,大多数陶瓷的硬度高,弹性模量大,性脆,几乎没有塑性,抗拉强度低,抗压强度高。陶瓷材料熔点高,抗蠕变能力强,热硬度可达1000℃,但陶瓷膨胀系数和导热系数小,承受温度快速变化的能力差,在温度剧变时会开裂。陶瓷材料的化学稳定性很高,有良好的抗氧化能力,能抵抗强腐蚀介质、高温的共同作用。大多数陶瓷是电绝缘材料,功能陶瓷材料具有光、电、磁、声等特殊性能。

4.4 高分子材料

如果以材料来标志人类社会文明发展的阶段,刚刚过去的20世纪的社会文明的标志,则是以塑料、橡胶和纤维为代表的合成高分子材料步入了千家万户,推动了工业、农业、能源、信息、环境及医疗健康等领域的进步与发展。高分子材料的研制和应用经历了从直接使用天然高分子材料,到天然高分子材料的改造再利用,再到人工合成高分子材料的过程。2500多年前,南美印第安人将天然橡胶树汁涂覆在脚上,依赖空气中的氧连接天然橡胶树汁中的长链分子使其变硬,制成了早期的"靴子"。高分子材料学自20世纪30年代从有机化学分离出来后自成一科,20世纪70年代以后得到了的迅速发展。从1930~1945年,尼龙、氯丁橡胶、丁苯橡胶、聚乙烯等相继问世,并成功地取代了天然高分子材料。由于高分子材料具有许多其他材料不具备的优良性能,适合人民生活各方面的需要,适合用作工业产品的造型材料、结构材料和功能材料,而且经济效益显著,因而高分子材料工业取得了突飞猛进的发展,已成为人类进行社会生活的主要材料。高分子材料广泛应用于服装、包装、装饰材料、建筑材料、日用产品、运输机械、生物工程、航天、航空等行业。

高分子材料亦称为聚合物材料,这些材料的分子量高达几十万、几百万,与低分子化合物的物化性能有显著的区别。高分子材料的性能与其他材料相比质轻、耐腐蚀、耐辐射、绝缘性高、阻燃隔热、消音减振等,但使用温度较低,强度和耐磨性较差,通常在一些产品中代替木材、金属、玻璃、天然织物、皮革等材料。高分子材料的研究正朝着高性能化、复合化、精细化、智能化方向快速发展。高分子材料根据来源可分为天然高分子材料与合成高分子材料。

天然高分子材料:人类在古代就发现并使用毛、麻、(蚕)丝、棉、竹、木、皮毛等天然高分子材料。在长期的使用过程中,经过加工技术的改进和提高,先后制成橡胶、"赛璐珞"等改性天然高分子材料。天然高分子材料还包括天然橡胶、纤维素、天然树脂(琥珀、漆片、松香)、沥青等,广泛用于纺织、造纸、制革、建筑及生活用品等领域。

合成高分子材料：合成高分子材料一般是由小分子原料，经过化学反应和聚合方法合成的聚合物材料。按用途可分为合成纤维、合成塑料、合成橡胶和粘合剂、涂料、薄膜等，其中被称为现代高分子三大合成材料的塑料、合成纤维和合成橡胶已经成为国民经济建设与人民日常生活所必不可少的重要材料。

4.4.1 合成纤维

合成纤维与天然纤维比较具有强度高、质轻、不易霉蛀、耐磨性、耐腐蚀性和电绝缘性好的性能，某些纤维还具有一些特殊的性能。合成纤维的优良性能使它不只是用于纺织材料的范围，而扩展到交通、医疗、国防、海洋水产、航空航天、生活用品等领域。如图4-22。

常用的合成纤维有以下几种。

1. 聚酰胺纤维

中国的商品名称为锦纶，国际上称为尼龙或卡普隆。聚酰胺纤维强度高、弹性好、耐磨损、质轻、容易染色、具有自润滑性，但耐热性和耐光性较差，长期光照，纤维易变黄、老化。锦纶广泛用于服装、各种纺织品、箱包、伞等生活用品，在工业产品中，锦纶可用于传送带、工业用毛毡、网袋、绳索等。

图4-22 纤维织物

2. 聚酯纤维

中国商品名称为涤纶，俗称"的确良"。涤纶纤维为乳白色，可染成各种颜色，制成有色纤维。涤纶纤维主要用于服装和室内装饰织物，制成中空纤维比羊毛还轻，保温性能很好，可用于棉服、枕头、布绒玩具的填充物。涤纶纤维可以纯纺，也可与其他纤维混纺制成多种织物（毛涤、涤棉）。

3. 聚乙烯醇纤维

中国商品名称为维纶，也有人称作维尼纶。维纶强度较好、吸湿性、保暖性较好，缺点是耐热水性差，弹性低。它与棉花的性质相近，通常与棉花、粘胶纤维等混纺，也可以纯纺。可制外衣、棉毛衫、运动服装、美丽绸等；还可制作帆布、包装材料等；还可以作为增强材料填充到塑料、陶瓷、水泥中。

4. 聚丙烯纤维

亦称为丙纶。丙纶在合成纤维中最轻，比涤纶轻30%，强度高，耐磨性和回弹性高，抗微生物，不易霉蛀，保暖性好于其他纤维，但耐热性和染色性差。丙纶纤维可用于制作地毯、装饰布，丙纶可织成工业用布和包装材料，如布袋、滤布、建筑用土工布等，也可编织渔网、绳索，可用于香烟过滤嘴的填料。丙纶可与其他纤维混纺，经过针织，制作运动服装、袜子等。用丙纶制成的中空纤维，质量轻、保暖性和弹性好。

5. 聚丙烯腈纤维

中国商品名称为晴纶，俗称"合成羊毛"。晴纶质轻、弹性和保暖性好，耐日光性在所有化学纤维中最好。它的外观和质感与羊毛相似，因此有"人造羊毛"之称，强度比羊毛还高，但纤维的耐磨性较差。晴纶主要用于生活用品，纯纺织成各种面料、毛毯、地毯、人造毛皮等，也可与其他纤维混纺制作服装、围巾、手套、毛毯、薄呢料、雨衣布等。在工业中用作医疗材料、保温材料、过滤材料及工业用布，可制作军用帐篷、防火服等。

6. 聚氯乙烯纤维

中国商品名称为氯纶。氯纶原料来源广、价格较低、耐酸碱、耐磨、抗微生物，最大的特点是难燃。缺点是不能烫熨，静电现象显著。一般用于阻燃型沙发布等室内装饰用布，耐腐蚀的工业用布等。

7. 聚氨酯纤维

中国商品名称为氨纶。聚氨酯纤维是弹性最高的合成纤维，伸长率大于400%，常称作弹性纤维。聚氨酯纤维具有纤维和橡胶的双重性能，通常掺入其他纤维制成高弹性织物，制作滑雪衣、游泳衣、健美衣及服装的袖口、腰带等。聚氨酯纤维在医疗用品和宇航用品中有不可替代的作用。

除以上的一般合成纤维，具有特殊性能的合成纤维称为特种合成纤维。例如芳纶（杜邦产品称凯芙娜），特性是耐酸碱、耐高温、耐辐射，在长时间的高温状态下，能保持原有的强度，熔点在400℃以上。芳纶纤维主要应用在飞机、汽车轮胎的帘子线，航空航天工业的宇航服、减速器等。碳纤维是用酚醛纤维、粘胶纤维经碳化制成，含炭量为80%～95%称为碳素纤维，含炭量高于99%称为石墨纤维。碳纤维是重要的高温材料，可耐1000℃高温，并且属高强度材料，化学稳定性好，具有良好的导热性和导电性。碳纤维以它高强度的性能加入到树脂、金属、陶瓷等其他材料中构成高强复合材料，用于飞机、汽艇的结构材料、火箭壳体、汽车的保险杠、体育器械、人工韧带等。特种合成纤维虽然产量小，价格高，但以它独特的性能在高科技产品中，尤其是空间技术领域，是其他材料无可替代的。

4.4.2 塑料材料

1. 塑料的性能

塑料是以合成树脂为主要成分，在适当的温度和压力下，可以塑成一定的形状，且在常温下保持形状不变的一种材料。

塑料工业的发展日新月异，塑料制品的应用也日益广泛，工业产品、国防装备中塑料制品的比例愈来愈大。从小的按键到大型的车船，从形状简单的圆管到复杂的曲面形体，都可以用塑料制成，这些是由塑料的性能决定的。

塑料主要有以下特性：

(1) 重量轻：一般的塑料比重在0.9～2.3g/cm³之间，比铝要轻1/2，但强重比大。这点对要求有一定强度又要减轻自重的产品有很好的效果。

(2) 塑料有较好的机械性能和质感，既可作结构材料，亦可用作外观造型材料。制塑料品成型时，表面肌理与结构形状同时完成，无需二次加工。

(3) 电绝缘性能良好，不仅可以用作电器产品的绝缘材料，还是良好的高频电介质材料，在微波通信、电视、雷达等设备里广泛应用。

(4) 化学稳定性好，塑料对一般的酸、碱、盐和有机溶液有一定的耐腐蚀剂。不同的塑料对各种有机、无机溶剂的耐腐蚀程度不同。塑料在自然环境中性能稳定，无需作被覆处理。

(5) 易染色，便于加工成型，生产效率高，塑料可以染成各种鲜艳的颜色。成型工艺简单，几分钟便可成型一个制件，产品的一致性好，适合大批量连续生产。由于生产效率高，材料价格低，因此制品成本低。

(6) 导热性低，大部分塑料耐热性差，热膨胀率大，易燃烧，同时耐低温性差，低温下变脆。

有些塑料具有较好的耐热性、透光性、韧性好，可以吹制薄膜等性能。有的塑料表面可以电镀、喷涂、印刷文字图案，用作外观件时可充分利用这些性能。但塑料制品由于受热、光照、大气中的氧、臭氧的影响及机械力的作用，在长期的使用和存贮过程中，会逐渐老化、裂损。塑料制品的主要缺陷是耐热性差，一般只能在100℃以下使用，有的还低。塑料制品的钢性差，在外力作用下易变形，如果在塑料中加入一定比例的填料如纤维、石墨、金属粉末或金属嵌件，可提高制品的机械性能。

2. 塑料的分类

(1) 根据各种塑料不同的理化特性，可以把塑料分为热固性塑料和热塑料性塑料两种类型。

1) 热固性塑料：热固性塑料是指在受热或其他条件下固化后具有不溶(熔)特性的塑料，如酚醛塑料、氨基塑料、不饱和聚酯、环氧树脂等。

2) 热塑料性塑料：热塑料性塑料是指在特定温度范围内能反复加热软化和冷却硬化的塑料，如聚乙烯、聚苯乙烯、ABS、聚四氟乙烯等绝大多数的塑料都属于热塑性塑料。

(2) 从使用性能上塑料分为通用塑料、工程塑料两大类型。

1) 通用塑料：一般是指产量大、性能一般、用途广泛、成型性好、价格便宜的塑料，如聚乙烯、聚丙烯、聚苯乙烯、酚醛塑料等。

2) 工程塑料：一般指能承受一定外力作用，具有良好的机械性能，可以在较宽的温度范围内承受一定的机械应力，尺寸稳定性较好，可以用作工程结构的高分子材料。如聚酰胺、聚甲醛、聚碳酸酯、聚砜等。工程塑料的性能比通用塑料要强，但是价格均高于通用塑料。

在工程塑料中又将其分为通用工程塑料和特种工程塑料两大类。特种工程塑料，一般是指具有特种功能，可用于航空、航天等特殊应用领域的塑料。如氟塑料和有机硅材料，有突出的耐高温、自润滑等特殊功用。用玻璃纤维或碳纤维增强的塑料和泡沫塑料具有高强度、高缓冲性等特殊性能，这些塑料都属于特种塑料的范畴。

3. 通用塑料的种类、性能及应用

通用塑料由于价格低，性能可以满足一般产品的使用要求，尤其在生活用品中大量使用通用塑料，约占塑料总产量的75%～85%。通用塑料的不足之处是力学性能不高，使用温度较低，通常制作薄膜、板、管及各种型材，日用产品中性能要求不高的结构件和装饰件。常用的通用塑料有如下几种。

(1) 软聚氯乙烯(PVC)

1) 性能：聚氯乙烯是用途最广泛的通用塑料之一。比重较大，为 $1.3～1.5g/cm^3$，熔点240℃。PVC呈晶状透明质地，较软，耐磨性较高，耐挠曲，吸水性低，电绝缘性能好，有良好的耐寒性能，价格低。缺点是使用温度低(50～60℃)，机械强度低。此外PVC还具有阻燃性能，因为在燃烧时，PVC会释放出抑制燃烧的氯原子。PVC可以用火焰法鉴别，难以燃烧，离火自灭。

2) 应用：PVC具有很好的隔水性，所以被广泛用于制造水管、浴帘。PVC大量用于制造管、套等型材，电线、电缆的绝缘层，以及人造革、薄膜等制品(不能用作包装食品)。如图4-23。

图4-23　PVC塑胶鞋

(2) 硬聚氯乙烯(PVC)

1) 性能：质地较硬，机械强度较高，耐腐蚀性好，使用温度较低(60℃以下)，但耐寒性好，阻燃性能好。注射成型收缩率较大(1%～1.5%)，热变形温度55～75℃，易熔接，易于机械加工。

2) 应用：市场供应成品为各种管材和板材，建筑装饰材料如PVC门窗型材，顶棚型板，铝塑板等。由于化学稳定性好，常用来代替不锈钢、橡胶用作耐腐蚀材料。如图4-24。

(3) 聚乙烯(PE)

1) 性能：比重小($0.94g/cm^3$)，熔点100℃，比水轻、无毒、呈白色半透明蜡状体。耐水性好，化学稳定性高。具有优良的耐冲击性，电绝缘性能好。成型加工性好，但成型收缩率大(1.5%～3.5%)，难以掌握成品的尺寸精度，易于机械加工。使用温度在80～100℃以下，在日光照射下发生氧化，对制品强度有一定影响。聚乙烯有两种，一种是高密度聚乙烯,质地硬、韧、有弹性，适合制作中空的吹塑制品和注射制品。另一种是低密度聚乙烯，质地较软，多用于制造塑料薄膜和要求柔软的制件。

2) 应用：聚乙烯是结构最简单的高分子聚合物，也是应用最广泛的高分子材料。

图4-24　PVC贴膜

PE染色性好，无毒，可用作与食品接触的材料，因此在日用产品中大量使用，尤其是儿童玩具。PE可以注射成型也可吹塑成型，适合制作化装品和液体食品包装瓶，家用器皿，薄膜包装袋等。在工业产品中可制成化工耐腐蚀管道、阀件、旋塞、活门等各种结构件。可喷涂在金属表面，起到装饰和防腐作用。如图4-25、图4-26。

(4) 聚丙烯(PP)

1) 性能：聚丙烯是常用塑料中最轻的，比重为0.9g/cm³，熔融温度为160℃。聚丙烯比聚乙烯的质地稍脆一些，机械性能优于聚氯乙烯和聚乙烯，钢性好，有一定韧性，制品表面光泽度好，但耐磨性差。在常用塑料中耐热性能最好，可以在100℃以上使用。几乎不吸收水，耐油、耐强酸（强硝酸除外）、耐强碱性能优良，化学稳定性和电绝缘性能都好。如图4-27。

2) 应用：PP的综合性能比较好，即可作结构件也可用于外观件。在生活用品，轻工产品中广泛应用。如录音(像)带，家具构件等。可吹塑瓶、杯、薄膜可制作软包装。因为无毒，可用于药品及食品包装，微波炉用食品器皿和一次性注射器。由于耐反复折弯的能力强，适合作塑料"铰链"。可以纺丝制成高分子合成纤维丙纶和晴纶，用来制作服装、毛毯、地毯、鱼网等。其表面印刷性能较好，可印制鲜亮的文字和图案。聚丙烯材料的另一方面用途是用于粉末涂料、液体涂料等。一是用于制备塑料制品用油漆和塑料表面装饰涂料的附着力促进剂，特别是轿车保险杠、轮毂盖、电视机机壳等民用与工业用塑料器具的涂装；二是大量用作塑料表面印刷油墨树脂；三是作防腐涂料树脂，用于钢材、铝材等金属材料防腐。

图4-25 聚乙烯制品

图4-26 聚乙烯包装瓶

图4-27 聚丙烯品味勺

聚丙烯是一种来源广、价格低廉的通用性塑料树脂，有着非常广泛的用途。但由于脆性大（特别是低温脆性），另外PP与其他高分子（如塑料、橡胶）和无机填料的共混性及粘结力很差，限制了其在一些领域的应用。经过改性的聚丙烯性能得到改善，材料的整体热稳定性和局部抗热能力得以提高，可用来制造可蒸煮的包装材料等。洗衣机的洗涤筒，就是用改性聚丙烯材料制成。汽车保险杠的外板和缓冲材料越来越多使用改性聚丙烯材料制作。

塑料保险杠具有一定的强度、刚性和装饰性，从安全上看，汽车发生碰撞事故时能起到缓冲作用，保护前后车体；从外观上看，可以很自然的与车体结合在一块，浑然成一体，具有很好的装饰性，成为装饰轿车外形的重要部件。PP改性产品作为PP的功能化产品，可大大拓宽PP的应用领域，有着广泛的市场和应用前景。

(5) 聚苯乙烯(PS)

1) 性能：聚苯乙烯是应用最广泛的塑料之一，比重为$1.04\sim1.05g/cm^3$。原材料无味、无毒、无色透明，适合作食品包装和儿童用品。它的透光率仅次于有机玻璃。染色性能非常好，制品表面富有光泽，有一定的钢性。耐水，耐化学腐蚀，绝缘性能好。成型加工容易，成型收缩率仅为$0.5\sim0.7$，制品尺寸精度高。但是耐冲击性差，材料质地脆，表面硬度低。使用温度低于$75℃$，热变形温度$65\sim90℃$。

2) 应用：聚苯乙烯的外观特性非常好，常用于日用产品、儿童玩具、办公用品、小家电产品外壳的装饰件和透明件(图4—28)。在聚苯乙烯树脂中加入能分解的发泡剂，制成泡沫塑料(俗称保力隆)，可用作包装衬垫和隔热、隔音材料，如电冰箱的隔热层，建筑材料的"泰柏板"，救生衣、浮标等。

(6) ABS树脂

1) 性能：ABS塑料是一种改性聚苯乙烯塑料，是聚乙烯—丙烯晴—丁二烯的共聚树脂，简称ABS树脂。比重$1.1g/cm^3$。它的综合性能比前几种都好，机械强度较高，有较好的抗冲强度和一定的耐磨性，电绝缘性能好，不易变形，耐水、耐油、耐寒，在$-40℃$仍有一定的强度，热变形温度为$65\sim107℃$。制品表面光泽度高，ABS树脂是有限的几种表面可以镀铬的塑料。不足之处是耐气候性差，耐紫外线、耐热性不高。ABS塑料价格适中，发展最快，应用最广，前途最大。如图4—29、图4—30。

图4—28 聚苯乙烯

图4—29 ABS塑料挂钩

图4—30 ABS制品

2) 应用：由于综合性能好，一般的外观件和结构件均可使用。ABS用途广泛，主要用于汽车部件、飞机零件、机电外壳、空调机外壳、电冰箱内衬、照相机壳、电话机壳、电视机壳、车灯、办公用品及各种拉手、旋钮等。可用来制造齿轮、电机叶轮、汽车仪表盘、电脑键盘等，几乎遍及所有的工业产品领域。市场供应的ABS板材可用于吸塑成型，也是手工制作产品模型的首选材料。ABS塑料的后加工性能和粘接性能均好。

(7) 聚甲基丙烯酸甲酯(PMMA)

1) 性能：比重$1.18g/cm^3$，透光率可达$90\%\sim92\%$，俗称有机玻璃，各项性能指标超过透明聚苯乙烯,电气性能好,耐弱酸碱性稍差。硬度低,表面易磨损、磨毛,可用溶剂出光。有较好的耐气候性,使用温度-40~+71℃,热变形温度100℃以上。

2) 应用:市场供应状态,各色板材、棒材和管材。一般用作外观件和透明零件,有机玻璃的切割、热成型、粘结容易,多用来制作模型、灯箱、装饰广告。如图4-31。

(8) 甲丙烯酸甲酯

甲丙烯酸甲酯俗称亚克力(亚克力是英语ACRYLIC的谐音),制品厚度在1~100mm范围内。特点是透明度高,宛如水晶,有"塑料皇后"之美誉,基本性能优于有机玻璃。主要用于飞机舱门、坦克瞭望口及生产浴缸、灯具、水具等各种制品。还用于模型制作,广告行业、门头灯箱及标识招牌。例如,用亚克力材料制作的吸塑灯箱的特点是立体感强、透光度达95%,有环保、耐热冷、耐腐蚀等性能,室外使用寿命高达8~15年。见图4-32、图4-33。

用亚克力材料制作的浴缸,正式名称是玻璃纤维增强塑料浴缸。其表层材料是甲丙烯酸甲酯,反面覆上玻璃纤维,涂上专用树脂增强。整个浴缸应色泽均匀、表面光滑,无分层、气泡等。表层厚度一般在3mm以上,且和玻璃纤维结合牢固,无剥离。亚克力浴缸传热慢,因此保温性好,接触体表无"冰冷"感觉。与铸铁或钢板浴缸相比,更有一种温暖、柔软感,不会碰痛躯体。由于亚克力的再加工性能较好,所以制造豪华的按摩浴缸非它莫属。

(9) 酚醛塑料—电木粉(PF)

电木粉的比重1.3g/cm^3,突出特性是有较高的耐热性,耐酸及耐水,电气性能好。不透明,质地较硬但脆,易破裂,价格低,一般用来制作电器绝缘件和小型结构件。近几年多被氨基塑料(俗称电玉)代替,主要产品为电器开关、插座等。

图4-31 有机玻璃装饰画

图4-32 亚克力鱼缸

图4-33 亚克力座椅

4. 工程塑料种类、性能及应用

工程塑料是指可以用作工程结构的材料,这类材料能承受一定的外力作用,并有良好的机械性能和尺寸稳定性,在高、低温下仍能保持其优良性能,可以在较为苛刻的化学物理环境中使用的高性能的塑料。

工程塑料的生产工艺过程复杂,生产批量较小,因此价格昂贵,限制了使用范围。工程塑料不但具有通用塑料的一般性能外,其强度和使用温度等性能均高于通用塑料。工程塑料成型加工容易,生产效率高,可代替金属、木材等材料制作结构件、传动件和有特殊性能要求的零部件。例如,聚砜塑料具有无毒、透明、耐离子辐射的性能,用来制造宇航服和宇航员的透明面罩。现在工程塑料也用来制作高档的日用产品,如用环氧树脂制作灯具,用聚碳酸酯塑料制造水杯和自行车瓦圈,用密胺树脂制造餐具、防火板等。

工程塑料种类繁多,有聚甲醛、聚碳酸酯、聚脂、聚四氟乙烯、聚酰胺(尼龙)、聚苯醚、AS塑料和热固性树脂等,改性聚丙烯、ABS等也包括在这个范围内,常用的有以下几种。

(1) 聚四氟乙烯(PTFE,简称F4)

聚四氟乙烯材质较软,颜色呈乳白色,手感细腻(图4-33)。耐热性和耐寒性高,使用温度范围 $-180 \sim +250℃$,电绝缘性能高,具有优异的化学稳定性,即使在高温下与浓酸、浓碱亦不起作用,俗称塑料王。缺点是机械强度低,钢性差,加热后粘度大,加工困难。由于价格较高,一般用作耐化学腐蚀、耐高温的密封元件和绝缘材料。经碳化的"特氟隆"用于耐高温涂层(如防粘锅表面涂层)。

(2) 聚碳酸酯(PC)

聚碳酸酯是无色透明的刚硬带韧性的刚性体,综合力学性能良好,具有突出的抗冲击韧性和抗蠕变性能,几乎是塑料中最好的,俗称"防弹玻璃胶"(图4-35)。耐热性较高,可在 $130℃$ 下连续使用,耐寒性也好,脆化温度达 $-130℃$,燃烧慢、离火后慢熄。化学稳定性较好,对稀酸、盐溶液、汽油、润滑油、皂液都很稳定,但是不耐碱、酮、芳香烃等有机溶剂。成型收缩率小($0.5\% \sim 0.7\%$),成品精度高,尺寸稳定性高。主要用作结构零件和传动零件,如齿轮、轴承、螺栓等。PC的绝缘等级较高,在电子和电器产品中作接插件、开关柜、机床、摄像机等的绝缘零部件。由于透光率高,可制作路灯灯罩、飞机的风挡和天窗等。CD光盘材料中,PC约占50%(图4-36)。聚碳酸酯可吹制杯、瓶等中空容器。由于聚碳酸酯制品可进行高温蒸汽消毒,适合制作医疗器械、清洁容器、食品包装等。

图4-34 聚四氟乙烯管棒

图4-35 聚碳酸酯显示器壳

图4-36 CD光盘

用聚碳酸酯制成的各种PC板材(阳光板)，由于透光性好、重量轻、不易破裂，易于用切割、钻孔、粘结等常规方法加工。在许多地方用来代替玻璃、钢化玻璃、有机玻璃材料，广泛用于大厅、商场、体育场馆、娱乐中心及公用设施的采光顶，车站、停车场、休息厅走廊、建筑外延的雨棚，高速公路及城市高架路隔音屏障，路牌广告、灯箱广告的透光屏，以及办公室与居室的室内隔断，家庭卫生间的淋浴房地隔断等。

(3) 聚酰胺(PA)

俗称尼龙，具有较高的抗拉强度，冲击韧性，优良的耐磨性，并有自润滑性。耐弱酸碱、耐油。缺点是导热率低，吸水性大，制品尺寸收缩率大。可用于结构件，主要用于纺织工业，制作尼龙纤维，就是常说的锦纶。锦纶的强度大，柔软有弹性，质比棉花轻，可作服装、滤网、降落伞、宇航服等。

(4) 聚酰亚胺

是有机聚合物中耐温最高的品种。连续使用温度可达260℃，间歇使用温度达480℃。具有一定的化学稳定性，挥发物少。缺点是冲击强度较低，质地较脆，不能用一般方法成型加工，价格高。只用作特殊条件下工作的精密零件，还可用作涂料和胶粘剂。

(5) 聚氨酯(PU)

全称聚氨基甲酸酯。目前聚氨酯市场以泡沫塑料为主，其次是制作弹性材料、合成革、涂料和胶粘剂。聚氨酯泡沫塑料，是良好的隔热，隔声和减振材料，有软质和硬质两种。软PU泡沫塑料通常用于家具及车辆坐垫图4-37、玩具、空气滤清器、音箱吸声材料等。硬PU泡沫塑料用作冷藏柜，管道的隔热构件，建筑材料。它还是制作模型的理想材料，但由于材质较软，颗粒粗，不宜制成精细的荷重模型，适合制作草模型。

聚氨酯弹性材料可制作鞋底，代替橡胶制作传动带、轧辊、无声齿轮等。聚氨酯可以制作合成革和运动场铺地材料。图4-38中餐叉的手柄是高密度聚氨酯材料，将餐叉放入90℃热水中约5分钟至手柄柔软，这时可以将手柄调整至适合使用者需要的形状，放入冷水中冷却后便可以保持新的形状，此产品是材料的热塑性能的充分展示。

用聚氨酯制作的胶粘剂粘合力很强，且低温性能是其他材料无法相比的。可粘结金属、木材、橡胶塑料玻璃陶瓷、皮革等，几乎任何材料都可粘接。品牌粘合剂有单组分和双组分两种粘合剂。

图4-37 聚氨酯车座

图4-38 聚氨酯餐具

(6) 三聚氰胺甲醛塑料(MF)

三聚氰胺甲醛塑料又称为密胺塑料，无毒、无味、耐刮伤、有一定的硬度、耐热性能和绝缘性能高。制品外观特性好，表面有光泽，质感酷似陶瓷，俗称"仿瓷塑料"。除用作产品制件和表面材料之外，多用于耐热、耐水的餐具和食具等日用品。用玻璃布或石棉增强的三聚氰胺甲醛树脂有较高的耐电弧性和绝缘性能，可制成一定耐热等级的电器绝缘件和结构件（图4—39～图4—41）。

(7) 热固性树脂

环氧树脂、不饱和聚酯树脂及酚醛树脂被称为三大通用型热固性树脂。它们是热固性树脂中用量最大、应用最广的品种。与其他热固性树脂相比较，环氧树脂、不饱和聚酯树脂的种类和牌号最多，性能各异。环氧树脂固化剂的种类更多，再加上众多的促进剂、改性剂、添加剂等，可以进行多种多样的组合和组配。从而能获得各种各样性能优异的、各具特色的环氧固化体系和固化物。几乎能适应和满足各种不同使用性能和工艺性能的要求。这是其他热固性树脂所无法相比的。

图4—39 密胺塑料水具

热固性树脂及其固化物的性能特点：

1) 力学性能高。尤其是环氧树脂具有很强的内聚力，分子结构致密，所以它的力学性能高于酚醛树脂和不饱和聚酯等通用型热固性树脂。

2) 粘接性能优异。它的粘接性能特别强，可用作结构胶。

3) 固化收缩率小和线胀系数小。环氧树脂固化收缩率为0.2%～0.4%。是热固性树脂中固化收缩率最小的品种之一，其产品尺寸稳定性好，内应力小，不易开裂。

图4—40 仿瓷儿童餐碗

4) 工艺性好，配方设计的灵活性很大，可设计出适合各种工艺性要求的配方。

5) 电性能好，可用做绝缘材料，并且高频介电性能好，常用作印刷线路板和微波天线支架。

6) 稳定性好，耐腐蚀性好，尤其适合室外环境使用。

7) 环氧固化物的耐热性一般为80～100℃。环氧树脂的耐热品种可达200℃或更高。

在三大通用型热固性树脂中，环氧树脂的价格偏高，从而在应用上受到一定的影响。但是，由于它的性能优异，所以主要用于对使用性能要求高的场合，尤其

图4—41 椅子

是对综合性能要求高的领域。不同的环氧树脂固化体系分别能在低温、室温、中温或高温固化,能在潮湿表面甚至在水中固化,能快速固化、也能缓慢固化,所以它对施工和制造工艺要求的适应性很强。环氧树脂应用中的最大特点是具有极大的配方设计灵活性和多样性,能按不同的使用技术条件和工艺性能要求,设计出针对性很强的最佳配方。相同的配方在不同的固化工艺条件下所得产品的性能会有非常的大的差别。所以正确地制定最佳材料配方设计和工艺设计是环氧树脂应用技术的关键。

环氧树脂的综合性能极佳,尤其是具有优良的电性能,从而使它在电子电器领域得到广泛的应用,适用于电子器元器件的绝缘封装及浇注,用作印刷线路板的基材。由于环氧树脂的配方种类多,因此环氧树脂粘合剂的种类非常多,几乎所有的材料都可以用环氧树脂胶粘接。在飞机、汽车的制造中逐步用粘接技术代替传统的焊接、铆接工艺,使整车的综合性能得到提高,代表汽车高科技的赛车,更是大量使用环氧树脂,顶级的"F1"的底盘就是用环氧树脂材料制成的。

环氧树脂防腐涂料、功能性涂料和环保型涂料,将会在汽车工业(如水性环氧树脂电泳涂料)、家电行业、食品行业(如罐用涂料)、化学工业(如防腐涂料)、建筑行业(如地坪涂料、建筑胶粘剂、环氧砂浆及混凝土)等应用领域获得突破性进展(图4—42)。

图4—42 人造大理石

不饱和聚酯树脂主要用于玻璃钢的基本材料。不饱和聚酯树脂品种较多,若按其性能及用途来划分,可分为通用型、阻燃型、耐腐蚀型、透光型、耐热型、耐化学型、食品级,以及人造玛瑙/大理石用、宝丽板用、卫生洁具用、船艇用、纽扣用、模具用、等树脂品种。不饱和聚酯树脂使用范围很广,尤其是玻璃钢制品,与传统的金属材料及非金属材料相比,玻璃钢材料及其制品,具有强度高,性能好,节约能源,产品设计自由度大,以及产品使用适应性广等特点。

工程塑料是具有优异机械性能、电性能、化学性能及耐热性、耐磨性、尺寸稳定性等一系列特点的新型材料。工程塑料的特殊的性能以塑代木和代替金属已成为材料工程领域中的潮流。与金属材料相比有许多优点,成型工艺简单,生产效率高,节约能源。由于性能好,因此用在电器产品,如吸尘器、电吹风机、洗衣机等家电产品中,解决电绝缘问题就变得简单了。工程塑料虽然质量轻,比重约1.0~1.4,比铝轻一半,比钢轻3/4;但是比强度高;具有突出耐磨、耐腐蚀性等,是良好的金属制件更新换代材料。具有新的性能的工程塑料不断出现,能够代替玻璃和金属的耐高温、高强度超级工程塑料已研制成功,这种塑料有着惊人的抗酸腐蚀性和耐高温特性,这种塑料还能填充到玻璃、不锈钢等材料中,制成特别需要高温消毒的器具(如医疗器械、食品加工机械等)。另外,这种塑料还可以做成吹风机、烫发器、仪表外壳和宇航员头盔等。

由于生产和使用工程塑料能大量节省能源,国际上把工程塑料作为材料科学的重要项目竞相发展,是公认的化工高新技术领域和新的经济增长点,是衡量一个国家化工发展水平的重要标志。

5. 合成橡胶

橡胶属于有机高分子弹性化合物,在很宽的温度范围内都具有很好的弹性,因此又称为高弹体。橡胶具有多种良好的特殊性能,如弹性、电绝缘性、耐磨性、密封性、柔韧性、耐化学腐蚀性和良好的抗疲劳强度等等,因此用途极为广泛。目前,世界上的橡胶制品已达7万多种,涉及到现代人类生活的方方面面,如一辆载重汽车需要橡胶240kg,一架喷气式飞机需要橡胶600kg,一辆轻型坦克需要橡胶800kg,一艘3.5万吨的军舰需要橡胶68t等等。

橡胶由天然橡胶与合成橡胶两大类组成。天然橡胶主要是由三叶橡胶树的乳胶经过凝固、干燥、压片制得成品。天然橡胶受自然条件的限制,产量和某些性能不能满足人类的需求。合成橡胶的耐磨性、耐热性、耐油性、弹性等性能均比天然橡胶好,品种多、产量大。

工业产品中使用的橡胶大多为合成橡胶(图4-43),合成橡胶种类很多,按用途可分为通用合成橡胶、特种合成橡胶和新型合成橡胶。

图4-43 合成橡胶运动鞋

(1) 通用合成橡胶

主要通用合成橡胶有:丁苯橡胶、氯丁橡胶、顺丁橡胶、丁基橡胶、丁腈橡胶。通用合成橡胶的性能与天然橡胶相近,用于制造轮胎、减震器、密封件、织物涂层、乳胶制品、胶粘剂、生活用品等通用橡胶制品。例如用氯丁橡胶及另一种具有天然橡胶各种性能的异戊橡胶制作汽车配件,汽车轮胎用非常耐磨的丁苯橡胶,以提高它的耐磨性。与空气接触的内胎用丁基橡胶制作,它有很好的绝缘性,尤其具有高的不透气性能。

(2) 特种合成橡胶

一般是比较通用橡胶有一项或多项的特殊性能,如耐热性、耐寒性、耐油性、耐绝缘性等特殊要求的性能。特种合成橡胶有硅橡胶、氟橡胶、聚丙烯酸酯橡胶、聚氨酯橡胶等品种。

在众多的特种合成橡胶中,硅橡胶是在其中的佼佼者。它是具有无味无毒的橡胶,因此特别适合制作婴儿用奶嘴。硅橡胶可在很宽的温度范围内使用,在所有橡胶中,硅橡胶具有最广的工作温度范围(-100~350℃),在摄氏三百度和零下九十度时"泰然自若",仍不失原有的强度和弹性,厨用高压锅的密封圈材料选用硅橡胶制作,正是利用这样的性能。硅橡胶具有很好的绝缘性能、耐氧老化性、耐光老化性以及防霉性、化学稳定性等。

由于硅橡胶具备的特殊性能,在现代医学中获得了十分广泛又重要的用途。近些年来,由医院、科研单位和工厂共同协作,试制成功了多种硅橡胶医疗用品。如硅橡胶人造血管,具有特殊的生理机能,能作到与人体"亲密无间",人的机体也不排斥它,经过一定时间,就会与人体组织完全相融,稳定性极为良好。此外还有硅橡胶人造气管、人造肺、人造骨、硅橡胶十二指肠管等,功效都十分理想。随着现代科学技术的进步和发展,硅橡胶在医学上、儿童用品等方面的用途将有更广阔的前景。

硅橡胶种类较多,分为室温硫化硅橡胶和高温硫化硅橡胶两大类。

1) 高温硫化硅橡胶常用的有甲基乙烯基硅橡胶、甲基苯基乙烯基硅橡胶、氟硅橡胶、腈硅橡胶等。在航空工业上，广泛用作耐寒胶和用于耐烧蚀、耐热老化或耐辐射部位的垫圈、密封材料及易碎、防振部件的保护层；在电气工业中可作电子元件等高级绝缘材料，耐高温电位器的动态密封圈，地下长途通信装备的密封圈。

氟硅橡胶和腈硅橡胶具有优良的耐化学物质、耐溶剂和耐润滑油性能，耐寒性及热稳定性好，抗着火性也好，故在飞机、火箭、导弹、宇宙飞行、石油化工中用作与燃料油和润滑油接触胶管、垫片、密封圈、燃料箱村里等，也可用于制造耐腐蚀的衣服、手套等纤维涂料以及涂料、胶粘剂等。腈硅橡胶可用普通设备进行加工。

2) 室温硫化硅橡胶的最显著特点是在室温下无须加热、加压即可就地固化，使用极其方便。室温硫化硅橡胶由于分子量较低，因此素有液体硅橡胶之称，其物理形态通常为可流动的流体或黏稠的膏状物。常用的室温硫化硅橡胶有甲基室温硫化硅橡胶、甲基双苯基室温硫化硅橡胶、室温硫化腈硅橡胶、室温硫化氟硅橡胶等品种。

室温硫化硅橡胶按其固化方式可分为单组分和双组分室温硫化硅橡胶。单组分室温硫化硅橡胶的硫化时间在典型的环境条件下，一般15～30分钟后，硅橡胶的表面可以没有黏性，厚度0.3cm的胶层在一天之内可以固化。固化的深度和强度经过十天左右会逐渐得到增强。它固化时既不吸热、也不放热，固化后收缩率小，对材料的粘结性好。因此，主要用作胶粘剂和密封剂，其他应用还包括就地成型垫片、防护涂料和嵌缝材料等。单组分室温硫化硅橡胶虽然使用方便，但由于它的硫化是依赖大气中的水分，使橡胶制品的厚度受到限制，只能用于需要6mm以下厚度的场合。

双组分缩合型室温硫化硅橡胶是最常见的一种室温硫化硅橡胶。双组分室温硫化硅橡胶的硫化反应不是靠空气中的水分，而是靠催化剂来进行引发，只有当两种组分完全混合在一起时才开始发生固化。催化剂用量越多时硫化的越快，同时搁置时间越短。在室温下，搁置时间一般为几小时，若要延长胶料的搁置时间，可用冷却的方法。双组分缩合型室温硫化硅橡胶在室温下要达到完全固化需要一天左右的时间,但在150℃的温度下只需要1小时。

双组分室温硫化硅橡胶在使用时应如下操作：首先把基料、交联剂和催化剂分别准确称量，然后按比例混合在一起。通常两个组分是以不同的颜色提供使用，这样可直观地观察到两种组分的混合情况，混料过程应轻轻搅动，尽量地使夹带气体量达到最小。胶料混匀后(可观察颜色是否均匀)，可通过静置或进行减压(真空度700mm汞柱)除去气泡,待气泡全部排出后，在室温下或在规定温度下放置一定时间即硫化成硅橡皮。

双组分室温硫化硅橡胶硫化后具有优良的防粘性能，加上硫化时收缩率极小，因此适合于用来制造软模具，用于铸造环氧树脂、聚酯树脂、聚苯乙烯、聚氨酯、乙烯基塑料、石蜡、石膏及低熔点合金等的模具。此外，利用双组分室温硫化硅橡胶的高仿真性能、无腐蚀、易脱模等特点，可以复制各种精美的花纹。例如，在文物复制上可用来复制古代青铜器，在人造革生产上可用来复制动物的皮纹，起到以假乱真之效。

硅橡胶的另一品种称作硅凝胶，是室温硫化硅橡胶，为无色或微黄色透明的油状液体，硫化后成为柔软透明的有机硅凝胶。这种凝胶可在−65～200℃温度范围内长期保持弹性，它具有优良的电绝缘性能和化学稳定性能、耐水、耐臭氧、耐气候老化、无毒、无味、无腐蚀性,易于灌注、收缩率低、操作简单,具有很好的防振作用等优点。有机硅凝胶由于纯度高,使用方便,又有一定的弹性在电子工业上广泛用作电子元器件的防潮、绝缘、防振作用的涂覆及灌封材料。用透明凝胶灌封电子元器件,不但可起到防振防水保护作用,还可以透过凝胶看到元器件并可以用探针刺穿凝胶,检测出元件的故障,损坏了的硅凝胶还可进行灌封修补。有机硅凝胶也可用作光学仪器的弹性粘接剂。在医疗上有机硅凝胶可以用来作为植入人体内的器官如人工乳房等,以及用来修补已损坏的器官等。

(3) 新型合成橡胶

粉末橡胶是一种新的橡胶加工方法,制品生产工艺简化,颗粒混合方便,生产设备简单,生产效率高。液体橡胶在室温下呈液态,加工成型设备简单,可以现场成型。以合成橡胶为基本的复合材料,将橡胶的性能与应用领域提高了一大步,在合成橡胶轮胎中,为防止轮胎变形,用聚酯制的纤维逆旋转方向绕在轮胎结构内部,聚酯纤维也可与极结实的聚酰胺纤维以及钢纤维一起编织,以增加轮胎的强度和轮胎对路面的耐磨性。轮胎制造中加入炭黑作为增强剂,炭黑是一种极细的碳粉末,加入它可以增加橡胶的抗拉、抗切割和抗磨损的强度。

高分子材料的使用历史悠久,只有合成高分子材料问世以来使其生产规模、数量,按体积计算已超过金属材料。高分子材料正朝着高性能化、功能化和复合化的方向发展。高性能化即通过对高分子结构的控制,制备高强度、高耐热的高性能材料。功能化即制备具有导电、光学、分离、智能等高分子功能材料。复合化即通过纤维增强、高分子共混、融合化、达到新的功能和高性能。由于高分子材料种类繁多,具有许多优良性能,应用面广泛,适合现代化生产,经济效益显著,因而高分子材料工业取得了突飞猛进的发展,已成为工业产品的重要材料。

4.5 复合材料

科学技术的发展需要越来越多的新材料,单一结构的材料往往不能满足人们的需要,于是,人们就开动脑筋研制出各种复合材料。所谓复合材料就是把两种或两种以上的不同材料结合在一起,通过复合具有单一材料所不具备的新功能,这样,就诞生了许许多多性能优异的新材料。如钢筋水泥和玻璃钢便是当前用量最多的两种。

复合材料通常由两种不同性质、不同形状的材料,一种作为基体材料,另一种作为增强体材料组合而成的新材料。增强体起着承受载荷的主要作用,其几何形式有长纤维、短纤维和颗粒状物等多种;基体起着粘结、支持、保护增强物和传递应力的作用,常采用橡胶、石墨、树脂、金属和陶瓷等。复合材料材料的特点是将不同的材料进行优化组合,使各个材料的性能发挥所长,互相补充、协同,通过复合效应获得原组分所不具备的性能,使新材料的性能在保留原组成材料的主要特色的基础上得到加强,能满足不同环境的使用要求。

在自然界中,存在着大量的天然的复合材料,如植物的根、茎、干,动物的肌肉和骨骼等。从结构力学的观点来看,天然复合材料的结构是很合理的,研究它们为发展人工纤维增强复合材料提供了仿生学依据。

人类在长期的生产劳动中早已创造和使用了复合材料。例如，古代中国人和犹太人在黏土泥浆中用稻草或麦秸增强盖房用的泥砖；两千年前，中国制造了防腐蚀用的生漆衬布。在古代的复合材料中最引人瞩目的是中国的漆器，漆器出现在距今4000多年前的夏代，它是以丝、麻等天然纤维作增强材料，用火漆作粘结剂而制成的复合材料，也是近代纤维增强复合材料的雏形，它体现了重量轻、强度和刚度大的力学优点。

在建筑上，以混凝土为标志的近代复合材料是在一百多年前出现的。后来，随着建筑物的跨度和高度的增加，混凝土结构已不能满足强度要求，人们开始使用钢筋混凝土结构，其中的钢筋提高了混凝土的抗拉强度，从而解决了建筑方面的大量问题。

4.5.1 复合材料的种类

复合材料按基体材料的不同分为三类：金属基复合材料、聚合物基复合材料、无机非金属基复合材料。

1. 金属基复合材料是由金属或合金作为基体，基体有钢基、铜基、铝基、镁基、钛基等。增强体的材料，一类是连续纤维，如碳纤维、硼纤维、碳化硅纤维、氧化铝纤维等。另一类是晶须，晶须是在人工控制条件下生成的针状单晶体，直径为$0.2\sim1.0\mu m$（微米），长度约几十微米。由于人工控制的单晶缺陷少，强度大，可提高复合材料的强度。第三类是用颗粒作增强体，一般选用价格低廉的呈细粉状的陶瓷颗粒材料，主要有氧化铝、碳化硅、氮化硅、硼化钛、碳化硼等。复合材料中增强体材料的强度和刚度一般要高于金属基体。例如，碳化硅－铝复合材料，其中碳化硅纤维的性能指标远远高于铝，在复合体中碳化硅纤维是主要承载物体，而金属铝主要起着固定纤维的作用。

金属基复合材料主要作为功能材料使用，它能够显著的提高制件的刚度和比刚度。有一些产品的部件，在使用中不允许有较大的弹性形变，而刚度是材料的主要指标。例如传动轴、导轨、自行车主架、三叉戟导弹的惯性导向球等。金属基复合材料还具有高强度、高韧性、高蠕变抗力和良好的高温性能。主要用于制造汽车、飞机、导弹、航天器上有特殊性能要求的构件，如发动机部件、飞机尾翼平衡器、哈勃太空望远镜上的Al-C纤维天线支撑杆等。

在工业产品中使用的金属基复合材料种类较多，如单面塑料复合钢板，它是由聚氯乙烯薄膜与普通碳素钢板复合而成，这种复合钢板的聚氯乙烯薄膜有30多种颜色，它不但具有钢板的机械性能，同时具有塑料的外观性能。塑料具有耐水、耐腐蚀的性能弥补了钢板的缺陷。由于制品表面可直接处理成设计的颜色和纹理，不用后处理，可提高生产效率。常用来代替不锈钢、木材等材料制作结构件和装饰件。

2. 聚合物基复合材料以聚合物作为基体，纤维材料作为增强体。聚合物基复合材料品种相当多，而且性能各异，有的更具有任何材料无法比拟的特殊性能以及独有的加工成型工艺，使得聚合物基复合材料在许多产品中占有"得天独厚"的位置，同时也促使了产品新的功能、新的造型、新的结构的不断地涌现。

聚合物复合材料的基体材料常用的有不饱和聚酯树脂、环氧树脂等热固性塑料和聚丙烯、聚氨酯等热塑性塑料以及各种合成橡胶。使用比较广泛的是不饱和聚酯树脂和环氧树脂。不饱和聚酯树脂价格较低，制作工艺简单，可在室温条件下固化。环氧树脂的种类较多，我们通常使用的是双酚A性环氧树脂，习惯简称环氧树脂。不同牌号的环氧树脂使用不同的固化剂、填料等添加剂，使得成品具有不同的性质。

聚合物基复合材料的增强材料品种较多，玻璃纤维是使用最多的增强材料，玻璃纤维一般使用无捻纱、玻璃布、玻璃带等。其他的增强材料有碳纤维、硼纤维、芳纶纤维、晶须和颗粒、金属纤维或其织物等。聚合物基复合材料的增强材料的作用是，加入树脂中的纤维可以使树脂制品的力学性能得以显著提高的。

3. 无机非金属基复合材料的基体一般使用陶瓷材料，通常称作陶瓷基复合材料。陶瓷材料硬度高、耐磨、耐腐蚀、使用温度高、绝缘性能好、抗压强度较高，但是陶瓷脆性大，几乎不能产生塑性形变，抗冲击强度低。选用玻璃纤维、碳纤维、硼纤维等作为增强材料，复合后的材料，在保持了陶瓷基体的优良性能的基础上，有效地提高了陶瓷的韧性和抗冲击性能。

由于陶瓷基复合材料综合性能好，具有密度低、抗氧化、耐热、高比强度，工作温度在1250～1650℃。在军工产品中用作高温发动机的部件等耐高温、耐磨损、耐腐蚀的零部件。还可以作磨削和切削刀具。

4.5.2 复合材料的应用

1. 玻璃钢

聚合物基复合材料使用最广泛的一种称作玻璃钢，因为它具有玻璃般的透明性或半透明性，具有钢铁般的高强度而得名。它是由合成树脂和纤维增强材料经复合工艺，制作而成的一种新型复合材料，它的科学名称是玻璃纤维增强塑料，（国际公认的缩写符号为GFRP或FRP）。玻璃钢品种繁多，性能各异，用途广泛，见图4-44～图4-49。

图 4-44 曲面玻璃钢制品

玻璃钢按基体材料的成分可分为：

（1）环氧树脂玻璃钢

环氧树脂玻璃钢是一种常用玻璃钢，其颜色为浅色透明体。它具有较好的耐腐蚀性、机械强度高和粘结力强等特点，并具有一定的电绝缘性和耐碱能力。其原料环氧树脂的种类很多，常用的型号有6101、634、637、618等。

图 4-45 玻璃钢汽车配件

（2）不饱和聚酯玻璃钢

第四章　工业产品常用材料

图 4-46　玻璃钢仿植物

图 4-47　玻璃钢壳游艇

图 4-48　树脂草坪灯

图 4-49　玻璃钢花盆

聚酯玻璃钢是一种使用量大和使用范围很广的材料，我们通常俗称的玻璃钢多指不饱和聚酯玻璃钢。这种材料的颜色为浅黄色半透明体，它具有一定的耐腐性能，机械强度较高和粘结力较强等特点，同时具有一定的低压电绝缘性能。另外聚酯玻璃钢在固化过程中没有挥发物逸出，能常温常压成型，具有固化施工方便的特点。其原料聚酯树脂的种类很多，常用型号为306、307、196、198、199、7541、3301等，各种型号都有不同的耐腐蚀和耐温能力。

(3) 酚醛树脂玻璃钢

酚醛树脂玻璃钢，其颜色为深棕色，它具有很高的耐腐蚀性，但机械性能较差，适合在金属、水泥、木材、石槽等容器贴衬。其原料酚醛树脂是人工合成最早的一种树脂，约有60多年历史，常用型号有213、2130、101、102、103等。

玻璃钢的基体树脂与增强纤维之间存在界面，通过界面使两种材料结合成一个复合整体，新的复合体具有新的、独特的特性。

其一：最突出的特性是重量轻，但是具有高的比强度（材料的强度除以密度称为

135

比强度），玻璃钢的比强度是钢的4倍，是铝的3倍多。力学性能好，有一定的刚性，有好的抗疲劳性能，在许多的产品中代替木材、钢材、石材等材料。由于玻璃钢制品的成型方法属于液态材料成型的工艺，制品的外观性能好，可以很容易制成形状的自由曲度很高的制品，特别是仿生形态的造型体，因此玻璃钢是值得引起重视的造型材料。

其二：玻璃钢材料具有很好的耐酸碱腐蚀特性，具有良好耐气候性。热绝缘性好，具有瞬间耐高温特性。电绝缘性能高，能透过电磁波。可以用于室内外的产品，例如电视和微波通讯天线的结构材料。

其三：可以根据不同的使用环境及特殊的性能要求，自行设计复合制作而成，因此只要选择适宜的基体材料和增强体材料，选择适当的固化剂和成型方法，基本上可以满足各种不同用途对于产品使用时的性能要求。因此，玻璃钢材料是一种具有可设计性的材料品种。玻璃钢制品的成型工艺实际上是材料和结构同时完成的，避免了金属材料通常所需要的二次加工，从而可以大大降低产品的物质消耗，减少了人力和物力的浪费。

其四：玻璃钢固化成型材料使用率高，无气泡产生，成型收缩率小，可染色，成型工艺简单。玻璃钢复合体的两种材料之间的界面有吸收振动的功能，因此振动阻尼高，有较好的减振效果。

玻璃钢材料还是一种节能型材料。若采用手工糊制的方法，一般在室温下便可成型固化，因此它的成型制作能耗很低。即使对于那些采用机械的成型工艺方法，例如喷射成型、纤维缠绕成型、袋压成型、模压成型、挤拉成型等成型方法，由于其成型温度远低于金属材料及其他的非金属材料，因此其成型能耗可以大幅度降低。

综上所述，与传统的金属材料及非金属材料相比，玻璃钢材料及其制品具有强度高，性能好，节约能源，产品设计自由度大，以及产品使用适应性广等许多优异的特性。它诞生半个多世纪以来，各种新产品日新月异，在各个领域中的应用与日俱增，像汽车挡泥板、手机中的线路板、羽毛球拍、网球拍和撑竿跳用的撑竿等，都是用增强纤维与树脂的复合材料制作的。因此，在一定意义上说，玻璃钢材料是一种应用范围极广，开发前景极大的材料品种之一。

玻璃钢材料由于比重小而强度高，自然在航空工业领域备受青睐。自从1944年第一架以玻璃钢作为主要结构材料的飞机经受了严格的飞行考验之后，玻璃钢在航空航天工业中的应用日益增多。从机身、机翼到机尾、门窗等越来越多的金属飞机部件，太阳能电池的翼板、发动机壳体等结构件被玻璃钢材料取代了。复合材料的液态成型工艺能够实现复杂外形结构的大面积精确整体成型，从而更好地保证飞机整体的气动形状。如号称"飞翼"的B-2，高度的翼身融合，外形曲面极其复杂，若采用金属结构，成型工艺极为复杂，且难以保证形状和尺寸的准确。采用复合材料结构，则只要成形胎具能制造出来，成型就不成问题，从而使制造工艺上的难题迎刃而解。目前，许多轻型飞机的主要部件换成了玻璃钢制品，就连波音747喷气式客机上，也有一万多个零部件是用玻璃钢制作的。

第一艘载人的玻璃钢船是1947年下水的，当时它只有8.5m长。由于玻璃钢的耐腐蚀性能非常好，现在世界上越来越多的帆船、游艇、交通艇、救生艇、渔轮及扫雷艇等都改用玻璃钢制造。即使是在航空母舰、巡洋舰、万吨巨轮等大轮船上，玻璃钢零部件也随处可见。

由于玻璃钢的优良品质各种玻璃钢汽车部件应运而生。汽车用蓄电池托架、保险杠、前后车灯、仪表盘都已广泛采用玻璃纤维复合材料。轻轨车辆中的门、窗、座椅、行李架及车体板、车头均可采用玻璃钢制造。意大利、法国等许多著名汽车公司经批量制造玻璃钢汽车壳体。尤其是全世界都在注重开发的太阳能动力汽车，用玻璃钢材料制作外壳、太阳能电池翼板及车内部件是最好的选择。

由于其优良的抗腐蚀特性和易于加工成型，在化学工业中，玻璃钢反应罐、贮罐、大型水槽、搅拌器、管道等大显神威，节省了大量金属。

玻璃钢产品尤其适合室外环境使用，常用来制作冷却塔、水上娱乐设施、庭院装饰工艺品、体育场用排椅、垃圾箱等工业产品的外壳。采用玻璃钢材料制作的雕塑，色泽鲜艳、线条流畅、造型美观、安装方便。可以制成仿植物、仿动物、仿金、仿铜、仿石等多种表面效果，制品具有很强的真实感和鲜明的时代感。在制作支撑面小、动感强的雕塑上，具有其他材料无法比拟的优势。用玻璃钢材料制作彩色立体广告已取得了很好的广告效果和经济效果。在工业设计中，可以用手糊的方法或浇注的方法制作产品设计模型。

玻璃钢在建筑业的应用越来越多。除了传统的玻璃钢整体卫生间、浴盆等，近年来玻璃钢型材制造的窗框正在迅速增长。由于与塑料窗框相比它的力学性能高，耐老化性好，使用寿命可比塑钢窗框延长一倍以上，阻燃性及保温性均很优良，是继木门窗、钢门窗、铝合金门门窗、塑钢门窗之后的第五代新型建筑门窗产品。玻璃钢门窗有封密隔音，保温节能等显著特点，尤其是强度高，可任意着色，在温度变化较大环境下尺寸稳定。许多新建的游泳馆、展览馆、商业大厅的巨大屋顶都是由玻璃钢制成的。它不仅质轻、强度大，透光率也很好。此外，用玻璃微珠填充树脂作芯层的聚酯玻璃钢可以建造房屋，使住宅重量大为减轻。用玻璃钢制作的艺术建筑构件和园林景观制品，由于是工厂化生产，因此生产效率很高。玻璃钢优良的综合性能及先进的成型加工工艺，在许多领域都显示了它强大的生命力，在国民经济建设中发挥了重要的作用。

2. 建筑装饰和室内装饰材料

建筑装饰复合材料的应用发展很快，种类较多。用于建筑外墙的铝塑板，是在PVC或聚乙烯板材的表面粘接一层薄铝板。这两种材料自身重量轻，复合在一起有较强的力学性能，适合室内外环境使用。表面铝层经过氧化、着色处理具有较好的外观效果和耐气候性能。铝塑板安装简单、快捷，使用寿命长，维护费用低，是理想的建筑外墙装饰材料。

不锈钢复合管是继铝塑复合管之后又一种很具使用价值的复合管材，不锈钢复合管是双层钢管结构，内层为低碳钢焊管，外层为不锈钢焊管，在同一条生产线上分别卷焊而成，通过先进的成型包覆工艺,将两者紧密牢固地包覆在一起。不锈钢复合管可以进行对接、弯曲加工、可以辊压成方形、矩形、扁圆形管,加工过程中不会脱层,也不起皱。外观与不锈钢管完全相同,既有不锈钢焊管的美观、耐腐蚀的优点,又有碳素钢焊管价廉强度高的优点。成本是同规格不锈钢管的三分之一到十分之一。不锈钢复合管在建筑、装饰、家具等行业具有十分广泛的用途,如楼梯扶手、庭院灯构架、灯箱、手推车、火车、汽车和轮船上的栏杆扶手、地铁站、汽车站和机场等建筑用管,都可以用不锈钢复合管取代不锈钢管、涂层钢管和普通钢管。

图4-50 混凝土透视墙

三聚氰胺复合防火板、复合木地板、PVC贴面层压木板、无缝人造石、玻璃钢洁具等新的复合材料已大量应用于建筑装饰和室内装饰。像钢筋水泥这样的基础建筑材料,也出现了新一代的、性能更好的复合材料,即短切纤维复合的纤维增强水泥。纤维增强水泥以它独特的性能在房屋建筑、桥梁、公路及高压输电网架等领域广泛使用。新研制成的新型混凝土的透视墙,其成分为普通混凝土和玻璃纤维,因此这种新型混凝土可透过光线(图4-50)。

3. 包装材料

一些结构和制作工艺简单,却具有特殊性能的复合材料相继出现。如冷冻食品、罐头等的软包装,各种液体食品的纸包装。这类纸包装一般都采用复合膜材料,例如在常温可以保存一年的无菌果汁袋,从里到外是由聚乙烯-铝-聚乙烯-纸-聚乙烯等共五层材料贴合而成的。其中聚乙烯层,可防止液体透过;铝箔层可保护袋内所盛的东西避开光照并能隔绝氧气,复合膜最外层中的纸作为结构材料,既可保持形状又可印制商标。

4. 功能复合材料

复合材料按用途主要可分为结构复合材料和功能复合材料两大类。结构复合材料主要作为承力结构使用的材料,上面介绍的均为结构复合材料。功能复合材料是指除力学性能以外还提供其他物理、化学、生物等性能的复合材料。包括压电、导电、雷达隐身、永磁、光致变色、吸声、阻燃、生物自吸收等种类繁多的复合材料。如加入掺杂剂的塑料具有导电性,已制成一批与银、铜一样具有导电性的聚合物,被称为有机金属或合成金属。导电塑料最成功的范例是塑料电池的应用,塑料电池是密封的,不会释放有害的化学物质和气体,因此这种蓄电池将会用于无公害的小汽车。导电塑料具有消除静电的功能,计算机和电子设备机房都要求抗静电屏蔽,新型飞机上的电子器件要求防电磁干扰,树脂基复合材料机身、机翼要求防雷击,这些要求都可以用导电塑料薄膜屏蔽加以解决。导电塑料薄膜有一种特殊性能,即通过电化学或物理方法可使它从透明变成不透明。采用带有这种导电塑料薄膜的窗玻璃,可以自动挡住强烈照射的阳光。导电塑料还有一项重要的潜在用途,就是作为未来机器人的人工肌肉。

功能复合材料具有广阔的发展前途，其使用量将超过结构复合材料，成为复合材料发展的主流。未来复合材料的研究方向主要集中在纳米复合材料、仿生复合材料和发展多功能、机敏、绿色复合材料等领域。

4.6 新材料

从科学技术发展的历史看，一种崭新技术的实现，往往需要崭新材料的支持反过来，先进的技术又促使了具有前所未有性能的新材料的诞生。新材料已成为现代高新技术的重要组成部分，在科学研究和制造业的基础作用和先导作用正在日趋显现，已经对经济市场和社会发展起着重要的、不可估量的影响。

新材料是指那些新出现或已在发展中的、具有传统材料所不具备的优异性能和特殊功能的材料。新材料与传统材料之间并没有截然的分界，新材料在传统材料基础上发展而成，传统材料经过组成、结构、设计和工艺上的改进从而提高材料性能或出现新的性能都可发展成为新材料。同传统材料一样，新材料可以从结构组成、功能和应用领域等多种不同角度对其进行分类，不同的分类之间相互交叉和嵌套。目前，按照应用领域和当今的研究热点把新材料分为以下的主要领域：电子信息材料、新能源材料、纳米材料、先进复合材料、先进陶瓷材料、生态环境材料、新型功能材料（含高温超导材料、磁性材料、金刚石薄膜、功能高分子材料等）、生物医用材料、高性能结构材料、智能材料、新型建筑及化工新材料等。

新材料产业的发展不仅对电子信息、生物技术、航空航天等高技术产业的发展起着支撑和先导的作用，也推动着诸如机械、能源、化工、轻纺等传统产业的技术改造和产品结构的调整，应用范围非常广泛，前景十分广阔。正因为如此，对新材料的研究、开发和产业化，在当前以及今后相当长历史时期内对人类社会的发展都将产生重大影响，它同信息技术、生物技术一起成为21世纪最重要和最具发展潜力的领域。

4.6.1 材料技术的发展趋势

1. 从均质材料向复合材料发展。
2. 由单一的结构材料为方向，向功能材料、多功能材料并重的方向发展。我们通常讲的材料，实际上大多都是指结构材料。但是随着科学的发展，其他高技术领域要求材料技术为它们提供更多更好的功能材料，所以现在各种功能材料越来越多，终会有一天功能材料将同结构材料在材料领域平分秋色。
3. 材料结构的尺度向越来越小的方向发展。纳米级的材料，由于颗粒极度细化，使得有些材料的性能发生了截然不同的变化。如性能极脆的陶瓷，居然可以用来制造刀具、发动机零件。
4. 由被动性材料向具有主动性的智能材料方向发展。过去的材料不会对外界环境的影响作出反应，新的智能材料能够感知环境的某些条件变化，进行判断并自动作出各种方式的反应。

5. 通过仿生途径来发展新材料。生物通过千百万年的进化，在严峻的自然界环境中经过优胜劣汰，适者生存而发展到今天，自有其独特之处。通过"师法自然"并揭开其奥秘，会给我们以无穷的启发，为开发新材料又提供了一条广阔的途径。

6. 发展绿色材料，实现材料与环境的协调性和适应性，是实现材料产业的可持续发展的一个重要发展方向。

4.6.2 新材料介绍

1. 碳纤维复合材料

复合材料以其优良的性能和先进的成型工艺，已在广阔的领域中占据着不可替代的作用。随着科学技术的飞速发展，如何进一步提高复合材料的强度一直是人们努力探索的问题。使用纤维材料作为增强体是最常见、最典型的复合材料，自玻璃纤维与有机树脂复合的玻璃钢问世以来，碳纤维、陶瓷纤维以及硼纤维增强的复合材料相继研制成功，性能不断得到改进，尤其是碳纤维复合材料工艺日趋成熟，使复合材料领域呈现出一派勃勃生机。

图4-51 超轻碳纤维汽车构架

碳纤维主要是由碳元素组成的一种特种纤维，其含碳量随种类不同而异，一般在90%以上。碳纤维具有一般碳素材料的特性，如耐高温、耐磨擦、导电、导热及耐腐蚀等，但与一般碳素材料不同的是，其外形有显著的各向异性、柔软、可加工成各种织物，沿纤维轴方向表现出很高的强度。碳纤维比重小，因此有很高的比强度。碳纤维是由含碳量较高，在热处理过程中不熔融的人造化学纤维，经热稳定氧化处理、碳化处理及石墨化等工艺制成的。

用碳纤维或其织物作增强体材料可以与树脂、金属、陶瓷等基体复合，例如，碳纤维增强环氧树脂复合材料，其比强度等综合指标，在现有结构材料中是最高的。在强度、刚度、重量、疲劳特性等有严格要求的领域，在要求高温、化学稳定性高的场合，碳纤维复合材料都颇具优势（图4-51）。

碳纤维是20世纪50年代初应火箭、宇航及航空等尖端科学技术的需要而产生的，由碳纤维和环氧树脂结合而成的复合材料，由于其比重小、韧性强、刚性好和强度高而成为一种先进的航空航天材料。因为航天飞行器的重量每减少1公斤，就可使运载火箭减轻500公斤。同样，飞机重量的减轻也可以节省油耗，提高航速。所以，在航空航天工业中争相采用先进复合材料。有一种垂直起落战斗机，它所用的碳纤维复合材料已占全机重量的1/4，占机翼重量的1/3。

纤维增强复合材料是当前国际上极为重视的科学技术问题。现今在军用方面，飞机、火箭、导弹、人造卫星、舰艇、坦克、常规武器装备等，都已采用纤维增强复合材料。现在纤维增强复合材料已经逐步应用于运输工具、体育器械、纺织、化工机械及医学等领域。随着尖端技术对新材料技术性能的要求日益苛刻，促使科技工作者不断努力研究，碳纤维的性能也不断完善和提高。高性能及超高性能的碳纤维相继出现，这在技术上是又一次飞跃，同时也标志着碳纤维的研究和生产已进入一个高级阶段。

2. 纳米材料

纳米技术是继互联网、基因之后人们关注的又一大热点。纳米是几何尺寸的量度单位，简写为nm，一个纳米是一米的十亿分之一。纳米材料是指由尺寸小于100nm（1～100nm）的超细颗粒构成的，具有小尺寸效应、表面效应或量子效应所出现的奇异现象而发展出来的材料的总称。可以用将一粒纳米材料放在乒乓球上，如同将一个乒乓球放在地球上的比例一样，形容纳米材料的大小。纳米材料的技术形成于20世纪80年代末期，并迅速发展和渗透到各学科领域，形成为一门崭新的高科技产业。

由于纳米粉体具有晶粒小，表面曲率大或表面积大的特征，纳米材料从根本上改变了材料的结构，所以它与常规材料相比会表现出特异的光、电、磁、热、力学、机械等方面性能。在纳米的世界里，物质的性能发生了神奇的变化。如导电性能良好的铜在纳米级就不导电了，而绝缘的二氧化硅在纳米级就开始导电了，二氧化硅陶瓷在通常情况下是很脆的，但当二氧化硅陶瓷颗粒缩小到纳米级时，脆性的陶瓷竟然具有了韧性。

纳米技术可使许多传统产品"旧貌换新颜"，把纳米颗粒或者纳米材料添加到传统材料中，可改进或获得一系列新的功能。这种改进并不见得昂贵，但却使产品更具市场竞争力。比如说，在化纤制品和纺织品中添加纳米微粒，可以除味杀菌。无菌餐具、无菌扑克牌、无菌纱布等产品也已面世。化纤布料应用纳米技术，加入少量的金属纳米微粒就可以摆脱因摩擦而引起烦人的静电现象。中科院化学所研制成功一种不沾油污、不粘水的新型纳米材料——超双疏性界面材料。使用这种材料的纺织品和建材，不染油污，可免洗涤。

在化学纤维制造工序中掺入铜、镍等超微金属颗粒，可以合成导电性的纤维，从而制成防电磁辐射的纤维制品或电热纤维，亦可与橡胶、塑料合成导电复合体。

目前正在研制新一代的战斗服。即通过运用纳米技术，改变了原子和分子的排列，从而使纤维具有化学防护特性。经过纳米技术处理的纤维在让清新的空气通过的同时，可以将生化武器释放的毒素挡在身体之外。

大气和太阳光中存在对人体有害的紫外线，而有的纳米微粒就有吸收对人体有害的紫外线的特征和性能。如将纳米TiO_2粉体按一定比例加入到化妆品中，则可以有效地遮蔽紫外线。一般认为，其体系中只需含纳米二氧化钛0.5%～1%，即可充分屏蔽紫外线。

玻璃和瓷砖表面涂上纳米薄层，可以制成自洁玻璃和自洁瓷砖，任何粘污在表面上的物质，包括油污、细菌在光的照射下，由纳米的催化作用，可以变成气体或者容易被擦掉的物质。把透明疏油、疏水的纳米材料颗粒组合涂在在大楼表面或窗玻璃上，大楼不会被空气中的油污弄脏，玻璃也不会沾上水蒸气而永远透明。用纳米材料制成的纳米多功能塑料，具有抗菌、除味、防腐、抗老化、抗紫外线等作用，可用作电冰箱、洗衣机、空调外壳里的抗菌除味塑料。

纳米材料具有特殊的光学性质，当黄金被细分到小于光波波长的尺寸时，即失去了原有的富贵光泽而呈黑色。事实上，所有的金属在超微颗粒状态都呈现为黑色。尺寸越小，颜色愈黑，银白色的铂（白金）变成铂黑，金属铬变成铬黑。由此可见，金属超微颗粒对光的反射率很低，通常可低于1%，大约几微米的厚度就能完全消光。利用这个特性可以作为高效率的光热、光电等转换材料，可以高效率地将太阳能转变为热能、电能。此外又有可能应用于红外敏感元件、红外隐身技术等。利用纳米材料的光学性能已经成功地合成出高性能纳米系列复合颜料，这种颜料色彩艳丽，保色持久，且极易分散，已出现了纳米微粒生产颜料的专利。氧化物纳米颗粒最大的本领是在电场作用下或在光的照射下迅速改变颜色，做成士兵防护激光枪的眼镜和广告板，在电、光的作用下，会变得更加绚丽多彩。

在橡胶行业，通常都是加入碳黑来提高制品的强度、耐磨性和抗老化性，但制品均为黑色。因一直找不到合适的材料替代碳黑作为补强剂和抗老化剂，所以过去研究出来的彩色橡胶制品的强度、抗老化性能都较差。纳米材料的问世使这一问题迎刃而解。纳米Si_2O_3和SiO_2粒子放入橡胶中可提高橡胶的介电性和耐磨性。

彩电等家电一般都是黑色，被称为黑色家电，这是因材料中需加入碳黑进行静电屏蔽。而利用纳米技术，人们已研制出可静电屏蔽的纳米涂料，通过控制纳米微粒的种类，人们可进而控制涂料颜色，黑色家电将变成彩色家电。

金属铝中含进少量的陶瓷超微颗粒，可制成重量轻、强度高、韧性好、耐热性强的新型结构材料。采用纳米材料技术对机械关键零部件进行金属表面纳米粉涂层处理，可以提高机械设备的耐磨性、硬度和使用寿命。

固态物质在其形态为大尺寸时，其熔点是固定的，超细微化后却发现其熔点将显著降低，当颗粒小于10nm量级时尤为显著。例如，金的常规熔点为1064℃，当颗粒尺寸减小到10nm尺寸时，则降低27℃；减小到2nm尺寸时的熔点仅为327℃左右；银的常规熔点为670℃，而超微银颗粒的熔点可低于100℃。

科学家为我们勾勒了一幅若干年后的蓝图：纳米电子学将使量子元件代替微电子器件，巨型计算机就能装入口袋里；通过纳米化，易碎的陶瓷可以变成韧性很好的重要材料；世界上还将出现1微米以下的机器甚至机器人等。按物理形态分，纳米材料大致可分为纳米粉末、纳米纤维、纳米膜、纳米块体和纳米液体等五类，预期它将在信息、通信、微电子、环境、医药等领域获得广泛应用。尽管目前纳米材料主要还处于实验室的研究阶段，但是纳米科技的发展将会引起材料科学的一次革命，必将对21世纪的经济和社会发展产生重大而深远影响。可见纳米材料的研究和发展对人类社会的影响，无论从理论上还是从实用意义上而言都是重要而深刻的。

3. 智能材料

智能材料是20世纪90年代迅速发展起来的一类新型复合材料。智能材料目前还没有统一的定义，不过，现有的智能材料的多种定义仍然是大同小异。大体来说，智能材料就是指具有感知环境(包括内环境和外环境)刺激,对之进行分析、处理、判断,并采取一定的措施进行适度响应的智能特征的材料。

智能材料的构想来源于仿生(仿生就是模仿大自然中生物的一些独特功能制造人类使用的工具,如模仿蜻蜓制造飞机等等),它的目标就是想研制出一种材料,使它成为具有类似于生物的各种功能的"活"的材料。因此智能材料必须具备感知、驱动和控制这三个基本要素。但是现有的材料一般比较单一,难以满足智能材料的要求,所以智能材料一般由两种或两种以上的材料复合构成一个智能材料系统。这就使得智能材料的设计、制造、加工和性能结构特征均涉及到了材料学的最前沿领域,智能材料代表了材料科学的最活跃方面和最先进的发展方向。为增加感性认识,现举一个简单的应用了智能材料的例子:某些太阳镜的镜片当中含有智能材料,这种智能材料能感知周围的光,并能够对光的强弱进行判断,当光强时,它就变暗,当光弱时,它就会变的透明。

智能材料与智能系统将受到更多重视,变色眼镜就可视为一种智能材料,或机敏(Smart)材料。因此,智能材料可以定义为材料随外界条件而发生变化,在变化条件去除以后又可复原的一种材料,但具有这些特点的材料并不多。形状记忆合金、压电体都属于此类。利用材料的这种性质与传感器、光纤和电脑相结合而成为一个系统,达到操纵一种机构的目的,称之为智能系统。利用这种系统可随外界条件而改变飞机机翼、潜艇、车体以及建筑物的外形以减少阻力,既节省能耗,又提高安全度。智能系统可使材料实现自检测、自恢复或自修复,以延长机械寿命和安全度。智能材料可实现药物的控制释放以提高药效,减少药的副作用。

智能陶瓷高级轿车减震装置:利用正压电效应、逆压电效应和电致伸缩效应综合研制成功陶瓷智能减震器,具有识别路面并能自我调节的功能。该减震器可将粗糙路面形成的震动减到最低限度,提高乘车人员乘车的舒服感。整个感知与调节过程只需要20秒。另外,采用智能陶瓷材料制成的减震装置还可以推广应用到精密加工的稳固工作平台等方面。利用钛酸钡陶瓷的压阻效应制成智能陶瓷雨刷,可以自动感知雨量,自动调整雨刷的速度。用它制成记忆弹簧安装在门窗上,门窗就能随光照强度和温度变化自动开合,调节入室的自然光;安装在淋浴喷头上,就能自动调节出水温度。还有一种内嵌式传感器,将其编织在登山绳索里,一旦绳索磨损,强度下降,绳索的颜色就会自动示警。

智能材料中"记忆"材料是发现较早,应用较多的材料,目前发现的有"记忆"能力的金属都是合金,在这种金属里,金属原子按一定的方式排列起来,这些金属原子受到一定的外力时,可以离开自己原来的位置而到另一个地方去。将这些金属加温后,由于获得了一定的能量,这种金属里的原子又会回到原来的地方。这就是这种金属只要给与相应温度又恢复原状的原因。

记忆合金最令人鼓舞的应用是在航天技术中。1969年7月20日,"阿波罗"11号登月舱在月球着陆,实现了人类第一次登月旅行的梦想。宇航员登月后,在月球上放置了一个半球形的直径数米大的天线,用以向地球发送和接受信息。天线就是用当时刚刚发明不久的记忆合金制成的。用极薄的记忆合金材料先在正常情况下按预定的形状要求做好,然后降低温度把它压成一团,装进登月舱带上天去。放到月面上以后,在阳光照射下温度升高,当达到转变温度时,天线又"记"起了自己的本来面貌,变成一个巨大的半球形。

但由于该金属的成本昂贵,长期未能进入民用领域。现在,科学家已使这种贵重金属完全平民化了。如今已成功地将"记忆金属"的形变温度调到体温范围,用它生产的妇女文胸托垫,平时柔软如丝,戴上后就会遇热挺起。目前,可根据温度变化改变形状的"形状记忆塑料"已进入实验阶段。

如果说20世纪的人类社会文明的标志是合成材料,那么下个世纪将会是智能材料的时代。在这个智能材料的时代,高分子化学同样承担着不可替代的作用。

4. 生态环境材料

材料的制造和使用支撑着人类社会的发展,为人类带来了极大的便利,但同时在材料的生产、使用、处理、消耗和废弃的过程中也带来了沉重的环境负担。日趋严重的环境问题和资源约束,促使人类必须要从新审视材料的环境负担性,研究材料尤其是合成材料与环境的相互作用,定量评价材料生命全周期对地球生态环境的影响,将研究开发具有环境相容性的新型材料及制品作为终身战略。这就是一门新兴学科——环境材料。

环境材料就是指与环境相适的材料,称为环境友好材料或绿色材料。进一步讲环境材料是指那些具有最小的环境负担和最大的再生利用能力的材料,这类材料的特点是消耗的资源和能源少,对生态和环境无污染或少污染,容易回收利用,其中包括易于自然降解而回归自然的废弃材料。

生态环境材料的概念,是在人类认识到生态环境保护的重要战略意义和世界各国纷纷走可持续发展道路的背景下提出来的,就在世界范围内引起了广大科学家和有关人士的高度重视,将环境材料的研究作为材料科学与工程研究发展的重要方向。

目前环境材料的研究内容主要包括材料的设计及开发技术,材料的环境协调性和材料的环境协调性评估技术研究。根据环境材料的功能,可以分为低(低资源、低能源)消耗材料、净化材料、吸波材料、(光、生物)可降解材料、生物及医疗功能材料、抗辐射材料、吸附催化材料等。根据材料的用途,可分成建筑材料、工业制造材料、农业材料、林业材料、渔业材料、能源材料、抗辐射材料、生物材料及医用材料等。

(1) 环境相容材料:开发环境相容性的新材料及其制品,并对现有材料进行环境协调性改进,是环境材料研究的主要内容。环境相容材料包括纯天然材料(木材、石材等)、绿色包装材料(绿色包装袋、包装容器)、环境降解材料(生物降解塑料等)。天然材料开发,从生态观点看,天然材料加工的能耗低,可再生循环利用,易于处理,对天然材料进行高附加值开发,所得材料具有先进的环境协调性能并具有优良的使用性能。

例如将热塑性塑料如聚乙烯等和木材纤维、木屑等共混,利用传统的注射成型法得到的多孔性木材,能充分利用废弃的塑料和木屑,并且具有生物降解性。

(2) 工业制造材料:超高性能、超长寿命材料的研制与开发,可以有效降低了材料的负荷/寿命比,从总体来看也是降低材料环境负担性的一个有效途径。例如不锈钢材料代替普通碳钢,由于使用寿命长,足以抵消初始增加的投资,最大的收益是废弃量的减少。研发适用于少切削或不切削成型工艺的材料,是节约资源和能源的好方法。工程塑料、纤维增强聚合物以及金属的液态是可用于直接成型工艺、低耗能的、废物减量化的绿色的成型材料。如用纤维增强树脂和镁合金制造汽车零部件,可以减轻汽车重量,达到节能的目的。

(3) 环境工程材料:环境工程材料的发展是针对长期积累下来的污染问题,开发门类齐全的环境工程材料,对环境进行修复,净化或替代处理,逐渐平衡地球的生态环境,使之可持续发展。环境工程材料一般指防止或治理环境污染过程中所用的一些材料。如环境修复材料(固沙植被材料)、环境净化材料(分子筛、离子筛材料、水净化材料、海水油污吸收材料)、环境替代材料(无磷洗衣粉助剂、破坏大气臭氧层的氟利昂的替代材料、清洁能源材料)等。

(4) 无污染、节能、可循环使用的材料:人们的生活、生产活动产生了大量的废弃物、消耗了大量的地球资源,严重地破坏了人类赖以生存的地球环境。为了可持续发展,材料资源必须能够循环使用,废弃物量应小于大自然自身的净化能力,发展绿色材料势在必行。

从资源状况和利用效率来看,废物回收利用不只是解决污染问题,对占用大量土地资源及缓解资源匮乏的压力有着重要的作用。综合利用工业固体废弃物(如钢渣、废钢铁、废玻璃、废塑料、废橡胶轮胎、废纸等)以及近些年来快速升级换代而大量淘汰的IP产品(手机、电脑、电视等)中的贵金属、不可降解塑料的回收再利用,一直是研究的重点。

将建材工业和废物利用结合起来将是一个很好的解决途径,如在水泥混凝土中加入粉煤灰、矿渣和硅灰,利用炉渣、粉煤灰和铁矿石为主要材料制作新型墙体材料,最大限度的利用废材,达到最小环境危害。近年来国内外已研究开发出一些符合"绿色化"特性的重要建材产品,如无毒害涂料、抗菌涂料、抗菌陶瓷、光敏变色玻璃、绿色地板材料、石膏装饰材料、净化空气的预制板等。随着人们环境意识的逐步提高,也必然会加深对绿色材料的认识,从而加快绿色材料的发展。

农产品废料,具有更深的再开发功能。许多农产品废料含丰富的半纤维素(25%~50%),木质素(30%~50%),纤维素(30%~50%)。合理利用这些废料,不仅显著降低环境污染,而且可建立基于农产品的工业,如生产木糖、木糖醇、纸浆等,提高农产品废物的高附加值利用。

综上所述,环境材料的研究已经深入到工业的各个领域。在资源和能源的有效利用,减少环境负荷上,实现材料与环境的协调性和适应性,环境材料具有很大优势,是实现材料产业的可持续发展的一个重要发展方向。绿色材料将不再只是一个话题,而制造和使用绿色材料必将变成为人类的自觉行动。

思考与练习题

1. 材料的感觉特性和材料的理化性能其本质区别是什么?
2. 通过产品实例阐述金属材料尤其是钢材与非金属材料的主要性能区别。
3. 常用木材的识别(收集20种常用木材并训练能够用眼识别)。
4. 分别用木材、金属材料和高分子材料各设计一把座椅,论述材料的特性与产品形态的关联因素。
5. 为什么说环境材料的研究与应用,是工业设计可持续发展的一个重要方向?

第五章 人体工程学

5.1 工业设计与人体工程学的关系密不可分

从工业设计这一角度而言，大到现代化的工厂、机械设备……，小至与人们的衣、食、住、行息息相关的生活用品等，一切为人类生产与生活所需而创造的产品，在设计和制造时，都无一例外的要把"人的因素"作为一个重要和必需的条件来考虑。因此，研究和应用人体工程学的原理和方法，已成为工业设计者的必修课之一。

目前我们学习和研究人体工程学，对工业设计所产生的作用可以概括为以下几个方面。

5.1.1 向工业设计从业人员提供各种有关人的尺度参数

人体工程学对人体结构特征和机能特征和心理特征进行研究，提供人体各部分的尺寸、体重、体表面积、重心以及人体各部分在活动时的相互关系和可及范围等人体结构特征参数。还提供人体各部分的出力范围、活动范围、动作速度、动作频率、重心变化以及做动作时的习惯等人体机能特征参数。分析人的视觉、听觉、触觉以及肤觉等感觉器官的机能特性；分析人在各种活动时的生理变化、能量消耗、疲劳机理以及人对各种劳动负荷的适应能力；探讨人在工作和生活中的各种因素导致的不同心理反应及其特征。

5.1.2 向工业设计从业人员提供与设计物相关的科学依据

如何解决设计物与人相关的各种功能的最优化，创造出与人的生理、心理机能相协调的产品，这将是当今工业设计中在功能问题上的重要课题。如信息显示装置、操纵控制装置和工作台等部件的形状、大小、色彩及其布置范围的设计标准等，都是以人体工程学提供的参数和要求为基础的。

5.1.3 向工业设计从业人员提供健康与环保的设计标准

通过研究人体对环境中各种物理、化学因素的反应和适应能力，分析声、光、热、振动、粉尘和有毒气体等环境因素对人体的生理、心理以及工作效率的影响程度，确定了人在生产活动和生活中所处的各种环境的舒适范围和安全限度。

5.1.4 向工业设计从业人员提供以人为本的研究程序

一项优良设计必然是人、环境、技术、经济、文化等因素巧妙平衡的产物。为此，要求设计师有能力在各种制约因素中，找到一个最佳平衡点。判断最佳平衡点的标准，就是在设计中坚持以人为本的原则。

以人为本的设计意识，具体表现在各项设计均应以人为主线，将人体工程学理论贯穿于设计的全过程，并且在产品设计全过程的各个阶段，都有必要进行人体工程学研究与判断，以确保一切设计物都能符合人的特性，从而其使用功能不超过合理的界限之外。

5.2 人体工程学的发展历程

人体工程学是研究人、机械及其工作环境之间相互作用的学科。该学科在其自身的发展过程中，逐步打破了各学科之间的界限，并有机地融合了各相关学科的理论，不断地完善自身的基本概念、理论体系、研究方法以及技术标准和规范，从而形成了一门研究和应用范围都极为广泛的综合性边缘学科。因此，它具有现代各门新兴边缘学科共有的特点，如学科命名多样化、学科定义不统一、学科边界模糊、学科内容综合性强、学科应用范围广泛等。

英国是世界上开展人机工程学研究最早的国家，但本学科的奠基性工作实际上是在美国完成的。所以，人机工程学有"起源于欧洲，形成于美国"之说。虽然本学科的起源可以追溯到20世纪初期，但作为一门独立学科的时间却很短。

5.2.1 关于人体工程学学科的命名

由于该学科研究和应用的范围极其广泛，它所涉及的各学科、各领域的专家、学者都试图从自身的角度来给本学科命名和下定义，因而世界各国对本学科的命名不尽相同，即使同一个国家对本学科名称的提法也很不统一，甚至有很大差别。

例如，该学科在美国称为"Human Engineering"（人类工程学）或"Human Factors Engineering"（人的因素工程学）；西欧国家多称为"Ergonomics"（人类工效学）；目前大多数国家引用的是西欧常用的名称——人类工效学。

在我国也存在类似的问题。因为人体工程学在我国起步较晚，还没有形成较大的研究规模。因而，该学科目前在国内的名称也未统一，除普遍采用人体工程学外，常见的名称还有：人机工程学、人类工效学、人类工程学、工程学心理学、宜人学等。不同的名称，其研究重点略有差别。但是，任何一个学科的名称和定义都不是一成不变的。特别是新兴边缘学科，随着学科的不断发展，研究内容的不断扩大，其名称和定义还将发生变化。本书中沿用的是人体工程学的名称，但与其他名称并无本质区别。

5.2.2 关于人体工程学学科的定义

与该学科的命名一样，对本学科所下的定义也不统一，而且随着学科的发展，其定义也在不断发生变化。

人体工程学是一门新兴的边缘学科。它是运用人体测量学、生理学、心理学和生物力学以及工程学等学科的研究方法和手段，综合地进行人体结构、功能、心理以及力学等问题研究的学科。用以设计使操作者能发挥最大效能的机械、仪器和控制装置，并研究控制台上各个仪表的最适位置。

有人形象地说,人体工程学是帮助人类摆脱自己所造成的麻烦的学科。在工作与生活中,人类不断遇到由于自己和他人的行为或创造(包括科学技术的利用和机械工具等人造物的使用)而带来的麻烦,这些麻烦包括低效、疲劳、事故、紧张、忧患、环境生态破坏和各种有形或无形的损失。人们所具有的种种疏忽、遗忘、大意等错误行为,固然有一些可以归结为人的心理、生理和意识、习惯方面的欠缺而能通过训练、教育、纪律等加以消除,但还有一些却是无法完全避免的。人体工程学就是通过承认这类不可避免的人的特性,而在产品设计,环境设施等各方面下工夫,来防止和减少所有会带来麻烦的错误,以提高效率,增进安全性与舒适感。

国际人类工效学学会为本学科所下的定义最全面,也最具有权威性:即人机工程学是研究人在某种工作环境中的解剖学、生理学和心理学等方面的各种因素,研究人和机器及环境的相互作用,研究在工作中、家庭生活中和休假时怎样统一考虑工作效率、人的健康、安全和舒适等问题的学科。

5.2.3 关于人体工程学发展的各个历史阶段

1. 人体工程学的早期发展时期

20世纪初,一些美国学者首创了区别于传统管理方法的新方法和理论,并据此制订了一整套以提高工作效率为目的的操作方法,着重考虑了人使用的机器、工具、材料及作业环境的标准化问题。其后,随着生产规模的扩大和科学技术的进步,科学管理的内容不断充实丰富,其中动作时间研究、工作流程与工作方法分析、工具设计、装备布置等,都涉及人和机器、人和环境的关系问题,而且都与如何提高人的工作效率有关。因此,人们认为这些科学管理方法和理论是后来人体工程学发展的奠基石。

这一时期主要的研究内容是:研究每一职业的要求;利用测试来选择工人和安排工作。规划利用人力的最好方法是:制订培训方案,使人力得到最有效的发挥;研究最优良的工作条件;研究最好的管理组织形式;研究工作动机,促进工人和管理者之间的通力合作。

此时学科发展的主要特点是:机械设计的主要着眼点在于力学、电学、热力学等工程技术方面的原理设计上,在人机关系上是以选择和培训操作者为主,使人适应于机器。

2. 人体工程学的持续发展时期

人体工程学学科发展的第二阶段是第二次世界大战期间。当时,由于人们片面注重新式武器和各种装备的功能研究,而忽视了其中"人的因素",因而由于操作失误而导致使用失败的教训屡见不鲜。失败的教训引起生产决策者和设计者的高度重视,并深深感到"人的因素"在设计中是不能忽视的一个重要条件。同时还认识到,要设计好一个高效能的装备,只有工程技术知识是不够的,还必须有生理学、心理学、人体测量学、生物力学等学科方面的知识,还必须开展与设计相关学科的综合研究与应用。

这一阶段一直延续到20世纪50年代末。在其发展的后一阶段,由于战争的结束,人体工程学学科的综合研究与应用逐渐从军事领域向非军事领域发展,并逐步应用军事领域中的研究成果来解决民用工业与工程设计中的问题。与此同时人们还提出在设计工业机械设备时也应集中运用工程技术人员、医学家、心理学家等相关学科专家的共同智慧。

人体工程学在这一时期的发展特点是：重视工业与工程设计中"人的因素"，力求使机器适应于人。

3. 现代人体工程学的发展与完善

到了20世纪60年代，欧美各国进入了大规模的经济发展时期。在这一时期，随着人体工程学所涉及的研究和应用领域不断的扩大，从事本学科研究的专家所涉及的专业和学科也就愈来愈多，主要有解剖学、生理学、心理学、工业卫生学、工业与工程设计、工作研究、建筑与照明工程、管理工程等专业领域。

经过总结专家们认为，现代人体工程学发展的主要特点为：

首先，不同于传统人体工程学研究中着眼于选择和训练特定的人，使之适应工作要求。现代人体工程学着眼于机械装备的设计，使机器的操作不越出人类能力界限之外。

其次，密切与实际应用相结合，通过严密计划设定的广泛实验性研究，尽可能利用所掌握的基本原理，进行具体的机械装备设计。

另外，力求使实验心理学、生理学、功能解剖学等学科的专家与物理学、数学、工程学方面的研究人员共同努力、密切合作。

总之，现代人体工程学研究的方向是：把人—机—环境系统作为一个统一的整体来研究，以创造最适合于人操作的机械设备和作业环境，使人—机—环境系统相协调，从而获得系统的最高综合效能。

4. 我国的人体工程学研究也在飞速发展之中

人体工程学学科在我国起步虽晚，但发展迅速。解放前仅有少数人从事工程心理学的研究，到20世纪60年代初，也只有在中科院、中国军事科学院等少数单位在从事人体工程学学科个别问题的研究，而且其研究范围仅局限于国防和军事领域。如今随着我国科学技术的发展和对外开放，人们逐渐认识到人体工程学研究对国民经济发展的重要性。目前，该学科的研究和应用已扩展到工农业、交通运输、医疗卫生、工业设计、建筑设计、服装设计以及教育系统等国民经济的各个部门，由此也促进了本学科与工程技术和相关学科的交叉渗透，使人体工程学成为国内一门新兴的边缘学科。

5.2.4 人体工程学的研究内容与方法

1. 研究内容

人体工程学研究包括理论和应用两个方面，但当今本学科研究的总趋势还是理论重于应用。而对于学科研究的主体方向，则由于世界各国科学和工业基础的不同，侧重点也不相同。但纵观人体工程学学科在各国的发展过程，可以看出本学科研究进程有如下的普遍规律，即往往是由人体测量、环境因素、作业强度和疲劳等方面着手研究。随着这些问题的解决,才转到感官知觉、运动特点、作业姿势等方面的研究。然后,再进一步转到操纵、显示设计、人机系统控制以及人体工程学原理在各种工业与工程设计中应用等方面的研究。最后则进入人体工程学的前沿领域,如人机关系、人与环境关系、人与生态、人际关系直至团体行为、组织行为等方面的研究等。

就工业设计而言,则是围绕着人体工程学的根本研究方向来确定具体的研究内容。从事该学科研究的主要内容可概括为以下几个方面。

(1) 人体特性的研究

主要研究对象是在工业设计中与人体有关的问题。例如,人体形态特征参数、人的感知特性、人的反应特性以及人在工作中的心理特征等。研究的目的是解决机械设备、工具、作业场所以及各种用具和用品的设计如何与人的生理、心理特点相适应,从而才有可能为使用者创造安全、舒适、健康、高效的工作条件。

(2) 人机系统的互动

人机系统工作效能的高低首先取决于它的总体设计。也就是要在整体上使"机"与人体相适应。人机配合成功的基本原因是两者都有自己的特点,在系统中可以互补彼此的不足,如机器功率大、速度快、不会疲劳等;而人具有智慧、多方面的才能和很强的适应能力。如果注意在分工中取长补短,则两者的结合就会卓有成效。

(3) 工作场所和信息传递装置

工作场所设计的合理与否,将对人的工作效率产生直接的影响。研究工作场所设计的目的是保证物质环境适合于人体的特征,使人以无害于健康的姿势从事劳动,既能高效地完成工作,又感到舒适和不致过早产生疲劳。

人与机器以及环境之间的信息交流分为两个方面:显示器向人传递信息,控制器则接受人发出的信息。显示器研究包括视觉显示器、听觉显示器以及触觉显示器等各种类型显示器的设计,同时还要研究显示器的布置和组合等问题。控制器设计则要研究各种操纵装置的形状、大小、位置以及作用力等在人体解剖学、生物力学和心理学方面的问题,在设计时,还需考虑人的动作方向和习惯等。

(4) 环境控制与安全保护设施

人体工程学所研究的效率,不仅是人们所从事的工作能在短期内有效地完成;而且还应在长期内不存在对健康有害的影响,并使事故的危险性缩小到最低限度。从环境控制方面应保证照明、工作环境小气候、噪声和振动等常见作业环境条件适合操作人员的要求和环境保护的标准。

2. 研究方法

人体工程学的研究广泛采用了人体科学和生物科学等相关学科的研究方法及手段,也采取了系统工程、控制理论、统计学等其他学科的一些研究方法,而且本学科的研究也建立了一些独特的新方法,以探讨人、机、环境要素间复杂的关系问题。这些方法中包括:测量人体各部分静态和动态数据,调查、询问或直接观察人在作业时的行为和反应特征,对时间和动作的分析研究,测量人在作业前后以及作业过程中的心理状态和各种生理指标的动态变化,观察和分析作业过程和工艺流程中存在的问题,分析差错和意外事故的原因,进行模型实验或用电子计算机进行模拟实验,运用数字和统计学的方法找出各变数之间的相互关系,以便从中得出正确的结论或发展成有关理论。

常用的研究方法有：

(1) 观察法：为了研究系统中人与"机"的工作状态,常采用各种各样的观察方法,如工人操作动作的分析、功能分析和工艺流程分析等。

(2) 实测法：是一种借助于仪器设备进行实际测量的方法。例如,对人体静态与动态参数的测量,对人体生理参数的测量或者是对系统参数、作业环境参数的测量等。

(3) 实验法：它是当实测法受到限制时采用的一种研究方法,一般是在实验室进行,但也可以在作业现场进行。比如需了解色彩环境对人的心理、生理和工作效率的影响时,由于需要进行长时间和多人次的观测,才能获得比较真实的数据,通常是在作业现场进行实验。某汽车厂为了了解不同颜色的车身,在不同的自然光环境下对人的视觉刺激效果,就在室外对多种颜色的车身,进行了 24 小时的自然光环境的观察和评判,从而得出了比较客观的数据。

(4) 模拟和模型试验法：由于机器系统一般比较复杂,因而在进行人机系统研究时常采用模拟的方法。模拟方法包括各种技术和装置的模拟,如操作训练模拟器、机械的模型以及各种人体模型等。通过这类模拟方法可以对某些操作系统进行逼真的试验,可以得到从实验室研究外所需的更符合实际的数据。像宇航员上天前的演练过程,就是在一些模拟太空环境下进行的。

(5) 计算机仿真法：由于人机系统中的操作者是具有主观意志的生命体,用传统的物理模拟和模型方法研究人机系统,往往不能完全反映系统中生命体的特征,其结果与实际相比必有一定误差。另外,随着现代人机系统越来越复杂,采用物理模拟和模型方法研究复杂人机系统,不仅成本高、周期长,而且模拟和模型装置一经定型,就很难作修改变动。为此,一些更为理想而有效的方法逐渐被研究创建并得以推广,其中的计算机仿真法已成为人体工程学研究的一种现代方法。在计算机仿真法,是利用计算机系统中的软件进行仿真性实验研究。研究者可以对尚处于设计阶段的未来人机系统进行仿真,并就系统中的人、机、环境三要素的功能特点及其相互间的协调性进行分析,从而预知所设计产品的性能效果,进而改进其不足之处。例如汽车的碰撞试验,有一些就可以利用计算机做前期的准备和模拟碰撞的实际环境。

(6) 调查研究法：人体工程学专家还采用各种调查研究方法来抽样分析操作者或使用者的意见和建议。这种方法包括简单的访问、专门调查,直至非常精细的评分、心理和生理学分析判断以及间接意见与建议分析等。例如国外的一些新型产品设计,都要进行对该产品未来使用者的问卷及试用调查,其分析结果会总结成一些建议,反馈给设计者或是生产商。

5.2.5 工业设计中各阶段人体工程学的研究程序

1. 规划阶段

(1) 考虑产品与人及环境的全部联系,全面分析人在系统中的具体作用。

(2) 明确人与产品的关系,确定人与产品关系中各部分的特性及人体工程方面要求的设计内容。

(3) 根据人与产品的功能特性,确定人与产品功能的分配。

2. 方案设计阶段

(1) 从人与产品、人与环境方面进行分析,在提出的众多方案中按人体工程学原理进行分析与比较。

(2) 比较人与产品的功能特性、设计限度、人的能力限度、操作条件的可靠性以及效率预测,选出最佳方案。

(3) 按最佳方案制作简易模型,进行模拟试验,将试验结果与人体工程方面的要求进行比较,并提出改进意见。

(4) 对最佳方案写出详细说明:方案获得的结果、操作条件、操作内容、效率、维修的难易程度、经济效益、提出的改进意见。

3. 技术设计阶段

(1) 从人的生理、心理特性考虑产品的结构与造型。

(2) 从人体尺寸、人的能力限度考虑确定产品的零部件尺寸。

(3) 从人的信息传递能力考虑信息显示与信息处理。

(4) 根据技术设计确定的结构与造型和零部件尺寸选定最佳方案,再次制作模型,进行试验。

(5) 从操作者的身高、人体活动范围、操作方便程度等方面进行评价,并预测还可能出现的问题,进一步确定人—机关系可行程度,提出改进意见。

4. 总体设计阶段

对总体设计使用人机工程学原理进行全面分析,反复论证,确保产品操作使用与维修方便、安全与舒适;有利于创造良好的环境条件;满足人的心理需要;并使经济效益、工作效率达到最佳状态。

5. 加工设计阶段

检查评价加工图是否满足人机工程学要求,尤其是与人有关的零部件尺寸、显示与控制装置。对试制的样机全面进行人机工程方面的评价,提出需要改进的意见,最后正式投产。

5.2.6 人体工程学的应用领域

在工业生产中,人体工程学首先应用于产品设计。如提高产品的操作性能、舒适性及安全性等,以及为生产场所的环境、作业方式的改善和研究开发;为工作进程实行合理的安排;为防止人的差错而设计的安全保障系统等;这都是人体工程学所要研究的课题之一。

5.3 人的感觉体系与心理因素

在人机系统中,人与外界直接发生联系的主要是三个系统,即感觉系统、神经系统、运动系统。在操作机器的过程中,机器会通过显示装置将信息反馈给人的感觉器官,而经人的中枢神经系统对信息进行处理后,人会再指挥运动系统(如手、脚等)操纵机器的控制器,改变机器所处的状态。由此可见,从机器传来的信息,通过人这个环节又返回到机器,从而形成一个循环系统。人机所处的外部环境因素(如温度、照明、噪声、振动等)则会不断影响和干扰此系统的效率。显然,要使上述的循环系统有效地运行,就要求人体结构中许多部位协同发挥作用。

首先是感觉器官,它是操作者感受人机系统信息的特殊区域,也是系统中最早可能产生误差的部位。其次,人机系统的各种信息将随即传入神经,把信息由感觉器官传到大脑这个人体理解和决策的中心。进而,决策指令再由大脑输出,经过神经系统传达到肌肉。这个过程的最后一步,则是人身体的各个运动器官按指令执行各种操作动作,即所谓作用过程。对于人机系统中人的这个环节,除了感知能力、决策能力对系统操作效率有很大影响之外,最终的作用过程可能是对操作者作业效率的最大限制之一。

5.3.1 感觉和知觉的特征

1. 感觉特征

感觉是人脑对直接作用于感觉器官的客观事物个别属性的反映。例如,有一些食物放在人的面前,通过眼睛看,便产生了食物颜色的视觉;摸一下,则产生或光滑或粗糙的触觉;闻一下,便产生香味扑鼻的嗅觉;吃一下,便产生酸甜苦辣的种种味觉。由此产生的视觉、触觉、嗅觉、味觉等都属于感觉。另外,感觉还反映人体本身的活动状况,例如,正常的人能感觉到自身的姿势和运动,感觉到内部器官的工作状况舒适、疼痛、饥饿等。但是,感觉这种心理现象有时并不反映客观事物的全貌。感觉是一种最简单而又最基本的心理过程,在人的各种活动过程中起着极其重要的作用。人除了通过感觉分辨外界事物的个别属性和了解自身器官的工作状况外,一切较高级的、较复杂的心理活动,如思维、情绪、意志等都是在感觉的基础上产生的。所以说,感觉是人了解自身状态和认识客观世界的开端。

2. 知觉特征

知觉是人脑对直接作用于感觉器官的客观事物和主观状况整体的反映。人脑中产生的具体事物印象总是由各种感觉综合而成的。没有反映个别属性的感觉,也就不可能有反映事物整体的知觉。所以,知觉是在感觉的基础上产生的。感觉到的事物个别属性越丰富、越精确,对事物的知觉也就越完整、越正确。

虽然感觉和知觉都是客观事物直接作用于感觉器官,而在大脑中产生对所作用事物的反映;但感觉和知觉又是有区别的,感觉反映客观事物的个别属性,而知觉反映客观事物的整体情况。以人的听觉为例,作为知觉反映的是一段曲子、一首歌或一种语言;而作为听觉所反映的只是一个个高高低低的声音。所以，感觉和知觉是人对客观事物的两种不同水平的反映。在生活或生产活动中，人都是以知觉的形式直接反映事物，而感觉只作为知觉的组成部分而存在于知觉之中。

5.3.2 感觉的基本特性

1. 适宜刺激

人体的各种感觉器官都有各自最敏感的刺激形式，这种刺激形式称为相应感觉器官的适宜刺激。见表5—1。

适宜刺激和识别特征　　　　　　　　　　　表5—1

感觉类型	感觉器官	适宜刺激	刺激来源	识别外界的特征
视觉	眼	一定频率范围的电磁波	外部	形状、大小、位置、远近、色彩、明暗、运动方向等
听觉	耳	一定频率范围的声波	外部	声音的强弱和高低，声源的方向和远近等
嗅觉	鼻	挥发的和飞散的物质	外部	香气、臭气等
味觉	舌	被唾液溶解的物质	接触表面	酸、甜、苦、辣、咸等
皮肤感觉	皮肤及皮下组织	物理和化学物质对皮肤的作用	直接和间接接触	触压觉、温度觉、痛觉等
深部感觉	肌体神经和关节	物质对肌体的作用	外部和内部	撞击、重力、姿势、压力等
平衡感觉	半规管	运动和位置变化	内部和外部	旋转运动、直线运动、摆动等

2. 适应

感觉器官经持续刺激一段时间后，在刺激不变的情况下，感觉会逐渐减小以致消失，这种现象称为"适应"。通常所说的久而不辨其臭，就是嗅觉器官产生适应的典型例子；而久居闹市却对高分贝的噪声充耳不闻的现象，也是听觉器官产生适应的例子之一。

3. 相互作用

在一定的条件下，各种感觉器官对其适宜刺激的感受能力都将受到其他刺激的干扰影响而降低，由此使感受性发生变化的现象称为感觉的相互作用。此外，味觉、嗅觉、平衡觉等都会受其他感觉刺激的影响而发生不同程度的变化。利用感觉相互作用规律来改善劳动环境和劳动条件，以适应操作者的主观状态，对提高生产率和舒适性具有积极的作用。因此，对感觉相互作用的研究在人体工程学设计中具有重要意义。

4. 对比

同一感受器官接受两种完全不同但属同一类的刺激物的作用,而使感受性发生变化的现象称为对比。几种刺激物同时作用于同一感受器官时产生的对比称为同时对比。例如,同样一个灰色的图形,在白色的背景上看起来显得颜色深一些,在黑色背景上则显得颜色浅一些,这是无彩色对比。而灰色图形放在红色背景上呈绿色;放在绿色背景上则呈红色,这种图形在彩色背景上而产生向背景的补色方向变化的现象叫彩色对比。

5. 余觉

刺激取消以后,感觉可以存在一极短时间,这种现象叫"余觉"。例如,在暗室里急速转动一根燃烧着的火柴,可以看到一圈火花,这就是由许多火点留下的余觉组成的。

5.3.3 视觉机能及特征

1. 视觉刺激

视觉的适宜刺激是光。光是放射的电磁波,呈波形的放射电磁波组成广大的光谱,其波长差异极大。

2. 视觉系统

视觉是由眼睛、视神经和视觉中枢的共同活动完成的。人的视觉系统主要是一对眼睛,它们由视神经与大脑视神经表层相连。眼睛是视觉的感受器官,其基本构造与照相机相类似。光线由瞳孔进入眼中,瞳孔的直径大小由有色的虹膜控制,使眼睛在更大范围内适应光强的变化。在眼球内约有三分之二的内表面覆盖着视网膜,它具有感光作用,但视网膜各部位的感光灵敏度并不完全相同,其中央部位灵敏度较高,越到边缘就越差。落在中央部位的映象清晰可辨,而落在边缘部分则不甚清晰。眼睛还有上、下、左、右共六块肌肉能对此作补救,因而转动眼球便可审视全部视野,使不同的映象可迅速依次落在视网膜中灵敏度最高处。两眼同时视物,可以得到在两眼中间同时产生的映象,它能反映出物体与环境间相对的空间位置,因而眼睛能分辨出三度空间。

3. 视觉机能

(1) 视角与视力

视角是确定被看物尺寸范围的两端点光线射入眼球的相交角度为60°。视力随年龄、观察对象的亮度、背景的亮度以及两者之间亮度对比度等条件的变化而变化。

(2) 视野与视距

视野是指人的头部和眼球在固定不动的情况下,眼睛观看正前方物体时所能看得见的空间范围。

视距是指人在操作系统中正常的观察距离。一般操作的视距范围在38～76cm之间。视距过远或过近都会影响认读的速度和准确性,而且观察距离与工作的精确程度密切相关,因而应根据具体任务的要求来选择最佳的视野和视距。

(3) 双眼视觉和立体视觉

当用单眼视物时,只能看到物体的平面,即只能看到物体的高度和宽度。若用双眼视物时,具有分辨物体深浅、远近等相对位置的能力,形成所谓立体视觉。立体视觉产生的原因,主要因为同一物体在两视网膜上所形成的映象并不完全相同,右眼看到物体的右侧面较多,左眼看到物体的左侧面较多。最后,经过中枢神经系统的综合,得到一个完整的立体视觉。立体视觉的效果并不全靠双眼视觉,如物体表面的光线反射情况和阴影等,都会加强立体视觉的效果。此外,生活经验在产生立体视觉效果上也起一定作用。工业设计中的许多平面造型设计颇有立体感,就是运用这种生活经验的结果。如图5-1垂直视野示意图、图5-2水平视野示意图。

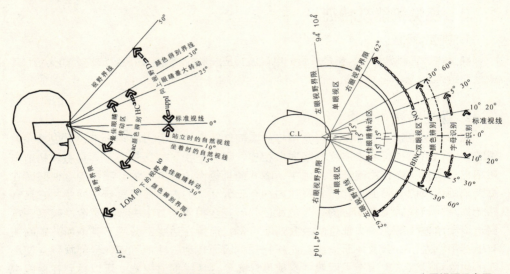

图5-1 垂直视野示意图　　　　　图5-2 水平视野示意图

(4) 色觉与色视野

视网膜除能辨别光的明暗外,还有很强的辨色能力,可以分辨出180多种颜色,但主要还是红、橙、黄、绿、青、蓝、紫等七色。其中红、绿、蓝为三种基本色,其余的颜色都可由这三种基本色混合而成。

缺乏辨别某种颜色的能力,称为色盲,若辨别某种颜色的能力较弱,则称色弱。有色盲或色弱的人,不能正确地辨别各种颜色的信号,不宜从事飞行员、车辆驾驶员以及各种辨色能力要求高的工作。另外,由于各种颜色对人眼的刺激不同,人眼的色觉视野也就不同,在正常亮度条件下的实验结果表明,人眼对白色的视野最大,对黄色、蓝色、红色的视野依次减小,而对绿色的视野最小。

(5) 暗适应和明适应

当光的亮度不同时，视觉器官的感受性也不同，亮度有较大变化时，感受性也随之变化。视觉器官的感受性对光刺激变化的相顺应性称为适应。人眼的适应性分为暗适应和明适应两种。

当人从亮处进入暗处时，刚开始看不清物体，而需要经过一段适应的时间后，才能看清物体，这种适应过程称为暗适应；与暗适应情况相反的过程称为明适应。

人眼虽具有适应性的特点，但当视野内明暗急剧变化时，眼睛却不能很好适应，从而会引起视力下降。另外，如果眼睛需要频繁地适应各种不同亮度时，不但容易产生视觉疲劳，影响工作效率，而且也容易引起事故。为了满足人眼适应性的特点，要求工作面的光亮度均匀而且不产生阴影；对于必须频繁改变亮度的工作场所，可采用缓和照明或配戴一段时间有色眼镜，以避免眼睛频繁地适应亮度变化而引起视力下降和视觉过早疲劳。

4. 视觉特征

(1) 眼睛沿水平方向运动比沿垂直方向运动快而且不易疲劳，一般先看到水平方向的物体，后看到垂直方向的物体。因此，很多仪表外形都设计成横向长方形。

(2) 视线的变化习惯于从左到右、从上到下和顺时针方向运动。所以，仪表的刻度方向设计应遵循这一规律。

(3) 人眼对水平方向尺寸和比例的估计比对垂直方向尺寸和比例的估计要准确得多，因而水平式仪表的误读率（28%）比垂直式仪表的误读率（35%）低。

(4) 当眼睛偏离视觉中心时，在偏离距离相等的情况下，人眼对左上限的观察最优，依次为右上限、左下限，而右下限最差。

(5) 两眼的运动总是协调的、同步的，在正常情况不可能一只眼睛转动而另一只眼睛不动，在一般操作中，不可能一只眼睛视物，而另一只眼睛不视物。因而通常都以双眼视野为设计依据。

(6) 人眼对直线轮廓比对曲线轮廓更易于接受。

(7) 颜色对比与人眼辨色能力有一定关系。当人从远处辨认前方的多种不同颜色时，其易辨认的顺序是红、绿、黄、白，即红色最先被看到。所以，停车、危险等信号标志都采用红色。当两种颜色相配在一起时，则易辨认的顺序是：黄底黑字、黑底白字、蓝底白字、白底黑字等。因而公路两旁的交通标志常用黄底黑字。

5.3.4 听觉机能及特征

1. 听觉刺激

听觉是仅次于视觉的重要感觉，其适宜的刺激是声音。振动的物体是声音的声源，振动在弹性介质(气体、液体、固体)中以波的方式进行传播，所产生的弹性波称为声波，一定频率范围的声波作用于人耳就产生了声音的感觉。外界的声波通过外耳道传到鼓膜，引起鼓膜的振动，进而以机械能形式的声波在此处转变为听神经纤维上的神经冲动，然后被传送到大脑皮层听觉中枢,从而产生听觉。

2. 听觉的特性

(1) 频率响应

可听声主要取决于声音的频率,具有正常听力的青少年(年龄在12~25岁之间)能够觉察到的频率范围大约是16~20000Hz。而一般人的最佳听觉频率范围是20~2000Hz。人到25岁左右时,开始对15000Hz以上频率的灵敏度显著降低,而且随着年龄的增长,频率感受的上限逐年连续降低。可听声除取决于声音的频率外,还取决于声音的强度。

(2) 方向敏感度

人耳的听觉本领,绝大部分都涉及到所谓"双耳效应",或称"立体声效应",这是正常的双耳听闻所具有的特性。

(3) 掩蔽效应

一个声音被另一个声音所掩盖的现象,称为掩蔽。一个声音因一个声音的掩蔽作用而提高的效应,称为掩蔽效应。在设计听觉传递装置时,应当根据实际需要,有时要对掩蔽效应的影响加以利用,有时则要加以避免或克服。

5.3.5 其他的感觉机能及特征

从人的感觉对人机系统的重要性来看,肤觉是仅次于听觉的一种感觉。皮肤是人体上很重要的感觉器官,感受着外界环境中与它接触物体的刺激。人体皮肤上分布着三种感受器:触觉感受器、温度感受器和痛觉感受器。用不同性质的刺激检验人的皮肤感觉时发现,不同感觉的感受区在皮肤表面呈现相互独立的分布。

(1) 触压觉

触觉感受器。触觉是微弱的机械刺激触及了皮肤浅层的触觉感受器而引起的;而压觉是较强的机械刺激引起皮肤深部组织变形而产生的感觉,由于两者性质上类似,通常称触压觉。

触觉感受器能引起的感觉是非常准确的,触觉的生理意义是能辨别物体的大小、形状、硬度、光滑程度以及表面肌理等机械性质的触感。在人机系统的操纵装置设计中,就是利用人的触觉特性,设计具有各种不同触感的操纵装置,以使操作者能够靠触觉准确地控制各种不同功能的操纵装置。

(2) 温度觉

温度觉分为冷觉和热觉两种,这两种温度觉是由两种不同范围的温度感受器引起的,冷感受器在皮肤温度低于30°C开始发放冲动;热感受器在皮肤温度高于30°C时开始发放冲动,到47°C时为最高。人体的温度觉对保持机体内部温度的稳定与维持正常的生理过程是非常重要的。温度觉的强度,取决于温度刺激强度和被刺激部位的大小。在冷刺激或热刺激不断作用下,温度觉就会产生适应。比如在春夏秋冬的季节变换之初,人们会对自然界温度的高低变化比较敏感,但经历了一段时间的冷热刺激后,大多数人便会对季节性的低温或高温产生一定的适应。

(3) 痛觉

凡是剧烈性的刺激，不论是冷、热接触，或是压力等，肤觉感受器都能接受这些不同的物理和化学的刺激而引起痛觉。组织学的检查证明，各个组织的器官内，都有一些特殊的游离神经末梢，在一定刺激强度下，就会产生兴奋而出现痛觉。痛觉具有很大的生物学意义，因为痛觉的产生，将导致人体产生一系列保护性反应来回避刺激物，动员机体进行防卫或改变本身的活动来适应新的情况。

5.3.6 神经系统机能及特征

1. 神经系统

神经系统是人体最主要的机能调节系统，人体各器官、系统的活动，都是直接或间接地在神经系统的控制下进行的。人机系统中人的操作活动，也是通过神经系统的调节作用，使人体对外界环境的变化产生相应的反应，从而与周围环境之间达到协调统一，保证人的操作活动得以正常进行。

神经系统可以分为中枢神经系统和周围神经系统两部分。

2. 大脑皮质是神经系统的最高级中枢

从人体各部经各种传入系统传来的神经冲动向大脑皮质集中，在此经过整合后产生特定的感觉；或维持觉醒状态；或获得一定情调感受；或储存为记忆；或影响其他的脑部功能状态；或转化为运动性冲动，藉以控制机体的活动，应答内外环境的刺激。

3. 神经系统活动方式

(1) 反射

神经系统调节机体的活动，对内、外环境的刺激作出一定的应答反应，称为反射。反射是神经系统调节机体活动的一种基本形式。

(2) 信息传送

在人和机器发生关系和相互作用的过程中，最本质的联系是信息交换。而信息在人的神经系统中的循环过程，是从人的感受器官感知外界某种刺激，并经过传入通道输送到中枢神经系统适当部位开始的。各种信息在这里经过处理、评价并贮存。必要时形成指令，并经过传出神经纤维作用于运动器官。运动器官的动作则由反馈系统来监控，内部的反馈信息确定运动器官动作强度；外部的反馈信息确定实现指令的最后效果。

(3) 记忆

记忆可分为三种形式，即感觉信息贮存、短时记忆和长时记忆。

1) 感觉信息贮存

感觉信息传入神经中枢后，在大脑组织中贮存一段时间，使大脑能够提取感觉输入中的有用信息和进行模式识别。这种感觉信息贮存过程衰减很快（几分之一秒），所能贮存的信息数量也有一定限度，延长显示时间并不能提高它的效率。例如，同时显示一群字母，被试者一般只能"看清"5个左右。因此，在显示器的设计中必须考虑到这个因素。

2) 短时记忆

许多职业都需要操作者有良好的短时记忆，所以在人机系统研究中将短时记忆称为操作记忆。但是，若不经过反复练习，短时记忆的信息便会很快消失。同时，短时记忆所能贮存的数量也有一定的限度。例如在一连串所显示的词中，人只能记住最后的5个左右。因此，为了保证短时记忆作业效能，一方面是需要短时记忆信息数量不能超过人所能贮存的容量。例如，电话号码、商标字母最好不超过7个数字或字母。另一方面是作业者必须十分熟悉自己的工作内容、信号编码。显然，短时记忆是人机系统设计中必须要考虑的重要因素之一。

3) 长时记忆

长时记忆实际上没有时间的限制，它可以延续到人的一生。凡比短时记忆时间长的时间过程，都属于长时记忆的范围。长时记忆是人脑学习功能的基础，长时记忆所能贮存的数量相对是无限的。

在人的记忆功能基础上，产生大脑的学习功能。而学习功能又是人智能行为的基础。复杂智能活动是人脑信息处理的高级形式，在人机系统中需要充分发挥人脑的这种信息处理的高级功能作用，巧妙地利用人的信息处理系统的特点，在提高人机系统工效方面具有很大的潜力。

5.3.7 人的心理因素

1. 颜色对人心理的影响

色彩对人的心理的作用，表现为多方面的感受，以及由此引起的生理变化。这在前面章节中已有详细论述。

2. 照明对人心理的影响

照明条件的好坏将直接影响到工效与疲劳。因此在照明设计时应根据不同要求分别处理。作业面照明属于环境照明，各种光源之间应保持一定的比例关系，防止眩光的产生。同时还应考虑光的色调，充分利用光源效率，尽可能使照明强度稳定分布均匀。

3. 噪声对人心理的影响

噪声是对人体有害的不必要的声音。各国标准不同（我国的标准是85~90dB），有的声音对某些人来说是动听的，而对另一些人来说就是有害的。比如说喜欢中国戏曲的老年人，可能不太喜欢摇滚音乐；如果在他们的住处用大音量播放一些小青年们喜欢的现代摇滚乐，对那些老年人而言，这无疑就是噪声。

噪音的害处是干扰谈话，降低作业效率，使人烦燥疲劳和分心，严重的会引起听觉损伤和心理变态等精神疾患。

4. 造型与审美标准对人心理的影响

所谓造型及审美标准，指产品本身的造型及建筑物、环境等一切可视的或能产生联想的造型和与之相关的审美标准、美学法则等。例如在此时此地普遍被人们喜欢的造型形式和色彩，换到彼时彼地就可能引起很多人的反感。

5.4 人的运动系统机能及特征

运动系统是人体完成各种动作和从事生产劳动的器官系统。由骨、关节和肌肉三部分组成。全身的骨借关节连接构成骨骼。肌肉附着于骨上，且跨过关节。由于肌肉的收缩与舒张牵动骨，通过关节的活动而能产生各种运动。所以，在运动过程中，骨是运动的杠杆；关节是运动的枢纽；肌肉是运动的动力。三者在神经系统的支配和调节下协调下一致，随着大脑发出的指令，共同准确地完成各种动作。

5.4.1 骨的功能

骨是人体内坚硬而有生命的器官，主要由骨组织构成。每块骨都有一定的形态、结构、功能、位置及其本身的神经和血管。全身骨的总数约有206块。可分为躯干骨、上肢骨、下肢骨和颅骨四部分。骨所承担的主要功能有如下几方面。

1. 骨与骨通过关节连接成骨骼，构成人体支架，支持人体的软组织（如肌肉、内脏器官等）和支承全身的重量，它与肌肉共同维持人体的外形。
2. 骨构成体腔的壁，如颅腔、胸腔、腹腔与盆腔等，以保护脑、心、肺、肠等人体重要内脏器官，并协助内脏器官进行活动、如呼吸、排泄等。
3. 在骨的髓腔等处中充填着骨髓，这是一种柔软而富有血液的组织，其中的红骨髓具有造血功能；黄骨髓有储藏脂肪的作用。骨中的钙和磷，参与人体内钙、磷代谢而处于不断变化状态，所以，骨还是人体内钙和磷的储备仓库。
4. 附着于骨的肌肉收缩，使人体形成各种活动姿势和操作动作。因此，骨是人体运动的杠杆。人体工程学中的动作分析都与这一功能密切相关。

5.4.2 主要关节的活动范围

全身的骨与骨之间，借助关节等一定的组织结构相连结，称为骨连接。骨连接分为直接连结和间接连结两类。直接连结为骨与骨之间借结缔组织、软骨或骨互相连结，其间不具腔隙，活动范围很小或完全不能活动，故又称不动关节。间接连结的特点是，两骨之间借膜性囊互相连结，其间具有腔隙，有较大的活动性。这种骨连结称为关节，多见于四肢。

见图 5-3 手部活动范围示意图。

骨与骨之间除了由关节相连外,并由肌肉和韧带结连在一起,因韧带除了有连接两骨、增加关节的稳固性的作用以外,它还有限制关节运动的作用。因此,人体各关节的活动有一定的限度,超过限度,将会造成损伤。另外,人体处于各种舒适姿势时,关节必然处在一定的舒适调节范围内。见图 5-4 脊椎关节活动范围示意图,图 5-5 臂关节活动范围示意图,图 5-6 腿部关节活动范围示意图。

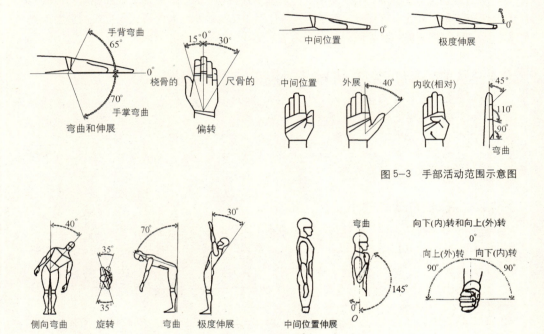

图 5-3　手部活动范围示意图

图 5-4　脊椎关节活动范围示意图　　　图 5-5　臂关节活动范围示意图

5.4.3　肌肉的工作机理

不论人体骨骼与关节机构怎样完善,如果没有肌肉,就不能作功。所以,人体活动的能力决定于肌肉。肌肉运动的基本特征是收缩与放松。收缩时长度缩短,横断面增大,放松时则成相反变化。肌肉的收缩和放松都是由神经系统的支配而产生的,两者都是因肌纤维接受刺激后所发生的机械性反应。肌肉放松是指肌肉处于不完全紧张的状态,其变化与收缩过程相反。

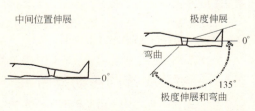

图 5-6　腿部关节活动范围示意图

虽然肌肉收缩产生的肌力保证了各种操作活动的完成,然而肌肉的放松对操作活动的完成也具有重要的意义。如果在操作活动中,能自如地放松那些不直接参加操作动作的肌肉,则可以节省体内的物质和能量的消耗;保证动作的准确、协调和有力的完成;有利于减轻和消除疲劳。

5.4.4 肢体的出力范围

肢体的力量来自肌肉收缩,肌肉收缩时所产生的力称为肌力。肌力的大小取决于以下几个生理因素:
1. 单个肌纤维的收缩力。
2. 肌肉中肌纤维的数量与体积。
3. 肌肉收缩前的初长度。
4. 中枢神经系统的机能状态。
5. 肌肉对骨骼发生作用的机械条件。

在操作活动中,肢体所能发挥的力量大小除了取决于上述人体肌肉的生理特征外,还与施力姿势、施力部位、施力方式和施力方向有密切关系。只有在这些综合条件下,肌肉出力的能力和限度才是操纵装置的设计依据。

5.4.5 肢体的动作速度与频率

肢体动作速度的大小,在很大程度上决定于肌肉收缩的速度。而肌肉的收缩速度还决定于肌肉收缩时所发挥的力量和阻力的大小,发挥的力量愈大,外部阻力愈小,则收缩速度愈快。

对于操作动作速度,还取决于动作方向和动作轨迹等特征。另外,动作特点对动作速度的影响十分显著。人操作机械的动作和范围设计合理,工作效率就可明显提高。同理,肢体的动作频率也取决于动作部位和动作方式。在人机操作系统设计时,对操作速度和频率的要求不得超出肢体动作速度和频率的能力限度。例如飞机驾驶员的驾驶动作方式、运动频率及四肢伸展的活动范围设计,都必须遵循人的肢体运动规律,不能有丝毫的违背和超越人的能力所限,否则,一旦出现误操作或是人力所不能及的情况,结果将可能是一场悲剧。

5.4.6 人的运动输出

在人机系统中,操作者接受系统信息并经中枢加工后,便依据加工的结果对系统作出反应。系统中的这一环节称为操作者的信息输出,信息输出是人对系统进行有效控制并使系统能正常运转的重要环节。

对于常见的人机系统,人的信息输出有语言输出、运动输出等多种形式。虽然随着智能型人机系统的研究,人将可能会更多地通过语言输出控制更复杂的人机系统。但目前信息输出最重要方式还是运动输出。运动输出的质量指标是反应时间、运动速度和准确性。

1. 反应时间

反应时间是指刺激和反应的时间间隔。外界刺激引起了一种过程，这种过程包括刺激使感觉器官产生活动，经由传入神经传至大脑神经中枢，经过综合加工，再由传出神经从大脑传给肌肉，肌肉收缩，作出操作活动。虽然这种过程在机体内部进行时是潜伏的，但是其每一步骤都需要时间，这些时间的总和称为反应时间。

在实际操作中，反应时间还与操纵器、显示器的设计有关，操纵器与显示器的形状、位置、大小、操纵器的用力方向、大小等因素都会影响反应时间。例如，线条运动能在视觉中枢引起有效的冲动，视觉显示中大量运用线条和指针是有根据的。如果用数字进行其他形式的显示，效果将比较差。又如红光和绿蓝光等在神经系统会引起完全不同的反应，所以，不同颜色的照明可能会有着本质的不同。因此，研究操纵器、显示器设计的人体工程学因素就成为提高系统工效的重要途径之一。

2. 人的主体因素

人的主体因素影响主要是指习俗、个体差异、疲劳等方面的影响。练习可提高人的反应速度、准确度和耐久力。如辨认熟悉的图形信号，或训练有素的打字员，与辨认不熟悉的图形信号或不熟练的打字员相比，前者的反应速度比后者约高 10～30 倍。

操作者的主体由于存在着智力、素质、个性、品格、年龄、兴趣、动机、性别、教育、经验、健康等多方面的差异，在反应时间方面也有所不同。例如老年人的反应时间长于年轻人，特别是随着每个信号信息量的增加，其反应时间的差距也越来越大。因此也就能解释，为什么老年人对一些电子产品的使用，存在着许多误操作的原因了。

此外，人的机体疲劳以后，会使注意力、肌肉工作能力、动作准确性和协调性降低，从而使反应时间变长。所以，在疲劳研究中，把反应时间作为测定疲劳程度的一项指标。人的反应速度是有限的，因此在人机系统设计中，必须考虑人反应能力的限度。所以，在汽车等交通工具驾驶系统及其人机互动的方案设计时，应特别强调如何防止驾驶员，因疲劳驾驶所带来的不利因素。

3. 运动速度

运动速度可用完成运动的时间表示，而人的运动时间与动作特点、目标距离、动作方向、动作轨迹特征、负荷重量等因素有密切关系。按人体生物力学特性对人体惯性特点进行分析，其结果表明，动作轨迹特征对运动速度的影响极为明显，并获得下述几个基本结论：

(1) 连续改变和突然改变的曲线式动作，前者速度快，后者速度慢。
(2) 水平动作比垂直动作的速度快。
(3) 一直向前的动作速度，比旋转时的动作速度快。

(4) 向前后的往复动作比向左右的往复动作速度快。
(5) 圆形轨迹的动作比直线轨迹动作灵活。
(6) 顺时针动作比逆时针动作灵活。
(7) 手向着身体的动作比离开身体的动作灵活。

此外,从运动速度与负荷重量的关系分析,所得结论是:最大运动速度与被移动的负荷重量成反比,而达到最大速度所需的时间与负荷重量成正比。

4. 运动准确性

准确性是运动输出质量高低的另一个重要指标。在人机系统中,如果操作者发生反应错误或准确性不高,即使其反应时间和运动时间都极短也不能实现系统目标,甚至会导致事故。影响运动准确性的主要因素有运动时间、运动类型、运动方向、操作方式等等。

5.4.7 人的空间行为

人与动物一样有争夺地盘上"领地"行为。这种行为的目的是为了保护自己及其部落、家族等不受侵害,也有人称这种领地间的距离为"自卫距离"或是"警戒线"。比如,蜥蜴的"警戒线"为1.83m,狮子是22.9m,鳄鱼是45.7m,野牦牛为120m,长颈鹿为182.8m等等。

动物一般发现在"警戒线"范围内出现"敌人"时,如果面对的是弱者时便会采取进攻行为;而面对的是强敌时则会逃之夭夭。

行为学专家经过调查证明,人类也有类似于动物"领地"的行为特征——即"个人空间"。这个空间以自己的身体为中心,在个人空间的边界与他人相接时,也会表现出进攻或躲避的行为。

一切动物及人的空间行为均与入侵者的距离有关。动物的距离保持有逃跑距离、临界距离(临界距离表示退让的限度)和攻击距离之分,这三种距离同动物个体大小和活动能力成正比。例如一般情况下动物的体积小且性情温顺,它的距离保持就比较短,反之则比较长。同样,人类也有自己的距离保持。

1. 人类的距离保持有以下四种

(1) 亲密距离

它是指与他人身体密切接近的距离。共有两种,一种是接近状态,指亲密者之间发生的爱护、安慰、保护、接触、交流的距离,此时身体接触气味相投;另一种为正常状态(15～45cm),头脚部互不相碰,但手能相握或抚触对方。在各种文化背景下,亲密距离的表现是不同的。例如,在我国人们与非亲密者在公众场合,上述两种亲密距离都要尽量避免;在不得不进入这种距离范围时,会有相互的躲避行为。

(2) 个人距离

它是指个人与他人间的弹性距离。也有两种状态,一种是接近态(45～75cm)是亲密者允许对方进入的不发生为难躲避的距离，但非亲密者进入此距离时会有较强烈的反应；另一种为正常状态(75～100cm)，是两人相对而立，指尖刚能相触的距离。此时身体的气味体温不能感觉，谈话声音为中等响度。

（3）社会距离

它指人们参加社会活动时所表现的距离。同样是两种状态，一种是接近态(120～210cm)，通常为一起工作时的距离，上级向下级说话便保持此距离，这一距离能起到传递感情的作用。另一种为正常态(210～360cm)，此时可以看到对方全身，有外人在场的情况下，继续工作也不会感到不安或干扰，为业务接触的通行距离。正式会谈、礼仪等多按此距离进行。

（4）公众距离

它是指演说演出等公众场合的距离。其接近态约为360～750cm,此时须提高声音说话，能看清对方的活动；正常态是7.5m以上，这个距离已分不清表情、声音的细部，为了吸引公众的注意要用夸张的手势、表情和大声疾呼，此时交流思想感情主要靠身体姿势而不是语言。

需要说明的是，由于人文背景的不同，上述由欧美社会确定的四种距离保持的适用性也不尽相同。有的西方人可能更适用，而其他东方民族或许不很适用。由于人类的生活习惯不同，如果采用的距离保持不妥，有时会引起人际关系问题。

2. 人的侧重行为

人的大脑半球是左右两侧构造相同的,但在语言运动机能上,总是有一侧占有优势。一般说来，儿童时期约有25%人惯用左手，随着年龄的增加，此比例逐渐减少。成人中男性约5%，女性约3%是左手；事实证明如惯使左手的人改用右手，其工效必然降低，疲劳程度会提高。

另外，在步行运动中也存在着偏重一侧的问题，如交通规则左上右下(个别国家是右上左下)的道路划分等；在展览、会场、画廊上，行人的旋转方向总是自左向右绕行；在公园、运动场上等场合也是如此。有人说这是因为左侧通行可使心脏靠向建筑物，有力的右手向外在生理上，心理上比较稳妥的原因。虽然这一切目前尚无定论，但事实上人们大部分均有此类侧重行为证明，人类的行为习惯在人体工程学和工业设计方面都是不可忽视的重要课题之一。

3. 人的捷径反应和躲避行为

人在日常生活中有不自觉的反应。例如伸手取物往往直接把手伸向物品；上下楼梯靠扶手一侧；穿越空地时愿意走最短距离，这些行为都是人的捷径反应之一。

在发生危险时，人们有一些共同的逃难行动，或躲避或逃跑等等。这时他们往往采用他们认为最快、最好、最能保护自己的方式。

在产品设计中要充分注意到人们的这类不自觉的反应，不可大意，否则在意外情况下可能会给使用者造成不可逆转的伤害。

5.5 人体的比例与尺度
5.5.1 人体测量的方法与知识
1. 人体测量的意义

为了使各种与人体尺度有关的设计对象能符合人的生理特点,让人在使用设计物时处于舒适的状态和适宜的环境之中,就必须在工业设计实践中充分考虑人体的各种尺度,因而也就要求工业设计的从业者能了解一些人体测量学方面的基本常识,并能熟悉有关设计所必需的人体测量基本数据的性质和使用条件。

人体测量学是通过测量人体各部位尺寸,来确定人类个体之间和群体之间在人体尺寸上的差别,用以研究人的形态特征,从而为工业设计和工程设计提供人体测量数据和标准的学科。

2. 影响人体尺寸的因素

由于人体随着年龄增长会发生变化。性别、种族、职业、地理环境的不同以及文化背景、营养成分、食物种类乃至起居习惯的不同都会影响到人体的发育及尺寸。因此我们要对不同背景下的群体及个体进行细致的测量和分析才能得到他们的特征尺寸,人体的差异和人体尺寸的分布规律。

就身高而言,我国成年男子身材较高(均值为1693mm)的东北、华北区与身材较矮(均值为1647mm)的西南区相比,身高尺寸相差46mm。而不同国家的人体尺寸则由于地理、社会、经济等条件的不同差异更大。仅就身高而言,成年男子身材较高(均值为1780mm)的英国与身材较矮(均值为1651mm)的日本比较,身高尺寸相差129mm。因此,我们不难想像不同种族之间的身高差是十分明显的。

年龄是另外一个对身高有明显影响的因素,男子青少年生长顶峰后期大约在20岁,女子则要早几年生长成熟;到壮年后,无论男女实际上身高都要随年龄增长而递减。

社会经济因素对人体高度也有明显影响,家庭收入高营养良好的生活环境有助于人体的生长;反之则会影响到人体的正常发育。可以说一般情况下由于生活水平不同所造成的身高上的差异是与家庭收入是成正比的。

据某德国媒体称:一个人的身高取决于基因与他成长的生活条件的共同影响。父母的身高在某种程度上会遗传给后代,但是生活条件的影响也不可忽视,更好的医疗,更高的教育程度和更完善的保障制度,这样的生活条件加速了这种增长。

身高对恶劣生活条件的反应是十分敏感的,以至可以从身高上看出历史上各个时期农业收成的好坏。慕尼黑大学的一位经济学家说:17世纪法国男性的平均身高只有1.62m。作为比较的参照指数,拥有现代医疗设备与教育体系的欧洲西北部,如今是世界最高的人群之一,荷兰男性的平均身高达1.85m。

另一位德国人体测量学家也发表研究报告说:他们从1950～1980年在非洲撒哈拉以南的200个地区进行了调查。以期借助那里人们的平均身高指数,来体现这个时期的经济状况。比如当时社会收入的差异等等。

由此可见，各个不同时代的人有不同的身高，一般说来，当代年轻人的身高比上一代要高。有人对意大利人300年来体质变化进行研究，发现身高基本上是呈线性增加的。我国华东地区人的身高，在20世纪50年代平均身高为164.5cm，到1980年测得上海籍大学新生平均身高已达170.5cm。

与20世纪90年代相比，现在中国女性胸围和身材已经发生了骄人的变化。据报道，北京服装学院人体工程研究所6年来对中国近3000位女性身体变化抽样监测得出的结果，与20世纪90年代相比，现在中国女性的身高平均增长了0.5cm，胸围也扩大了将近1cm。女性身材发生的变化是由于目前人们饮食营养均衡，现代女性运动增多等因素造成。

人体数据及标准的变化会引起广泛的问题。曾有报导说德国某航空公司因乘客体重增加多耗10%的燃料；日本小学生的课桌椅变得太小，不适合现代儿童。甚至还有关于药片重量应按现代人高度和体重增加的情况进行修改（北京人几十年来平均长高了6cm）以防止药力不足的呼吁。

随着世界市场的形成和交通方式的国际化，以及旅游等国际交流活动的日渐活跃，不同民族使用同一样产品的比例将越来越大。在我国进入WTO以后，无论出口产品的数量还是种类都大幅度的增加。因此，我们在进行产品设计时，也有考虑其他民族对某些工业产品适用性的必要。

3. 人体测量的数据种类

人体工程学范围内的人体形态测量数据主要有两类，即人体构造尺寸和功能尺寸的测量数据。人体构造上的尺寸是指静态尺寸；人体功能上的尺寸是指动态尺寸，其中包括人在工作姿势下或在某种操作活动状态下测量的尺寸。

工业设计中所有涉及人体尺度参数的，都需要应用大量人体构造和功能尺寸的测量数据。在设计实践中若不很好地考虑和使用这些人体数据，就很可能造成使用者操作上的困难和不能充分发挥人机系统效率。因此人体测量参数对各种与人体尺度有关的设计对象具有重要的意义。

4. 人体测量的主要仪器

在人体尺寸参数的测量中，所采用的人体测量仪器有：人体测高仪、人体测量用直脚规、人体测量用弯脚规、人体测量用三脚平行规、坐高椅、量足仪、角度计、软卷尺以及医用秤等等。我国对人体尺寸测量专用仪器已制订了标准，而通用的人体测量仪器可采用一般的人体生理测量的有关仪器。

5. 人体测量的主要数据来源

由于测量时要有一定的穿戴条件，又因缺乏经过技术培训的测量人员，所以一般来说要想取得代表一个国家的普遍测量资料是比较困难的。一些已有的资料，部分是从军队中得来的，理由很明显，军队中测量人体尺寸可以强迫性进行，而且可以结合军队本身的需要。例如部队要制作各军、兵种的军便服等军需品及武器装备、战车、飞机等等，需要人体测量数据。在政府支持下，他们可以进行这项调查工作。这种数据的来源，可以说是无限的。军队可以每隔几年测一次新兵的身高、体重等，看看这几年他们的身高、体重有多少变化，当然这样的测量工作也有一些缺憾，年龄和性别都有很大的局限性。即便是在卫生、教育、福利等部门对普通人的测量、调查中也不可能绝对的准确和全面。因此，我们在使用这些数据时也应有选择和分析，并且还要留有一定的余量。

6. 人体测量中的主要统计函数

由于群体中个体与个体之间存在着差异，一般来说，某一个体的测量尺寸不能作为设计的依据。为使产品适合于一个群体的使用，设计中需要的是一个群体的测量尺寸，然而，全面测量群体中每个个体的尺寸又是不现实的。所以在通常情况下，大都是通过测量群体中较少量个体的尺寸，经数据处理后而获得较为精确的所需群体尺寸。

7. 关于百分点

大部分人体测量数据是按百分点来表达的，即把研究对象分成100份，根据一些特定的人体尺寸条件，从最小到最大进行分段。例如第1百分点的身高尺寸表示99%的研究对象的身高尺寸更高。同样，第95百分点的身高尺寸则表示仅有5%的研究对象具有比该数值更高的高度；而95%的研究对象则具有同样的或更低的高度。总之，百分点表示具有某一人体尺寸和小于该尺寸的人占统计对象总人数的百分数。当采用百分点的数据时，有两点要特别注意。

(1) 人体测量当中的每一个百分点数值，只表示某一项人体尺寸；例如它可能是身高或坐高。

(2) 没有一个各种人体尺寸都同时处在同一百分点上的人。

8. "平均人"的谬误

第50百分点的数值可以说已经相当接近于某一组人体尺寸的平均值，但决不能误解为有"平均人"这样一个人体尺寸。

选择数据时，如果以为第50百分点数值代表了平均人的尺寸，那就大错而特错了。这里不存在什么"平均人"，第50百分点只是说明你所选择的某一项人体尺寸有50%的人适用。因此，按照设计的性质，通常选用第95%（95百分点）和第5%（5百分点）的数值，才能满足绝大多数使用者。

统计学表明：任意一组特定对象的人体尺寸分布均符合正态分布规律，即大部分属于中间值，只有一小部分属于过大值和过小值，它们分布在范围的两端。设计上满足所有人的要求是不太可能的，但必须满足大多数人。所以必须从中间部分取用能够满足大多数人的尺寸数据作为设计参考依据，因此，一般都是舍去两头的极大值和极小值，而涉及95%～90%的人。

5.5.2 常用人体测量资料

我国成年人人体尺寸国家标准根据人体工程学要求提供了我国成年人人体尺寸的基础数据,它适用于工业设计、建筑设计、军事工业以及工程技术改造、设备更新及劳动安全保护等。该标准中所列数值,代表从事工业生产的法定中国成年人,即男为18~60岁,女为18~55岁。

1. 成年人的人体构造尺寸

(1) 人体主要尺寸包括:身高、体重、上臂长、前臂长、大腿长、小腿长等几项人体主要尺寸数据。

(2) 立姿:人体尺寸标准中提供的成年人立姿人体尺寸有眼高、肩高、肘高、手功能高、会阴高、胫骨点高等多项主要尺寸数据。

(3) 坐姿:人体尺寸标准中的成年人坐姿人体尺寸包括坐高、坐姿颈椎点高、坐姿眼高、坐姿肩高、坐姿肘高、坐姿大腿厚、坐姿膝高、小腿加足高、坐深、臀膝距、坐姿下肢长等十几项主要尺寸数据。

立姿测量时要求自然挺胸直立,坐姿时要求端坐。如果用于其他立、坐姿势的设计,例如放松的坐姿,要增加适当修正量。

(4) 人体水平尺寸:标准中提供的人体水平尺寸是指胸宽、胸厚、肩宽、臀宽、坐姿臀宽、坐姿两肘间宽、胸围、腰围、臀围等共十项主要尺寸数据。

(5) 各大区域人体尺寸的均值和标准差:我国是一个地域辽阔的多民族国家,不同地区间人体尺寸差异较大。因此,在我国成年人体测量工作中,从人类学的角度,并根据我国征兵体检等局部人体测量资料划分的区域,将全国成年人人体尺寸分布划分为以下六个区域。即东北、华北区,西北区,东南区,华中区,华南区,西南区。

东北、华北区包括:黑龙江、吉林、辽宁、山东、河北、北京、天津等地。

西北区包括:新疆、甘肃、青海、陕西、山西、西藏、宁夏、河南等地。

东南区包括:安徽、江苏、浙江、上海等地。

华中区包括:湖南、湖北、江西等地。

华南区包括:广东、广西、福建等地。

西南区包括:贵州、四川、云南等地。

(6) 许多表列数值均为裸体测量的结果,在用于设计实践时,应考虑全国各地区不同的着衣量而增加的余量。

2. 人体尺寸数据及部位

本标准共列出47项人体尺寸基础数据,按男、女性别分开,且分三个年龄段:男、女18~25岁,男、女26~35岁,男36~60岁、女36~55岁,用图表分别表示项目的部位及尺寸。

(1) 人体主要尺寸及部位,图5-7。

(2) 立姿人体尺寸及部位,图5-8。

第五章 人体工程学

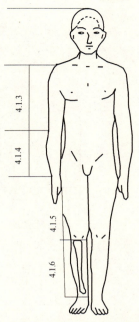

图 5-7 人体主要尺寸及部位示意图

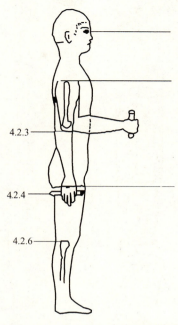

图 5-8 立姿人体尺寸及部位示意图

（3）坐姿人体尺寸及部位，图 5-9。

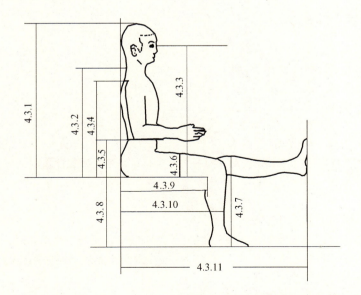

图 5-9 坐姿人体尺寸及部位示意图

171

(4) 人体水平尺寸及部位，图5-10。

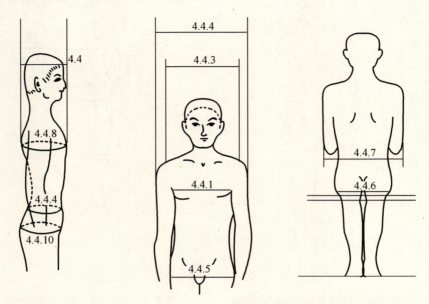

图5-10 人体水平尺寸及部位示意图

(5) 人体头部尺寸及部位，图5-11。

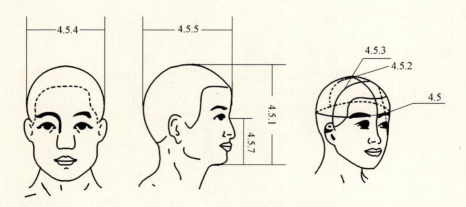

图5-11 人体头部尺寸及部位示意图

(6) 人体手部尺寸及部位，图5-12。

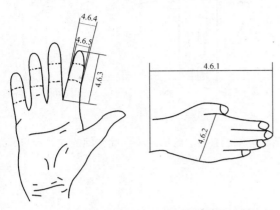
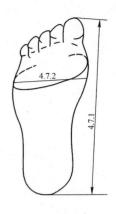

图5-12 人体手部尺寸及部位示意图　　图5-13 人体足部尺寸及部位示意图

(7) 人体足部尺寸及部位，图5-13。

为了能选用合乎各地区的人体尺寸，该标准中还提供了上述六个区域成年人体重、身高、胸围三项主要人体尺寸的均值和标准差值。

(8) 我国香港及澳门地区成年人人体尺寸，由于在进行全国成年人人体尺寸抽样测量工作时，香港及澳门地区尚未回归祖国。因而在该标准中，所划分的全国成年人人体尺寸分布的六个区域内，不包括香港及澳门地区。而在此之前，香港、澳门地区已为各种设计提供了较完整的成年人人体尺寸。

3. 成年人的人体功能尺寸

人在从事各种工作时都需要有足够的活动空间。工作位置上的活动空间设计与人体功能尺寸密切相关。由于活动空间应尽可能适应于绝大多数人的使用。设计时应以高百分位人体尺寸为依据。所以，均以我国成年男子第95百分位身高(1775mm)为基准。

在工作中常取站、坐、跪、卧、仰等作业姿势。现从各个角度对其活动空间进行分析说明，并给出人体尺度图。

(1) 立姿的活动空间。立姿时人的活动空间不仅取决于身体的尺寸，而且也取决于保持身体平衡的微小平衡动作和肌肉松弛的脚站立在平面不变时，为保持平衡必须限制上身和手臂能达到的活动空间。如图5-14立姿空间示意图。

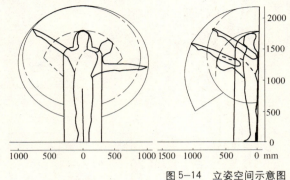

图 5-14　立姿空间示意图

(2) 坐姿的活动空间。根据立姿活动空间的条件，给出坐姿活动空间的人体尺度。如图 5-15 坐姿空间示意图。

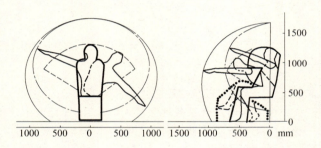

图 5-15　坐姿空间示意图

(3) 单腿跪姿的活动空间。根据立姿活动空间的条件，给出单腿跪姿活动空间的人体尺度。取跪姿时，承重膝常更换。由一膝换到另一膝时，为确保上身平衡，要求活动空间比基本位置大。如图 5-16 单腿跪姿空间示意图。

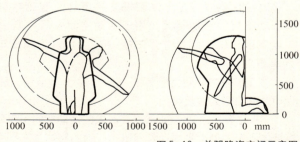

图 5-16　单腿跪姿空间示意图

(4) 仰卧活动空间，仰卧活动时的空间人体尺度。如图 5-17 仰卧活动空间示意图。前面这些常用的立、坐、跪、卧等作业姿势活动空间的人体尺度，可满足人体一般作

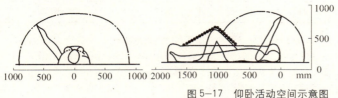

图 5-17 仰卧活动空间示意图

业空间概略设计的需要。但对于受限作业空间的设计,则需要应用各种作业姿势下人体功能尺寸测量数据,使用时应增加修正余量。

4. 人体测量数据的应用

只有在熟悉人体测量基本知识之后,才能选择和应用各种人体数据,否则有的数据可能被误解,如果使用不当,还可能导致严重的设计错误。另外,在运用各种统计数据时,既不能忽略设计中的一般常识,也不能代替严谨的设计分析。因此,当设计中涉及人体尺度时,设计者必须熟悉数据测量的定义、适用条件、百分位的选择等方面的知识,才能正确的应用有关的数据。

(1) 主要人体尺寸的应用原则

为了使人体测量数据能有效地为设计者所利用,我们精选出部分工业设计中常用的数据百分位,并将这些数据的定义、应用条件、选择依据等列于下表 5-2 中,仅供读者参考。

工业设计常用数据百分位　　　　　　　　　　　表 5-2

人体尺寸	应用条件	百分位选择	注意事项
身　高	用于确定通道和门的最小高度。然而,一般建筑规范规定的和成批生产制做的门和门框高度都适用于 99% 以上的人。所以,这些数据可能对于确定人头顶上的障碍物高度更为重要	由于主要的功用是确定净空高度,所以应该选用高百分位数据。设计者应考虑尽可能地适应 100% 的人	身高一般是不穿鞋测量的,故在使用时应给予适当余量补偿
立姿眼高	可用于确定在剧院、礼堂、会议室等处人的视线,用于布置广告和其他展品,用于确定屏风和开敞式大办公室内隔断的高度	百分位选择将取决于关键因素的变化。例如:如果设计中的问题是决定隔断或屏风的高度,以保证隔断后面人的私密性要求,那么隔断高度就与较高人的眼睛高度有关(第 95 百分点或更高)。其逻辑是假如高个子人不能越过隔断看过去,那么矮个子人也一定不能。反之,假如设计问题是允许人看到隔断里面,则逻辑是相反的,隔断高度应考虑较矮人的眼睛高度(第 5 百分位或更低)	由于这个尺寸是光脚测量的,所以还要加上鞋的高度,男子大约需加 2.5cm 左右,女子大约需加 7.6cm。这些数据应该以脖子的弯曲和旋转以及视线角度的资料相结合使用,以确定不同状态、不同头部角度的视觉范围

175

续表

人体尺寸	应用条件	百分位选择	注意事项
肘部高度	对于确定柜台、厨房案台、工作台以及其他站着使用的工作表面的舒适高度，肘部高度数据是必不可少的。通常，这些表面的高度都是凭经验估计或是根据传统做法确定的。然而，通过科学研究发现最舒适的高度是低于人的肘部高度7.6cm。另外，休息平面的高度大约应该低于肘部高度2.5～3.8cm	假定工作面高度确定为低于肘部高度7.6cm，那么从96.5cm（第5百分点数据）这样一个范围都将适合中间的90%的男性使用者。考虑到第5百分点的女性肘部高度较低，这个范围是88.9～111.8cm，才能对男女使用者都适应。由于其中包含许多其他因素，如存在特别的功能要求和每个人对舒适高度见解不同等等，所以这些数值也只是假定推荐的	确定上述高度时必须考虑活动的性质，有时这一点比推荐的"低于肘部高度7.6cm"还重要
挺直坐高 放松坐高	用于确定座椅上方障碍物的允许高度。在布置双层床时、做节约空间的设计时、利用阁楼下面的空间吃饭或工作时，都要由这个关键的尺寸来确定其高度。确定办公室或其他场所的低隔断要用到这个尺寸，确定餐厅和酒吧里的座位隔断数据也要用到这个尺寸	由于涉及到间距问题，采用第95百分点的数据是比较合适的	座椅的倾斜、座椅软垫的弹性、衣服的厚度以及人坐下和站起来时的活动都是要考虑的重要因素
坐姿眼高	当视线是设计问题的中心时，确定视线和最佳视区要用到这个尺寸，这类设计对象包括剧院、礼堂、教室和其他需要有良好视听条件的室内空间	假如有适当的可调节性，就能适应从第5百分点到第95百分点或者更大的范围	应该考虑人的头部与眼睛的转动范围、座椅软垫的弹性、座椅面距地面的高度和可调座椅的调节范围
坐姿的肩中部高度	大多数用于机动车辆中比较紧张的工作空间的设计，很少被建筑师和室内设计师所使用。但是，在设计那些对视觉、听觉有要求的空间时，这个尺寸有助于确定出妨碍视线的障碍物，也许在确定火车座的高度以及类似的设计中有用	由于涉及到间距问题，一般使用第95百分点的数据	要考虑座椅软垫的弹性

续表

人体尺寸	应用条件	百分位选择	注意事项
肩　宽	肩宽数据可用于确定环绕桌子的座椅间距和影剧院、礼堂中的排椅座位间距，也可用于确定公用和专用空间的通道间距	由于涉及到间距问题，应使用第95百分点的数据	使用这些数据要注意可能涉及到的变化。要考虑衣服的厚度，对薄衣服要附加0.79cm，对厚衣服要附加7.6cm。还要注意，由于躯干和肩的活动，两肩之间所需的空间会加大
两肘之间宽度	可用于确定会议桌、餐桌、柜台和牌桌周围座椅的位置		应该与肩宽尺寸结合使用
臀部宽度	这些数据对于确定座椅内侧尺寸和设计酒吧、柜台和办公座椅极为有用		根据具体条件、与两肘之间宽度和肩宽结合使用
肘部平放高度	与其他一些数据和考虑因素联系在一起，用于确定椅子扶手、工作台、书桌、餐桌和其他特殊设备的高度	肘部平放高度既不涉及间距问题，也不涉及手够物的问题，其目的只是能使手臂得到舒适的休息即可。选择第50百分点左右的数据是合理的。在许多情况下，这个高度在14～27.9cm之间，这样一个范围可以适合大部分使用者	座椅软垫的弹性、座椅表面的倾斜以及身体姿势都应予以注意
大腿厚度	是设计柜台、书桌、会议桌、家具及其他一些室内设备的关键尺寸，而这些设备都需要把腿放在工作面以下。特别是有直拉式抽屉的工作面，要使大腿与大腿上方的障碍物之间有适当的间隙，这些数据是必不可少的	由于涉及到间距问题，应选用第95百分点的数据	在确定上述设备的尺寸时，其他一些因素也应该同时予以考虑，例如腿弯高度和座椅软垫的弹性
膝盖高度	这是确定从地面到书桌、餐桌和柜台底面距离的关键尺寸，尤其适用于使用者需要把大腿部分放在家具下面的场合。坐着的人与家具底面之间的靠近程度，决定了膝盖高度和大腿厚度是否是关键尺寸		要同时考虑座椅高度和座垫的弹性

续表

人体尺寸	应用条件	百分位选择	注意事项
腿弯高度	是确定座椅面高度的关键尺寸，尤其对于确定座椅前缘的最大高度更为重要	若要确定座椅高度，应选用第5百分点的数据，因为如果座椅太高，大腿受到压力会使人感到不舒服。例如一个座椅高度能适应小个子人，也就能适应大个子人	选用这些数据时必须注意座垫的弹性
臀部至腿弯长度	这个长度尺寸用于座椅的设计中，尤其适用于确定腿的位置、确定长凳和靠背椅等前面的垂直面以及确定椅面的长度	应该选用第5百分点的数据，这样能适应最多的使用者即臀部至膝部长度较长和较短的人。如果选用第95百分点的数据，则只能适合这个长度较长的人，而不适合这个长度较短的	要考虑椅面的倾斜度
臀部至膝盖长度	用于确定椅背到膝盖前方的障碍物之间的适当距离，例如用于影剧院、礼堂和教堂等的固定排椅设计中	由于涉及到间距问题，应选用第95百分点的数据	这个长度比臀部至足尖长度要短，如果座椅前面的家具或其他室内设施没有放置足尖的空间，就应该使用臀部至足尖长度
臀部至足尖长度			如果座椅前方的家具或其他室内设施有放脚的空间，而且间隔要求比较重要，就可以使用臀部至膝盖长度来确定合适的间距
臀部至脚后跟长度	对于室内设计人员来说，使用是有限的，当然可以利用它们布置休息座椅。另外，还可用于设计搁脚凳、理疗和健身设施等综合空间	由于涉及到间距问题，应选用第95百分点的数据	在设计中，应该考虑鞋、袜对这个尺寸的影响，一般，对于男鞋要加上2.5cm，对于女鞋则加上7.6cm
坐姿垂直伸手高度	主要用于确定头顶上方的控制装置和开关等的位置，所以较多地被工业设备专业的设计人员所使用	选用第5百分点的数据是合理的，这样可以同时适应小个子的人和大个子的人	要考虑椅面的倾斜度和椅垫的弹性
立姿垂直手握高度	可用于确定开关、控制器、拉杆、把手、书架以及衣帽架等的最大高度	由于涉及到伸手够东西的问题，如果采用高百分点的数据就不能适应小个子的人，所以设计出发点应该基于适应小个子人，这样也同样能适应大个子的人	尺寸是不穿鞋测量的，使用时要给予适当地补偿

续表

人体尺寸	应用条件	百分位选择	注意事项
立姿侧向手握距离	有助于设备设计人员确定控制开关等装置的位置，它们还可以被建筑师和室内设计师用于某些特定的场所，例如医院、实验室等。如果使用者是坐着的，这个尺寸可能会稍有变化，但仍能用于确定人侧面的书架位置	由于主要的功用是确定手握距离，这个距离应能适应大多数人，因此，选用第5百分点的数据是合理的	如果涉及的活动，需要使用专门的手动装置、手套或其他某种特殊设备，这些都会延长使用者的一般手握距离，对于这个延长量应予以考虑
手臂平伸手握距离	有时人们需要越过某种障碍物去够一个物体或者操纵设备，这些数据可用来确定障碍物的最大尺寸。例如在工作台上方安装搁板或在办公室工作桌前面的低隔断上安装小柜	选用第5百分点的数据，这样能适应大多数人	要考虑操作或工作的特点
人体最大厚度	尽管这个尺寸可能对设备设计人员更为有用，但它们也有助于建筑师在较紧张的空间里考虑间隙或在人们排队的场合下设计所需要的空间	应该选用第95百分点的数据	衣服的厚薄、使用者的性别以及一些不易察觉的因素都应予以考虑
人体最大宽度	可用于设计通道宽度、走廊宽度、门和出入口宽度以及公共集合场所等	应该选用第95百分点的数据	衣服的薄厚、人行走或做其他事情时动作的影响以及一些不易察觉的因素都应予以考虑

（2）人体尺寸的应用方法

1）确定所设计产品的类型

在涉及人体尺寸的产品设计中，设定产品功能尺寸的主要依据是人体尺寸的百分点数，而人体尺寸百分点数的选用又与所设计产品的类型密切相关。依据产品使用者人体尺寸的设计上限值（最大值）和下限值（最小值）对产品尺寸设计进行了分类，凡涉及人体尺寸的产品设计，首先应按该分类方法确认所设计的对象是属于其中的哪一类型。见表5-3。

产 品 类 型　　　　　　　　　　　　表5-3

产品类型	产品类型定义	说 明
Ⅰ型产品尺寸设计	需要两个人体尺寸百分点数作为尺寸上限值和下限值的依据	又称双限值设计
Ⅱ型产品尺寸设计	只需要一个人体尺寸百分点数作为尺寸上限值或下限值的依据	又称单限值设计
ⅡA型产品尺寸设计	只需要一个人体尺寸百分点数作为尺寸上限值的依据	又称大尺寸设计

续表

产 品 类 型	产品类型定义	说　明
ⅡB型产品尺寸设计	只需要一个人体尺寸百分点数作为尺寸下限值的依据	又称小尺寸设计
Ⅲ型产品尺寸设计	只需要第50百分点数作为产品尺寸设计的依据	又称"平均"尺寸设计
成年男、女通用产品设计	选用男性的一个人体尺寸百分点数作为尺寸上限值的依据；选用女性的一个人体尺寸百分点数作为尺寸下限值的依据	又称"通用"尺寸设计

2）选择人体尺寸百分点

产品尺寸设计类型，又按产品的重要程度分为：涉及人的健康与安全的产品和一般工业产品两个等级。在确认所设计的产品类型及其等级之后，选择人体尺寸百分点数的依据是满足度。人体工程学设计中的满足度，是指所设计产品在尺寸上能满足多少人使用，通常以合适使用的人数占使用者的百分比来表示。图5-18男子立姿功能百分点侧面示意图，图5-19女子立姿功能百分点侧面示意图，图5-20男子工作台坐姿示意图，图5-21女子工作台坐姿示意图，图5-22各种维修姿态示意图，图5-23站式控制台示意图。

下面表中给出的满足度指标是通常选用的指标，特殊要求的设计，其满足度指标可另行确定。设计者当然希望所设计的产品能满足特定使用者总体中所有的人使用，尽管这在技术上是可行的，但在经济上往往是不合理的。因此，满足度的确定应根据所设计产品使用者总

常规满足度指标　　　　　　　　　　　表5-4

产品类型	产品重要程度	百分位数的选择	满　足　度
Ⅰ型产品	涉及人健康、安全的产品 一般工业产品	选用99%和1%作为尺寸上、下限值的依据；选用95%和5%作为尺寸上、下限值的依据	98% 90%
ⅡA型产品	涉及人的健康、安全的产品 一般工业产品	选用99%和95%作为尺寸上限值的依据；选用90%作为上限值的依据	99%或95% 90%
ⅡB型产品	涉及人的健康、安全的产品 一般工业产品	选用1%和5%作为尺寸下限值的依据；选用10%作为尺寸下限值的依据	99%或95% 90%
Ⅲ型产品	一般工业产品	选用50%作为产品尺寸设计的依据	通　用
成年男、女通用产品	一般工业产品	选用男性的90%、95%或90%作为尺寸上限值的依据；选用女性的1%、5%或10%作为尺寸下限值的依据	通　用

第五章 人体工程学

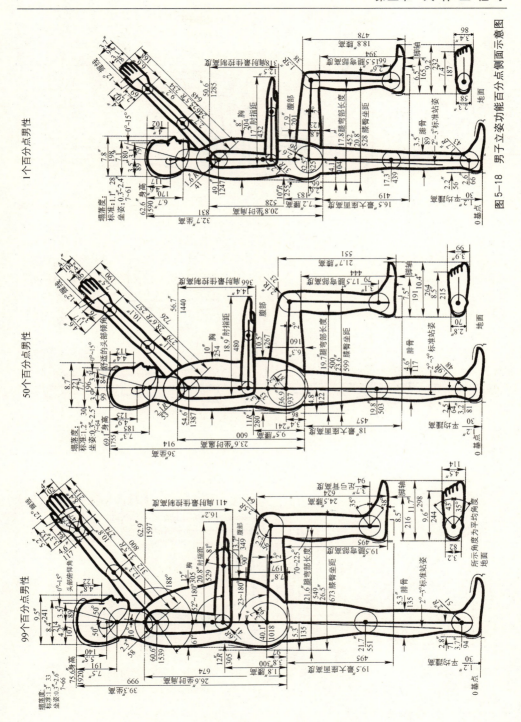

图 5-18 男子立姿功能百分点侧面示意图

工业设计教程

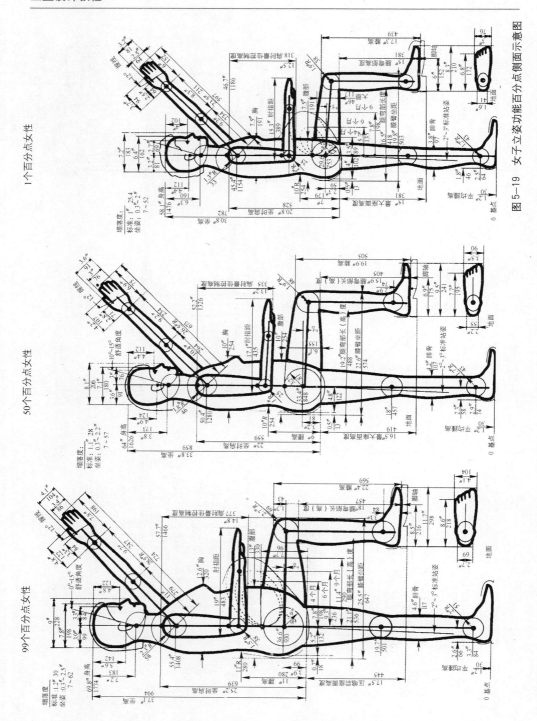

图5-19 女子立姿功能百分点侧面示意图

第五章 人体工程学

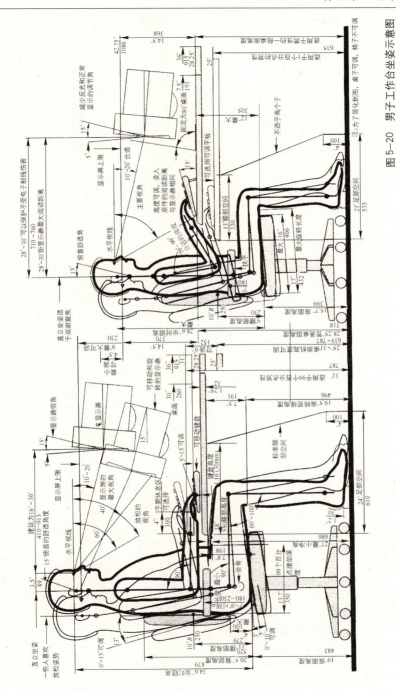

图5-20 男子工作台坐姿示意图

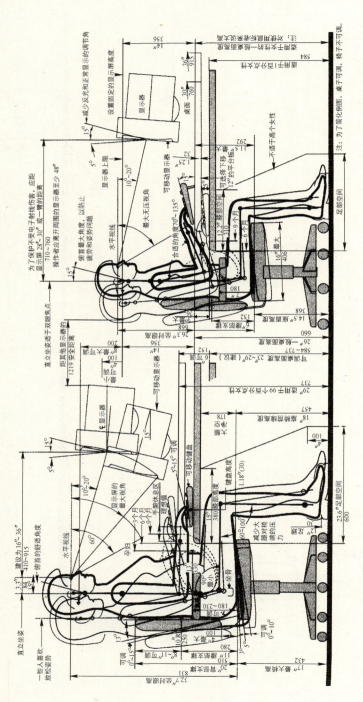

图 5-21 女子工作台坐姿示意图

第五章 人体工程学

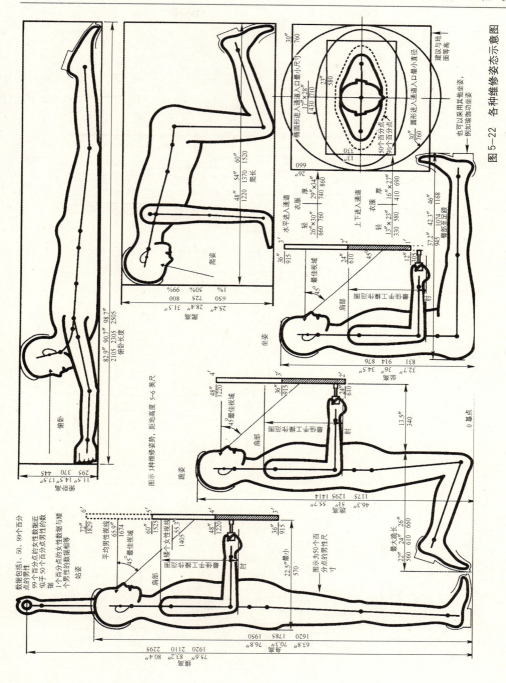

图 5-22 各种维修姿态示意图

185

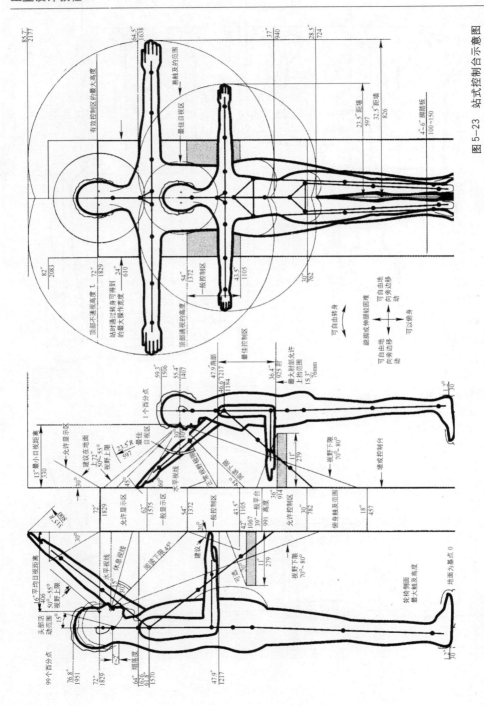

图 5-23 站式控制台示意图

体的人体尺寸差异性、制造该类产品技术上的可行性和经济上的合理性等因素进行综合优选。还需要说明的是，在设计时虽然确定了某一满足度指标，但用一种尺寸规格的产品却无法达到这一要求，在这种情况下，可考虑采用产品尺寸系列化和产品尺寸可调节性设计解决。

3）确定功能修正量

有关人体尺寸标准中所列的数据是根据裸体或穿单薄内衣的条件下测得的，测量时不穿鞋或穿着纸拖鞋。而设计中所涉及的人体尺度应该是在穿衣服、穿鞋甚至戴帽条件下的人体尺寸。因此，考虑有关人体尺寸时，必须给衣服、鞋或帽子留下适当的余量，也就是在人体尺寸上增加适当的着装修正量。

其次，在人体测量时要求躯干为挺直姿势，而人在正常作业时，躯干则为自然放松姿势，为此应考虑由于姿势不同而引起的变化量。此外，还需考虑实现产品不同操作功能所需的修正量。所有这些修正量的总称为功能修正量。功能修正量随产品不同而各异，通常为正值，但有时也可能为负值。

4）确定心理修正量

为了克服人们心理上产生的"空间压抑感"、"高度恐惧感"等心理感受，或者为了满足人们"求美"、"求奇"等心理需求，在产品最小功能尺寸上附加一项增量，称为心理修正量。心理修正量也是用实验方法求得，一般是通过被试者主观评价表的评分结果进行统计分析，求得心理修正量。例如狭小的室内空间，可以通过适当的利用色彩和镜面反射，来增加使用者的心理舒适感。

5）产品功能尺寸的设定

产品功能尺寸是指为确保实现产品某一功能而在设计时规定的产品尺寸。该尺寸通常是以设计界限值确定的人体尺寸为依据，再加上为确保产品某项功能实现所需的修正量。产品功能尺寸有最小功能尺寸和最佳功能尺寸两种，具体设定的通用公式如下：

① 最小功能尺寸 = 人体尺寸百分点 + 功能修正量
② 最佳功能尺寸 = 人体尺寸百分点 + 功能修正量 + 心理修正量

6）够得着的距离，容得下的间距和可调节性

选择测量数据要考虑设计内容的性质，如果设计要求使用者坐或站着能够得到某处，那么选择第5百分点的数据是适宜的。这个尺寸表示：只有5%的人伸手臂够不到，而95%的人可以够到，这种选择就是正确的。设计中要考虑通行间距尺寸，应选用第95百分点的数据。例如设计走廊的高度、宽度，如能满足大个子人的需要，也就同时能满足小个子人的需要。

另外一种情况，就是采取可调节措施。例如选用可升降的椅子和可调高度的搁板，调节幅度由人体尺寸、工作性质和加工能力所决定。这种调节措施应能使设计物或设计环境能满足90%或更多的人。

这里所举的例子只表明应注重各种人体尺度和特殊百分点的适用范围，而实际设计中应考虑适合越多的人越好。如果一个搁板可以容易地降低2.5~5cm而不影响设计的其他部分和造价的话，那么使之适用于98%或99%的人显然是正确的。

7）老年人和残疾人

一般的人体数据是从18~70岁之间的人中测量搜集而来，显然范围很大；但专门对老

年人和残疾人的各种功能测量却仍然是很缺少的。

老年人有如下两个特征：

① 无论男性还是女性，上年纪以后的身高均比他们年轻时矮。

② 伸手够东西的能力和眼、耳的看、听等能力及反映力均不如年轻时。

残疾人全世界共有几亿，我们中国就有六千万左右的残疾人。他们从人体测量的角度上可分为以下两大类：

① 不能走动者，或称为乘轮椅患者及卧床者。

② 能走动的残疾人。对于这些病人，我们必须考虑他们借助的工具是拐杖、手杖、助步车、支架还是用动物帮助自理。这些东西是上述病人身体功能需要的一部分。所以为了作好设计，除应知道一些人体测量数据之外，还应把这些工具当作一个整体来考虑。如图5-24轮椅与人体上肢活动范围正面示意图，图5-25轮椅与人体上肢活动范围侧面示意图，图5-26轮椅空间俯视示意图，图5-27轮椅尺寸示意图，图5-28轮椅活动空间俯视示意图，图5-29残疾人活动空间示意图。

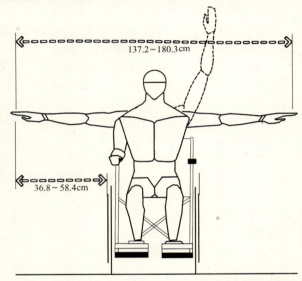

图5-24　轮椅与人体上肢活动范围正面示意图

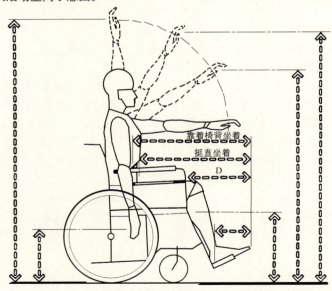

图5-25　轮椅与人体上肢活动范围侧面示意图

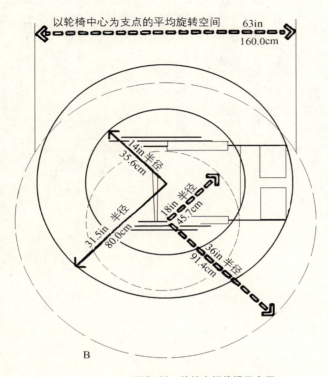

图 5-26 轮椅空间俯视示意图

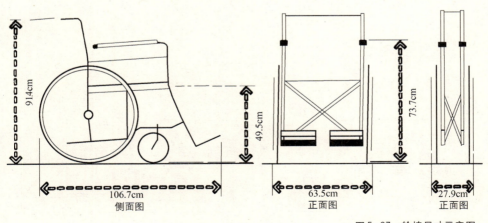

图 5-27 轮椅尺寸示意图

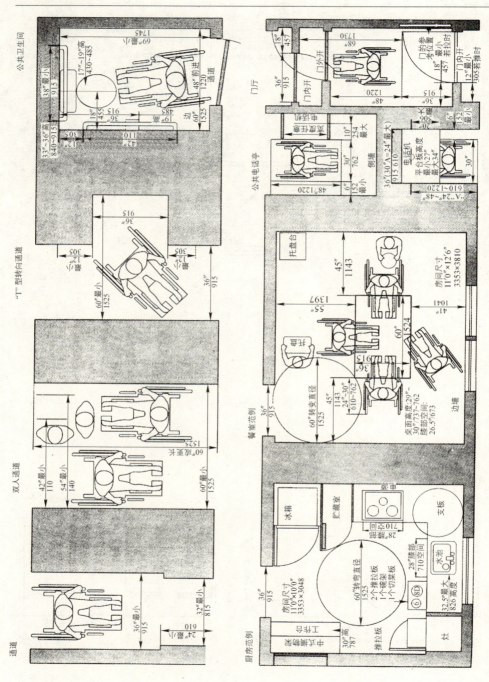

图 5-28 轮椅活动空间俯视示意图

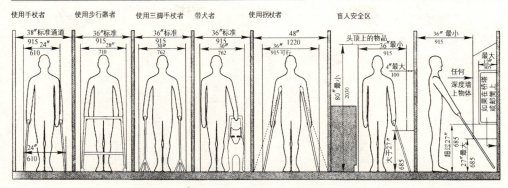

图 5-29 残疾人活动空间示意图

5.6 人机界面设计原理

人机界面是指人机间相互施加影响的区域,凡参与人机信息交流的一切领域都属于人机界面。如图形符号设计、显示装置设计及操纵装置设计等。设计的界面存在于人与物信息交流之中,它的内涵要素是极为广泛的。可将设计界面定义为设计中所面对、所分析的一切信息交互的总和,它反映着人与物之间的关系。

5.6.1 设计界面的适用原则

1. 合理性原则

保证在人机系统设计基础上的合理与明确。任何的设计方案都既要有定性也要有定量的分析,是理性与感性思维相结合的产物;并且努力地减少非理性因素,以定量优化为基础,在功能正确、数据成系统的基础上,进行严密地理论分析和设计实践。

2. 动态性原则

要有四维空间或五维空间的运作观念。一件作品不仅是二维的平面或三维的立体,也要有时间与空间的变换,情感与思维认识的演变等多维因素。

3. 多样化原则

设计因素应有多样化的考虑。当前越来越多的专业调查人员与公司出现,为设计带来丰富的资料和依据。但是,如何获取有效信息,如何分析设计信息实际上是一个要有创造性思维与方法的过程体系。

4. 交互性原则

人机界面设计强调的是交互过程。一方面是物的信息传达,另一方面是人的接受与反馈。对任何物的信息,都能使人很好的认识与把握,这才是好的人机界面设计方案。

5. 共通性原则

把握各类界面的协调与统一。在工业设计中，所有信息的传达和界面设计，都应注意形式感与转送方式的互通与协调，其设计语言最好是国际性与通用的，这样才能减少人机互动的障碍。如图5-30比较容易识别的符号示意图。

国际残疾人通道符号

国际聋哑人电信通讯设备符号

国际聋哑人通道符号

易识别的符号

图5-30 比较容易识别的符号示意图

5.6.2 图形符号设计

1. 图形符号的特征

在现代信息显示中，各种类型的图形和符号被广泛地应用，这是由于人在感知图形符号信息时，辨认的信号和辨认的客体之间存在着形象上的直接联系，容易接受信息并提高接收速度。由于图形和符号具有形、意、色等多种刺激因素，因而传递的信息量大，抗干扰力强，易于接受，所以它也是最经济的信息传递形式。

信息显示中所采用的图形和符号是经过对显示内容的高度概括和抽象处理而形成的，使得图形和符号与显示和标志客体间有相似的特征，它们简单明了，具有特定的形象，使人便于识别和辨认。

实验表明，图形符号的辨认速度和准确性，主要与图形和符号的特征数量有关，并不是图形和符号越简单越容易辨认。实际应用中有三类图形符号，第一类为简单的，它们只有必需的特征，只按形状（三角形、梯形等）辨认；第二类为中等的，除主要特征外还有辅助特征（外部的和内部的细节）；第三类为复杂的，它们有若干个彼此混淆的辅助特征（一般为2个）。实验结果是，辨认简单符号和复杂符号一样，比辨认中等符号需要的时间更长，准确性更低。因此在设计图形与符号时，要注意所显示特征及内涵的充分反映，而不能理解为将图形和符号变成简单的图案就可以了。只有最简练地表达出客体的最起码的特征，除去一切次要的细节，才能适宜操作者辨认。

在信息显示中所采用的图形符号，大多作为操纵控制系统或操作部位的操作内容和位置的指示或操作过程及顺序的指示。形象化的图形和符号显示也有自己的局限性，如果要求更精确地显示时，则图形和符号就不能单独胜任，还须用其他显示方式加以补充，比如显示仪表等显示仪器。

2. 图形符号的应用

图形和符号显示，广泛用于工业、农业、商业、交通运输、物资管理、环境保护等各方面。它已作为一种高度概括、简练、形象生动的通用信息载体，传递着各种信息。

例如在交通运输方面（汽车、飞机），这类设备运动速度高，操作者的注意力主要集中在航线或道路目标的观察上，对于驾驶室（舱）内各种信息显示的观察就只能在瞬间完成，这种情况下采用大量图形和符号显示，操作者就能迅速地感知所显示的信息，从而避免了采用文字显示的繁杂。

5.6.3 显示装置设计与选择

显示装置是人机系统中，将机器的信息传递给人的一种关键部件，人们根据显示的信息来了解和掌握机器运行情况，从而操纵和控制机器。因此，信息传递的质量优劣直接影响到人机系统的工作效率。

在生活、生产和工作当中，显示装置除了要确切地反映机器的情况之外，还应根据人的生理和心理特征，合理设计其结构形式，使人与显示装置之间达到充分协调，使人对显示信息的接收，速度快、可靠性高、误读率低，并减轻精神紧张和身体疲劳。

实际生产和工作中常用的显示装置有视觉显示器、听觉显示器及触觉显示器等，其中以视觉显示器所占比例最大，因此重点是要研究视觉显示器的设计。

1. 仪表显示设计

(1) 仪表显示的类型与特征

仪表是视觉显示器中用得最多的一类显示装置，主要有两大类。

1) 刻度指针式仪表。它是用模拟量来显示机器有关参数和状态的视觉显示器。其特点是显示的信息形象化、直观，使人对模拟值在全程范围内所处位置一目了然，并能给出偏差量和偏差方向，监控的效果很好。

2) 数字式显示仪表。它是直接用数码来显示有关参数和状态的视觉显示器。如各种数字显示屏、电子记数器等。其特点是显示简单、准确，可显示各种参数和状态的具体数值，对于需要计数和读取数值的作业来说，这类显示器认读速度快、精度高，且不易产生视觉疲劳等优点。

(2) 刻度指针式仪表设计

1) 刻度盘尺寸。刻度盘的尺寸大小与刻度标记的数量及人观察的距离都会影响到认读的速度和准确性。当刻度盘的尺寸增大时，其刻度、刻度线、指针和字符等均增大，这样可提高清晰度。但刻度盘尺寸不是越大越好，因为当尺寸过大时，眼睛的扫描路线过长，反而影响认读速度和可靠性。当然，刻度盘尺寸也不能过小，过小会使刻度标记密集而不清晰，不利于认读，效果同样不好。

在试验中发现，当刻度盘直径从25mm开始增大时，认读的速度和准确性相应提高，误读率下降，当直径增加到80mm以后，认读速度和准确度开始下降，误读率上升。直径在30~70mm之间的刻度盘在认读的准确度上没有什么差别。因此，刻度盘直径偏小或偏大都不理想，当直径为中间值时，效果最好。

2) 刻度。刻度盘上刻度线之间的距离为刻度，刻度的大小根据人眼的最小分辨能力来确定。通常在人眼直接观察时，刻度的最小值不应小于0.6~1mm，一般在1~2.5mm之间选取，必要时也可取4~8mm。

刻度线。刻度线一般有长刻度线、中刻度线和短刻度线，其比例一般是，2∶1；5∶1或1.7∶1；3∶1。刻度线的宽度一般可取刻度间距的5％~15％，普通刻度线通常可取0.1±0.02mm；远距离观察时可取0.6~0.8mm，精密刻度可取0.015~0.1mm。

刻度方向是指刻度值的递增顺序方向。通常是根据显示信息的特点及人的视觉习惯来确定。一般都是从左到右或是从下到上及顺时针的方向。

刻度单位是定量显示数值的表示方式，每一刻度值所代表的测量值应尽量取整数，避免采用小数或分数。

3）指针。在刻度指针式仪表中，指针可分为运动指针和固定指针。指针的形状应以明确、单纯为好。指针尖部宽度要与最细刻度线相对应。

指针长度如过长覆盖了刻度会不利于读数；当然也不宜过短，否则会使指示不准确。通常指针端点距刻度线为1.6mm左右。指针与刻度盘面的距离不宜过大，否则会因视线与刻度盘面不垂直时而产生视差和误读，影响认读准确性。

4）刻度标数。仪表上的刻度必须标上相应的数字，才能使人更好地认读。并且数字在刻度盘上的位置应与观察者的视觉习惯相适应，尽量做到清晰、明了和有利于认读。一般情况下最小刻度不标数，最大刻度必须标数。

5）色彩匹配。刻度盘、指针、数字之间的色彩匹配关系要以提高人眼的视认度为原则。配色要求醒目、条理性强，避免颜色过多而造成混乱，同时还要充分考虑仪表在使用过程中与环境之间的配色协调，使总体效果舒适、明快。

(3) 数字式显示仪表设计

字体是数字式显示仪表设计中的主体内容，字体的形状、大小及与其他因素的相互关系都是影响认读的重要因素。

字体的形状应尽量简明易认，使用拉丁或英文字母时，一般情况应用大写印刷体。使用汉字时，最好是仿宋字和黑体字的印刷体。这些字体都比较规整、清晰、容易辨认。字体的大小也直接影响辨认效率。字体所占面积越大，所占视角也越大，单个字的辨认效率较优。但是面积太大，占用空间大，当许多字组合在一起时，辨认效率反而会下降，所以字体的大小应适当。字体的高度与宽度之比一般可采用3∶2、5∶3的比例，这种比例的字形在正常照度下易辨认，若在暗光线下采用发光字体时，则用1∶1的方形字为好。

当字体的大小确定后，笔画的宽度可根据不同的照度条件、对比度、认读精度的要求来确定。照明较强时，笔画可稍宽，反之则应细一些；黑底白字和发光字体的笔画可稍细。

(4) 仪表的排列

当多个仪表同时排列在同一板面时，应注意以下几点：

1）仪表之间距离不宜过大，以便缩小搜索视野的范围。

2）仪表的空间排列顺序应与它在实际操作的使用顺序一致，应与它们之间的逻辑关系相一致。

3）较多仪表排列时，应根据不同的功能划分区域，以利于显示信息明确、清楚。

4）仪表的排列规律应适应人的视觉运动特征，如水平运动比垂直运动幅度快，因此仪表水平排列范围可宽于垂直排列范围。

5）仪表零点位置要一致，即同一板面仪表群体在无信号或正常状态下，其指针的方位应统一一致。当其中一个仪表显示信号时，可利于发现。

6）仪表的排列还应与操纵和控制它们的开关和旋钮等保持相互对应的关系，以利于操纵与显示的相合。

（5）仪表的总体布局

1）仪表板面的认读范围。根据试验，在距离仪表板面为800mm视距情况下，当眼球不动，水平视野20°范围内为最佳认读范围，其正确认读时间为1秒左右；当水平视野达到24°以后，正确认读时间急剧增加，因此，24°以内为最佳认读范围。在认读范围超过24°时，需转动头部或眼球，正确认读时间达6秒左右。仪表的分区布置原则是，一般常用仪表应布置在20°～40°范围内；最重要的仪表应设置在视野中心3°范围内，40°～60°范围内允许设置次要仪表；80°范围以外不设置仪表。

2）仪表板面的布局形式。为了使仪表显示的信息能最有效地传达给人和减轻疲劳，在仪表板面的总体布局上应使每个仪表都处在人视野观察的最佳位置上，并且尽量保持视距相等。因此在设计仪表板面布局的总体形式时，应当考虑出观察者尽量少运动头部或眼睛，更不必移动座位就可方便地认读全部仪表。当仪表数量较少时，可采用直线排列；当仪表数量较多时，可采用弧形排列或弯折形排列。

2. 信号显示设计

视觉信号是指由信号灯产生的视觉信息，其特点是面积小、视距远、引人注目、简单明了，但信息内容有一定限制，当信号过多时会引起视觉信息杂乱和视线干扰。

信号显示有两个作用，一是指示性的，即引起操作者的注意，或指示操作，具有传递信息的作用。二是显示工作状态，即反映某个指令、某种操作或某种运行过程的执行情况。在大多数情况下，一种信号只用来指示一种状态或情况，例如运行信号灯指示机器正在运行；警戒信号灯则用来指示操作者注意某种不安全因素；故障信号灯则指示某一机器或部件出了故障等。如果要利用灯光信号来很好地显示信息，就应按人体工程学的要求和规范来设计信号灯。

1）信号灯的颜色。信号显示可以通过不同的颜色达到显示各种状态的目的。这些颜色的使用是一种习惯上的约定，并逐渐形成了一定的规范。

红色：表示危险、警戒、禁止、停顿或指示不安全情况，要求立即处理的状态。

黄色：表示提醒、警告，表明条件、参数、状态发生变化或变得危险及临界状态。

绿色：表示安全、正常工作状态或停止状态，还可表示机器的预置状态和准备状态。

蓝色：表示某些参数的特殊作用，而这些参数在上述的颜色中没有表达出来。蓝色也常与其他颜色配合使用。

白色：一般不专门表明任何一种特殊功能作用。

信号灯显示除用颜色表明各种状态外，还可配以需要的图形和文字加以综合说明和显示，如表示"禁止"、"前进"、"后退"、"通行"、"暂停"等。

2）信号灯的位置。信号灯应布置在良好的视野范围内，使观察者有利于发现信号，不要使人必须扭转头部或身躯才能发现。当显示装置的板面上有多个仪表和信号显示时，应按功能的重要程度加以合理地区分，并避免仪表与信号灯之间的互相干扰。如强亮度的信号灯应离弱照明的仪表远些，以免影响对仪表的认读。当必须靠近时，信号灯的亮度与仪表照明的亮度相差不应过大。当有多个信号灯同时使用时，应尽量将主要信号和次要信号加以区分。如利用不同亮度、不同闪光频率和不同位置等。

3）闪光信号。闪光信号较之固定光信号更能引起人注意。闪光信号的作用是引起人的进一步注意；指示操作者紧急采取行动；反映不符指令要求的信息，用闪光的快慢表示机器运行速度；用以指示警觉或危险信号。

5.6.4 操纵装置设计与选择

1. 操纵装置的类型与设计原则

（1）操纵装置的类型

1）旋转式操纵器，其中包括手轮、旋钮、摇柄、十字把手等，它们可用来改变机器的工作状态，调节或追踪操纵，具有随机可控的特点。

2）移动式操纵器，其中包括操纵杆、手柄、拨动开关等，可用来把系统的一个工作状态转换到另一个工作状态或紧急制动之用。具有操纵灵活、动作可靠的特点。

3）按压式操纵器，主要有各种按钮、按键、键盘等。一般只有两个工作位置，接通和断开，其特点是面积小，排列紧凑。

尽管操纵装置的类型很多，但对操纵装置的人体工程学要求是一致的，即操纵装置的形状、大小、位置、运动状态和操纵力的大小等都要符合人的生理、心理特性，以保证操作时的舒适和方便。

（2）操纵装置的设计原则

1）操纵力设计原则。在各类操纵装置中的操纵器是由人施加适当的力和运动来完成工作的。所以，所设计的操纵器的操纵力不能超出人的用力限度，并使操纵力控制在人施力适宜、方便的范围内，以保证操作质量和效率。

在常用的操纵器中，一般操作并不需要使用最大操纵力，但操纵力也不宜太小，因为用力太小则操纵精度难于控制，同时也不能从操纵用力中取得有关操纵量大小的反馈信息，因而不利于正确操纵。操纵器适宜的用力往往也与操纵器的性质和操纵方式有关，通常对于那些要求速度快而精度要求不太高的工作，操纵力应小些，而对于要求精度高的工作，操纵器应具有一定的阻力。

2）操纵与显示相合性原则。机器设备的操纵装置常与显示装置联用，因此它们之间合理的对应关系和配合关系要有利于人在同时观察和操纵过程中的习惯。这种操纵与显示的配合关系被称为操纵与显示的相合性。操纵与显示之间相合的目的主要是减少信息加工的复杂性，从而提高工作效率。操纵钮与显示仪表排列时应是相合的关系，同时具有对应关系的操纵钮与显示仪表之间的相对位置排列要有利于人在操纵的同时又能方便地观察。

3) 操纵装置的特征识别原则。对于使用多个操纵器的场合，为了减少操作失误，可按操纵器的不同功能和特征，利用形状、大小、颜色和符号进行区分和编码，以便使操纵者迅速识别各种操纵器而不至混淆。

2. 旋转式操纵器的设计

（1）旋钮设计

旋钮是各类操纵装置中用得较多的一种，其外形特征是由功能决定的。根据功能要求，旋钮一般可分为三类：一类适合于作360°以上旋转操作，这种旋钮主要用于调节系统中量的多少，其外形特征是圆柱、圆锥形；二类适合于作360°以内旋转操作，它不仅用于调节量的大小而且加以限定，其外形也大多为圆柱形、圆锥形或多边形；三类适用于指示性的旋转操作，其偏转角度的不同以指示各种工作状态。其外形特征通常带有指示性的形体，如三角形、长方形或指示箭头等。旋钮的造型尺度应根据人手的不同操作方式而定，同时工作性质、操纵力的大小也是影响旋钮设计的主要因素。

（2）手轮、摇把设计

手轮和摇把均可自由作连续旋转，适合作多圈操作的场合。操纵手轮和摇把时，须双手施加适当的扭力才能旋转，而人的扭力大小与身体所处的位置和姿势有很大关系。手轮和摇把的尺寸大小，根据用途不同，也有很大区别。手轮和摇把安置的空间位置对操作速度、精度和用力也有影响。一般说来，需要转动快的摇把，应当使转轴处于人体前方平面成60°～90°夹角的范围内。

3. 移动式操纵器的设计

移动式操纵器主要有：手柄、操纵杆、滑动开关等。这里主要说的是手握部分的形状、尺寸及用力范围，并按人手的生理结构和特点进行设计，以保证使用的方便和效率。手柄一般供单手操作，其设计要求是手握舒适，施力方便，不产生滑动，同时还能控制它的动作。因此手柄的形状和尺寸应按手的结构特征设计。当操纵力较大，空间位置较远时，用手柄操作就难以达到方便和高效，这样只能增加杠杆的长度，以适应新的操纵要求，这就产生了操纵杆。操纵杆的长度与操纵频率有很大关系，一般说来，操纵杆越长，动作的频率就越低。

4. 按压式操纵器设计

按压式操纵器主要有两大类：按钮和按键。它们一般只有两种工作状态：接通和断开。这种操纵器因操作方便、结构紧凑、效率高，因而应用范围很广泛。

（1）按钮

按钮的形状通常为圆形和矩形。其工作状态有单工位和双工位，单工位按钮是手按下之后处于工作状态，当手指抬起时就自动脱离工作状态、回复原位；双工位按钮是一经按下就一直处于工作位置,需再按一下才回复到原位。这两种按钮在选用时应注意区别。

按钮的尺寸按人手的尺寸和操作要求而定,一般圆弧形按钮直径以8～18mm为宜,矩形按钮以10mm×10mm、10mm×15mm、15mm×20mm为宜。按钮应高出盘面5～12mm。

按钮的顶面,即与人手的接触面,应按照人的手指或手掌的生理特点设计,通常有凹曲面和凸曲面两种形式。曲面要光滑、柔和,否则粗糙、棱角尖挺则会给人以不舒适的感觉。

(2) 按键

按键的用途极为广泛,如电脑键盘、打字机、传真机、电话机、家用电器等,都大量使用了按键。它具有节省空间,便于操作,便于记忆等特点。按键的形状与尺寸应按人手指的尺寸和指端弧形设计,方能操作舒适。按键为凸形时,会使人的手指触感不适;按键过矮时,会使人的手指较难感觉施力是否正确;两按键距离太近时,容易使人同时按到两个键。密集的按键应考虑使用者的手与按键触面之间要互相保持一定的距离。

5.7 结束语

有关人体工程学的内容还有很多,有的与工业设计有直接的关系,有的则是间接的。但由于本文篇幅的关系不可能介绍的很细并面面俱到。因此我们只能是举一反三,把大家领进人体工程学研究的大门。更进一步深入的调查、研究与应用还要靠大家在今后的学习与工作中去实践和掌握。与此同时还要了解一些与之相关的医学、心理学、物理学以及生物学等方面的知识,掌握各方面的常识和技能。这样才能在一般应用人体工程学资料的同时,在这一领域里有所建树。

思考与练习题

1. 工业设计从业者为什么要学习人体工程学?
2. 什么是人体工程学?
3. 简述人体工程学发展的各个历史阶段?
4. 什么是人体工程学的研究内容与方法?

第六章 设 计 者

21世纪的今天为工业设计提供了非常广阔的天地,同时也提出了更高的要求。由于科学技术的迅猛发展,已使整个地球连为一体——我们已进入全球化时代!全球经济一体化形成了各国综合国力的竞争,而实质上是知识、人才和科技水平的竞争。从某种意义上讲是人才的竞争。高质量的优秀人才是当今世界上最为宝贵的财富。

就设计而言,设计是一种计划,是一切活动的先导。工业设计作为提升人类生活品质的人性化系统设计,在社会中发挥着不可替代的举足轻重的作用。特别是对振兴企业、国民经济快速发展方面,体现出巨大的潜力,在这其中,最为积极、活跃的因素是人。但不是生物的自然的人,而应是掌握一定知识和能力的人。

6.1 设计者应具备的素质和能力

工业设计具有较强的实用目的性和计划性,对社会和经济的影响起到直接的作用。这就要求专业的和非专业的爱好工业设计的人员掌握一定的专业知识、丰富的实践经验和高水平的设计能力。

设计者所具备的素质和才能是创造力结构的基础,是创新设计的必要条件。设计能力的培养与开发同设计者自身的知识优化程度、科学设计方法的掌握、创造意识的形成以及各种思维方法的运用、综合知识的能力、应变能力等,加之勤奋、刻苦、钻研的精神、坚定不移的信念有着密切的关系。

丰富的知识和多元、多角度,跨学科、跨专业所获得的广博学识是奠定工业设计创新的基础。掌握的知识越多,知识结构就越合理、越有利于设计创新能力的形成和提高,才能认识事物、辨识事物的本质,养成敏锐的洞察力和独创精神。这才能将存储在大脑中的广博学识、知识、经验以及各种信息资讯进行脑内综合、分析、排列组合、多种变换、移转和加工。以此去寻觅、探索现象后面的本质、原因及规律,最终产生新的构想和独到的见解,达到创新事物的目的。

6.1.1 知识结构

1. 知识基础化

宽口径、重基础是当今培养人才的方向,加强基础是应对多变社会环境的一种重要策略。基础知识是本源性知识,只要抓住了事物的共性,就能做到举一反三、触类旁通。将基础知识与专业知识融会贯通,即转化为设计者的基本能力。

2. 知识综合化

知识的综合并不是简单的叠加，而是一种整合，使学科之间相互渗透，形成一个新的整体。它是将原有的知识中的各个组成部分与新的知识重新组合，构成新的模式、新的结构或新的理念，并在一定的理论框架和特定的范围内进行的综合。知识综合化是对知识的重新构筑并加以创造性的整理，可使以前不清楚的概念清晰化，不完整的问题完整化。以综合新的知识去解决专业性、技术性的实际问题。将多元广角的知识之间综合渗透，促进知识向实用性转化。

6.1.2　素质结构

1. 社会素质

素质是人的素养，含有先天和后天的因素。社会素质属于后天的，在素质结果中起调节作用，它以生理和心理素质为基础从社会的角度引导人们如何做人及成才。内化是社会素质形成的重要机制，是指个体的人从外部所受到的文化道德观念等方面的影响通过内省提炼与吸收成为自身的一部分，提高气质、涵养，使个体的人成为高素质的社会的人。

2. 心理素质

心理素质含有先天的，靠严格的早期教育和良好的发展环境，包含遗传因素而形成的前期超常智能。要成为才能卓越的英才，还需要在后天教育和环境的影响下，通过不断的勤奋学习、长期的刻苦努力和社会实践才能逐步达到。

心理素质是人所有素质中最容易产生危机的部分，它包括认知素质、情感素质、意志素质和个性素质。

认知素质——影响着人的智力发展水平和思维水平。

情感素质——影响着个人情绪的调节和管理水平。

意志素质——影响着个人的成就动机。

个性素质——影响着人的气质和人格特征。

人的心理素质一旦潜藏危机，就会对个体的发展产生影响，甚至造成难以预料的后果。良好的心理素质应保持平和的心态，正确认识自我，不断塑造自我。

知识、能力、素质的划分是相对的。知识不经内化不能形成素质，内化了的知识不经运用，也不可能形成能力。

6.1.3　能力结构

1. 获取知识的能力

知识的获得可以是多方面的，但最重要、最关键的是自学的能力，强调自学的主动性、能动性，从学会知识到会学知识。注重知识的形成过程和知识的实用价值，有助于智能水平的提高和促进知识的更新。

2. 运用知识的能力

对所学知识能灵活运用，特别是将知识移转到其他领域或事物中去加以结合，在新的领域发挥作用。将各种知识联系起来用于解决问题，能抓住事物的本质以所学知识对其作出正确的判断，说明其内涵，能作到对表达形式的正确转换，将设计内容、构想表达清楚。能将某种知识进行分解，找出组成的要素、法则和构成方式等。

6.1.4 设计者应具备的基本能力

1. 思考问题的能力

（1）构想的能力

我们每一个人无论做任何事情，都要先有一个如何去作的初步想法，画画要讲"意在笔先"，做事要讲方式方法。一切创新设计都离不开想像，都有其自己的构想。真正具有创意的构想并不是凭空而来，而是在已有知识和经验的基础上通过付出的巨大努力而产生的。

一个构想可能是一个想法，也可能是一个概念，或许是想像中的某种事物的具象化，或者是猜想、假设、感受等。对某种事物所产生的构想会联系到与该事物相关的各种印象。所构思设想出的方案，即使是最佳的创意方案，也不是惟一的、仅有的；是源于旧有的概念加以合成、改良；是在原有的基础上发展而来得。构想的种类和创意水平，取决于以往的生活经验、知识和阅历，构想需要有一个正确的态度，准确的定位，大胆的想像，想像力可以引领我们跨越时空，帮助我们去探索、发现、发明、改良、预测、补充、筹划、创新和解决问题。

想像力每人都有，但丰富的想像力却因人而异。因循守旧只局限于传统思维的人是不可能成为一个创意者，只有抛开束缚，去接触新生事物，去体验各种不同的环境以此来刺激自己的灵感。首先要敢想，其次是怎样去想、根据什么想、为什么这样想、还能从哪些方面想、有意识的想、无意识的想、是突发奇想、联想、假想、梦想、妄想、海阔天空的想、常规的想、反常规逆转的想、收敛的想、发散的想等。让那些充满神奇但又不太熟悉的构思从脑海中尽情涌现，再与知识、经验、能力、方法、原理、程序以及物质技术条件等紧密结合，融会贯通，自始至终充满着自信心。因为构想常常会受阻，有的可能是受外界影响，有的则是设计者本身，面对阻抗、压力及可能出现的失败，无所畏惧，经过顽强的努力，科学方法的论证及检验，完全可以获得较高水平的构思创意。

工业设计这门学科，重中之重的关键问题就是构想、创意能力的培养。设计就要创新、就要有新点子，就要做到人无我有，人有我新。

（2）确定构思

构思想像可划分两大类别，即概念构思和创意构思。

1）概念构思是指在头脑中已形成的对事物固有的概念或形象，是已有的或现在仍存在的。只是构想者在实际生活中没有见到过、间接见到过或见到并没有了解和接触、知道但不清楚，是属在原有基础上创新。

2）创意构思是指所想的事物都是没有见过的，但并不是凭空想像的，是已有事物的基础上所进行的综合、改造并融入新的联系而建立和发展的。所以创意构想孕育着新意和较强的、新奇的创造性。在创意构想上发展的属发明、创造。

创意构思应有明确的目的和准确的定位。当我们有针对性地去设计某件产品或是对某种事物产生好奇心时，大脑就会接受刺激而产生丰富的想像，初步构想就形成了。有了初步的构想才能一步步地往下进行。有些构想可能转瞬即逝，有些可能还不太成熟，这些都是必然的。因为每一个构想从形成到发展都会有多次反复的过程，弹性变化很大，有的可能成功，但有的也可能被否掉。应该在开始构思时多设想几套方案，而且要始终围绕主题进行。将想要做的事、想解决的问题、解决问题的方法通通在纸上列出。不要只抓住一个构想不放，这样成功率可能多些。

(3) 深入构思

初步的构想一般都是很浮浅模糊的，既不完整又容易忽略和忘记。要完善构想是需要付出艰辛的劳动，克服重重困难过关斩将，并由繁至简、去粗取精，全方位的去捕捉和考虑。要求设计者必须将所想到的事、想解决的问题、如何解决问题的办法，以书面形式逐一记录下来，可以是文字书写逐条列出，也可以绘制成表格或结合草图画出，将所能想到的全面展现出来。个性化的设计也一样要符合客观规律和科学性。

根据已确定的设计项目将其细化，选择准确的定位。深入构思是在细化的基础上再展开构想，是在确定了要做什么、怎样去做、为什么要这样做、还能怎样做的前提下进行的。要求的非常具体，才能去深入地构想。

比如：交通工具设计，首先要确定所作交通工具类型，是空中的、水上的、还是陆地的？每一类又可划分若干种类，例陆地交通工具划分为火车、汽车、电车、摩托车、电动车、自行车等。再从若干种类中选定一种。例自行车，那么头脑中就会出现常见的、概念的自行车影像，这只是初步确定了设计的主题，但构想的主题还没有确定，此时不宜盲目地去画设计草图、设计方案，这样是没有意义的浪费时间，也不可能有什么新的创意，只能是照葫芦画瓢，在已有的样式中改来改去，流于表面、不求甚解，以至将原有的精华破坏。

要做事就应有想法，画画讲意在笔先，设计也是如此。要把事做好就要想得全面，就要制定出构想的侧重点。问题：侧重设计哪类的自行车？应再细分定位，是普通大众型的代步工具？还是豪华型、舒适休闲型、专业运动型、健身娱乐型等。只有确定了某种类型后，设计的方向才能清楚，构思才不会偏离这个主题方向。并始终围绕这个主题拓展至与其有关的个个方面，即市场、预测、引导流行、使用对象、消费心理、使用环境、使用功能、精神功能、社会功能、环保节能、材料、成本、工艺、结构、表面处理、售后服务等诸多方面。经过反复推敲、比较，最终从若干想法中选择出最佳方案。

2. 分析的能力

分析的能力即通过思维认识事物各方面的特性，特别是认识事物本质的能力。主要指思维能力而言，无论是复杂的事物或宏观及微观的事物，都必须经过大脑思维进行认真地分析研究，认清这些事物的本质和特性，才有可能挖掘、改造或利用。

分析能力重点表现在以下五个方面。

（1）思维的广度，分析、思考问题的全面性，善于抓问题的普遍性和各个方面之间的联系。

（2）思维的深度，善于深入思考，能抓住事物的本质和规律及预见事物发展前景。

（3）思维的独立性，善于独立思考不受其他观点左右。

（4）思维的敏捷性，迅速发现问题，正确解决问题。

（5）思维的灵活性，能迅速、自然地将一种事物移转到另一种事物或多种事物。应变能力强，不钻牛角尖，善于借鉴运用多学科知识，不受任何固有模式、习惯及各种条条框框制约，能及时修正、舍弃自己的错误观点取人之长，并善于接受新鲜事物。

分析，简单的讲就是在思维过程中把事物分解成各个部分，然后再一部分一部分地去比较来获取对事物某些侧面或某种联系的正确认识。以便制定下一步的工作计划、进度。

分析与整合是密不可分的，它们是既相互对立又相互联系，既相互依存又相互转化的。整合是在分析的基础上才能进行的，是对各个部分特性的具体分析后才能实现的。分析到一定的程度就会转化为整合，整合所取得一定的结果又会进一步分析，两者紧密交织在一起贯穿在整个思维过程中，是分析研究事物最基础、最重要的思维方法。

3. 联想的能力

联想是针对一种事物去展开想像，以多角度、全方位进行联系，可以是从一种事物联想到另一种事物，也可以从一种事物联想到多种事物；可以是相关事物的联系，也可以是毫不相干的，差距甚远的事物之间联系。联想是移动的思维，联想的能力是靠知识的积累和丰富的实践经验，加之努力与汗水才能获得的。任何创新的设想都不是凭空产生的，都是与联想思维有着直接的关系。联想的能力越强，创新设计的水平就会越高，才能从联想中分析、研究、提取、借鉴、发现诸多有价值的东西，才能设计出别人想不到的新创意。

我们每一个人都有引发想像和构思的能力，有时在构想中也能产生许多设想。但这些设想或勾画出来的方案大多不成熟，存在着诸多方面的不足、欠缺和问题。其原因应从自身查找是否具备应有条件：大脑思维是否灵活；是否将头脑中所积累的知识经验盘活、转移和引进；是否用自己特有的能力和办法去解决问题。这是非常重要的。见图6-1 晾衣竹夹——办公用品。

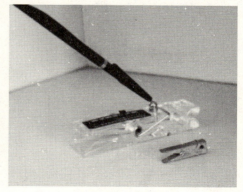

图6-1 晾衣竹夹——办公用品

加强和提高联想能力，其目的是寻求更好的设计方案。如此在设计时，考虑问题、联想范围都要尽可能地宽，不应停留在一个问题上苦思苦想把自己的思维框住。联想思维是交叉联想、相互折射的网状思维。事物间存在一定联系的，毕然较容易地由一种事物联想到另一种事物，属于接近、类似的联想。运用这种联想方法所构思出的设计方案大多是改进型的创新设计。

由一种事物联想到多种事物或联想到与其相距甚远的事物，虽然看起来毫不相干，联系起来也有一定的难度，但只要寻找其共性将其有机结合，那么所构思出来的设计方案应该是颇具独创性的。

联想是有明确目的的，是在定向思维的基础上运用移动思维方法，去寻求最佳设想，依据自己的知识和经验来确定联想的方向，进而转化为思维的动力并从中摸索出规律。所以要提高自己的联想能力，就必须养成善于观察事物，广泛涉猎一切领域，提取精华、积累经验，存储和丰富自己的头脑，用知识和经验去编织联想的网，以使联想思维最大限度地发挥作用。

不具备以上所述的人，因缺乏内存而很容易产生思维惰性，在设计构思时大脑空空，千篇一律没有创意，且设计方案存在诸多问题，或只知其一不知其二，不能左右逢源、自圆其说。但也不提倡过分的思维灵活，无目的随心所欲的自由联想，这可能会造成思维混乱，抓不住中心和重点，反而影响思维的敏捷。

4. 解决问题的能力

事物的发展是在不断地从相对的肯定到否定，呈现出一个时期、一个阶段的周期性。人们不断地发现问题、解决问题，从而推动着社会的进步和发展。

解决问题的模式就是去发现和界定问题，用知识、经验、能力来分析、研究、验证，提出解决问题的办法。当我们面临设计中遇到的特殊问题时，应采用不同的解决问题的模式。

(1) 线型模式

即直线推进，从问题的界定——分析研究——初步构想——深入构想——选择最佳方案——最终完成——总结评估。

这种线型模式适合期限较短、问题界定较为清楚的设计。

(2) 环型模式

即环型推进，从问题的界定——分析研究——初步构想——深入构想——选择最佳方案——试制完成——总结评估——重新界定——分析研究……。

这种环型模式适合较为复杂和问题界定不清的设计，在最终的解决方案确定前，可能需要好多回合的反复。

(3) 递增回输模式

即巡回往复，思前想后推进，从问题的界定A——分析研究B——初步构想C——深入构想D——选择最佳方案E——最终完成F——总结评估G。该模式为从A–B，再从B–A；从B–C，再从C–B–A；从C–D，再从D–C–B–A；从D–E，再从E–D–C–B–A；从E–F，再从F–E–D–C–B–A；从F–G，再从G–F–E–D–C–B–A。

这种递增回输模式,适合复杂和问题界定不清的设计。
(4) 解析问题的三个重点阶段
1) 问题存在的阶段。
在设计输入的过程中,根据所设计的产品在实际实施中出现的问题予以辨识、确定。为解决问题建立必要的条件。
2) 创意思考阶段,(暂时作出初步结论)
问题出现后经研究、分析、广泛搜集有关信息资料,运用科学方法、手段,提出、制定各种可行性解决问题的办法。
3) 验证、修改,发展阶段(是对2)暂时作出的结论)
设计输出过程中,运用多种设计方法修订并深入设计,对所解决的问题进行全面的综合评价,并通过实践加以验证,几经测试最后决定。力求达到最佳水平。
当旧问题解决的同时,也意味着新问题的出现,这是伴随着变化而产生的。
我们做设计,就是去发现问题、寻找问题、解决问题。将设计做得力求完美。
在进行设计时,计划就显得格外重要,只有制定了计划才能去实施、才能按部就班地去进行。这个顺序必须是事前精心策划、反复推敲而筛选出来的,是应符合下列条件为前提的。

(5) 提出计划
1) 对问题的提出要切合实际,能力和经验是先决条件,资金支持也在考虑之内。
2) 充分利用一切可利用的资源、信息,为解决问题提供有利的依据。
3) 在进行过程中,可根据从最新信息中所受到的启发、获取的灵感而随时调整、修改或改变原有方案。

解决问题不一定是先有问题再去解决,有些是需要你去发现问题,不论是哪一种。工业设计最终的目的就是满足需求,引领、改变和提升人们的生活方式,使产品设计更加人性化。凡违背这一宗旨有可能影响到创意设计发挥的种种问题,都要首先将其——确认、逐条列出。

在思考如何解决问题时,诸多因素的制约、各种规定和限制会在头脑中闪现,许多的设想也会相互干扰和冲突。正是因为这些矛盾的存在,问题才会不断产生。如果弄清问题的本质和明确解决问题的动机与目的,那么就会在解析问题的途中,寻求到一种相互包容、面面俱到的解决方法。

从发现问题到找出解决问题的方法这一阶段是非常困难、痛苦的阶段,同时也是对自己能力的一种挑战。要积累经验、智慧,丰富自己的头脑,才能提高解决问题的能力,对问题的观察理解才会深刻,才能有针对性的去搜集相关适量的资料,才可能产生出解决问题的零散方法和概念,再经分析、梳理便成为一些可用的方法,从这些可用方法中选出最能解决困难的方法,即最佳方法。但这个方法必须是在可用资源和规定限制范围之内,符合预定的所有目标才行。否则就不是一个解决问题的方法。在解决问题的初步构想形成后,务必将其记录下来,不然就会忘记和消失,记录下来的目的为地是要进行反复推敲、研究及供以后分析。一旦想法被证明是有价值的,需进一步发展时,想像的过程便从抽象的状况，进展到实际的状况中。继续研究、探讨，那就会越来越实际、越来越详尽了。

5. 观察问题的能力

认知能力，即认清事物，觉察事物中蕴藏的含义，从看到的事物中去认知，去发现。看，可以是没有目的无意识的看，也可以是有意识、有想法，受大脑支配有目的的看。从意识到感知，由于事物是在不断地变化，这就要求设计者要具备相应的觉察能力和敏锐探索问题的能力，对观察事物的存在、变化加以关注，要清楚看什么、怎样看、看的方式、是常规的看还是反常规逆转的看，是聚焦、凝视的看、整体的看、局部的看、还是间接对比的看。关键是看到后想什么。将视觉、听觉、触觉、嗅觉等感觉器官所感受到的各种感觉进行分析和处理才可能由不认识到认识，不了解到了解，才能将其改造、利用和创新。认知的能力是从感觉开始的，感觉又与认识、素质、经验、能力等方面有着直接的关系，这就可能在感觉方面出现较大的差别。一些现象或变化有许多人视而不见、感觉不到，只是那些具有一定知识能力的人才可能成为发现"新大陆"的设计师、发明家和创造者。所以，知识越是丰富，认知的能力才会越强；知识贫乏，能力低下的人，认知的能力是很有限的。头脑中存储的知识多少与认知程度、觉察问题的深浅是成正比的。知识是认知能力的基础。

由于对某种特定事物产生浓厚的兴趣、警觉，则会呈现出高度的精神集中和很强的吸引力。例如，突发事件、观看重大比赛、横过较宽的道路等，我们的注意力都必将被吸引过去，并伴随着心理、情感等方面的变化而变化。

认知的能力是感性上升到理性的认识能力，感知不是简单的辨认，而是对事物本质的理解、对真相的认识，其重点是研究、思考、分析和比较，从中发现和挖掘有价值的东西，一旦发现或感受到某种现象就会较容易地将其拓展和延伸，最终达到创新设计的目的。如果对什么都不感兴趣，任何事情都不能引起你的注意或察觉到的只是表面现象，只有广度、没有深度，看不到事物的本质和关键所在，麻木不仁、反应迟钝是很难提高认知能力的。对以往不曾关心或留意的那些不引人注意的事物，许多都是静态的、小的或是不太明显的，看到时也不会注意去研究它们。往往就是这许多的、简单的、不被注意的事物和现象，由于没有很好地重视和潜心研究，可能有许多的机遇从眼皮底下溜走而丧失或错过了取得创新设计和科研成果的机会。

作为一名工业设计师，始终要保持着敏锐的观察意识，虽然每一个人观察的方法各不相同，每人都有不同的特殊的敏感性、习惯性加之不同的爱好、兴趣等，所以感觉的层次有高有低，如何使低水平的人提高其认知能力呢？除前面已提到的要具备知识、经验、能力素质等方面外，下面再列几种方法供学习者参考：

(1) 培养自己的兴趣和好奇心。

(2) 集中注意力，多角度、多方位去观看，打破旧有的方式及常规去想像，去体验和感受。

(3) 将观察中的感受、体会写下来。

(4) 在观察中试着分析、比较，对其物品作出评价

(5) 边观察边联想，从物品的整体或局部联想到其他的物品。

(6) 观察现象，弄清意义，对其外观形状、色彩、造型、材质、工艺、比例、模式、结构等方面进行研究，从中获得有价值的启发和经验。

6. 动手实践的能力

完成的能力即做事的能力。做，就是干，干就是实践，要敢于做事。关键是应该怎样去做，用什么方式去做，一旦选择、确定就应以持之以恒、不畏艰辛、一丝不苟、勇于开拓的精神和毅力去完成。这对所追求的事业、理想的实现起着非常重要的作用。俗话讲做事要有长性，没有长性即半途而废，我们做设计同样如此。一个好的构想、一个颇具创意的设计方案，由于缺乏完成的能力，缺乏刻苦钻研的精神而废弃。有的已做了大量的工作，付出了很大的心血，却因缺乏必要的试验及动手制作的能力，不能将预想的效果体现、表达出来而失去信心或失败一次便主动放弃。许多有价值的创意很难往下进展，这些半途而废的产物如果被他人接手，很可能轻松地搞出成果来。这就是墙里开花、墙外结果。当地开花、异地结果。国内开花、国外结果的现象。这些都足以说明完成能力的重要性。

6.1.5 如何提高设计者的能力

工业设计专业培养的人才应是一专多能的全才，这就要求设计者必须具有丰富的知识、广博的学识和实践经验，加之基本的素质能力，自身的兴趣、欲望，坚定不移的信念，艰苦拼搏的精神聚合在一起，通过科学训练、系统学习、认真的感受，设计者的能力是可以提高的。提高方法有以下几点：

(1) 产生兴趣

经常观察一些能增强自己智力和知识的事物，即新鲜事物、新的习惯等。

(2) 引发联想

对事物的观察要高度集中，应以多方位、多角度、多想法去观看、体会和感受。很有必要将观后感及观察过程中可能引发出的联想以文字形式记录下来。

(3) 评判、辨别

以分析、比较、评判等方式来衡量和辨别事物，逐步锻炼对事物全面进行评估的能力。

(4) 加深理解

在观察事物的过程中要对事物进行辨别，对其形状、色彩、造型、模式等方面加以研究。仅仅是看和观察是不够的，较好的办法是动手去画、观察、辨识和量图结合，可促使设计者的思考、选择、比较及想像，有助于去寻找新的模式、定义、比例或发现新的群组关系。

(5) 悟出道理

加强自己的动手制作能力，可以在制作的过程中悟出许多道理、经验和体会。有助于完善设想、修正设计，从而获得更加合理的设计方案，还有可能在过程中得到意外的新发现。

(6) 新的探索

猎取第一手资料是很重要的，即对事物、环境以及人等对象获取最直接的第一手资料或经验。二手资料，间接的也能获得某种程度的重要资讯，在创作设计时，能将事物以一种新的或原始的方式组合在一起，设计者观察或感知的能力会成为最有价值的财富。

综上所述，概括归纳，设计者要学好工业设计必须要学习和掌握一些基本知识理论，具备应有的基本能力。如自学与探索分析的能力，接受新事物、新思维的能力，提出问题、解决问题的能力，动手实践的能力以及善于组织调动集体智慧的能力。

6.2 影响创意设计的主要因素

制约创意设计的原因是多方面的，但主要的因素是缺乏自信心，缺乏对自己足够的了解、认识，不能将所学知识灵活运用，兴趣狭窄、思维单一、因循守旧，缺乏魄力和创新精神，都直接或间接地阻滞和影响着创意设计的发挥。

6.2.1 设计者在认识方面存在的不足

1. 设计者对自我认识不足

不能正确剖析自己，不能敏锐地觉察事物，对事物的认识不能从感性认识提升到理性认识上来，看不到问题的关键所在或错误地理解问题。

2. 缺乏综合分析的能力

整合能力较差，对不同的问题，判断不出它们之间所存在的共性。

3. 创意设计定位不准

6.2.2 设计者在文化素质方面存在的弊端

1. 思想僵化

由于文化水平的不断提高和科学技术的迅猛发展，丰富的知识能拓宽人的思维，但也可能成为束缚自己创造力的绳索，就创意设计而言也存在着一定程度的规则、特定规范、规章制度、习惯等常识方面的约束、条条框框的制约，容易形成固定模式、墨守成规导致思想上的僵化。

2. 知难而退

丰富的物质和现代化的生活使人们需求得以满足，这就对创意设计提出更高标准，难度自然随之提高，造成设计者困惑、迷茫、创新钻研的意识减弱，不求进取、知识老化，对创新设计开发望而却步，创新意识逐渐迟钝，难以适应社会发展的需要。

6.2.3 设计者在情感方面存在的问题

1. 缺乏兴趣

情感对创意设计起着很大的作用,情感设计是以人为本的人性化设计,它调节着人的观察、思维、记忆、想像、操作等能力的发挥。缺乏兴趣就不会产生激情,没有激情就容易麻木,消极的情感则削弱其能力的发挥,思维就会变僵化、情绪低落、对事物不感兴趣、觉察能力下降、思维迟钝、思路狭窄、想像贫乏、遇到困难或问题、难以解决。

2. 缺乏自信

由于设计者自身的原因(素质、能力、知识和经验的不足)造成心理上的自卑,害怕暴露出不足。缺乏勇气和积极向上的情感,对搞好本职工作缺乏自信。

3. 缺乏魄力

因循守旧、思维保守、谨小慎微、没有魄力。

以上是阻碍创意设计的一些因素,这些因素直接影响着创意设计能力的发挥。

6.3 对照自检

正确地认识自己,知己知彼,有所作为。凡从事、学习或爱好工业设计专业的朋友们,以下面提出的问题对照自检找出差距弥补不足,为今后的设计实践打下良好的基础。

1. 获得知识,由被动的、制约的学会转变为主动的、放开的会学。
2. 灵活运用知识的能力,将知识、经验转移至其他领域去解决问题的能力。
3. 熟练掌握绘图技巧,将设想以具体的方式表现出来的技能。
4. 拓展解决问题的过程,运用相关方法和知识的能力。
5. 敢于想像,充分发挥创造性思维的能力。
6. 做到创新与适用、需要性与可能性的辩证统一。
7. 将基本技能、材料和应用转化为熟悉常用的知识。
8. 在设计中体现出来人、物、环境、自然、社会的相互关系吗?
9. 了解"以人为本"的设计理念吗?
10. 具备设计的组织能力吗?
11. 有拆物研究的习惯和好奇心吗?
12. 当物品不能正常使用,有没有考虑自己解决这个问题,或试着去解决?
13. 当物品完成它的使命,是否考虑到还有其他用途,如废物利用。
14. 设计既体现物品特定用途,又突出完成使命后可持续使用的新的用途。
15. 擅长自己动手制作物品吗?
16. 是否经常观察、留意各种物品的形状?对观察的物品形状或功能能引发联想而产生新的设想吗?

17. 经常提出不懂的问题吗？
18. 做事前有周密的计划吗？
19. 做事有坚定的信念，无论遇到任何困难都有毅力将其完成。
20. 能否提出问题并自己解决问题。
21. 具有较强的使命感和较高的时间观念。
22. 工作高标准，做事力求完美，好上加好，从不应付。

能做到以上这些，基本上具备了该专业的素质和能力。尚有差距的只要有信心、决心，刻苦努力必将功到自然成。

思考与练习题

1. 工业设计师应该具备哪些能力和素质？
2. 影响创造力的因素包括哪些方面？
3. 回答本章最后提出的22条问题，对照自检。

第七章　工业设计程序与方法

现代产品设计需要工业设计师在产品设计项目确立前就与管理、工程设计、制造技术、营销等多方人员交换意见并作到资源共享，而且这种活动（调研、研究、协商）将一直伴随设计工作从开始到完成。设计的工作内容日趋复杂，工作过程中要求各方人员的协调配合，这与以往工业设计人员只把设计创意当成工作重点的方式不同，如果事先没有对整个工作流程的认识和了解，就不能有效的工作。因此，从这种意义上来说，学习设计程序对了解和加深工业设计的概念和内容的理解是非常必要的。

20世纪60年代以后，伴随"大批量生产"观念的成熟，市场竞争导致企业对管理的重视，开发和生产效率的需要使产品开发工作内容进一步细分，以提高生产力和效率。当产

企业中新产品设计开发流程图　　　　　　　　表7-1

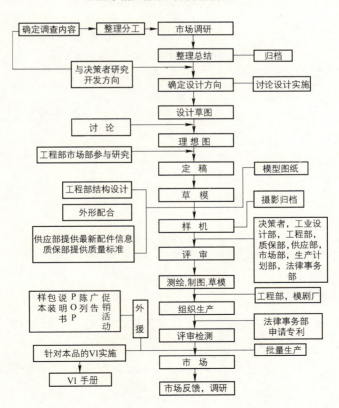

品经过从设计到市场的几个阶段时,产品开发模式要求设计、制造、销售、产品支持、市场等多方面的人员进行相互合作。然而,设计师热衷于产品造型的艺术性,工程师关心产品的功能和结构,而管理人员致力于减少成本,工作开展并不顺畅。

发展到80年代后期,由于设计的产品日趋复杂,不同学科成员之间的密切合作更加重要,而分立的部门之间难以有效地执行同样的任务。按部就班的串行设计与开发过程使各部门之间信息传输少而控制却很多,结果是使产品上市时间延长。

到了90年代,并行工程的概念和重要性为企业所认识。并行工程强调过程的集成,集成的过程意味着打破部门之间的界限,充分考虑任务之间的相互关系,使开发活动并行、交互的进行。此时,组织跨部门多学科的集成产品开发设计团队,是实现产品开发过程必不可少的保证。

2000年以后,协同设计理论出现。协同设计的思想是要求数据共享,即在设计过程中,各阶段可以同时进行。每个阶段声称需要的数据,虽然在没有完成设计之前数据是不完整的,但是,通过数据模型和数据管理达到数据共享协同设计的目的。从企业产品开发到成为商品的过程中可以看到,产品设计的成功与否对企业的管理能力提出了更高的要求,综合型产品开发设计团队也是为了顺应这种要求而出现了。见表7-1、表7-2。

串行、并行、协同设计生命周期的比较图　　　　表7-2

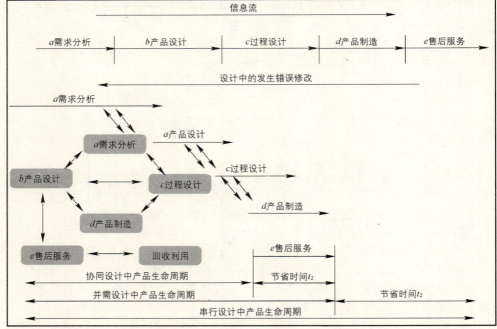

7.1 设计前期

7.1.1 项目与计划

1. 产品设计项目种类

产品设计的种类繁多、范畴广,但其大致可分为三种类型。

(1) 改进型设计

针对现有的产品,提升产品的附加值、改进功能、提高质量,或在结构、零部件、材料、工艺上作局部调整和修改;采用新技术、新结构、新材料、新工艺及新元件以满足新需求,制造出在性能、造型、质量、价格、规格等方面有竞争力的产品。这是产品商品化过程中普遍且大量存在的渐进性设计创新工作,是提高企业市场竞争力的有效手段。

(2) 创新型设计

在科学技术、使用方式、功能、造型、结构、材料、加工工艺等方面有重大突破,与现有产品无共同之处的新产品,是科技创新、新发明的应用与艺术完美结合的产品。

(3) 概念型设计

从工业设计角度出发,是一种面对未来的探索性的设计尝试,为满足人们近期或未来的需求。是利用设计师敏锐的洞察力和表现力,对人与环境、生活、市场进行研究的结果。概念设计具有很强的前瞻性且极具创意,虽然它带有想像成分,但是未来有可能实现,因此它极富生命力,是技术开发、市场需求和生产开发的推动力。在具有研发实力的现代企业中占有非常重要的地位。

不同的设计类型对应不同的设计方法,明确设计的种类,在新产品的开发过程中可以对设计师的设计工作起到有效的指导作用。

2. 制定产品设计项目和实施计划

(1) 新项目如何确立

分析新产品上市后的业绩,资料显示其成功率并没有我们想像的那么高,虽然有的新产品在上市前花费了高昂的研发代价,但是上市后损失惨重的例子举不胜举,所以项目确立前需要做的工作至关重要,如何确定新的研发项目可以说直接影响着企业的生存和发展。

1) 依靠调研确定市场需求

通过调研市场准确寻求市场需求,这是产品设计开发项目确立的前提和基础。21世纪是个性化时代,消费者的需求五花八门,且这种需求随着信息交流的增多在不断地变化和发展,要作到真正顺应市场需求还要有大量和细致的调研工作要做。

优良的设计项目不是建立在决策层或是设计师个人的突发奇想上,而是必须树立以消费者为中心的设计观念,依靠与新产品项目研发有关的决策层、设计师、管理、营销、工程技术等人员的合作,针对用户的需求、期望和潜在需求,在文化、经济、技术、材料、心理等领域进行调研和分析,制造出被消费者认为是"有用的、好用的、期望拥有的"产品,以确保项目能够领航未来的市场。

企业在调研的基础上作出准确的预测并不简单。市场是万变的,一个新产品从了解需求确定项目到被制造出来并投放市场需要一段时间。昨天市场上还大量需要的产品现在就不一定适销,这就是市场。市场调研是我们确立项目的基础,但重要的是要在市场调查的基础上,还要运用科学方法做好市场趋势的预测。

2)依靠新的科学技术

科学技术是第一生产力,它对产品的品种、性能和质量起着决定性的影响。企业要时时关注科技的进步,引进和吸收国内新理论、新技术、新方法、新材料,注意运用现代设计方法,注重应用新技术并不断增强技术研发能力,以提高产品的水平和质量。

3)依靠创新

随着信息技术突飞猛进,人们的思想、观念、时尚、兴趣和爱好的变化很快,为适应时代的变化而持续发展,企业的产品不管当前有多热销,还必须不断创新。否则,企业在激烈的市场竞争中将无法生存。

对于企业来说,首先就是产品的创新。创新是产品取得成功并获得效益的基础,企业的职责就是了解市场需求以达到不断创新产品发展企业的目的。对于成功的企业,即使生产同类的产品,也应具有竞争公司所没有的特色。

4)遵循绿色发展战略

合理使用资源、保护环境、保护人们健康等,各国在不同时期都要颁发如能源政策、环保政策、产品安全、卫生标准、技术标准等法规。这是企业在开发新产品时必须遵守的。当前全球性的"绿色潮流"正在冲击已经陈旧的环保法规。德国已经立法,规定电视机制造商必须回收废弃不用的产品,欧共体和日本等先进国家也在可持续发展战略基础上大力研究开发新的创新产品。

5)以用户为中心

以用户为中心这是众所周知的简单道理,但在产品开发中也有时被忽略。国外部分家电等产品出现功能操作"傻瓜"化的趋势,就反映了用户这种要求。所以,产品要想获得成功就必须建立以用户为中心的观念,一切从用户的角度思考。

6)充分利用通用化、标准化

提高通用化、标准化、系列化水平,能减少设计、制造的工作量,加速新产品和制造的进程,也便于使用、维修和保养,降低开发制造和使用的费用。

以上六点是设计项目确立前应该充分考虑的问题。当今,在项目确定前期就要求工业设计师与其他工程技术、营销、管理人员等共同参与制定项目的工作,这样工业设计师便于对项目的内容和目的有更清晰的了解,在其日后的设计工作开展打下良好的基础。

(2)项目可行性报告

项目的可行性分析是新产品开发不可缺少的前期工作,必须在进行充分的市场调查后,对产品的社会因素、经济因素、技术因素等几个方面进行科学预测及分析论证。报告内容应该立足于实际,内容全面详实且言简意赅,对产品设计创新的目标、潜在的市场因素、要达到的设计目的、项目的前景、市场可能达到的市场占有率、实施设计项目应具备的条件、心理准备和承受能力等都有明确说明。报告的目的是企业研发设计项目的策划,既是设计项目开展的纲要性指标；同时，为减少企业运营开发投资的风险，也是决策项目是否实施的依据。

（3）项目进程和项目总体时间计划

设计开发项目的立项前，必须做到周密的论证、分析和预测。面对的设计项目无论是哪种类型，都要充分认识理解和领悟设计项目所要达到的目的和要求。及时沟通不同人员之间对设计目标认识和理解上的偏差，以免阻碍设计顺利开展，影响工作效率。

项目确立后，不但要了解设计内容，还要非常清楚设计所应达到的目标。在此基础上实施具体设计工作前还应制定"项目进程和项目总体时间计划"，用以把握设计工作开展的效率。制定设计进程和总体实施时间计划是保证项目按时、顺利完成的保障，也是对设计管理能力的考验。如果是企业项目的全部设计，这个项目进程和计划时间表就要组织项目团队成员共同协商，包括交叉协作和试投产信息反馈、再次改进、评估等内容；如果是委托方只是委托方案设计，那么进程计划表就比较简单。

以上两个方面，都是设计项目团队成员或设计方与委托方进行多次沟通、协商后、反复调整后的结果。

项目进行的具体计划表　　　　　　　　　　表 7–3

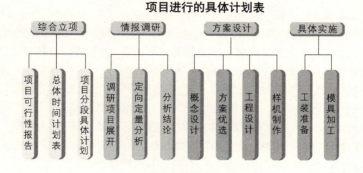

设计工作进程表　　　　　　　　　　表 7–4

×××产品方案设计工作计划表　　　　　　　年　　月

内容/时间	1 2 3 4 5 6 7 8 9 10	11 12 13 14 15 16 17 18 19 20	21 22 23 24 25 26 27 28 29 30
市场调研	▬▬		
调研报告	▬▬		
设计讨论会	▬▬		
设计构思	▬▬▬▬▬▬▬▬▬▬		
构思分析会		▬	
设计展开		▬▬▬▬▬▬▬	
方案效果绘制		▬▬▬	
方案研讨会			
设计深入		▬	
设计模型图纸		▬	
设计模型制作			▬▬▬▬▬
设计方案预审			▬▬
设计制图			
设计综合报告			▬▬
设计方案送审			▬▬

7.1.2 市场调查与分析

市场调研，就是指运用科学的方法收集、整理、分析产品和产品在从生产者到达用户的过程中所发生的有关市场营销情况的各种资料，从而掌握市场的现状及其发展趋势，为企业进行项目决策或产品设计提供依据的信息管理活动。

1. 市场调研的范畴

市场调查的范围非常广，从产品研发立项前期、设计工作开展之中、设计完成到生产、进入市场成为商品、出售成为消费者手中的日常用品，这一整个流通过程中的每一环节，以及生产企业、设计师、销售人员、竞争对手和消费者等，都是其所要调查的内容和关注的对象。通过进行广泛深入地调查并从中收集必要的资料和数据，在此基础上由各方专家对这些资料和数据作出客观的分析和评估，得出比较客观而科学的信息，发现问题并找寻产品设计的突破口，据此写出调查报告，作为企业决策层制定新的计划项目和进行产品设计时参考。

2. 市场调查的内容

（1）针对各方面的宏观经济信息收集，如当前国内外的政治、经济政策对消费市场的影响，全球变暖给人类生存的环境和生活带来的影响等，根据调查得来的客观资料和数据进行分析研究，以便对今后消费市场的发展作出预测。

（2）收集消费者对产品本身的意见，如对产品的功能和形式方面的意见，了解并观察其对产品满意或不满意的原因，以便生产者和设计者根据这些用户的意见，重新找出产品问题的所在，在引领、满足消费者需求的基础上，使产品进一步扩大其消费市场。从这一角度进行市场调查，偏重调查研究各类产品的功能、造型和是否为广大消费者所喜爱，以便在重新设计研发中，提高和创造其产品的功能的适宜性和外在形式的美感，使消费者更加满意和乐于购买。并通过产品的不断改进，而提高消费者的生活质量和满足其精神上的需求。

（3）收集信息时代人们在各种文化的冲击下生活方式和思想观念的发展趋势、转变、或变异的具体状况等，这是针对人们在不同文化背景下的心理和行为方面的研究，通过对这些资料的分析总结来洞察未来市场人们的潜在需求，创造出引领市场的产品服务于人类。

3. 产品市场调查的三个时段

（1）对已经上市的产品，通过市场调查，了解消费者对现有产品设计的意见，以便据此寻求产品设计的突破口，对产品设计进行改进或再设计。

（2）探求市场现在和未来的需求状况，以便设计和开发新产品。

（3）在新产品小批量投产试销后，测试消费者的购买情况，了解产品的形式设计在消费者购买行为中所起的作用，了解消费者在使用过程中对产品形式设计的意见。通过上述调查，为改进产品设计，准备投产提供可靠的依据。

产品开发调查内容范围图　　　　　　　表7–5

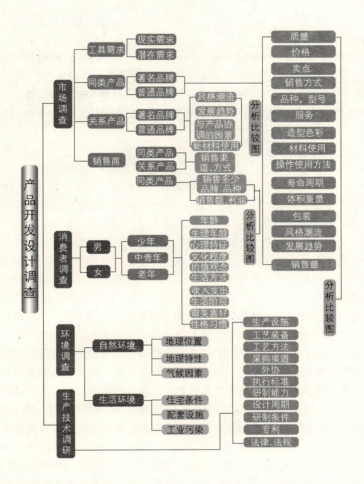

4. 调研的准备工作

由于市场调查的主要目的不同,在市场调查问卷的设计和具体操作上,也就应该有所侧重,针对设定的目标,限定调查范围。

在设置的问题中,可将下列问题作为重点:消费者对产品使用后的印象、对产品的接受程度、对产品的技术性内涵的认知程度;消费者购物时的心理因素、促使消费者购物的主要原因;产品存在的缺点、消费者对产品改良的期望和具体意见等。

5. 产品市场调查实用的方法

市场调查的方式方法很多,根据不同的具体情况对应不同的设计方法,从工业设计角度来讲，一般常用且较为实用的市场调查方法有如下三种。

(1) 观察法

观察法是一种基础且经典的调查方法，被调查者广泛采用。如果运用得好，它在市场调查中会极富价值。

使用观察法要求消费者或使用者没有感到自己的行为被观察，这样能保持正常的活动规律，使调查资料真实可靠。观察者亲临现场（或利用电子技术进行观察），不仅可以了解到事项发生和发展的全过程，而且可以观察到当时特殊的环境和气氛，取得其他方法无法取得的直观真实资料。参与观察时，观察者置于被调查的对象之中，可以身临其境，取得更深入的资料。

但是，观察法也容易被表面想像所迷惑，依主观理解去得出结论，使结论有失真的可能，而且一般无法了解原因和动机等，有时需要大量的观察人员到场作长期观察。

为了提高观察法的使用效果，要求作到以客观的态度进行观察，要有量的积累，避免先入为主的偏见，要善于识别真伪，透过现象看本质。观察前要根据对象的特点和调研目地做好周密计划，合理确定观察路径、程序和方法。观察过程中，要运用技巧，灵活地对待突发的事件，从中取得意外的、有价值的资料。观察调研要作到真正深入下去，详细完整地做好记录，以便于作出准确的调查结论，掌握一手资料。调查进行时可采用录音、拍照、录像等工具协助收集资料。

(2) 询问法

询问法又称问卷调查法，是各种调查研究中广为采用的一种方法，其意是指市场调查人员采用提问的方式了解有关被调查内容的信息。

询问法一般可分为四种类型：面谈法、电话访问法、调查表法和计算机辅助法。调查表、电话访问法和计算机辅助法都是间接询问法，调研人员与被调查人员不直接接触。面谈法与此相反，体现直接的人际关系。

尽管电话访问和网络问卷调查愈来愈受欢迎，但面谈法在各种的调查中保持了它长期的主导地位。面谈是个社交过程，设计到调查者与被调查之间的相互影响，这种影响能使面谈卓有成效，可以收集到相关的、可靠的信息与数据。面对面交谈是为了深入研究对象心理状态的一种行之有效的方法。例如了解人们的购买行为的心理原因，对产品品牌的偏爱，忌讳话题（广告）等。谈论的形式和过程从表面上无规律可言。这种形式其实对调查者有很高的素质要求，他们必须尽快将会谈引向主题，并且做到能控制免谈的进行，使参加者作出尽可能真实的回答。

这种形式在企业进行市场战略决策和产品开发决策的市场调查中应用较多，主要用来了解产品的外观感受、市场、消费者购买行为和使用者等各方面之间的关系，以及影响这种关系的因素等。

(3) 迅速试探法

迅速试探法就是试销或试验法，是在产品正式走向市场以前的一种行之有效的调研基本方法。这种方法为了减少风险，防止产品积压，要在特定的地区、特定的时间和特定的范围设置试验市场，对新产品进行试销。

此种方法是与自然科学的研究方法较为接近的一种调查方法，可利用合理的试销试验设计来降低调查误差,其优点很多。可针对调查者的需要,进行合适的试验设计,有效地控制实验环境,以提高调查的精确度。试销法将实验与正常的市场活动结合起来,因此,实验结果具有一定的客观性和实用性。

调查者可主动引起市场因素的变动,并通过控制其变化来研究各种因素对市场的影响,而不是被动地等待某种现象发生。调查者可以使研究的观察对象在相同条件下重复出现,反复研究,以得出较为精确的结论。

任何调查方法都有其不足之处,试销法由于时间较长、成本较高,比其他调查方法更难实施一些。

6. 调研资料分析,确定设计概念

市场调查的结果带来了大量的信息,分析研究这些信息的前提就必须紧紧围绕消费者和使用者,且站在用户的立场分析和研究总结,然后找出问题。

问题的发掘是设计的起点和动机,一般情况下,问题来自于社会文化、造型美学、科技应用、市场需求等各种因素。设计人员要充分认清和把握问题的构成,这对设计者能够有效完成设计工作来说很重要。如何发现问题的核心,通常处理的方法是将问题先进行分解,然后再按各个层面进行分类,找出它们之间的联系和关系,使问题的构成更为清晰和明确,从而找出产生的问题的核心。

根据核心问题,各方设计师等应充分发挥设计灵感,提出有新意的设计概念。所谓设计概念,就是在调查分析的基础上问题明确具体化,将产品的使用方法、结构、造型等预想具体化。设计概念对于产品设计十分重要,只有确立设计概念后,工业设计师才能在这一概念的指导下开展设计,设计概念直接关系着产品设计的成功与否。

这里所指的发现、提出和解决问题,都可以利用集体智慧采用相应的一些方式方法。例如脑力激荡法、缺点列举法、希望点列举法、联想法等。然后要把得出的结论再进行归纳和总结,当然归纳和总结问题的水平取决于设计团队的创新意识、思想观念、知识范围、工作经验、文化修养等。

资料收集,如图7-1~图7-4。

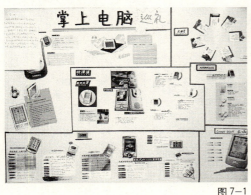

图7-1   图7-2

调研分析,如图7-5~图7-8。

图7-3

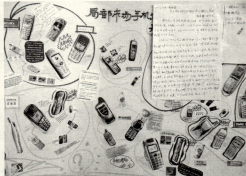

图7-4

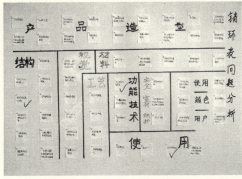

图7-5

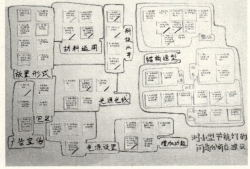

图7-6

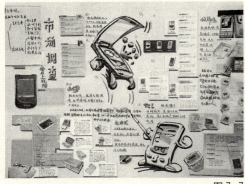

图7-7

图7-8

7.2 设计开始、展开与优化

7.2.1 设计构思

此阶段工作的核心是创意,设计方将前一阶段调查所得的信息资料进行分析总结,提出具有创新性的解决方案,并将解决方案视觉化。在构思阶段,不要过分考虑限制因素,因为它会影响构思的产生。

1. 设计诉求

设计概念、设计目标要有准确的文字描述,它是保证设计表现准确的前提条件,是指导设计视觉表现和设计成功的关键。此阶段要求设计表述简练概括、准确,带有一定的启发性。

2. 设计的视觉表达

设计构思,是对提出的问题所作的许多可能解决方案的思考,是把模糊的形象明确化和具体化的过程。初步设计构思形成以后,最有效的手段即开始设计草图的绘制和制作设计草模型,这时要手、脑、心并用。当一个新的"形象"出现时,要迅速地

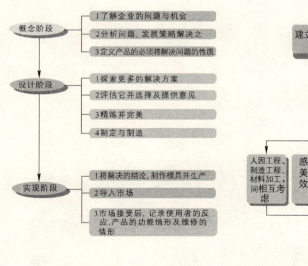

设计的程序　表7-6

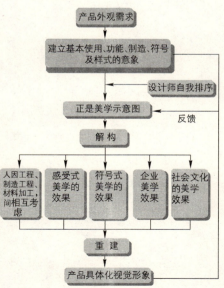

产品外观设计的基本思维逻辑　表7-7

用草图或草模型把它"捕捉"下来，这时的形象可能不完整、不具体，但这个形象有可能使构思进一步深化。通过反复思考，就会使较为模糊的不太具体的形象轮廓逐步清晰起来，这就是设计的草图、草模型阶段，是具体设计环节实施的第一步，也是设计的关键一步，因为它是从造型角度入手，渗透了设计前期的各种因素的一种形象思维的具体化、视觉化。

草图和草模型主要是设计师本人分析、研究设计的一种方法，是帮助自己思考的一种技巧。草图主要是记录设计的过程，因此不必过分讲究技法，主要是能把自己所想的形象地表现出来，当然要与委托方共同研究讨论的时候，草图和草模型应该讲究一定的完整性和真实性。

构思草图绘制，如图 7-9～图 7-14。

图 7-9

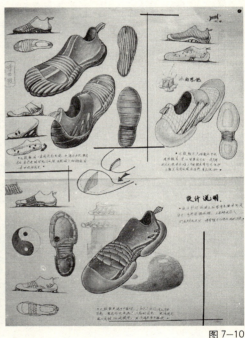

图 7-10

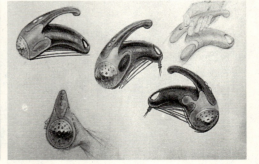

图 7-11　　　　　　　　　　　　　　　　图 7-12

第七章 工业设计程序与方法

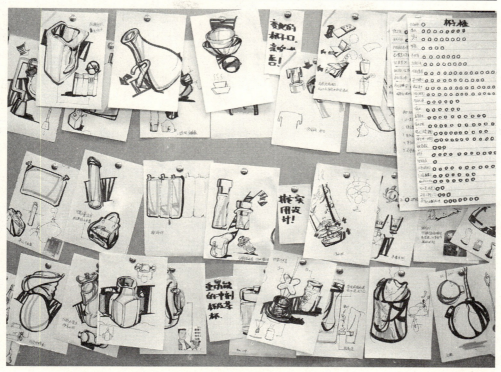

图7-13

　　初期设计的视觉表达还可以分为草图表达、图面二维表达、图面三维表达、立体草模型表达四种表达方式。此四种设计表达既是递进关系,也互为反复。它是研究造型形态必不可少的工具。是设计师将构思由抽象变为具象的一个十分重要的创造性过程,是工业设计师研究设计创意的一种必不可少方式方法。

图7-14

223

7.2.2 设计展开和优化

要想达到质的转变,必须要有量的积累,设计过程充分体现了这一哲学思想。所以在构思阶段,设计师通常要构思若干个方案,以便选择。随着绘制和草模型方案的增多和积累,设计师对设计目标的理解也会越来越深入,为今后的设计方案优选工作打下了基础。

设计展开是开始进入设计各个专业方面,是将构思方案转化为具体的形象,包括在草图旁边添加说明性文字。通过对初步方案的确立,并分析、综合后得出的解决具体问题的结果。它需要设计和委托方共同参与,并在产生矛盾的时候,以用户的意见为中心加以解决和化解。

这一工作主要包括基本功能设计、使用方式设计、生产机能可行性设计,即功能、形态、人机、色彩、质地、材料、加工、结构等方面。产品形态受产品的功能、材料、色彩、结构等因素的综合影响,但在设计构思具象化时,却不能同等对待这些影响因素。形态的创造要立案阶段设计构思的切入点结合起来。如设计初期构思时,主要是解决功能问题,那么,这时应以针对功能塑造形态为主;如在构思时主要是新材料的应用,那么在形态塑造时可以如何体现新材料的性能和优点为主;而如果是要优化产品的结构、工作原理问题,则不妨采用仿生设计,到大自然中寻找形态创造的灵感。

设计展开表现,如图:7-15~图7-18。

方案设计草图的进一步细化和深入,还要考虑人机界面设计和加工工艺的可行性等问题。人机界面也是细化设计重点要考虑的,人们对这个产品采用什么样的使用方式,有什

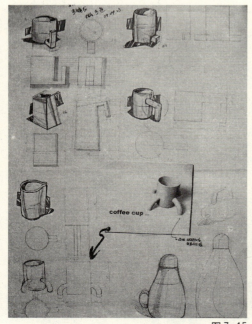

图 7-15

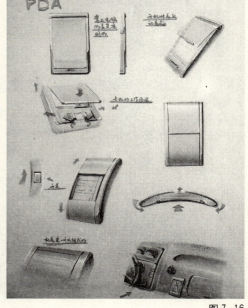

图 7-16

第七章 工业设计程序与方法

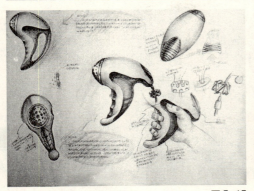
图 7-17

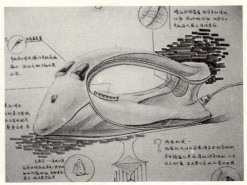
图 7-18

么使用习惯，在什么场景中使用都会影响产品的形态。对加工工艺的考虑虽不像设计完成阶段考虑得那么深入，但至少要保证其外形能生产加工出来，不至于无法脱模或花很大的代价才能脱模。

在设计基本定型以后，用较为正式的设计表现图和模型表达设计。设计效果图的表现可以手绘，也可以用计算机绘制，主要是直观地表现设计效果。计算机绘制大多采用3D软件建模，赋予材质、灯光，然后渲染效果，再通过彩色打印机输出。利用计算机比手绘的效果图更具真实感，而且建模后，可以从任意角度，在不同的灯光、不同的背景下渲染而获得多幅效果图。委托方可能没有经过专业训练，空间三维想像力不强，直观的设计表现图和模型便于委托方了解设计制作以后的效果，是帮助委托方决定设计方案的必要方式。

这阶段，设计师及相关人员要将各个方案进行比较、分析，从多个方面进行筛选、评估、调整，从而得出一个比较满意的方案。

7.2.3 深化设计

这一阶段，产品的基本样式已经确定，主要是进行细节的调整和推敲，同时要进行技术可行性设计研究。方案通过初期审查后，对该方案要确定基本结构和主要技术参数，为以后进行的技术设计提供依据，此部分工作主要由工业设计师来完成。

1. 推敲细节

检验设计成功与否，一般情况下只要做一个模型就可以了，但为了更好地推敲技术实施的可行性，最好做一个逼真的模型或样机模型，能充分体现造型和结构，能执行操作动作的样机。模型样机可以将产品较为真实的显现出来，可以体现任何细节，所有在平面和模型中发现不了的问题，都能在模型样机中反映出来。模型样机本身也是设计深入的一个环节，是推敲设计的一种方法。通过模型制作，反过来修正和检验设计图纸，模型样机为最后的设计方案定型提供了依据，也为后面的模具设计提供了参考。当然，也可以作为先期市场宣传和接受订单提供实物形象。这也是探求市场的视觉研究物，对评价和深入设计方案提供一个检验物。

2. 设计与结构

设计与结构的关系既矛盾又充满互动,合理利用和处理好设计与结构的关系,有助于提升产品设计的品质。合理结构为设计提供了依据,反过来优秀的设计也为解决结构技术问题提供了推动力。

3. 产品设计表达

(1) 设计效果表达

设计表达不是目的,是深化设计不可缺少的关键步骤,是设计物化的手段。通过反复验证,利用三视效果草图和草模型两者结合的反复研究是产品造型设计最为直接和有效果的手段。

(2) 设计模型表达

产品设计的模型表达方法很多,在这里就不一一列举了。惟一需要说明的是,模型不光是提供视觉的直观效果,它更是研究设计不可缺少的方法。

(3) 设计制图

设计制图包括外形尺寸、零件详图以及组合图等。制图必须严格遵照国家标准的制图规范进行。一般较为简单的设计制图,只需按正投影法绘制出产品的主视图、俯视图和左视图三视图即可。设计制图为以后的工程结构设计提供了依据,也是对外观造型的控制。常用的制图软件是 AutoCAD。

设计深入,如图 7-19~图 7-21。

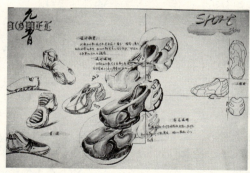

图 7-19　　　　　　　　　　　　　　　　图 7-20

4. 设计报告书

设计报告书的制作既要全面,又要简洁、突出重点,目的是能够清楚地表达设计的意图。报告书的形式依具体情况而定,一般是以文字、图表、照片、表现图及模型照片等形式所构成的设计过程的综合性报告,是用于企业高层管理者最后决策的重要文件。报告书一般有以下内容:

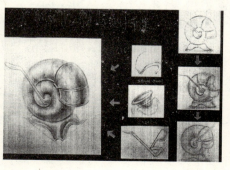

图 7-21

(1) 封面

封面要表明设计项目的名称、委托方名称、设计单位名称、时间、地点，封面的直观效果最好能体现设计的风格。

(2) 目录

按设计项目的流程和时间定制，目录排列要一目了然、简洁清楚，并标明页码。

(3) 设计进程表

进程表要简单易懂，不同阶段的工作可以用不同的色彩来表明。

(4) 市场调查

围绕企业及竞争对手的现有产品，以及与之消费需求有关的社会文化、经济发展、科技进步等因素的调查和资料收集，常用文字、图表、照片等结合来表现。

(5) 分析研究

针对调研的资料进行消费市场需求、产品功能、造型美学、结构、人机、材料、使用方式等进行分析，找出产品设计的突破口，提出设计概念，确定设计方向。

(6) 设计构思

可以有多种形式（文字、设计草图、设计草模型、计算机辅助设计等）表达、记录设计的初步想法。

(7) 设计展开

一般以方案的视觉表达和文字说明相结合的形式来表现，其中包括设计构思的展开、人机工程研究、二维表现、三维表现、材质应用分析、表面处理、方案的评估等。

(8) 确定设计方案

从产品的功能和造型方面确定最终设计方案，包含设计表现图、分解图、结构图、部件图、精致的产品表现模型制作以及说明书。

(9) 综合评价

展示精致的产品模型照片，并简洁明了地说明设计方案的特色和优缺点。

(10) 设计成果展示版面

在设计决策前，参加评估并作出决策的有主管部门、技术部门、制造部门、营销部门等，为了使每个参加决策的成员都能很好的理解设计意图，不仅要提供产品的精致模型，还必须能够清楚地向专家介绍有关设计目标的设想、调查结果、分析结果、具体方案、市场预测等，这就要求设计者有很好的设计表达能力和技术。

展示版面内容一般有：前言，阐明设计目的；市场调研，分析和比较；使用状态、环境分析；设计目标的确定过程；方案表达；深入设计、人机分析、技术可行性研究；工作原理；二维、三维效果充分表现；色彩方案。

设计展示表现，如图7-22~图7-25。

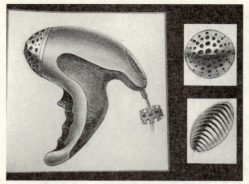

图 7-22

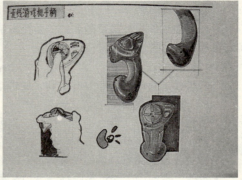

图 7-23

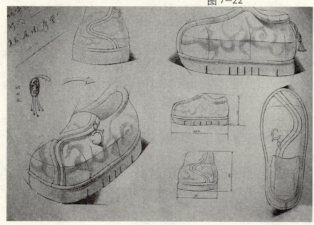

图 7-24

图 7-25

7.3 设计完成

设计方案一般要经过详细的评估，修改设计方案后再论证、再修改。根据最终设计方案进行手板制作，并做工艺上的设计。在设计定案阶段进行设计评估的是方案模型，最终确定设计的是生产模型。生产模型是从各个方面对产品进行模拟，能够正确反映产品外形设计和结构工艺上的问题，更容易地把握产品的感官效果、材质、人机、手感等。生产模型完成后，便可以进入制造模具和小批量生产，为正式批量生产作好准备。

完成设计是个由设计向生产转变的阶段，一般完成产品设计方案到生产前还要经过以下四个阶段的检验。

7.3.1 产品设计方案评估

不同国家对于此方面的评估标准各有不同。但是总体上讲，对设计的综合评估都离不开两大原则：一是该设计对使用者、特定的人群及社会有何意义？二是该设计对企业在市场上的销售有何意义？设计师对这两个问题一定要作好充分考虑。

第七章 工业设计程序与方法

评价标准的组成　　　　　　　　　表 7-8

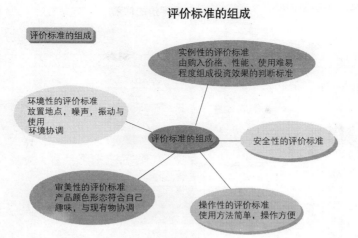

评定项目内容　　　　　　　　　表 7-9

评价焦点	评价项目/相反形象		设计师必备能力
是否符合商品企划部门的需求，理念是否具体化	年轻/成熟 阳刚/柔弱 个性化/成熟 豪华/朴实 升级创新/无	轻快/厚重 亲和/风格强烈 脱俗/老套 优于竞争对手/逊色 有自我品牌/无	精确转换理念，语言能力 绘图能力 立体空间的概念，预测消费者喜好、生活形态、属性、竞争对手的评估分析
纯造型项目	识别性高/低 完成度高/未完成 具魅力/无魅力 质感佳/差	有类似设计/无 具永续性/短命 其他	新意(想像力)、现有产品的设计分析、合理性追求、趋势研究、对未来的洞察力)敏锐知觉、审美眼光、构图、造型能力、将创意具体化的技术、知识、经验、(设计、生产性、加工法、材料、费用、品质等)
是否符合合理追求、使用者利益、社会的要求、公司要求	考虑安全性/无 具舒适性/不佳 环保/无 费用合理/无 符合法规/无	操作简易/不佳 操作性能佳/不良 可回收/不可 零件规格化/无	对安全性的研究 将合理想法具象成形的能力市场报告，竞争对手的评比对环境的关心与用心 具备人体工学、设计、材料、加工法、费用、生产知识的理解及运用

具体评估大致有如下内容：

1．创新性，完美的产品设计就必须具有能让顾客认为是"有用的、好用的和希望拥有"的技术和造型特征。优秀的产品设计应该在这两个方面都有所创新，这会极大地提高产品的附加值；

2．实用性，符合使用目的的舒适性及完美的机能性；

3．外观有足够的吸引力；

4．重视人体工学，操作简单、方便；

5．低污染性、节能性、可再利用；

6．适宜的材料、高效的生产率和低成本。

产品评价的体系　　　　　　　表 7-10

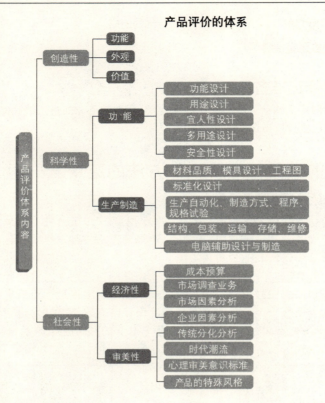

7. 安全性；
8. 启发智慧和感性，能吸引使用者，刺激好奇心，有趣味性，能提高娱乐效果和创造力，产生与人共鸣的形状；
9. 具有明确的社会影响力；
10. 有益于使用者；
11. 有良好的品质；
12. 耐久性、有效性；
13. 适当生产，价格合理；
14. 协调环境；
15. 设计、技术的独创性及防止伪冒；
16. 注重生产过程适宜性。

7.3.2　新产品市场试探

在设计完成后并准备正式投产前，先做小批量产品投放事先设定的市场，检验新设计的效果。目的是在大批量生产前，把市场预测做得更加准确，用以减少盲目大批量投产造成的损失。

7.3.3 市场反馈

试投产后，应迅速展开调研，迅速得到消费顾客对产品的意见反馈和市场反应。

7.3.4 精确修正准备投产

根据消费者对产品的意见反馈和市场反应，分析总结后立即进入精确修正产品设计方案，以保证产品正式投放市场的成功率。

7.4 产品的造型策略及设计方法的应用

7.4.1 产品的造型策略

是设计师最初所需要考虑和设计的产品的"原型"。由于一件产品受到其自身内结构和外部模具与生产工艺成本的限制，不可能经常变幻其基本样式，这就决定了一件产品的形式，在其步入商品的生命周期中，必然要从新颖变为陈旧、从"导入期"滑落到"衰退期"的命运。为了有效地推迟其"衰退期"的到来，设计师在其最初的设计中，就要考虑到如何安排好商品的最后命运。在最大限度地利用原有模具、不需要过多的资金投入、不影响产品成本的前提下，设计师有以下方法来进行设计。

1. 可以在模具本身的设计上，以"预留多样化"的形式进行其设计，即设计出可以重新组合与替换的分体模具，使产品在其基本形制和总的性能不变的情况下，随时可使其造型和性能作局部的变化，使同种产品形成多品种、多功能的系列性产品，以其花色品种的多样化，突破单一产品很快就受到"喜新厌旧"的消费者冷淡的命运，有效地延长其在市场上的生命周期。

2. 利用色彩上的变化，来使同一"产品—商品"表现出多种不同面貌和给人以常换常新的感觉，也是一种快速有效的设计方法。心理学家在其专门的社会调查中，早已得出科学的结论：色彩对人的心理所产生的作用是相当大的，甚至是神奇的。有关专家在市场调查中，也已得出同样结论：商品的色彩，往往能够决定消费者的购买意向。

(1) 设计师要为同一种类的产品设计出多种不同的色彩，以适应具有不同审美需求的消费者的爱好。

(2) 设计师要随时根据有关方面发布的流行色趋势，使同一产品不断变幻其色彩，不断以新的色彩面貌上市，不断给消费者以全新的感觉，有效地避免了因商品色彩的单一而使消费者缺少选择余地，不能满足广大消费者丰富的、不同的审美需求，从而使其很快就遭致淘汰的命运。然而，只有在不断进行市场调查、不断获取消费者对"产品—商品"、尤其是对本企业的"产品—商品"的造型、色彩等设计方面的反映信息，设计师才能有效地做到这一点。

(3) 包装是"产品—商品"在其被销售和购买中的最后一道手续，然而它却是使"产品—商品"最后具有一个完整而动人的形象的必不可少的手续。所以，商品的包装，就像是一个美人的着装一样，或使其更加光彩照人，或使其黯然失色。往往拙劣的包装能使品质优良的商品遭人冷落，拙劣的商品却因为有了美丽包装而能够打动人心。在包装设计上，也应该像造型设计那样，避免单一化而采用多样化的手法，以使其具有常换常新的面貌。例如，同一企业的不同产品的包装，既要保持同一企业的整体形象，又要有其独自的不同特点；而同一企业的同一产品的包装，也可以根据其生命周期中不同时期的需要而略施变化。例如在商品的衰退期，可以考虑在包装上增添一些令人感到新鲜的、更为华丽的形式，以此起到促销作用。

7.4.2 产品创新设计的方法

从工业设计角度来讲，总结出的创意设计方法有很多种，种类虽然很多，但其原理大致可归结为以下四大类。

1. 强调创新的团队激智方法，如头脑风暴法、635法、KJ法等。

(1) 脑力激荡法

又称智力激励法，是集体协作创新的方法，是利用集体智慧集思广益。主要是智力激励法，由现代创造学的奠基人美国人奥斯本1938年首先提出。后来英国人戈登，日本人中野又做了改进。这种方法最初用于广告的设计，后又很快用在技术革新、管理程序及社会问题的处理，再后来应用于工业设计领域。脑力激荡法是能够提出许多创意、创新的有效方法。

要点：集中10人左右，由主持人提出具体而明确的课题，请与会者讨论研究，各抒己见，提出方案，从中产生新的发明创意。

在发明创造的分析联想过程中需要某种触发，产生灵感，一个人的想法再丰富，也是极其有限的，正所谓丝不成线，独木不成林。利用集体的智慧，想像便可以大大丰富起来。而且与会者讨论活跃，互相启发，互相触发，思维的发展正像原子的链式反应，在短暂的时间爆发开来，好主意层出不穷。

(2) 635法

是一种集体发明法。原是德国人针对其民族习惯是沉思的性格而发展起来的。具体实施是每次要求有6人参加，5分钟内在各自的卡片上书写3个设想。然后将卡片传给右边的人。每人接到左邻的卡片后，在第2个5分钟后再次把自己填写的3个设想传给右邻。这样30分钟可以传递6次，总共可以产生108个设想。

(3) KJ法

这是日本筑波大学川喜田二郎教授首创的，以其姓名的首字母命名的、以卡片排列方式进行创造思维的一种技法。大约10人左右的会议，首先让个人充分发表自己的意见，记录在卡片上，要求尽量具体又要精练和易懂。然后将卡片分组，每组卡片作出一张提示卡放在前面。然后再讨论提示卡分类，直到分为10大类为止，画图找出卡片组之间的逻辑关系。根据图解所显示的逻辑关系，进一步思考、补充、分析，并抓住关键之处，形成完整流畅的表达，然后讨论。对较为复杂的课题，可以采用这种方法循环求索。

2. 扩展思路的广角发散技法，如设问法、缺点列举法、希望点列举法、形态分析法、逆向发明法、专利利用法等。

(1) 设问法

设问法可围绕老产品提出各种问题，通过提出的问题发现原产品设计、制造、营销等环节中的不足之处，找出需要和应该改进之点，从而开发出新产品。有5W2H法、奥斯本设问法、阿诺尔特提问法等。

(2) 缺点列举

社会在发展、变化、进步，永远不会停止在一个水平上。当发现了现有事物、设计等的缺点，就可找出改进方案，进行创造发明。工业设计中的改良产品设计，就是设计人员、销售人员及用户根据现有产品的不足所作的改进。

(3) 逆向发明法

又称"负乘法"、"反面求索法"等。是从常规的反面；从构成成分的对立面；从事物相反的功能等考虑，寻求设计、创新的办法。即原形——反向思维——设计新的形式。

(4) 希望点列举法

是按发明人的意愿提出各种新的设想，可以不受现有设计的束缚，是一种更为积极、主动型的创造技法。

(5) 形态分析法

瑞士天文学家F·茨维克创造的技法，又称"形态矩阵法"、"形态综合法"或"棋盘格法"。根据系统分解和组合的情况，把需要解决的问题分解成各个独立的要素，然后用图解法将要素进行排列组合。如可按材料分解、按工艺分解、按成本分解、按功能分解、按形态分解等。从许多方案的组合中找到最优解，可大大提高创新的水平。

(6) 利用专利

全世界每年申报许多专利，而且其中发明的新技术有90%～95%发表在专利文献上。但是我国目前专利真正发挥作用的还不足10%。因此，借用专利构思创新、设计开发，是创造发明非常有用的方法。

如果不重视查询专利文献，不仅会阻塞创新之路，也可能重复他人已经做过的事情或已走不通的思路，白白浪费心血。1969年某地开始研究"以镁代银"技术，作保温瓶的内镀层，苦干10年获得成功。当鉴定时，才发现英国早在1929年就已经研究成功。这种重复他人40年前的劳动，使10年辛苦付之东流。

3．非推理性因素的知觉灵感方法，如灵感法、机遇发明法等。

(1) 灵感法

即是靠激发灵感，使创新中久久得不到解决的关键问题获得解决的创新技法。其特征是：突发性、突变性。是突然闪现的领悟，是一种认识上的质的飞跃。

(2) 机遇发明法

机遇，被称为"发明家的上帝"。重大的设计、创造，有时需"运气"，靠"机遇"。当然，机遇只投向寻找它的人的怀抱，即靠创造性的艰苦的劳动。"机遇"是指由意外事件导致的科学发现、艺术创造、产品设计。它的特征是非预测性、非意料性。人不能预知机遇，但可及时抓住机遇，解决问题、创造问题。

4．思维为主的一般性创造技法，如联想法、类比法、仿生法、移植法、组合法等。

(1) 联想法

由一事物的现象、语词、动作等，想到另一事物的现象、语词或是动作等，称为联想。

利用联想思维进行创造的方法，即为联想法。

（2）类比法

世界上的事物千差万别，但是并非杂乱无章。它们之间存在着程度不同的对应与类似。有的是本质的类似，有的仅有形态、表面的类似。从异中求同；从同中见异，用类比法即可得到创造性的结果。

（3）仿生设计

利用仿生学原理进行产品的设计创新，是一项十分重要的方法。人类的创造源于模仿。自然界的无穷信息传递给人类，启发了人的智慧和才能。从人造物的基本功能来看，都源于自然界的原形。人们自觉地把生物界作为各种技术思想、设计原理和创造发明的源泉，产生了新兴的科学——仿生学。生物界是可供模拟创新的一大宝库，例如飞机和潜艇的外壳设计等。J·E·斯蒂尔博士给仿生学定义为："是模仿生物系统的原理来建造技术系统，或者使人造技术系统具有或类似于生物系统特征的影子"。其研究范围为机械仿生，有的是形态的仿生，这其中又有抽象、具象之分。

产品的造型设计应用仿生设计时，还要注意仿生只能予以启示，不能取代设计者的创意。设计者在模拟生物有机体时，必须加以概括、提炼、强化、变形、转换、组合，从而产生全新的冲击力。运用仿生学主要是"似物化"设计，要特别注意"似"和"化"两字的意义。"似"已经比模仿前进了一步，但它还是受原有形态的约束；"化"就深入得多了。只有仿生学的启示进入了高级阶段，扬弃了纯粹自然的形态，只运用它的原理，才有可能创造出真正全新的产品。

（4）移植法

将某一领域里成功的科技原理、方法、发明成果等，应用到另一领域的创新方法，即为移植法。现代社会不同领域间科技的交叉、渗透已成为必然趋势。而且应用得法往往会产生该领域中突破性的技术创新。

（5）组合法

利用现有的技术能否组合成新产品？将现有的科学技术原理、现象、产品或方法进行组合，从而获得解决问题的新方法、新产品的这种发明技法，即是组合法。它代表了技术发展的一种趋势，也是一种容易取得成功的创造技法。

此外配合系统工程的研发体系有生活方式、顾客偏好、产品语意、创新设计、人机界面、计算机辅助设计等方法的运用。

以上方法应注意，不要机械地使用某些创造方法。许多方法有其内在的相似性及联系。在创造过程中，一种技法可以重复使用多次，也可以同时使用几种方法。

设计方法，是前人经验总结的，实践证明是行之有效的方法。学习与掌握这些技法，无疑可取得一些创新的手段和途径。然而，作为一名优秀的创新者或设计师，最根本的是要具备较强的创新能力和创造性人才的品质。

思考与练习题

1. 设计程序对产品研发的影响是什么？

2. 选定功能和结构较为简单的产品(例如日常小家电、厨房用品、日常生活用品、办公用品、灯具、家具等)，收集该产品及其同类产品的相关资料。

3. 按照设计流程对其客户与市场供需、产品人机界面使用等因素进行实践调查分析，依据调研分析找出产品设计的突破口并提出设计概念，然后利用各种方法逐步完成产品设计概念的视觉化和清晰化表达。

4. 练习形式：选定目标产品、资料收集、实践调研分析、提出设计概念、完整的设计概念视觉化和清晰化的表达过程、设计评估反馈、最终设计方案表达展示等。

第八章 产品结构设计

工业产品的设计有广泛的外延和丰富的内涵,概括起来由功能设计、形态设计、结构设计三部分组成。三个部分各有独自的不可替代的内容,又是互相制约、互相推动的相辅相成的统一体。结构设计一方面影响着产品的使用功能,即使用的舒适性和可靠性。另一方面,在很大的程度上影响着生产的工艺性,这里所说的工艺性是指,能否用合理的成型方法生产制件所需的形状、尺寸、精度,即工艺的合理性。另外要看结构设计是否有利于简化工序内容(减少加工工时,减少废品率)、提高材料的利用率(降低成本),即经济性。因此可以说,产品或零件的结构工艺,直接影响设计商品化的可行性及生产的适宜性(即人性化的生产工艺、适宜的生产环境、高的生产效率)。不同的材料、不同的成型工艺有不同的结构设计基本要素,但是结构设计的基本要素不是一成不变的。科学技术日新月异,新材料的出现,现代制造技术的快速发展,尤其是数字技术在生产制造业的广泛应用,材料成型工艺也在发生根本性的变革,突破了结构设计的一些禁区。

8.1 制件结构的受力合理性

在产品设计时,为了提高制件的强度和刚度等机械性能,往往容易进入依靠加大外形尺寸、增加材料厚度或选择高性能材料的误区。其结果,不但破坏了形态设计的效果,同时增加了成本。其实,制件的形状及结构的合理性,对制件的强度和刚度影响更大。因此制件的技术指标的实现不只是结构设计的范畴,而应在形态设计过程中同步考虑。在设计中要避免无装饰性的结构,同样要避免无功能的装饰,将形态设计与结构设计完美的融合在一个整体之中。

8.1.1 剖面形状的合理性

如果我们注意观察树木的树干和枝条,又细又高的竹子的枝干,我们会发现这样的形体最能抵御狂风暴雨的破坏。树木的形状是千百年进化的结果,它是大自然给我们的启示。我们再看一看高耸的路灯的灯杆、旗杆,大多是圆筒结构,并且越到高处直径越小,为什么金属型材和塑料型材要设计一定截面形状等,下面的分析可以给我们一些粗浅的答案。

一个支架零件或箱体构件的受力部位设计什么样的剖面形状最合理,例如一个杆状零件(如路灯的灯杆)同时受到轴向荷载力和横向荷载力的作用,合理的截面形状是直径较大的圆筒剖面。而盒形的封闭的剖面形状能承受较大的扭力(如洗衣机的外箱)。在一些产品中有些零件例如箱体件,在使用过程中它的荷载情况是复杂的,基本是由拉、压、弯、扭四种受力情况组成。当零件受到弯曲和扭转的作用力时,产生的形变不但与剖面面积大小有关,而且与剖面的形状有关，因此抗弯强度和抗扭强度也有较大的差距。表 8-1 中八种剖面的形状各不相同，但面积均为 10000mm²，通过抗弯和抗扭强度的比较，可以得出如下结论：

剖面形状与强度对照表（相对值）　　　表 8-1

剖面性状	抗弯强度	抗扭强度	剖面性状	抗弯强度	抗扭强度
⌀113 实心圆	1	1	100×100 方形	1.04	0.88
⌀160 空心圆	3.03	2.89	50×200 矩形	4.13	0.43
⌀160/⌀196 空心圆	5.04	5.37	100×100/142×142 方框	3.45	1.27
⌀160/⌀196 开口圆	弱	0.07	50×200/92×242 方框	7.35	0.82

1．中空剖面比实心剖面的抗弯强度和抗扭强度要大。

2．当剖面面积相同时，加大轮廓尺寸，减小壁厚，可提高制件的强度。

3．方形剖面的抗弯强度比圆形剖面的大，而抗扭强度比圆形剖面的小。

4．如果以承受弯矩为主，但受力的方向是处于不稳定的变化状态，应选择空心圆形的剖面为合理。

5．显而易见，当剖面有开口时强度显著下降。如果结构上需要开口时，应尽量减小开口尺寸，或用其他方法弥补强度的下降。

以上结论告诉我们，设计一个箱体类的受力较大的零件，要根据受力的性质、大小、位置及结构的合理性，形状的装饰性等几方面，统筹考虑零件剖面的形状。

8.1.2　制件的结构形状应使其具有适宜的加工工艺性

所谓适宜的加工工艺性，是指在现有的加工条件下，用容易的加工方法和较低的费用制作合格的制品。保证良好的工艺性，主要取决于制件的形状和结构，因此在可以满足各方面要求的情况下，结构尽可能的简单。内外形尽可能设计成简单的几何面，如平面、圆柱面，而各成型面之间以平行或垂直为优先选择的方案，尽可能避免不规则的斜面，较小的角度以及复杂的曲面。这样的设计可以简化成型的模具和操作工艺，提高生产效率。无论是产品的内部结构，还是外形的结构设计，一方面要考虑成型工艺的可能性，其次还要顾及工艺的适宜性。产品造型设计的艺术性和技术性的完美结合，是工业设计的基本定位。

图8-2是铸铁材料制作的支架，由于铸铁制件的抗压强度比抗拉强度要大，因此合理的设置肋板至关重要。图8-2中a图肋板设置不正确，图8-2b中肋板承载的主要的是压力，符合铸铁材料的力学性能，因此是好的受力结构。

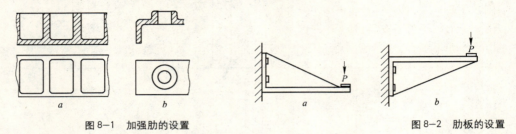

图8-1　加强肋的设置　　　　　　　　　　　图8-2　肋板的设置

8.1.3　合理的设置加强肋以提高制件的强度

在制件上设置合理的加强肋是提高局部刚度的明智之举，加强肋或加强凸台的设计几乎适合任何一种材料，任何一种加工成型方法。加强肋或加强凸台的形式很多，要依据零件受力的实际情况设计，外观件的设计要与装饰功能统筹兼顾。图8-1中a图是典型的加强肋的设置方法，b图中零件由于开孔降低了局部的强度，用加强凸台的设置补偿了这部分的强度。

8.1.4　根据受力情况设计零件的形状

设计大型件和受力较大的小型件时，要依据受力的形式和强度确定剖面形状和构件的式样。图8-3中的a图是一台压弯机的支臂装置，图中可以看出A—A剖面上的弯矩为重力(P)与力矩(XA)的乘积，在B—B剖面上的弯矩为重力(P)与力矩(XB)的乘积，显而易见B处受力比A处要大，愈接近支点，受力愈大，因此支点处的截面积比重力点要大。由于支臂装置的剖面形状是按照能够承载弯曲强度进行设计，因此剖面形状选择矩形管。图8-3中b图是支架结构，如以上分析，合理的形状是靠近支撑面处剖面面积大，着力点P点处剖面可以细一些，剖面形状设计成如图所示的"工"字形。

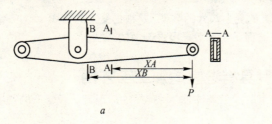 

图8-3

8.2 金属制件的结构设计

8.2.1 铸件的结构设计要素

铸件是由加热至高温熔化的金属材料，经过一定的成型方法，待冷却、凝固得到的制品。产品的零部件有的相当数量是由铸件再加工制作的，金属铸件是产品零部件的雏形（毛坯），它的质量直接影响着产品的整体质量。金属铸件的设计要满足制件的功能和形状的要求，还要兼顾铸造工艺的要求，因此设计时要遵照基本的设计原则。下面是以砂型铸造工艺为例介绍结构设计规范。

1. 铸件的各部分的几何形状要尽可能的简单，外形要便于分型，以利于制模和造型等工作。图8-4中 a 图的设计由于内腔尺寸大而口小，致使模型无法从砂型中取出。b 图是改进后的设计，不但可以顺利拔模，而且减少了在局部的材料的堆积。c 图是合理的设计，d 图所示的形状使得分型面处于不合理的位置。垂直于分型面的表面要设计一定的铸造斜度，以利于铸型的制作和起模。拔模斜度尽可能大，一般不小于1°~3°。

a

b

c
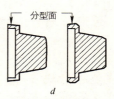
d

图8-4　铸件内外形的合理性

2. 铸件各个面之间的连接处必须用圆弧过渡，不允许有锐角。这样的设计一方面可防止铸造缺陷，也可以方便造型。一般中小型铸件的圆角半径可选择3~5mm，可以在图上用文字统一注明。

3. 铸件剖面的大小尽可能均匀，这样可以使铸件的冷却均匀。铸件壁的厚度不一致时，在接合处要用斜面或圆弧面等过渡结构，逐渐过渡。

图8-5中参考结构尺寸：当 $t \geqslant 2t_1$ 时 $L \geqslant 4(t-t_1)$，$R \geqslant 0.2(t+t_1)$。

设计铸件的形状时，要避免用增加制件的壁厚和厚大实心的截面来达到机械性能的指标，否则会出现金属积聚现象，导致制品表面产生缩孔和疏松的质量缺陷。应在保证形状要求和力学性能的基础上用筋、加强肋、幅条或挖空等方式代替实心的截面，基本形状确定后，还要进一步"瘦身"，减少材料的积聚，如图8-6所示。

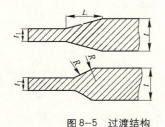

图8-5　过渡结构

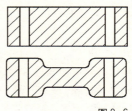

图8-6

4．需要切削加工的部分，不应与铸件壁相连，应将需要加工的平面设计成凸台（图8-7b）。铸件上避免有细长的孔，如需要，应铸造后再加工钻孔。如需要在铸件的斜面或圆弧面上钻孔加工，应在钻孔位置设计一个平的凸台或凹台（图8-7中d和e），方便后面工序的加工。

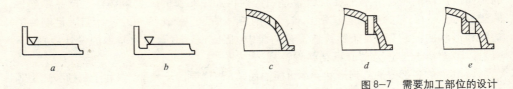

图8-7 需要加工部位的设计

5．当铸件具有较大的平面结构时，应设置适当的加强肋板，以防止平面翘曲变形。肋板的高度应低于支撑面，如图8-8中所示尺寸a。

6．铸件的最小壁厚（砂型铸造）

铸件壁厚不能过厚，过厚不仅要增加材料的用量，同时也增加铸件的重量。壁厚也不宜过薄，以免由于液态金属的流动性所限，不能注满型腔。最小壁厚要根据材料的性能和浇铸的金属液的流程（与铸件的外形尺寸有关）来确定。在满足制件的强度、刚度和铸造工艺的条件下，应尽可能的减小壁厚。下列表8-2中数据可供设计时参考。

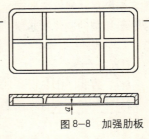

图8-8 加强肋板

铸件设计壁厚推荐值　　　　　表8-2

铸件外形尺寸(mm)	灰铸铁	铸钢	铝合金	铜合金
≤ 200 × 200	3～4	8	3	3～5
≥ 200 × 200～500 × 500	6～19	3～6	4	6～8
≥ 500 × 500	15～20	15～20	6	

8.2.2　冲压件的结构设计要素

合理的设计冲压件，要求设计师对冲压成型工艺、冲压成型设备、模具应有一定程度的了解。冲压成型件可以是产品的内部结构件，也可以是外观件，它的形状设计必须要与结构设计同步进行。

1．冲裁件设计

（1）冲裁零件的外形应合理、简单，尽可能设计成对称形和重复性，图8-9中b图冲裁件的形状是a图中零件的改进设计，它能够最大限度地利用材料，降低了成本。图8-9c是散热孔的设计，图中两种样式都需要多工位冲模，需要多套模具，工时费用高。d图的设计是重复性的孔，模具单一，因此设计合理。

(2) 冲压件的内外形在结构上应避免窄长的臂和孔，图 8-10 中 b 的宽度应大于板厚 t 的 1.5 倍。

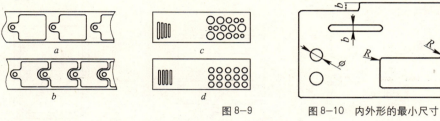

图 8-9　　　　图 8-10　内外形的最小尺寸

(3) 冲裁件的内外角都要设计圆角，特殊情况需要"清角"时必须注明。圆角半径 R 尽可能大些，最小不能小于板材的厚度。制件上孔的形状不要过于复杂，在允许的情况下尽可能用圆孔。冲裁成型时由于冲头（凸模）强度的限制，圆孔直径不能过小，应保证 $\phi \geqslant 1.5t$。如孔径小于板厚，应用其他的方法加工。

2. 弯曲冲压件的设计

(1) 制件弯曲变形的半径 R 受板材厚度的限制，当半径过小时，材料的变形超过允许变形极限时，制件在弯曲处就会出现破裂现象。因此弯曲半径不要过小，更不允许设计成"清角"。一般金属材料的弯曲半径，按材料厚度 t 的不同确定。

当 $t \leqslant 3mm$ 时，$R \geqslant t$

当 $t \geqslant 3mm$ 时，$R \geqslant 2t$。

设计时要根据具体材料的性质，零件的使用状况，确定弯曲半径。当我们设计冲压件时，如果很难确定材料的最小弯曲半径，不妨尽量大一些。

(2) 弯曲的高度过小时，因材料厚度的影响无法保证弯曲质量，一般情况下弯曲后的直边高度应保证 $H \geqslant R+2t$（图 8-11）。

(3) 当弯曲件有宽窄两部分组成时，弯曲线不应设在过渡处，如图 8-12 中 b，必须将弯曲线位移一定距离如图 a，或在过渡处开槽如图 c 所示。

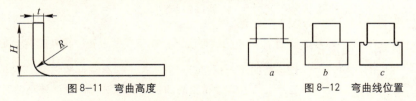

图 8-11　弯曲高度　　　　图 8-12　弯曲线位置

(4) 由于工艺程序的要求，需要先冲孔（或缺口）后弯曲的制件，孔与弯曲边要有一定的距离，否则要导致孔变形。如果因结构或外观的特殊要求，不能满足工艺距离要求，可采用转移变形工艺孔的方法（图 8-13 中 a 图）。图中孔 2 为结构孔，孔 1 为转移变形工艺孔，用孔 1 的变形来减少结构孔的变形。对于多工序成型或精度较高的冲压件图 b，应该设计定位工艺孔,以工艺孔作为每道工序的基准。设置定位工艺的办法,是模具上和许多的装配件之间经常采用的方法,方法简单,效果显著。在外观件上如果必需要设置工艺孔,应将工艺孔作为形态设计的组成部分统一筹划。

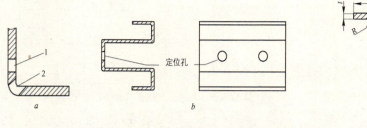 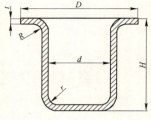

图8-13 工艺孔的设置　　图8-14 拉伸件尺寸要素

3. 拉伸件(压延)的设计

(1) 制作拉伸件应选用塑性较高,表面质量好的金属板材。常用的板料有08F、10号冷轧钢板、H68、H62黄铜板、铝板等。

(2) 由于拉伸加工的模具和工艺过程较复杂,因此在满足功能性和装饰性的条件下,制件的形状应最大限度的简化。在设计如建筑机械的外罩盖等大型拉伸件时,可采取拆分成两件或多件,分别拉伸后再组装在一起的方法。拉伸件的深度尽可能的小,如果深度较大时,一次拉伸无法达到尺寸要求,需要多次拉伸,多次拉伸废品率高。一次拉伸的合理深度为 $H \leqslant (0.5 \sim 0.7)d$。

(3) 拉伸件底面与侧壁之间要设计成圆角,圆角半径大一些,可避免壁与底面过度处出现裂痕。圆角内半径 r 的尺寸应大于2倍壁厚,一般情况下最好取 $r \geqslant (3 \sim 8)t$。带有凸缘的制件其直径 D 应取 $D \geqslant d+12t$,这样可确保在压延时压板能压紧工件,以保证制件的凸缘部分平整不起皱。凸缘部分与侧壁间的圆角内半径 $R \geqslant 3t$。

(4) 由于拉伸件在加工过程中各处所受应力(径向拉伸力、切向压缩力和弯曲力)不同,材料各部位的厚度要发生不同的变化,通常工件的底部中央保持原厚度不变,底部圆角处变薄,壁变薄,凸缘处厚度变化很小。因此在设计拉伸件时,图纸上的尺寸应注明"必须保证外部尺寸"或"必须保证内部尺寸",不能同时标注内外形尺寸。

4. 提高制件强度的设计

(1) 冷冲件的面积较大或长与宽的比例相差较大时,为了提高制件的强度,不应采取增加材料厚度的方法,可用折边、压凸、退台和压制加强筋的方法。在设计外观件时,由于采用这些方法而产生的结构性的面、台、线、角应该与装饰性结合在一起考虑。图8-15是几种常用的提高强度的设计。

(2) 推荐采用的加强筋尺寸

$R=4t$　　$H=3t$

$B=10t$　　$r=2t$。

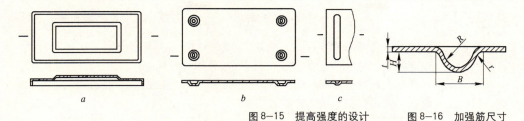

图 8-15 提高强度的设计　　图 8-16 加强筋尺寸

8.2.3 焊接件的设计(熔焊)

焊接工艺是金属制件进行互相连接的常用方法,焊接方法有电弧焊、气焊、钎焊、电阻焊、激光焊等多种方式。各种焊接方式各具特点,其中电弧焊的应用面最广,设备简单,对工件的尺寸和形状无特殊要求。

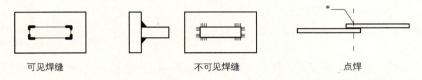

图 8-17 焊缝的表示方法

1．焊缝的表示方法：在设计图上用如下的画法表示焊接的方式。无特殊要求时,不用标注焊接尺寸。

2．焊接件工作图画法

图 8-18 中所示,为"轴架"的功能模型的焊接制作方法的工艺图。模型由 1 轴套、2 立板、3 肋板、4 底板组成,材料为普碳钢,用电弧焊的方法焊接成型。图中粗实线表示焊接处。

3．焊接工件设计的基本准则

(1) 尽量减少焊缝数和熔焊金属量,这样可以降低焊件的变形,同时减少焊接工作量。

(2) 尽量减少焊缝和焊接部位的聚积和交叉,否则将产生严重变形,甚至导致焊件开裂。

(3) 焊缝不要设在焊后需要再加工的面上,因切削加工后要减少焊缝的材料,导致焊缝处的强度下降,同时影响外观质量。焊缝的硬度较大,增加切削难度,右图的设置可以避免在焊缝上切削加工。

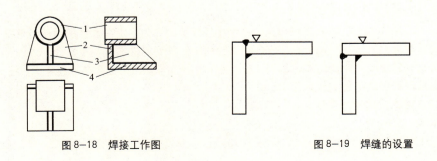

图 8-18 焊接工作图　　图 8-19 焊缝的设置

8.3 塑料制件的结构设计要素

塑料制件的结构设计要根据零件造型的要求，塑料材料品种不同而具有的不同特性，及成型工艺、模具结构、制件的使用环境和经济效益等综合因素进行设计。设计的原则是在能够满足使用要求和形状的要求的情况下，充分利用塑料的特性，尽可能的简化结构。同时从结构上和材料的选用都要尽可能的降低成本。

内外表面形状的工艺要求：

1. 塑料件的结构要素与金属铸件基本上相同，内外表面形状要有利于开模，方便取出制品。尽可能不采用瓣合分型结构，侧向抽芯机构等复杂的模具结构。

图 8-20　塑件的内外形
a 内凹无法脱模；b 合理；c 沟槽与开模方向不一致；d 合理

2. 设计制件的外表面形状时，为保证外观的整洁，而不作修边加工，应设计合理的分型面（合模线）。图 8-21 中 a 图和 c 图的形状，只能将注射成型的动模与定模的结合处（即分型面）设置在 A 周边上，注射时溢出的塑料要修剪掉，结果造成表面凹凸不平。图 8-21 中 b 图和 d 图是合理的设计，可以在降低修剪程度的同时将修剪位置转移到边缘处，减小外观质量的影响。

3. 在内外表面上常常要设计较浅的沟槽和凸筋，当这些沟槽和凸筋与模具闭合方向不同时，如选用弹性较好的塑料，如聚乙烯、聚丙烯、尼龙等，生产时可采用强制脱模的方法脱出制品。强制脱模要求沟槽和凸台的凹凸尺寸尽可能的小，允许凹凸度不大于5%，一般情况不大于 1.2mm。

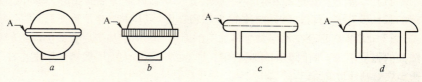

图 8-21　分型面的设计
a 不合理；b 合理；c 不合理；d 合理

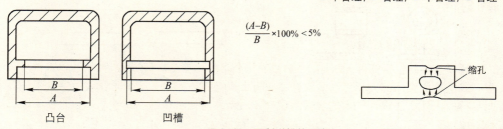

$$\frac{(A-B)}{B} \times 100\% < 5\%$$

图 8-22　强制脱模的尺度　　图 8-23　制品缩孔现象

8.3.1 制件壁厚

塑料件的壁厚设计是结构设计中的重要内容,它对制件的成型质量影响很大。为保证机械强度和结构的要求,塑料制件必须具有合理的壁厚。

1. 壁厚的设计原则:在设计壁厚时要考虑制品的使用条件、尺寸稳定性、电性能、装配指标、选用塑料的性能、成型的条件等因素确定适宜的厚度。若壁厚过小,不能满足制件的强度和刚度的要求。另外在模塑成型时,熔融的物料在模腔内的流动阻力大,一些体积较大或形状复杂的制件物料就难以充满型腔。若壁厚过大,会增加模塑时间(注料和冷却时间),降低生产效率,制件易产生凹痕、翘曲、缩孔等质量问题,同时增加材料的投入,加大了成本。一般原则在满足各方面要求的情况下,尽可能的减小壁厚。见表8-3。

热塑性塑料制品的最小壁厚及常用壁厚推荐值 mm   表8-3

塑料材料	最小壁厚	小型件推荐壁厚	中型件推荐壁厚	大型件推荐壁厚
聚乙烯	0.6	1.25	2	2.5~3.2
聚丙烯	0.6	1.2	1.75	2.5~3.5
软聚氯乙烯	0.85	1.5	2	2.5~4
硬聚氯乙烯	1.0	1.5	1.8	3~6
聚苯乙烯	0.75	1.25	1.6	3~5
ABS	0.5	0.8	2	3~5
尼龙	0.4	0.6	1.75	2~3
聚碳酸酯	0.8	1.6	2	3~4.5

2. 同一个制件的各部分的壁厚应尽可能的均匀。当局部壁厚过大时,熔料在局部堆聚,冷却过程中由于收缩不均产生的内应力,产生缩孔、变形、开裂等缺陷,影响制品质量。当一个塑件的基本形状确定以后,还应该按注塑的工艺要求进行设计的技术定位,将过厚的部位进行"减肥"处理,以求得壁厚尽量一致,如图8-24中a图、b图、c图所示,将堆积过多的部分减掉。在塑料件中应避免出现急剧转折处,转折部位由于应力集中在制件脱模时和使用过程中,容易开裂,应用斜面或圆角过渡,如图8-24中d图。

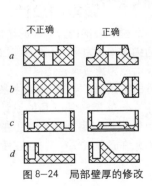

图8-24 局部壁厚的修改

8.3.2 脱模斜度

用模具成型塑料件时,由于制件由熔融状态到冷却时体积收缩,可能使其包紧模具的型芯或型腔的突出部分。为保证脱模,并防止拉伤制品表面,应在制件上与模具闭合方向平行的内外表面设计一定的脱模斜度。在用模具制造塑料件的设计图上,要标注出脱模斜度。

1. 选择脱模斜度应遵从的原则

(1) 制品形状复杂,影响脱模的因素较多,应选用较大的脱模斜度。
(2) 由于选用塑料的品种收缩率大,应选用较大的脱模斜度。
(3) 制品的壁厚越大,应设计较大的斜度。
(4) 硬性塑料比软性塑料的脱模斜度要大。
(5) 制品的尺寸大,应设计较小的斜度。
(6) 内外表面均应设计一定的斜度,内表面的斜度应不小于外表面的斜度(因收缩,易留在型芯上)。

常用塑料脱模斜度推荐值　　　　　　　　　　表 8—4

塑料名称	脱模斜度
聚乙烯、聚丙烯、软聚氯乙烯	30′~1°
ABS、尼龙、硬聚氯乙烯、聚碳酸酯、聚甲醛、聚砜	40′~1.5°
聚苯乙烯、有机玻璃	1°~2°

2. 脱模斜度的选择

一般情况下如无特殊要求脱模斜度可选 0.5°~1.5°,可以在图中用文字统一注明。当塑料件表面有凹凸纹饰(如皮革花纹)或有凸棱、加强筋时,应将脱模斜度设计为 4°~6°。如果塑料件形状原本就具有较大的斜率,就不需要再标注脱模斜度。

8.3.3 圆角的设计

塑料件的内外表面的转角处,除去有特殊要求和处在分型面时,均要采用圆角过渡。因为尖角处应力集中,制件在脱模时和受外力作用时易发生破裂,而圆角可分散应力。转角处设计成圆角可改善物料的充模特性,物料流动时阻力小,易于充满型腔,使制品完整。塑料件的圆角处,同时也使模具相应的部位呈圆角,加强了模具的强度,提高了模具的使用率。

一般塑料件圆角的设计,无特殊要求时,制件的外角不小于 1t(壁厚),内角最小为 0.5t(壁厚),在条件允许的条件下 R(半径)应取大一些为好。如某部位必须为清角(即不允许圆角或倒棱),应在图纸上明确标注,否则内外表面允许有 0.5 的 R 角。

8.3.4 孔的设计

塑料件上可以设计通孔、阶梯孔、盲孔、斜孔、螺纹孔、形状复杂的孔。孔的位置尽可能放置在不影响塑件强度的地方,如果孔在使用时要受到较大的力,应在孔的周围设计

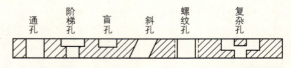

图 8—25　孔的形状

加强凸台以提高强度（见图8-26）。孔的轴向尽可能与模具的闭合方向一致，否则要设置与脱模方向不一致的侧向型芯。这样的设置，致使塑料件脱模前要先抽出侧向型芯，再开模，因此模具比较复杂，易损坏，同时也增加了开模时间，生产效率低。因此在设计时一定要考虑好孔的轴向位置，尽可能的使模具简单。塑料制件上的螺纹可直接模塑成型，也可以成型后再加工。模塑成型的内外螺纹的长度尽量短一些，直径一般要大于3mm，如果螺纹精度要求不高，而且用软塑材料时可以采用强行脱模的方法制造。

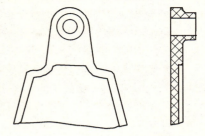

图8-26 孔的加强设计

凡孔径小于φ1.5mm的孔，并且孔的深度又大于直径，应在成型后进行机械加工制成。大于φ1.5mm的孔，其深度应不大于15D（直径）。孔的边缘与制件边壁的尺寸 $a \geq D$（孔径），同时还要满足 $a \geq 0.25t$（壁厚）的条件。孔的边缘与孔的边缘之间的设计尺寸至少要大于1.5mm。

8.3.5 加强筋的设计

为了使塑料制件达到一定的强度和刚度，不能只采用增加壁厚的方法达到要求，壁厚过大时制件易产生缩孔、凹痕。合理的方法应在适当的部位设置加强筋或加强凸台，尤其对于箱体和盘式等较大的构件，一般均要合理的设置加强筋，既提高了制件的强度，还可以防止制件的变形和翘曲（图8-27、图8-28）。

1. 加强筋的布置：在一个平面上设计的加强筋，应该设计成交叉、互相错开排列，以减少因收缩不均而引起的变形。圆筒形薄壁制件一般在底部设计成球面或其他形式的拱曲面。

2. 加强筋的方向尽可能与注射时塑料流动的方向一致，防止物料的流动受到搅乱，而降低塑料件的韧性。

3. 加强筋的厚度一般不不大于制件的壁厚，高度应不大于厚度的3倍，同时要有较大的斜度。

4. 中空的圆筒、方筒等制件，如各类包装瓶的底部，多采用内凹的球面使底面得到加强，同时减少了支撑面积。

不合理

合理

图8-27 加强筋的设置

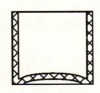

图8-28 圆筒底部的加强

8.3.6 支撑面的设计

1. 用整个平面作支撑面是不合理的设计，因塑料件稍有翘曲或变形即会使支撑面不平。通常将支撑底面设计成环形支撑面(图8-29中a图)或若干个凸台(图8-29中b图)，凸台高出平面应不小于0.5mm。

2. 需要具有一定强度的凸耳结构，应避免突然过渡，图8-30中图b是在不破坏原造型基础上，进行技术修改后的式样，满足了制件强度的需要。

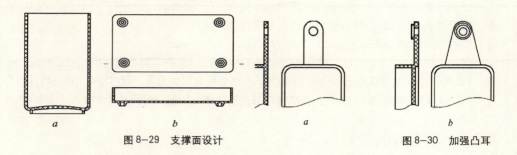

图8-29 支撑面设计　　　　　图8-30 加强凸耳

8.3.7 文字与图饰的设计

在塑料制品的外表面经常要设计文字、标记或图饰。例如商标、品名、功能符号及装饰性图饰等。

方法一是直接在塑料制件表面印制，通常使用丝网平印、滚印的方法，移印方法的出现，使得在球面和曲面上印制文字、图饰的问题得以解决。这种方法由于受到套色技术和成本的限制，设计时尽量以单色为好，一般不超过3、4色。热转印是很有发展前途的印制方法，与网印和移印的方法不同，它首先将图案或照片印制在转印纸上，然后经过加热转印在产品上，它可以印制成照片级的效果。在塑料制品的表面用印制的方法，可以获得丰富的色彩和很好的文字效果，印制成本低，因此在生活用品、仪器仪表、儿童玩具等广泛应用。

其二是印刷在纸或塑料薄膜上，再粘贴在塑料制件上。这种方法只适合粘贴在平面和柱面上，而且装饰效果不如前一种方法，但可以印刷精细的图饰，尤其是同一种产品不同型号时，只需粘贴不同的印刷制品即可。

其三是将预制好的塑料或金属材质的标牌或立体文字，粘贴在塑料制件上，这种方法效果较好，但是成本相对较高。

其四是在模塑时直接在制件表面上制作凹、凸文字或图饰。这种方法只需在制作模具时制作好相应的文字或图饰即可，由于免去了二次加工，生产效率高，生产成本低，因此广泛应用，其不足之处不如印刷方法色彩丰富。

这种方法有凸字、凹字和外凹内凸三种形式，如图8-31所示。

1. 凸字效果是在模具上制作相同字形的凹形，制作方便，加工量小，但制品上突出的文字或图饰在制件脱模时容易被磨损，而成为废品，因此设计高度一般不大于1mm(视制

第八章 产品结构设计

凸字　　　　　　　　凹字　　　　　　　　外凹内凸

图8-31　模制文字

件大小)。

2．凹字效果是在模具上制作相同字形的凸形，制作时要把字体以外的部分全部切削掉，因此模具加工量大。为减少加工量，一般设计凹的尺寸不大于0.3mm。这种方法可在塑料制品的凹槽内填入彩色涂料，提高装饰功能。

3．外凹内凸的方法，只需在一小块钢模上制作文字的凹形，再将这小块钢模嵌在模具上即可。这种方法模具加工量小，制件文字不易磨损，是首选方案。

在设计时采用以上那种方法要视情况而定，往往在综合考虑装饰效果、功能要求及成本的情况下，也可以在一个产品上同时采用上面介绍的两种或三种方法，或许是更好的设计。

8.4　结构设计实例

8.4.1　吹塑包装容器的形状设计

饮料、调料、化妆品、药品等包装容器，多采用塑料、玻璃等材料制成中空的瓶体形状。这类制品用作液体或膏体产品的包装瓶，一般要在自动灌装生产线上进行灌装。因此它的外观形状的设计，除了要考虑常规的结构设计要素和形式美的表现法则，还要满足自动灌装工艺过程对瓶形的特定要求。

灌装时，包装瓶在自动灌装线的传送带上依次向前移动，如果包装瓶的截面形状为菱形、椭圆形甚至三角形，这样的瓶形无相对固定的间距，容易堵塞导轨。因此瓶体的基本形状大多设计为圆柱形、方形或矩形，而且矩形和方形瓶的角隅处必须要设置圆角，以便于机械手能够插入两瓶之间，取下已灌装完的瓶子。另外瓶子上部截面的尺寸不应大于下部的尺寸，否则由于上重下轻，瓶子在传送带上可能倒伏(图8-32)。

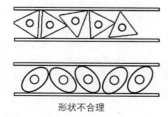 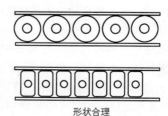

形状不合理　　　　　　　　　　形状合理

图8-32　适合自动灌装工艺的瓶形

瓶体灌装时还要承受注料嘴和压盖装置的垂直压力,而瓶颈和瓶肩是支撑各种垂直负荷的主要部位,为此瓶颈要加大壁厚,瓶肩要有合理的形状。图8-33中所示瓶肩的形状和曲率不同,抗压强度也不同,具体设计时要根据瓶体的材料、壁厚、体量大小、瓶盖的样式等具体情况而定。另外有的包装瓶不采用传统的螺旋式密封盖,如洗发液包装瓶(图8-34)等,对瓶肩的设计就无需过多地考虑支撑力的问题。

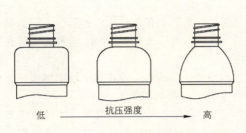

图8-33 瓶肩形状的强度

图8-34 洗发液包装瓶瓶肩

8.4.2 塑料螺杆的设计

在塑料件上模制螺纹,尤其是较长的外螺纹,一般情况下在螺纹表面上容易留下合模线,影响使用。图8-35中的设计将螺杆上有螺纹的部分,与模具闭合方向相垂直的圆周面切去一部分,形成图中的形状。其结果制件完全能够满足使用的紧固强度要求,在模制时产生的合模线,由于在螺纹的直径范围以内,不会对使用有任何影响。这样的设计,与模塑后将制件从模具上旋下的方法比较,既可以保证质量,也可以显著的提高生产效率。

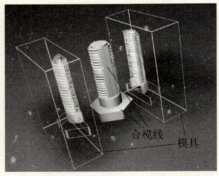

图8-35 塑料模制螺纹

8.4.3 塑料盒体的工艺缝设计

用塑料制作盒体结构的产品很多,如台式计算机的键盘、电话机、吸尘器、电子血压计等产品的外壳,一般是由盒底、盒盖两部分组成,如图8-36所示。如若要求盒底和盒盖配合严密,结合处无缝隙,就要解决两个问题。其一,就是对模具有很高的要求,要求底和盖的模具要有很高精度,两套模具的形状和尺寸要高度的配合。其二,塑料件注射成形时熔料温度很高,凝固冷却后容易变形,尤其是塑料件的体形较大时,往往造成盒底和盒盖之间的缝隙不均匀,影响产品质量。为了预防这种情况的出现,一个解决的办法就是设置

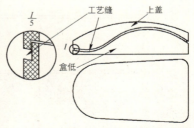

图8-36 工艺缝

工艺缝,有意识地将缝隙预留,以掩盖结合处不严谨的缺陷。工艺缝的尺寸一般为0.6~1.2mm,大型件可设置1.5~2.5mm。

工艺缝在产品上虽然是典型的结构线,但是它通常要贯通整个形体,具有很强的视觉冲击效果,因此要将它作为形体线嵌入产品整体的形态设计中。

8.4.4 制件的加工与装配的工艺性

工艺性是指制件的设计,在形状上和尺寸上是否易于进行加工和装配。工艺上存在的问题,不应留待加工制作时解决(有时不能解决),而应在形状设计、功能设计的同时认真考虑工艺性,才是完美的设计。以下面三例示范工艺性问题与设计之间的关系。

1. 简化加工工艺

图8-37中 a 图,需要在圆筒的底部制作图中所示的形状,由于筒的直径较小且深,因此加工制作非常困难,图8-37中 b 图的设计方法是,分别制作圆筒和内部的形体,然后装配在一起,形状和功能不受影响,但是加工工艺变得容易了。

2. 保证加工所需的空间尺寸

图8-38中 a 图,工件需要在图中所示的部位钻孔或攻丝,由于设计时未考虑再加工的环节,使得钻卡头无工作空间,因此无法加工。类似的情况还有车加工、铣加工时工件要留有合适的夹持部位,及其他形式加工时,工具的操作空间等。

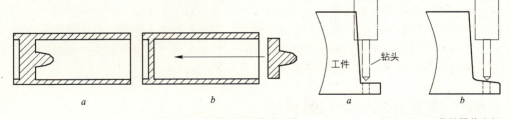

图8-37 简化加工工艺的设计　　图8-38 工具的操作空间

3. 零部件的结构适于装配工艺的设计

图8-39中 a 图的设计,在装配时由于是封闭的箱体结构,使得螺栓无法放入,也无法用工具夹持旋紧。即便用特殊的方法旋紧了,以后维修时也无法拆卸。b 图的设计在适当部位设置工艺孔,方便紧固螺栓的工具进入机器内部。如果在外观件上设置工艺孔,通常用另一个装饰件、标牌等进行掩盖,或其他方法加以修饰。

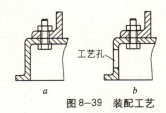

图8-39 装配工艺

8.4.5 复杂曲面形体的技术数据表达方法

由两个或多个基本的几何形体,在三维空间排列、相贯、组合等方式构成的复杂的形体,我们可以用正投影图进行技术定位。例如,用规范的图线表达三度的形状,用尺寸标注的方法量化形状。但是有的形体的表面是由复杂的曲面构成的,特别是仿生的形体,这样的形体我们无法在平面图上用准确的技术数据进行描述。移出剖面的方法是一种简单快捷的方法,图8-40中的原型是一个部件的三维设计图,我们假设在Y轴方向上1、2、3、4、5的位置,分别用垂直于底面的互相平行的剖面,将原型剖

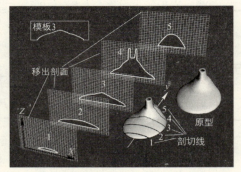

图8-40　复杂曲面的技术数据表达

切,剖面与原型的截交线就是移出剖面的形状。以上是三维扫描用的反求的方法,用这样的原理,我们只需在各个移出剖面上绘出X和Z方向真实的二维图形就可以,不需要再标注尺寸。

有三点要说明,第一在Y轴方向上分割的越多,越精确。分割线可以等距,也可以在形状复杂的部位分割的密一些,在Y轴上形状变化较缓的部位,可分割的疏一些。无论是等距还是不等距,在Y轴上各点的间距要标注准确。第二点,如果剖面是对称图形,最好只绘制一半,再用镜像的方法完成整图。再有一点,建议绘制原型大小的图,即图形是1:1的比例,这样可以使后边的工作变得简单了。

这是一种工程设计方法,称作模板法,制作模型或制作生产模具时常用这样的方法。其过程,首先用薄金属板或塑料板等,按照各个移出剖面图的形状制作模板,如图中所示一边不封闭。制作时用模板当作样形,例如制作油泥模型,在有坐标的模型台上,分别用模板在Y轴的相应位置上确定这部分的形状,然后将相邻的部位平滑过渡,完成模型的制作。制作生产模具也是用同样的方法。

8.4.6 掩盖工艺缺陷的设计

当加强筋必须设置较大的高度时,可在加强筋底部预设凹槽,以掩盖注射成型时,因冷却收缩形成的不规则的凹陷痕迹,是一个好的设计手法,如图8-41中局部放大所示。

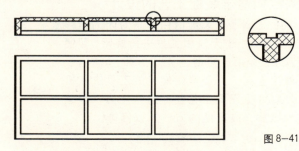

图8-41

8.4.7 注射成型中的斜孔设计

图8-42塑料件上斜孔的轴线与模具的闭合方向不平行,斜孔部分的型芯是连接在上模上,按常规无法脱模,必须改型。图8-42中b图的设计是将斜孔部分的型芯一分为二,上下模各半,型芯两部分的结合面与模具闭合方向一致,可以脱模。斜孔可以是圆孔也可以是方孔,但是必须符合的条件是,A、B两点应有适当的距离,而不能交越。经过对模具的特殊设计,解决了按常规无法实现的斜孔模塑。此例设计表明,设计师对工艺过程以致模具的结构了解得越多,在设计时受到制约的因素就越少。

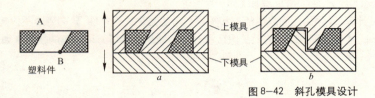

图8-42 斜孔模具设计

思考与练习题

1. 为什么说探讨制件结构的受力合理性是应用设计的重要内容?
2. 选择一件产品,试论述结构设计与形态设计的关联因素。
3. 框架结构的定义。
4. 框架结构的基本结合方法。
5. 手工制作直角榫卯结构件一套。
6. 掌握板式结构的定义及拆装结构与固定结构的结合方法。

第九章 产品构思和理念的传达

设计草图是设计师将自己的想法由抽象变为具象的一个十分重要的创造过程。它实现了抽象思考到图解思考的过渡。它是设计师对其设计的对象进行推敲理解的过程，也是决定设计方案的前期重要阶段。

作为设计者，较强的图面表达能力和图解思考能力是先决条件。草图表达不仅是工业设计，也是建筑、机械、平面、环境艺术、服装设计等领域从业者所必须具备的技能。如图9—1。

图9—1

9.1 常用草图种类

9.1.1 记录性资料草图

记录性资料草图是作为设计师收集资料和进行构思创意用的。草图一般十分清楚详实，而且在草图上画一些局部的放大图，以记录一些特殊的结构或是形态和色彩。这类草图对拓宽设计师的思路和积累设计经验有着不可低估的作用。如图9—2。

9.1.2 思考性创意草图

利用草图进行形象和结构的推敲，并将思考的过程表达出来，以便对设计师的构思进行再推敲。这类用途的草图被称为思考类草图。

这类草图更加偏重于思考过程，一个形态的过渡和一个小小的结构往往都要经过一系列的思考和推敲。而这种推敲靠抽象的思维是不够的，要通过一系列草图进行逻辑思考。图9—3。

第九章 产品构思和理念的传达

图 9-2

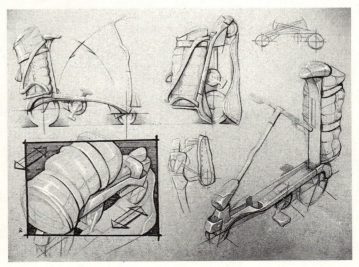

图 9-3

9.2 草图绘制工具及特性

9.2.1 铅笔

用于起稿或直接画铅笔画。它有6H～6B不同软硬的铅质供选择。

1. 铅笔表现的特点

铅笔表现的素描为其表现效果,素描有两种形式:

(1) 单线画法:即以线条的勾勒,将物体的全貌表现出来,用笔分轻、重、缓、急,线条生动,富于变化。

(2) 明暗画法:即线条的排列为主要形式,可表现极其细微的变化,使光影表现的极为深入。铅笔有软硬之分,软铅用于粗犷的画面效果,硬铅可产生细腻的效果。铅笔表现主要是铅粉留在纸上的痕迹而形成画面,因此,还可用手或擦笔擦抹画面,使影调均匀过渡,线条含混。为了长期保存铅笔画,最好能在画面上喷一层定画液(乳胶掺水调稀)。

2. 铅笔线条与运笔的基本方法

铅笔的笔心有一定粗细,因此,铅笔的线条总在一定的宽度以内。铅笔线条的粗细是由绘制者用力轻重所致,用力重就粗,用力轻就细。以单线描绘的画法,线条的抑扬顿挫就是绘制者用力轻重所为;以明暗刻画的技法,依靠线条的排列形成面。线条排列也有多种方法;上重下轻,下重上轻,两头轻中间重,两头重中间轻。在勾线时,因往返的长度是一定的,不可能很长,故意一组一组的排列、一组与一组衔接。如果要形成很大的一个面,则用"两头轻中间重"的方法较合适。 如图9-4。

图9-4

9.2.2 彩色铅笔

彩色铅笔与普通铅笔相同,都有木质外壳,分油性、水性两种,但它有丰富的颜色可供选择。如图9-5。

图9-5

9.2.3 钢笔

钢笔也称自来水笔,通过吸管存储一定量的墨水,经笔头,将墨水画在纸上,有的将笔头弯折后使用,可随意调节线条的粗细。如图9-6。

图9-6

9.2.4 针管笔

针管笔也称制图笔,是为了绘制完全合乎标准的图样及文字而用,分0.3~2.0mm九种粗细规格。如图9-7。

图9-7

9.2.5 麦克笔

麦克笔也称尼龙笔、记号笔,有油性和水性两种之分,并有不同颜色和不同粗细的笔头可供选择。如图9—8。

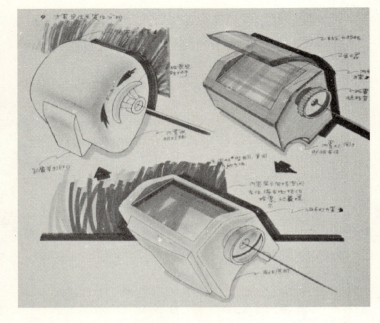

图9—8

9.2.6 色粉笔

色粉笔属于粉质材料,供选择的色相很多,色素间可互混。如图9—9。

图9—9

9.3 草图绘制的基本方法

1. 产品设计草图中的基本要素的训练

(1) 正圆的训练

这种基本形在我们的设计中是常常遇见和使用的。大家知道,一个正圆要想一蹴而就,的确不是一件易事。如一张草图的其他部分画的简洁干练,惟独某些特定的图因为画不准,而在上面反复描绘,其结果是画面上出现了一大堆残线,感觉非常遗憾。设计草图要求行笔流畅。对形态的大小,位置控制要非常准确。这就给我们提出了较高的要求,一定要想画什么样的图就能画什么样的图,要画多大就能画多大。随心所欲,自由发挥,做到这一点必须遵照一定的方法作大量的练习。见图9-10、图9-11。

(2) 椭圆的训练

椭圆的训练与正圆的训练有所不同,椭圆因角度的变化而产生透视感。而透视的作用使得椭圆在空间中出现近大远小、近宽远窄的透视感觉,因此作椭圆的训练除了遵循正圆的训练方法之外同时还要注意椭圆在空间中的透视关系。如图9-12可看到训练椭圆变化的基本方法。

(3) 组合形状的训练

1) 先让我们在纸面上画一个在透视作用下的立方体。在画立方体的时候我们要注意画准每一个形面的透视关系。线与线之间要相互交叉,只有这样当我们画下一条线的时候才有依据。

2) 有了一个正方形的立方体之后我们就可以在这些形面上画椭圆了,其要求同上所述。要将注意力控制在每个有透视变化的正方形之内。

3) 在画完了三个正方形面上的椭圆之后,再在椭圆之内,画小椭圆。注意画的时候一定要有透视的感觉。

4) 当我们把所有的椭圆画完之后,接下来让我们在各个形面上标注一下断面,从而达到一种辅助的说明效果,让人一眼看上去形与形之间的关系非常明了、透彻。

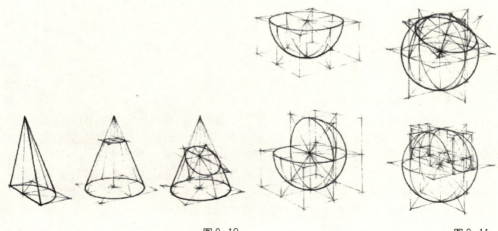

图9-10　　　　　　　　　　　　　　　　　　　图9-11

图 9-12

5）注意勾画断面线一定要轻、要淡，切记不要喧宾夺主。当然了，画的时候我们的脑子一定要很清晰。同时还要记住勾画断面线也一定是在透视作用下进行的。

6）当我们将整个程序完成之后不妨再画一个，然后在上面加些明暗，给个投影，以丰富其表现力。在加明暗的时候要按照绘画素描中的道理去加。要给人以自然轻松的感觉，切忌涂得太重，因为我们要说明的是形态，不是纯艺术的素描，画的时候要简洁、概括、轻松、明了。

以上各种步骤我们要经常不断地加以练习。通过练习使我们的画图状态不断地稳定在一个熟练的基础上，只有增强手头的控制力，才能把握图面所表达的各种形态关系。另外还可依据自己的兴趣，作其他形式的练习。如图 9-13～图 9-15。

（4）特定形态的训练

所谓特定形态是指在设计中所遇到的特殊造型。在勾画时，这些造型不像正圆、椭圆那样能形成一种往复的循环笔路。特殊造型在勾画时要求行笔在一定形态下进行旋转而获得。如车轮挡泥圈与车身拱形的勾画，就要在这种扭转行笔的状态下完成。再如一些半切形、回转形、绕转形等，都要求我们在勾画时，手头有很稳定的控制力才能达到设想的效果。下面将几个例子，来说明控制特定形态的要求与方法。汽车挡泥圈与车身拱形这种造型可以说是特定的，它因车的特有形态而形成，在表现时要求必须采用固定的手法来完成。同时在画这种造型的时候还要求依照画正圆与椭圆的方法，追求其行笔的流畅感。车身挡泥圈与车身拱形的半弧形状在成角的状态下，看上去很像一条抛物线。而在设计中形态角度的变化往往是不定性的。因此在勾画时我们要特

第九章 产品构思和理念的传达

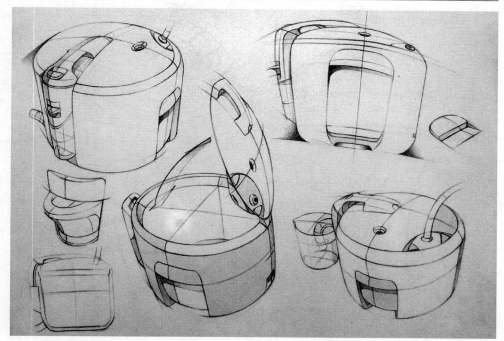

图 9—13

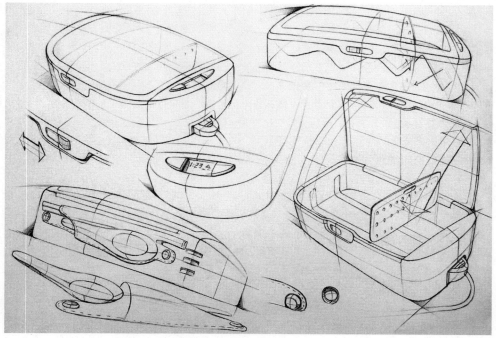

图 9—14

别留意抛物线本身与整个形态的透视感受。如图9-16～图9-18。

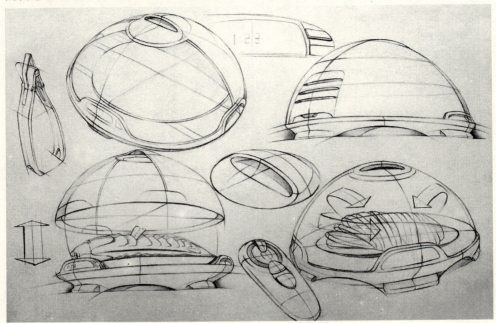

图9-15

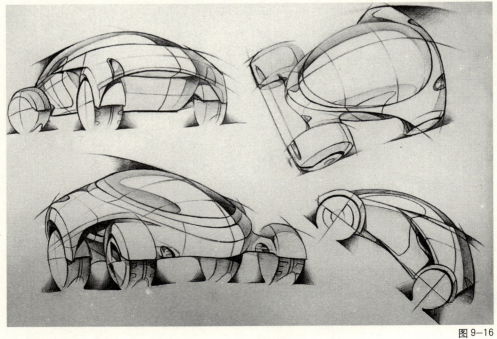

图9-16

第九章 产品构思和理念的传达

图 9-17

图 9-18

2. R 角的处理

R 角的处理是形态设计中常常遇到,同时又必须掌握的关键要素之一。简单地讲 R 角的形成是通过对尖锐角进行弧形处理而完成的。对不变 R 角的处理,一般在实体模型或三维电子模型上制作比较简单直观。然而在设计草图中,对形态的 R 角处理就必须遵循图面表达的相关技巧,才能获得所设想的效果。R 角的处理,使简单形态向有机形态、直面形态向曲面形态、单纯形态向多样形态转化发展的重要途径。也是形与形之间相互呼应、相互协调的有效手段。R 角处理得如何直接影响着形态情感的传递与表达。R 角处理得好,能使形态妙不可言。R 角处理得不好,则会使形态变得丑陋不堪。R 角处理得好,还会使形态变得柔和宜人;R 角处理得不好,则会使形态变得怪异而不协调。R 角的恰当处理有时会使形态感觉厚重。有时会使形态感觉轻薄。有时会使形态感觉柔和。有时会使形体感受坚硬。总之对 R 角的处理与表达是塑造形态语言的关键,同时也是传递形态情感的重要手段。如图 9-19,图 9-20。

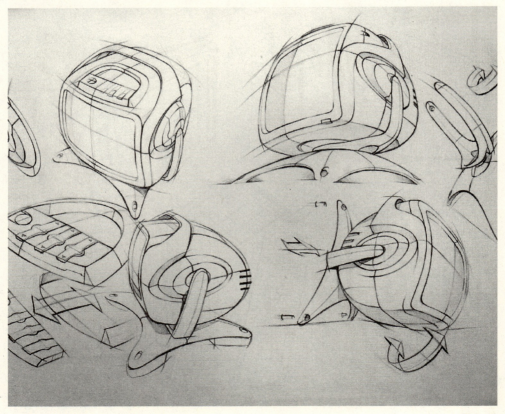

图 9-19

第九章 产品构思和理念的传达

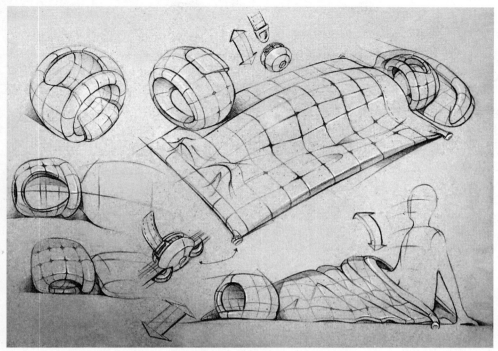

图 9-20

9.4 草图绘制方法范例

马克笔效果图的表现。

马克笔的色度有很多种,通常分两大系列,即黑灰色系列和彩色系列。初学者在日常草图绘制中最多、最常用的是灰色系列,作为快速表现明暗关系。它来的最快最直接,当然也可以直接用色彩系列,但必须对色彩之间的关系有充分的把握,如明度、色相等。对于初学者,我们还是建议先用灰色系列,因为它无须考虑色彩关系,只考虑明度关系,容易把握。

马克笔的笔头形状的是众多设计师们长期实践得来的。虽然各种笔头形状有宽有窄,有粗有细,但基本上都能保持以下几个型面。宽头部分有尖锋,左右宽锋,底面平锋;尖头部分有尖锋,尖锋与尖锋通常是用来勾画形态的外形线和组接件与分型线的。同时可以利用这两种笔锋的组合

图 9-21

来表现物体的转折和起伏关系。左右宽锋和底面平锋比较适合处理大的平面和曲面效果,特别是表现光亮件上其效果特别诱人。由于马克笔色彩的透明性和快干性,若采用快速用笔的手法,结合色粉和高光能给人形面非常光顺的感受。

左右宽锋面和底面其运用的方式是将笔锋的宽面平压在纸面上均匀用力可画出均匀透明的宽线,迅速排列可画出一整块的平面。若要画简便的效果可在需要的地方按形排线,笔与笔之间要做到没有接痕,而且动作要快。

9.5 汽车草图的训练

在工业设计中,汽车草图准确表达是难度较大的。因它大角度的透视,以及众多曲面的组合,会令初学者望而却步。不是形画不准就是透视把握不住,或者轮子装不到车身上等。要想画好汽车草图,关键在于方法,任何事物如果掌握了方法也就变得容易起来(图9-22、图9-23)。

下面介绍一下汽车草图的训练方法,在做汽车草图之前,先让我们对汽车基本结构有个大致的了解。

在进行汽车草图训练之初,我们可先从整体分析和归纳车的外形开始。它大致可分为车顶、车身、车轮等。我们一开始可将其大弧度的曲面,看成下面所示。

1. 第一步,练习搭骨架,把握其透视主行线。将这个角度画熟之后再换一角度。

2. 第二步,通过上一步的长期反复训练,加上我们经常对车身的观察,我们对车的基本形态就有了大体的了解,接下来我们可以练习车顶圆弧。

3. 在造型之前要考虑好车型各面的相接关系,而后轻轻地用无水的圆珠笔在纸上默画,轻轻地画出一些痕迹来,等到相互形面的透视基本想明白了,再快速地将车画来,这时候我们画的东西一定要有手感,给人以轻松潇洒的感觉。

4. 有时候也可能遇到这样的问题:画完之后感觉透视不对或有形的偏差,或形态没有

图 9-22

第九章 产品构思和理念的传达

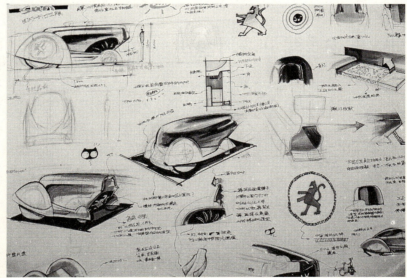

图 9-23

达到你的目的,可以考虑这样一个方法,重新拿一张纸盖在已经画过的画稿上,这时候画稿的细节就被掩盖了,你所看到的只有一个朦胧的外形,用同样的角度再构思,再修改。经过这样多次的探讨,最终可能会达到目的。

思考与练习题

1. 用钢笔淡彩画法作小商品、家电产品、交通工具产品图各一张。
2. 用投影图画法作简单和复杂产品设计草图表现各一张。

第十章 规范的绘图系统

10.1 透视的基础知识

10.1.1 透视现象

透视图是用平面二维表现空间三维的绘图方法，是在图纸上画出所观察的外界景观。其视觉经验是：近大远小，如一片树叶与树木相比小的微不足道，在远处几乎观察不到，但将其拿到手中，逐渐向眼前移动，它的形象会越来越大，最后能遮住远处的大树，甚至整个蓝天，这就是一叶障目；等距离线段近长远短；面前相平衡的铁轨越远越窄、似乎相交在远方一点；远处的天水交合在水平线上。根据这个视觉经验，可通过玻璃窗子向外观察，外面的景物或高大的楼房、山峰、树木、人群，都可在很小的窗框内看到。这些就是透视现象。要把这些透视现象准确地画在图上，就需掌握透视图的画法。

10.1.2 透视图的基本原理

人们透过一个面来视物，观看者的视线与该面交成的图形，称为透视图。透视图是一种运用点和线来表达物体造型直观印象的轮廓图，也称为"线透视"。透视图实际上也相当于以人的眼睛为投影中心时的中心投影，所以也称为透视投影。透视图和透视投影常简称为透视。

10.1.3 透视图的作用

透视图是将设计概念转变成准确、逼真的三维空间图像而预现出来，供有关人员研究；同时设计师可根据这样直观的图像来推敲设计方案的优劣，作为调整和修改设计的依据之一。

10.1.4 透视图的专业术语

视点：画者眼睛的位置；
视心线：由视点引画面垂线叫视心线。视心线总是与画面垂直；
心点：视心线与画面的交点叫心点；
视平线：表示画面上的视点、灭点移动的轨迹，也就是眼睛高度线；
基线：地平线或其他面（桌子、平台）与画面相交的线；
视圈：是人眼的视域，称视圈；
灭点：虽然表面上在画面上不平行，但物体上相互平行的直线向远处引伸的最终交于视平线上的点，称为消灭点或灭点；

距点：与画面成 45 度的水平线的灭点；

余点：与画面成任意角度的水平线的灭点。与画面所成角度大于 60 度的水平线灭点在视圈内，小于 60 度的水平线灭点在视圈外，如图 10-1。

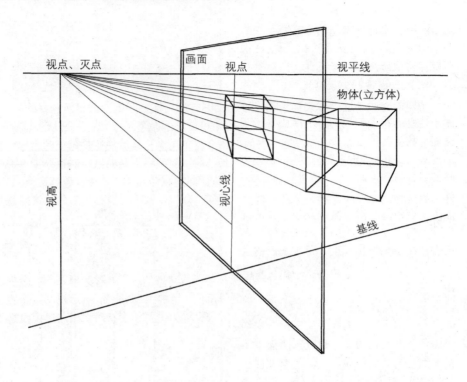

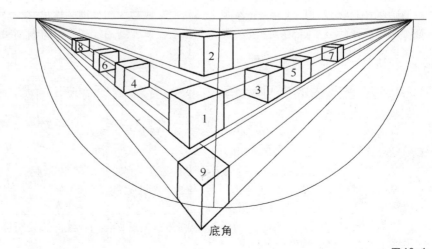

图 10-1

10.2 常用的几种透视图的画法

10.2.1 透视图的种类

透视图的种类与制图的方法有很多，适合于产品设计效果图的通常有三种不同的透视图形式，即三点透视、一点透视和两点透视如图10-2。

(1) 一点透视图（平行透视）：物体的一个面与画面平行时，只有一个灭点。由于这种透视图表现的有一平面平行于画面，故称为"平行透视"。图10-3。

(2) 二点透视图（成角透视）：物体与画面成任何角度时，其一棱平行与画面，其高度不变，两边则各消失于两边的灭点上。两点透视较能全面反映物体的几个面的情况，且根据图和表现物体的特征需求自由地选择角度，透视图形的立体感强、失真小，故在效果图中经常应用。图10-4。

(3) 三点透视图（倾斜透视图）：物体没有一边平行与画面，其三个方向均对画面形成一定角度，也分别消失于三个灭点。三点透视通常呈俯视或仰视状态。常用于加强透视纵深感、表现高大物体。由于三点透视制图较复杂，故在产品效果图中应用较少。图10-5。

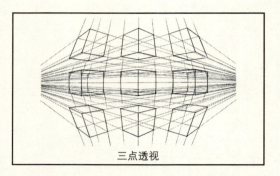
三点透视

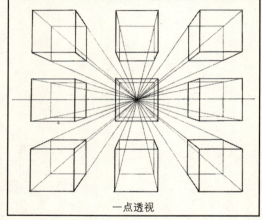
一点透视

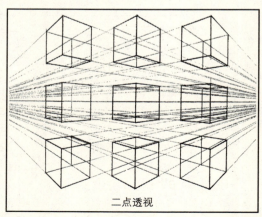
二点透视

图10-2

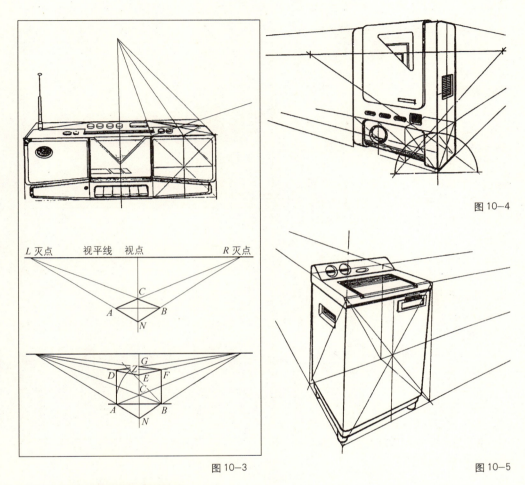

图 10-3

图 10-4

图 10-5

10.2.2 透视图的画法

1. 平行透视法

(1) 以立方体为图例(图10-6),作一点透视图的画法步骤:

1) 在适当的位置,划一视平线,确定 L 和 R 灭点,并取其中心为视点。
2) 从视点作视垂线,确定立体方的 N 点位置(N 点不宜远离视点)。
3) 过 N 点作一水平线,取 AB= 立方体的边长(A、B 点不宜偏离视垂线太远)。
4) 由 A、B 两点与灭点及视点连接,互交于 C、D,则 ABCD 为立方体的底面。
5) 由 ABCD 分别向上做垂线,使 AE=BF=AB。
6) 由 E、F 与视点连接,并与 C、D 垂线相交于 G、H。连接 E、F、G、H 各点,则 AB、CD、HE、FG 立方体即是所求的一点透视图形。

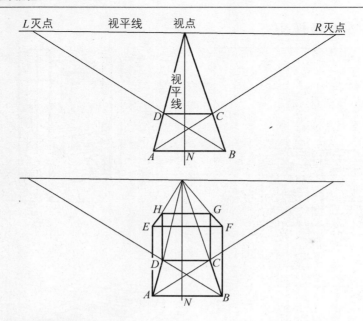

图 10-6

2. 45度透视法

(1) 在画面上方画水平线（视平线H），左右两端设灭点VPL、VPR，取中点为视心CV。如图10-7。

(2) 从CV往下做垂线，在适当位置设正方形的近接点N（注意使夹角大于90度）。由N向VPL、VPR做连线。

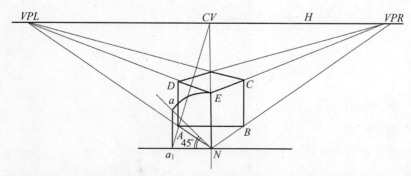

图 10-7

(3) 过N点做水平线，并过N做45度倾斜线，取Na等于正方形一边的实长。

(4) 从a向下引垂线与水平线交于a_1，连接a_1CV与N-VPL交于A点，过A做水平线与N-VPR交于B点，从A、B点向上做垂线。

(5) 由E点向VPL、VPR做连线，与从A、B点做得垂线交于C点、D点，连接D-VPR、C-VPL即完成立方体可见轮廓的透视图。

3. 30°~60° 透视画法

(1) 在画面上方画视平线 H，并在二端设左右灭点 VPL 和 VPR，取 1/4 处为视心 CV。如图 10-8。

(2) 从 CV 往下引垂线，设近接点 N（注意使夹角大于 90 度）。

(3) 过 N 点做水平线，做 60 度、30 度倾斜线后，在其上量取正方形实长 Na、Nb。从 a、b 分别往下做垂线交于 a_1、b_1。

(4) 使 a_1、b_1 与 CV 连接得交点 A、B。由 AB 点向上做垂线。

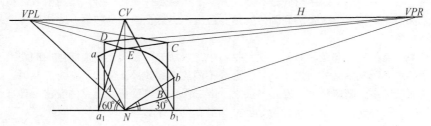

图 10-8

4. 三点透视图简易画法

以立体为例，当完成了立方体的一点或二点透视图后，在其透视对角线上任取一点 D，根据视觉判断 D 与 d 的适当距离，连接 VPL-D 并延长之得 A，同步得 B 及 C，连接 AB、AD，即完成正方体的三点透视图。这种画法简捷，可大大减少制图步骤（图 10-9）。

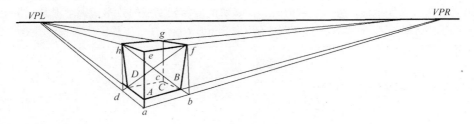

图 10-9

10.2.3 视点

物体和画面相对位置的处理，从透视图上感觉物体的大小，取决于人们的视觉经验与物体对于视线所处的相对位置。因此，一般画透视图应遵照习惯上的视觉经验来制图。

(1) 视平线与灭点的选择，以所画对象大小不同分别处理：对于小型产品（如手机、照相机及电话等），由于平常都居于俯视位置观看，则应将视平线置于图形内偏上部，两灭点远离图形，对于中型产品（如汽车、家具、机床等），应将视平线置于图形内偏上部，两灭点在图形以外，但应稍向内接近。上述为通常的处理方法，至于需要强调、夸张、变形的透视表达，属特殊表现技法，则另当别论。

(2) 物体角度的选择，对于一般物体来说，要将主要的三个方面表达清楚，只需在设定视平线位置的情况下，把左右两个灭点之间的物体作 90°旋转变化，既可充分显示两个侧面的关系。通常，将不同角度位置归纳并划分为三种形态，分别称作平行透视、30°～60°透视和 45°透视。

45°透视法宜用于产品的侧面与正面都需要说明的情况，尤其当产品的正面与侧面长度尺寸差别较大时，用 45°透视的画面形象优美，效果极佳。30°～60°透视法宜用于产品立面有主次之分的情况，当两侧面尺寸相差不大时，用此法可获得图面生动的艺术效果。平行透视的画法最容易，因平行面是实际尺寸，不产生透视变化，所以适用于表达多圆呈现在一个侧面上的情况，减少画椭圆的麻烦。但由于侧面歪曲失真较大，此法用于产品的透视图不太多。

(3) 视点的变化与透视效果，视点相当于人眼所处的位置。视点与画面的距离，视点距地面的高度及其视线的方向不同，会造成不同的透视效果。例如，在画产品时，如果物体左端面较复杂，就应将视点左移；反之，则右移到适当位置。视点的变化合理与否，会影响到画面所反映的内容，也会影响到画面整体的艺术效果。

10.3 正投影图

正投影图是表达设计思想的一种方式，同时又是将设计实现产品制造的基本方法，因此习惯称作工程图。工程图是以画法几何理论为依据，遵循相应的制图理论、规律和逻辑方法，将空间形体用平面图形表达的方式。工程制图是把构思的或测绘的工业产品造型体或零部件，用规范的图线（并标注上空间尺寸及必要的文字说明），在平面图纸上，形象精确地表达出来的过程。进入数字时代，计算机的应用使制图的效率极大地提高。常用的工程制图软件有 Auto CAD、Pro/ENGINEER 和 Solid Works 等。工程图作为设计师的语言，是工业设计者必备的基本技能。

10.3.1 制图基本规范

1. 图幅、数字和文字

(1) 图幅：国家标准"机械制图"规定，绘制图样时，优先采用表 10-1 中的 A 系列图幅尺寸。

从图 10-10 中可以看出 1 号图纸是 0 号图纸的对裁，依此类推。国家标准《机械制图》

图幅及标题栏　　　　　　　　　　　　　　　表 10-1

幅面号	A0	A1	A2	A3	A4	A5
长×宽	841×1189	594×841	420×594	297×420	210×297	148×210
c	10	10	10	5	5	5
a 装订边	25	25	25	25	25	25

对标题栏的格式和内容未作统一规定。这里推荐与图中相似的格式,不论图纸横用还是竖用,标题栏均放在右下角。标题栏中主要填写所绘图样的名称、绘图比例、图号、设计人、单位及日期等内容。

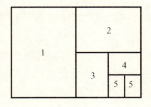
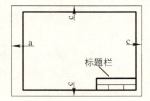

图 10—10　图幅和图框格式

(2) 图中汉字一般采用仿宋体,数字和字母为直体或斜体(向右倾斜)。

(3) 绘图比例:绘图比例是指图形的线性尺寸与实际物体相应线性尺寸之比,是表明图样大小和实物大小的关系。制图时选用的比例要适当,允许时选 1:1 为宜。

表 10-2 中加下划线的比例为工业设计制图首选,必要时可选用 1:15 和 1:20。

绘　图　比　例　　　　　　　　　表 10—2

种　类	比　例
与实物相同	1:1
缩小的比例	1:1.5　1:2　1:2.5　1:3　1:4　1:5　1:10n 1:1.5×10n　1:2×10n　1:2.5×10n　1:5×10n
放大的比例	2:1　2.5:1　4:1　5:1　(10×n):1

2. 图线的表达方式及应用

图线名称及线型　　　　　　　　　表 10—3

图线名称	线　型	图线宽度
实　　线	———————	b
粗实线	———————	$2b$
细实线	———————	$0.5b$
虚　　线	- - - - - - -	$0.5b$
点划线	— · — · — · —	$0.5b$
粗点划线	— · — · — · —	$2b$
双点划线	— ·· — ·· —	$0.5b$
折断线	～～～～	$0.5b$
波浪线	〜〜〜〜	用笔徒手绘制

(1) 图线的应用如下

实线:图中物体可见轮廓线;图框线;标题栏及表格外框线;产品外形三视图、轴测投影图、透视图较突出部分的轮廓线。

粗实线：剖切记号；造型立体的表面展开图（例灯罩、箱包展开图、服装裁剪图的外轮廓线和剪开线）。

细实线：尺寸线及尺寸界线；制图辅助线；标题栏及表格的分网格线；剖面线；引出线；重合剖面的轮廓线。

虚线：不可见轮廓线（包括玻璃等透明材料后面的轮廓线）；螺纹底线；钣金件的折边线；服装衣片的明缝线。

点划线：对称中心线和回转体的中心轴线、半剖分界线；可动零部件的外轨迹线；同一圆周上各分布孔的圆周线；产品展开图（纸、革、服装衣片）的折转线。

粗点划线：有特殊要求的线或表面的表示线；陶瓷制品设计图及服装衣片图对称中心线。

双点划线：假想轮廓线；成型前和剖视前的轮廓线；极限位置的轮廓线。

折断线：断裂处边界线；阶梯剖视图的轮廓线（家具图用）。

波浪线：局部剖视图分界线；同样表示断裂处的边界线；回转体的断面线。

（2）绘图图线时要注意以下两点：

　　第一，虚线和实线，以及两虚线相交时要线段相交。

　　第二，点划线和双点划线的首末两段是线段。

3. 尺寸标注

（1）完整的尺寸一般由尺寸界线、尺寸线、箭头（尺寸起止点）和数字组成，尺寸界线和尺寸线为细实线。数字一般为毫米单位，不必注明，如果是其他尺寸单位要注明。如图10-11。

（2）图纸标示的尺寸数字是指实物尺寸，与绘图时采用的比例和绘图的准确程度无关。

（3）长度尺寸的标注，见图10-12。

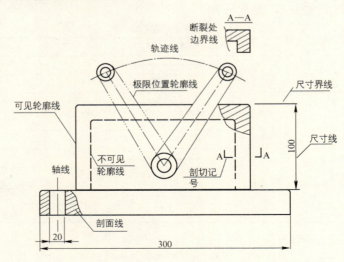

图10-11　图线的应用

1）尺寸线必须和所标注的线段平行且相等，不允许用轴线、中心线、轮廓线和尺寸界线代替。

2）尺寸界线一般应与尺寸线垂直，是由轮廓线、轴线或中心线引出。也可利用轮廓线、轴线、中心线作尺寸界线。

3）尺寸界线尽量避免和其他图线相交，因此大尺寸要注在小尺寸外边。

4）线型尺寸数字一般应标注在尺寸线上方，也可标注在中断处。倾斜尺寸如（图10-13a）填写，尽可能避免在30°范围内标注尺寸，如必须标注时可用（图10-13b）的方式。如果尺寸过小，没有足够位置画箭头和标注数字时，可按照（图10-13c）所示的方式标注。

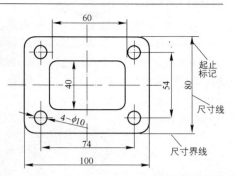

图10-12　长度尺寸的标注

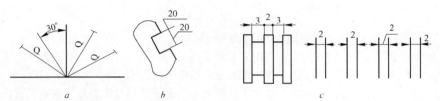

图10-13

（4）圆的尺寸标注。

1）圆的直径和半径的尺寸线终端要画箭头。

2）圆和大于半径的圆标注直径 ϕ，半圆弧和小于半圆的标注半径 R。标注直径时尺寸线要与圆的中心线倾斜一个角度。圆的一部分省略时，注意尺寸线必须超过圆心。

3）小圆和小圆弧的尺寸标注如图10-14所示。

4）球面尺寸的标注。

图10-15为球面尺寸的标注方法，大于半球时标注直径尺寸，小于半球时标注半径尺寸。标注球面尺寸时必须在数字前加注"$S\phi$"、"SR"，也可以加注"球ϕ"、"球R"字样。

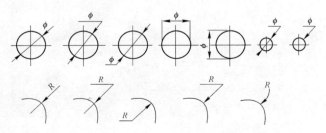

图10-14　圆和圆弧的标注

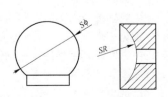

图10-15　球面尺寸的标注

(5) 相同尺寸和定位尺寸的标注。

图10-16中圆周线和定位线用点划线，同一图中孔的直径相同时，可以只标注任一个孔的直径，在直径前面加注孔的个数即可。多个孔在同一个圆周均匀分布，只要在直径数值后加注"均布"即可。其余标注见图中所示。

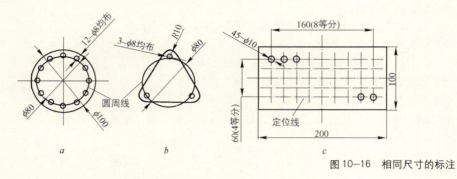

图10-16 相同尺寸的标注

(6) 方和倒角标注以及方面的表示(图10-17)。

物体中的方柱、方孔，可在轮廓线上直接标注"10"或"10×10"字样即可。图10-7b的倒角标注中C是倒角高度，后面的数是倒角角度，常用的角度为30°、45°、60°。用常用角绘图、测量、加工均方便，因此无特殊需要尽量不要用其他角度。在矩形轮廓线内画对角线表示方面。

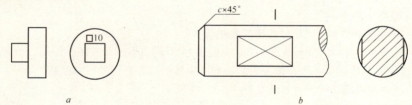

图10-17

10.3.2 工程图的表达方式

1. 正投影的基本概念

工程图是用正投影的方法描述物体某个方向的形状和尺寸。所谓的正投影是，选择物体上的一个面，并放置在与投影面平行的位置上，用一组平行光线通过物体垂直投射到投影面上所得到的投影。图10-18中A、B、C分别为三个投影面，在投影面上的影子就是真实的形状。正投影图能够准确地表达物体各个面的形状和尺度，而且制图和读图都简单容易，在工业设计中用于产品的外形三视图和制件结构图的绘制。

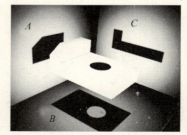

图10-18 正投影

2. 六个基本视图

国家标准《机械制图》中的图样画法规定表达物体时共有六个基本视图可供选用。六个基本投射面形成正六面体，即主视图、俯视图、仰视图、右视图、左视图、后视图，形成方法如图10-19。其中主视图为从前向后投影所得的视图，从右向左投影得到右视图，投影面在主视图左面。从上向下投影得到俯视图，投影面在主视图下面，其他视图以此类推。

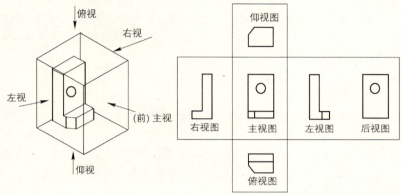

图10-19　六个基本视图

当六个基本视图的配置的位置如图10-19时，一律不注出视图名称。当物体复杂视图较多，不能按上述配置时，应在视图上方标出视图名称，如"A向"，并在相应视图附近用箭头指明投影方向并注上同样字母。

绘图时并不是必须要将六个视图都画出，需用几个视图可以把物体的形状表达完整，需视物体形状来确定。图10-20a是圆柱体，由于标注了直径，因此用一个视图就可以表达清楚。中间b图是 85 × 50 × 40 的长方形体，需用俯视图表明顶部的形状和尺度，因此需用两个视图来表达。c图长方体上开有半槽，还需用第三个视图标示槽的高度。通常用三个基本视图就可以反映物体的形状，因此常将正投影图称作"三视图"。

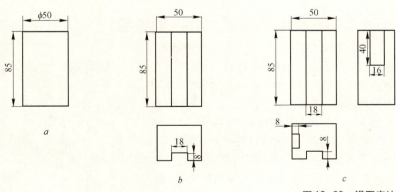

图10-20　视图表达

3. 向视图(斜视图)和局部视图

物体的各个面并不都是平行或垂直的关系,这时用六个基本视图就不能得到完全真实的投影。图10-21是一个文具部件(圆规的附件)的图形。图中右边部分不平行于任何基本投影面,如果投影到基本视图上,形状会发生变化。我们把这部分正投影到与它平行的投影面上,图中的A面,A方向视图称为斜视图,它能反映出倾斜部分的实形。绘制斜视图应在视图上用箭头标明投影方向,如图中A,在斜视图上方标明视图名称为某方向,如"A向"。

图中B向视图称为局部视图。它只须画出需要表达的部分,其他图线不必完全画出,图中表示底端为正方形。斜视图和局部视图的断裂边界要以波浪线表示,当外轮廓线成封闭时(如B向),可以不画波浪线。

4. 局部放大图

图中有细小结构时,图线过密,尺寸不便标注,可用大于原图的比例画出这部分图形,称为局部放大图。局部放大图一般用罗马数字标注相对应的原始位置,同时注明放大的比例,断裂处画波浪线。局部放大图尽量配置在被放大的部位附近。局部放大图同样适用于视图、剖视图和剖面图,图10-22中Ⅰ局部放大图为视图,而Ⅱ局部放大图采用了剖视图。

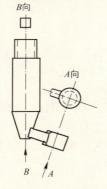

图 10-21　向视图

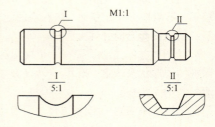

图 10-22　局部放大图

10.3.3　形体的内部表达方式(剖视图)

按正投影方法绘图时内部形状用虚线表示,在实践中我们会感觉到,画虚线繁琐,尤其是内部形状比较复杂的时候,很难表达清楚,并且标注尺寸不便,读图困难。一个好的方法,就是采用剖视的方法来描绘物体内部的形状。

这里讲的剖视,就是用假想平面剖开物体,将处于观察者和剖切面之间的部分移走,其余部分向投影面投影,得到的图形称为剖视图。在剖视图中剖切前的不可见轮廓线(虚线)变成可见轮

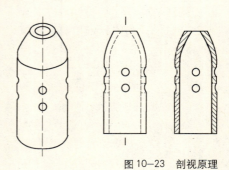

图 10-23　剖视原理

廓线（实线），被剖切到的那部分平面就称为剖面。

1. 画剖视图的规范如下

（1）剖切平面要平行于一个投影面，并通过孔、槽的中心线或对称平面，以便表达内部结构的实形。

（2）由于剖切是假想的，因此其他视图不受其影响。

（3）剖视图要标注剖视图名称、剖切位置和投影方向，但有时可省略一个或全部内容。

（4）剖面要按规定画剖面符号，如果剖面宽度小于2mm，可涂黑代替剖面符号。常用剖面符号如图10-24所示。

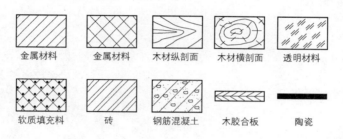

图10-24　常用剖面符号

2. 选用不同的剖切方式可以得到不同的剖视图

（1）全剖视图

用剖切面完全地剖开物体所得到的剖视图称作全剖视图。当剖视图按投影关系配置，中间又没有其他图形时，可省略箭头，只标注剖切位置，如图10-25中手柄的俯视剖图。当剖切平面通过被剖切物体的对称平面，且剖视图按投影关系配置，中间又没有其他图形时，可省略全部标注，如图10-25中左视全剖图。图中被剖到的部分要画剖面符号。两个剖视图不受剖切的互相影响，应将外形完整画出。

上面的三个视图表达的是一个物体，因此，在三个视图中每一个尺寸只能出现一次，不能有重复尺寸。尺寸标注的布局要合理，长、宽、高的三个"满外"尺寸要标出。在左视剖图中选择了顶端作为尺寸标注的基准线。重要尺寸直接标出称为直接尺寸，不重要尺寸不直接标出，而是通过计算得到，称为间接尺寸，另外标注尺寸不要形成闭合尺寸链。

（2）半剖视图

当视图为对称图形和回转体时，可将视图以对称线或中心轴线为界，一半画剖视图，一半保留原视图，称作半剖视图。图例的手柄是回转体，中心轴线两侧的外形完全一样，因此，在图10-26的半剖视图中，左半图画外形图，右半面画内部结构。图中的俯视图是全剖视图，它并没有受到半剖视图的影响，图形还要完整画出。由于这个方向没有中心轴线，因此要画出剖切记号。图10-26中的半剖视图所表达的图形效果与图10-25是一样的，但

工业设计教程

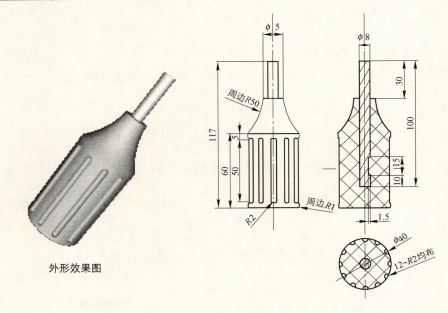

外形效果图

图 10-25　全剖视表达

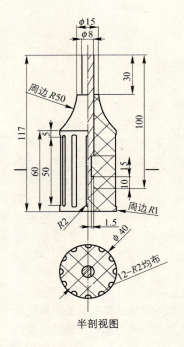

半剖视图

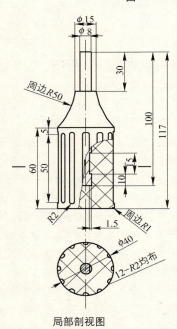

局部剖视图

图 10-26

282

是绘制半剖视图可以少画一个视图。

(3) 局部剖视图

为了表示物体局部的内部结构，只需用剖切面剖开需要的这部分，得到的剖视图称作局部剖视图，剖视界线用波浪线表示。如图10—26。

(4) 阶梯剖视图

用几个相互平行的剖切平面剖开物体的方法称为阶梯剖视图。用阶梯剖视图的方法可同时表达不同层面的内部结构。图中两个剖切平面间的连接平面在剖视图上不画出，即不画线。在图10—27的视图中，两个同心圆和矩形的图形，只能反映在这个投影上的形状。为了完整的描述它们的形状和内部结构，这里使用两个平行的剖面A—A、A—A，剖切后，在剖视图中，清楚的表达了两个同心圆一个为空心圆筒形状，另一个为阶梯形状实心圆柱，矩形为通孔的全貌。通过阶梯剖的方法，用一个剖视图同时表达了两个层面的结构，简化了作图过程。

图10—28是家具的阶梯剖视图，两个剖切平面间的连接平面，要画折断线。剖切后桌面被移走，为了在剖视图中表达桌面的形状，可以用双点划线(假想轮廓线)绘出桌面的形状，同时也可以确定与其他部分的位置关系。这样的画法可以用最少的图形，表述较多的内容。

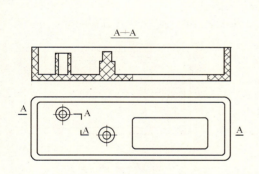

图10—27　阶梯剖视图

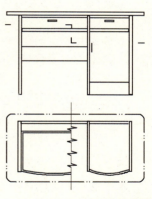

图10—28　家具的阶梯剖视图

3. 剖面图

当需要表示物体某一部分的形状时，如画剖视图要将投影线全部画出，作图繁琐。因此引入剖面图的表达方式，即用假想剖切平面把这一部分切开，只需把切口形状正投影到一个投影面上，并画上剖面符号。

(1) 移出剖面

把剖面画在视图外面的称为移出剖面。剖面的轮廓线用粗实线画出，一般画在剖切平面迹线延长线上。画剖面图要标明剖切面位置、投影方向。对称剖面图形的剖切符号可用点划线表示(图10—29)。如果图幅所限，需画在其他的位置时，应用字母标明。剖面图的比例可以与原视图不一致，但要注明。

(2) 重合剖面

把剖面图画在视图之内的剖切位置时称为重合剖面。重合剖面的轮廓线用细实线绘制。剖面的大小与所在的视图比例相同。

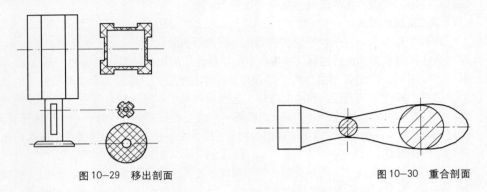

图 10-29　移出剖面　　　　　　　　　图 10-30　重合剖面

10.3.4　简化画法

1. 较长的构件如果长度方向的形状一致或均匀变化时，可截断一部分绘制，图 10-31 断开处要画波浪线。标注尺寸时要标注这部分的实际长度。

2. 如果图中有多个形状相同且按一定规律排列时，可只画 1 个，在其他的位置上用点划线代替，同时注明数量（图 10-32）。

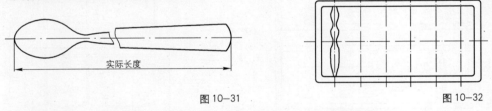

图 10-31　　　　　　　　　　　　　图 10-32

3. 当物体完全对称时或四个向限完全一样时，在容易理解的情况下，可以只画一半或四分之一。图 10-33 的电话机听筒上下完全对称，只画一半即可，图形简化了但是尺寸标注要完整。

4. 物体上有圆或圆弧，且与投影面有一定角度，应画椭圆或椭圆弧。如果与投影面小于 30°可以用圆或圆弧代替。如图 10-34 所示。

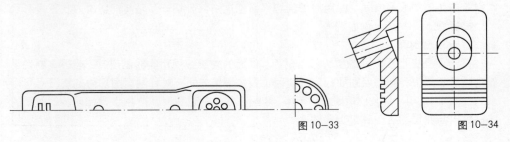

图 10-33　　　　　　　　　　　　　图 10-34

5．图10-35是三条腿的圆桌，绘制左剖视图时，下面的桌腿不处于剖切平面上，可将它旋转到剖切平面上画出，这样的结构不画剖面线。

6．二个圆形柱体垂直相贯时，相惯线允许用简化画法。图中两圆柱体的相贯线可用大圆柱的半径的圆弧代替（图10-36）。

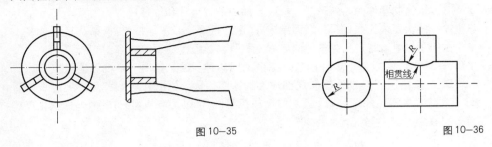

图10-35　　　　　　　　　　　　　　　图10-36

10.3.5　附录：正投影图表达方法应用范图

用正投影图表达设计就是选择一组视图、剖视图、剖面土地等，将构思的产品或零件的内外形体及这些形体之间相对的空间位置表达清楚。

图10-37是用绘图软件Auto-CAD绘制的塑料杯的设计图。图中为了使设计者的思维表达得更清晰，同时作为绘制三视图的参考依据，插入用三维软件制作的立体图像。方法是打开菜单栏中插入—光栅图像—选择图像。首先绘制外形三视图，经过推敲，确定基本的外形三维尺寸。外形三视图不必表达内部形状和细节结构，尺寸只需标注三度最大尺寸

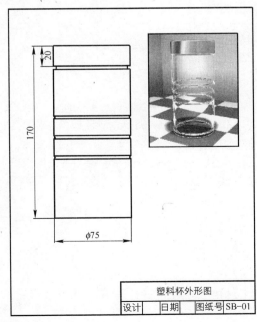

图10-37　产品外形图

和零件之间的相对位置尺寸即可。

为了表达内部形状和细节结构、尺寸，要绘制零件(拆件图)图。零件技术图，是制造和检验零件的技术依据。零件图要由四个方面内容组成：

1. 表达零件的一组图形，包括视图、剖视图、剖面图。
2. 准确地绘制零件的内外形状，标注全部的形状尺寸和位置尺寸。
3. 叙述技术要求，如材料、表面要求(颜色、机理、涂覆等)、脱模率及其他要求。
4. 在标题栏中填写产品或零件的名称、图号、数量、日期等内容。

图10-38中两图中由于零件形状是完全的回转体，因此只用一个视图便可以表达清楚。SB-02图纸中采用半剖视图和局部放大的绘图手段，把内外形状和尺寸完全表达清楚。SB-03图纸中零件外形简单，绘制的全剖视图(也可以画半剖视图)将内外形状和尺寸表达完整。图纸全部内容见图10-38。

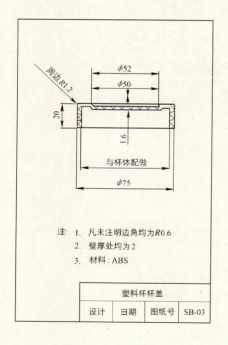
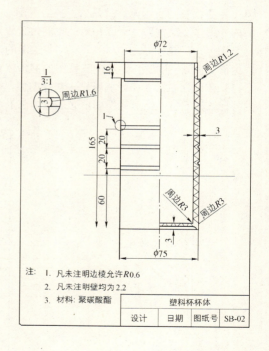

图10-38 零件图

10.4 立体造型的表面展开图

展开图的概念：在产品设计和工业生产中有很多结构件是由平面材料弯曲，折叠所成，如产品包装，织物的装饰造型和服装，用板材制造的薄壳类的产品零件和产品外壳等结构件。常用的材料有金属、木材、塑料和纸的薄板及织物。我们将造型体表面的形状顺次连续地展开画在平面上，称为立体表面的展开。这里要说明，并不是所有造型体的表面都能展开，如圆柱、圆锥、棱柱、棱锥的表面是可展曲面。而球面、环面的表面只能近似地平铺在平面上，称为不可展曲面的近似展开。

1. 平行线展开法

凡属平行边棱和圆柱体都能用平行线展开法。如圆管、椭圆管、矩形管等都具有平行边棱的特征。

图10-39是斜截圆柱体的展开图，斜截圆柱即用与圆柱轴线倾斜的截平面截取后的形体，截交线成椭圆形状。展开步骤如下：

(1) 按斜切角度画正面图，在平面图上(即俯视图)将半圆周六等分(等分点越多，展开图越准确)，过各等分点向上作垂线，在正面图切线上交1、2……7点。在平面图上的垂线称为素线。

(2) 作正面图底线延长线，截取 nD 长度并12等分。亦可用平面图上一等份弧长，在延长线上截取12等份。过各等分点作垂线(素线)，分别与平面图上切线各点引出的水平线交点。

(3) 将各交点连成圆滑曲线，即得斜截圆柱体的展开图。

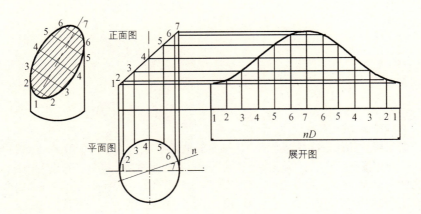

图 10-39

2. 放射线展开法

放射线展开法适用于展开圆锥、棱锥一类的形体，如图10-40。这一类形体表面的素线都相交于一点，相邻的两条素线及所夹的底边，近似平面三角形，将这些三角形绕锥形体的顶点依次铺开，即得展开图。

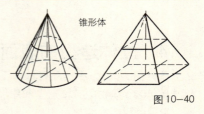

图10-40

(1) 正圆锥和正圆锥台（平截正圆锥）展开

正圆锥和正圆锥台的展开比较简单，这里和后边的一些展开图都要涉及到实长线的概念。图10-41是正圆锥的正投影图，正圆锥表面"素线"投影后只有O1和O7为实长线，其余的"素线"都倾斜于投影面，投影后长度变短，不能反映实际长度。图10-41展开图中大小两个圆弧的半径长度只能在O7实长线上截取，图中所示为正圆锥和正圆锥台展开图的作图方法，首先以O7为半径画弧，在弧上截取12等份（每份长度在平面图上量取），将有用的线描粗，即得展开图。

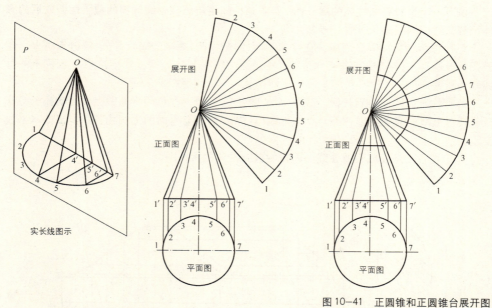

图10-41 正圆锥和正圆锥台展开图

(2) 四棱锥体的展开

由于四棱锥体的四条棱线对应每个投影面都是倾斜的，因此在平面图和正面图上都不能反映出实际长度（实长线）。作四棱锥体的展开，首先要求得实长线，在图10-42立体模型中，把棱线OB回转至投影面上OB1的位置。作图步骤是：在平面图上以O为圆心，O-B为半径划弧与中心线交B1点，过B1点作垂线交平面图上B1点，在平面图上，B1点与O连线，即实长线。作展开图时以实长线O-B1为半径作圆，在圆周上分别截取A、B、C、D、A五个点并连线（四段底端的长度在平面图上截取），将有用的线描粗，即得展开图。

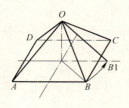 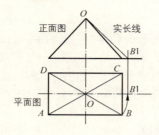 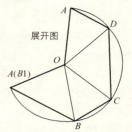

图 10-42 四棱锥体的展开图

(3) 斜截正圆锥体展开

斜截正圆锥表面"素线"的画法与圆锥体一样，由于是斜截，在主视（正面）图上截面的投影可以是一条斜线，斜线与各条"素线"相交得到新的素线段。在所有的素线中，只有在 OA 和 OB 线上反映的线段为实长线，而且在半个圆周上各"素线段"的长度均不一样，需要逐个画出。采用回转法将斜线上与表面素线的各个交点画水平线与 OB 相交，得交点。在展开图上用各实长线在对应的"素线"上截取，把各截点用圆滑曲线连接，即截面的展开线。

斜圆锥体（斜圆锥台）展开图的画法，同样是求得实长线的问题。斜圆锥台的"素线"在正面图上只有 OA、OB 线反映实长，其他都不是实长线。用回转法在平面图上以 O_1 为圆心把圆周上各等分点回转到与投影面平行的位置上（水平轴线），交 2′、3′、4′、5′、6′点，过各点作垂线，交 AB 线 1″、2″、3″、4″、5″、6″、7″，将这些点与 O 点连线，得到的各线段为斜圆锥表面"素线"的实长线，如图 10-43 所示，完成斜圆锥台的展开图。

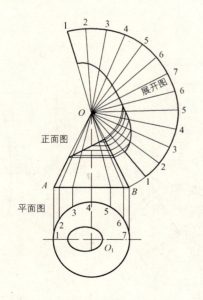 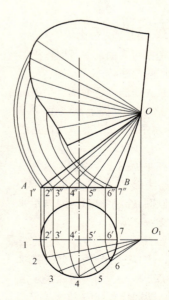

图 10-43 斜截正圆锥和斜圆锥展开图

3. 三角形展开法

上面介绍的两种展开法，适用于表面素线，棱线互相平行或交于一点的形体。不具备这样条件的，可用三角形展开法进行展开。用三角形展开法可展开比较复杂的形体。

图10-44所示为上圆下方形体的展开图，从图上可以看出其表面由四个等腰三角形和四个单向曲面组成，而每个单向曲面是由数个（图例分成三个）近似三角形组成，用三角形展开法按下列步骤展开。

(1) 作正面图和平面图。在平面图中将圆12等分，分别与 A、B、C、D 连线，即表面素线的投影线。同时各等分点向立面图作垂线，作正面图表面素线(此步骤可不作)。

(2) 以立面图中心高度确定直角 EFG，在 EG 线上截取 A-1、A-2 长度，与 F 连线得 a 和 b 线段。a 和 b 即表面素线的实长线(矩形要取四条实长线)。按图示作展开图。

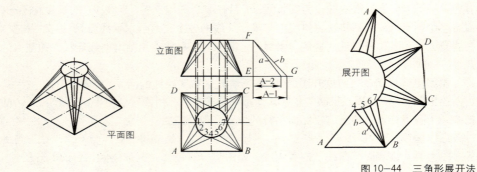

图10-44 三角形展开法

4. 球面近似展开

球面是不可展曲面，可以作近似展开，常用的是柳叶法。

(1) 首先作圆的正面图、平面图(图10-45)。在正面图上作纬线2和3(投影线为水平线)，过2、3点作垂线与平面图中心线交2、3点。

(2) 在平面图上，将圆12等分，分别与 O 连线(经线)。O 为圆心，O3、O2 为半径画圆(纬线的投影线)与相邻两条经线交 aa、bb、cc。

(3) 画线段的长度为 ΠR，将线段6等分(A)，在等分线上分别截取 aa、bb、cc 点。将各点用平滑曲线连接所得图形，即圆球表面的12分之一。

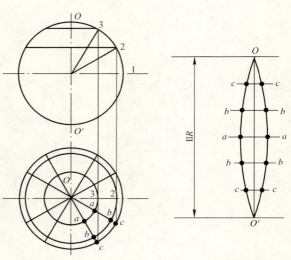

图10-45 球面近似展开

10.5 轴测投影图

工业设计中广泛使用的多面正投影图,能用一定比例准确地表达物体的形状和实际尺寸,而且画法简单,但是正投影图不能够直接表现物体的立体形状,要经一定学习才能绘图和读图。而轴测投影能够在一个投影面上同时表达三度空间的形状和尺寸,且立体感强,容易被人看懂。经常用做设计草图、装配图和产品结构分析等用来表示构件之间的空间关系。

1. 轴测投影的形成原理

用相互平行的投影光线把物体的三个面和确定形体的"直角坐标系"同时投影到一个平面上,得到的图形称为轴测投影,模型中P面为轴测投影面(图10-46)。

图10-46中 OX、OY、OZ 称为轴测投影轴(简称轴测轴),二个轴之间的夹角称为轴间角。轴测轴上投影线段的长度与物体相应的真实长度比称为轴向变化率(又称为轴向变形系数)。由于画轴测投影时,只能沿轴测轴的方向进行测量,非轴向的直线段不能测量,因此称为轴测投影。

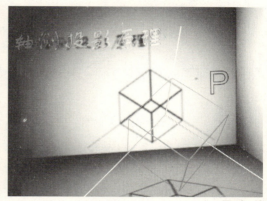

图 10-46

2. 正等轴测图

在正轴测投影中,投影方向垂直于投影面P,同时把三个坐标轴放成和投影面相同的倾角,投影后三个轴间角相等,均为120°。这种投影称为正等轴测投影(图10-47)。

绘图时把沿轴向的实长(或按比例)在轴测轴方向上画出。正等轴测投影的轴向变形系数为0.82作图不方便,可采用简化轴向变形系数1。正等轴测图能全面地表达形体的三度空间的形状,因此在轴测图中用的最广泛。

(1) 正等轴测图作图步骤

以图10-48中的零件为例,作图步骤如下:

图 10-47 正等轴测坐标系

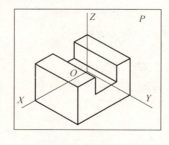

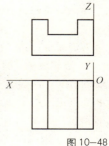

图 10-48

1) 首先画出轴测轴 OX、OY、OZ，轴间角均为120°。

2) 在正投影图中确定坐标原点 O 和 X、Y、Z 轴的方向。从 O 点量出 X、Y、Z 轴向尺寸，在轴测轴图中画出轴上坐标点，根据平行线的投影仍然平行的原理画出其他线段。

3) 判断线的可见性，擦去不需要的线，将可见线描粗，完成轴测轴投影图。

(2) 按图 10-49 所示，依据物体三视图作正等轴测图。作图过程与图 10-48 基本相同，但是图 10-49 两图中存在非轴向线段，而非轴向线段不能在轴测轴上直接测量，因此，首先绘出与轴平行的线段，后连接非轴向线段。

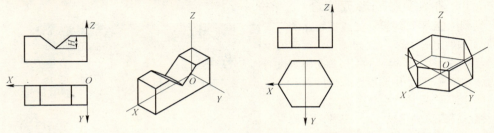

图 10-49　有 V 型槽的长方形和的正六棱柱正等轴测图

(3) 绘制轴测投影图，选择投影面非常重要，适宜的选择不但作图简单，而且物体的形状表达的全面、准确、清晰。图 10-50 左图是三棱锥的正轴测的习惯画法，而右图由于投影面选择不合理，增加了轴测图的作图难度。

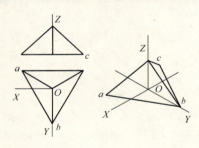 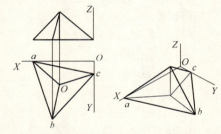

图 10-50　三棱锥正置和斜置的正等轴测

(4) 圆锥正等轴测图和正等测图中椭圆的近似画法

绘制圆锥的正等轴测图要解决圆锥底部的正等测投影，底部圆的正等测投影是椭圆，椭圆的近似画法如下(见图 10-51)。

1) 画轴测轴 OX、OY、OZ，在正投影图中确定轴的方向，作圆的外界四边形。再在测图中用圆的外接正四边形作正轴测，成平行四边形并画出对角线。

2) 分别以 C_1、C_2 为圆心，画大圆弧与菱形

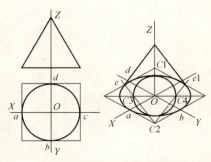

图 10-51　正等测图中椭圆的近似画法

相切，再以 O 为圆心画圆，和大圆弧相切，与水平对角线交 C3、C4。

3）连接 C2 和 C3 并延长交大圆弧 e，同法交 e1。以 C3、C4 为圆心，C3-e、C4-e1 为半径画小圆弧，与大圆弧组成近似椭圆，即圆的正等测投影。

4）在 OZ 轴上量出圆锥高度，与椭圆作两条切线，擦去不必要的线，描粗即得圆锥正等轴测图。

(5) 图 10-52 为正六面体，每个面内一个内切圆。图中用正等测近似椭圆的画法画出正六面体的正等轴测图，XY、XZ、YZ 三个面上的椭圆的方向如图所示。

(6) 圆锥台（图 10-53）和开槽圆柱体（图 10-54）的正等测。提示：作图时先画上下两个椭圆，后画外公切线。

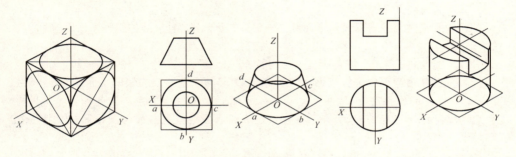

图 10-52　　　　图 10-53　圆锥台正等轴测图　　　　图 10-54　开槽圆柱体

(7) 圆球体的正投影轮廓线是圆，圆的直径与球体直径相等。画正轴测时由于采用简化轴向变形系数，圆的直径是球径的 1.22 倍。图 10-55 画出球的整体和剖去八分之一、四分之一的正等轴测图。

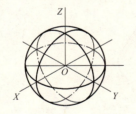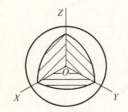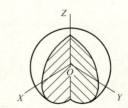

图 10-55　球体的正等轴测图

(8) 圆角的正等轴测近似画法

1）按倾角作出长方体的正等轴测图。

2）在顶角上沿 X、Y 轴量取圆弧 R，得 1、2 两点。以 1、2 作两边棱的垂线，分别交 O 和 O1 两点。以 O 为圆心，O-1 为半径画弧，其他的角用同样方法绘制，擦去不必要的线即得（图 10-56）。

(9) 旋转体的正等轴测

1）如图选择轴的方向，作出圆柱体的正等测。

2）在正投影图中画一系列不同直径的圆与旋转面内切，见图 10-57。

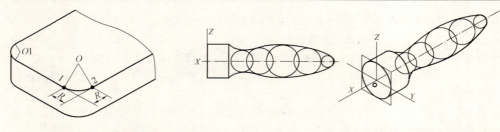

图 10-56　圆角的画法　　　　　　　　　图 10-57　旋转体的正等轴测

3) 在轴测图中 X 轴上画同样的圆，再画这些圆的包络线，即得旋转面的正等测轮廓线。

(10) 曲面截交线的正等测

图 10-58 是被平行于 Z 轴的平面截去一部分的正圆锥。截交线的正等测采用辅助平面法求出。

1) 作圆锥的正等测，在椭圆上确定线段 AB 的位置。

2) 在正等轴测图中圆锥表面上任一条素线 Za 与 O 点形成的辅助平面 ZaO 与 AB 线交点 a_1，过点 a_1 作垂线交 Za 线上 a_2 点，a_2 点就是截交线上的点。依此作数个辅助平面，圆锥表面上可得到一系列点，将各点连成圆滑曲线就是截面与圆锥面截交线的正等轴测。

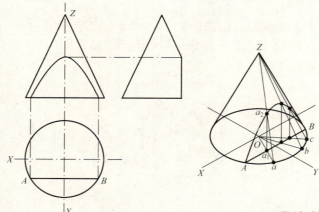

图 10-58　曲面截交线的正等测

3. 简便斜测

简便斜测图中的 X 轴和 Z 轴的轴间角为 90°，Y 轴与 Z 轴的轴间角 135°。X 轴和 Z 轴的轴向变形系数为 1，Y 轴的轴向变形系数为 0.5。简便斜测图作图方便，尤其是圆和圆弧的图形较多时可提高作图效率。如图 10-59 所示。

图 10-60 中构件的轮廓线圆和圆弧较多，适合用简便斜测的方法。两个轴测图，由于 Y 轴选择了不同的方向（均与 Z 轴成 135°角），其结果只是表达的视角不同。

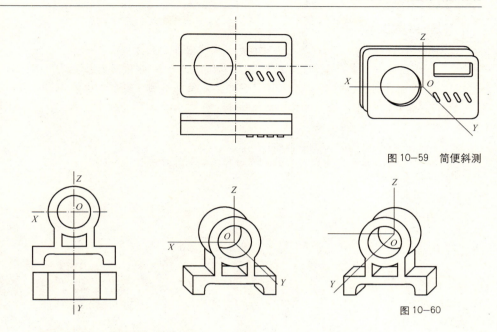

图 10-59　简便斜测

图 10-60

4. 轴测投影图的剖切画法

在产品设计中，有时为了表达零部件内部的结构，要用剖切方法画轴测投影图。通常是半剖或剖开一部分。图 10-61 中另零件的内外形圆和圆弧较多，用简便斜测的方法画图比较方便。作图方法如下：

(1) 画三视图，并确定 X、Y、Z 轴的方向。

(2) 画简便斜测的轴测轴，把零件上凸出和凹进部分从 O 点沿 45° 线前后量出实际尺度的 0.5 倍。画出连接线和剖面线，擦去看不见的线，描粗即得。

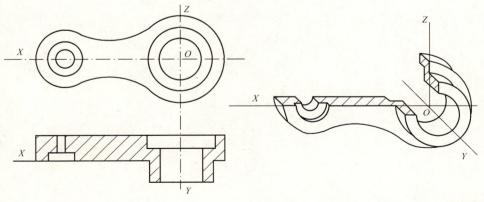

图 10-61

思考与练习题

1. 用一点透视、二点透视、三点透视的基本方法作产品透视图各一张。
2. 测绘图练习：选择一个简单的产品(或零部件)进行测绘(用三视图绘制)。
3. 基础设计制图：用4~5个基本几何形体在空间排列、组合、设计各元素间的垂直、平行、相贯、从属关系用三视图表达出来，并标注三度空间尺寸。练习定形、定位的空间感。
4. 设计单件产品造型，用三视图表达。
5. 设计由多个另部件构成的产品，用三视图绘制外形图和零件图。

第十一章 产品设计表现

11.1 产品效果图

11.1.1 产品效果图的概念及其在设计过程中的位置和作用

产品效果图是设计师将自己的设计由抽象变为具象的一个十分重要的创造过程。它实现了抽象考虑到图解思考的过渡,是设计师对其设计的对象进行推敲理解的过程,也是在综合、展开、决定设计、综合结果阶段有效的设计手段。设计效果图是表达设计构思与创意的表现工具,是设计师不可缺少的基本功。

11.1.2 产品效果图的特点

1. 传真

通过色彩、质感的表现和艺术的刻画达到产品的真实效果。表现图最重要的意义在于传达正确的信息。正确地让人们了解到新产品的各种特性和在一定环境下产生的效果。使各种人员都看得懂,并理解。然而,用来表现人眼所看的透视图,却和眼睛所看到的实体有所差别。透视图是追求精密准确的,但由于透视图与人的曲线视野有所不同,透视往往是平面的。所以透视图不能完全准确地表现实体的真实性。设计领域里"准确"很重要。它应具有真实性,能够客观地传达设计者的创意。忠实地表现设计的完整造型、结构、色彩、工艺精度,从视觉的感受上,建立起设计者与观者之间的媒介。所以,没有正确地表达就无法正确地沟通和判断。

2. 快速

现代产品市场竞争非常激烈,有好的创意和发明,必须借助某种途径表达出来,缩短产品开发周期。无论是独立的设计,还是推销你的设计,面对客户推销设计创意时,必须互相提出建议,把客户的建议立刻记录下来或以图形表示出来。快速的描绘技巧便会成为非常重要的手段。

3. 美观

设计效果图虽不是纯艺术品,但必须有一定的艺术魅力。便于同行和生产部门理解其意图。优秀的设计图本身是一件好的装饰品,它融艺术与技术为一体。表现图是一种观念,是形状、色彩、质感、比例、大小、光影的综合表现。设计师为使构想实现,被接受,还须有说服力。同样表现图在相同的条件下,具有美感的作品往往胜算在握。设计师想说服各种不同意见的人,利用美观的表现图能轻而易举达成协议。具有美感的表现图——干净、简洁有力、悦目、切题;除了这些还代表设计师的工作态度,品质与自信力。成功的设计师对作品的美感都不能疏忽,美感是人类共同的语言。设计作品如不具备美感,好像红花缺少绿叶一样,黯然失色。

4. 说明性

图形学家告诉我们,最简单的图形比单纯的语言文字更富有直观的说明性。设计者要表达设计意图,必须通过各种方式提示说明。如草图、透视图、表现图等都可以达到说明的目的。尤其色彩表现图,更可以充分地表达产品的形态、结构、色彩、质感、量感等。还能表现无形的韵律、形态性格、美感等抽象的内容,所以表现图具有高度的说明性。

11.1.3 产品效果图的种类

从效果图的表现方式上可以分为快速效果图、写实效果图和归纳效果图。

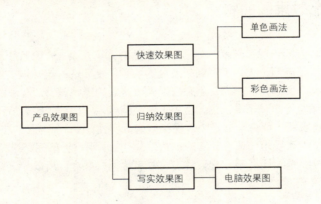

11.1.4 产品表现技法的基础训练

效果图表现技法种类很多,每种技法都有各自的特点。常常可根据作者手头已有的工具,配合产品的特点选择画法。淡彩简洁明快,水粉色彩饱和浑厚,记号笔鲜艳潇洒,喷笔细腻丰富。这些画法各有所长,通常可组合在一起应用。可先掌握一种画法(如水粉平涂法)。在此基础上,其他的画法也就容易掌握了。各种技法运用的材料和工具性能虽各有所长,但效果图的基本原理和法则都是相同的(图11—1)。

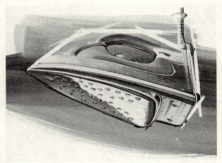

图11—1

11.1.5 设计过程中效果图的表现要素

1. 正确的透视能力

在观察一个三维体时候,它是具有透视变化的。所以要想使效果图真实而准确,就必须正确地将这种透视关系表达出来。大部分产品都有较固定的使用状态,并和人的视线形成稳定关系。因此,在表现产品时,应尽可能选用和实际使用状态类似的视平线位置。这样才能使表现出来的产品具有很强的真实感。注重理论的实际应用,透视是画图的一个关键,所以在练习时要注意透视问题。透视解决好后开始着重线条的练习。通过成角透视或平行透视的基本原理进行徒手表现,可以表达我们构思的形态。这种方式可以快速而便捷地展开设计方案。准确到位的徒手形态表达一方面来自理解正确的方法,另一方面来自于量化的练习(图11-2)。

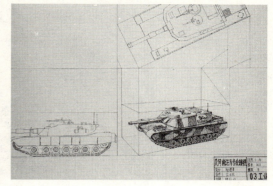

图 11-2

2. 视角的选择

准确而充分地表现一件产品,视角的选择是十分重要的。在产品效果画中如果只绘制单一角度的形态,始终是缺乏表现力的。如果要转变角度,那就要涉及到透视的规律了。因为效果图是在二维平面上表现三维形态,这就决定了不可能将三维形态的各个面都表达出来,要有选择地进行表现,如主要功能面、产品的特征面等。

(1) 远距离设计——整体

从整体的角度检视轮廓、姿态及被强调的部分等,不需要太在意细节,只要清楚地将要表现的东西表达出来。

(2) 中距离设计——立体与面的构成

这部分将检视立体的成分与面的构成,决定物体的特征及图样,便显出质量感与动感。透视画法的草图是最适合达成这个目标的。可以适度的使用夸张的手法来明确表示出意图。形体用明暗度来表现,可以不上色彩。

(3) 近距离设计——表现出物体的本质

这个距离就是展示距离或使用距离,这时物体的角度变化非常大。表面的精致线条、配色都能被察觉,质感也比较强烈,细部的处理容易被感受到。

3. 色彩运用

不同的色彩在人的心理会产生不同的效应,当其巧妙、恰当地运用在商业领域,如产品生产、包装、广告业时,便可产生巨大的商机,从而使企业在竞争中处于有利的地位。随着

图 11-3　　　　　　　　　　　　　　　　图 11-4

塑料化工工业的发展，人们接触到的产品颜色数不胜数，色彩的表现也就显得越来越重要。任何色彩都具有三大特征：色相、明度、纯度。不同的色相、明度和纯度会使观者产生不同的心理变化。因此在画一张效果图前先要明确整个画面的基调。

色彩随着时代变化而变化，世界上的设计师都致力于开拓色彩新领域，以求始终保持色彩的新鲜感，在产品的色彩设计上强调色彩本身的表现力和色彩的象征性、色彩的感情和配色规律。设计师对产品色彩了解得越多，就越能准确掌握色彩的语言和功能，设计出大众喜欢的产品（图 11-3、图 11-4）。

4. 质感的表现

在静物中，所涉及的各种器物不仅各具形、色、体积，质感也是丰富多样的。在生活中，人凭借触觉、听觉、视觉、嗅觉来判断各种器物的硬度、声音、色彩、味道……形成一种综合印象。有些特点虽非绘画所能表现，但视觉信号却能诱发人的种种联想，在某种程度上能够弥补绘画表现力的不足。所谓望梅止渴之类的说法，说明了视觉形象能够引起人的心理效应。不同的质地感觉不仅能丰富画面的艺术效果，而且可能被用来作为传达某种情感和心理刺激的形式因素。因此，研究物体质感的表现，其意义远不限于表现客观对象本身，它将为人们进行新的艺术语言的探索提供丰富的原料和多方面的启示（图 11-5）。以下分述各类物体的特征及表现：

（1）不透光而高强反光的材料

表面镀铬处理的金属、镜子,这类材料反光特性明显,有极强的反光区和高光点。而且受环境影响特别大,常有很强的光源色和环境色。平滑光洁之物对光线的变化极为敏感,只要环境稍有改变,都能有所反应,所以,在表现这类物体时,不要被那种光怪陆离的现象所迷惑,只要仔细分辨,都可以找到各个面上的光色变化形成的原理。

图 11-5

(2) 能透光而又反光的材料

玻璃、透明有机玻璃,通常光洁度高,受光面会有明亮的反光区。透射和反射并存。玻璃、水、胶片、冰块等,在物理学上常用无色、透明来表述其特征。其实,在现实生活中,绝对透明的东西眼睛是看不见的,更谈不上如何表现。我们日常所说的透明体,大都是半透明的。从绘画的角度看来,透明体是通过光线透射来显现其色彩的,不同的质料、形状、厚度、角度等呈现出不同的透射效果。

一只装有茶水的玻璃杯,它不像陶缸那样在一道光上有明显的受光面的和背光面的明暗关系,最明显的色彩是来自背景的透射和各反光斜面映出的反射光。在阴影部分也并不都是阴暗的色调,玻璃杯的透光折射和聚光作用,在阴影中形成异乎寻常的明亮色彩,由于茶水的滤色作用,阴影被笼罩上一种暖黄色的色调。

有色彩倾向的透明物体,如彩色有机玻璃、红蓝墨水、滤色胶片等,因为它们只透射某种色光,透过这种媒体观察自然景物时,也就是人们平时所说的戴着有色眼镜观物,景物被染上一种既定的色调。

在自然界中,还有很多介于透明和不透明之间的物体,例如薄纸、毛玻璃、绸布料、树叶、花瓣等,在一般情况下,人们并不把它们当作透明物,但在逆光条件下,其透光效果所形成的色彩显得特别鲜明。

(3) 不透光而低反光的材料

橡胶、木材、砖石、织物、棉团、泥土等,由于表面凹凸不平,对光线形成漫反射状,与光滑的物体比较,有所不同。其一是粗糙的表面在受光后形成许许多多小的明暗面,有着极复杂的变化,由亮面到暗面形成慢节奏的色彩退层,过渡柔和,随着受光部→侧光部→背光部的体面转折,有秩序地排开亮调→灰调→暗调三种基本层次。其二是对环境色光的影响反应迟钝,由于反光能力差,没反光,对周围环境的影响力较小。无论从明暗变化、色相变化、纯度变化,都有相对的稳定性,刻画的重点应在材质本身、肌理等。

(4) 不透光而中反光的材料

塑料、喷漆后的表面等。描绘时注意其反光程度的差别。塑料本身的色彩十分丰富,而且纯度很高,处理时应注意环境色和固有色的关系。

5. 光影的变化

光影的刻画也是效果图的重要组成部分。任何一个物体在受光条件下都会产生受光面、中间调子、明暗交接线、暗部、反光及阴影等区域。一般来说对明暗交接线的刻画往往是最重要的工作。

光的柔和度和亮度是决定其所形成阴影类型的两个主要因素。在日常生活中，柔光是最常见的，日光灯、窗外投射进屋内的光、各种反光等等都属于柔和光。光的柔和属性在各种平面制作中应用非常广泛。一般越柔和的光照射到物体上后所形成的阴影边缘就越模糊，阴影会由黑色渐变到灰色。柔和的光非常适合表现富有层次感和质感的物体和人物。相反，越不柔和（会聚的光、很强的光或者距离物体很近的光源发出的光）的光照射到物体后所形成的阴影边缘就越清晰，而且阴影几乎不会变浅（很浓的黑色），所以这类光经常用来表现需要强对比的场景。

影子在效果图里并非像在现实生活里那样被无时无刻的细致地表现。在漫画里，影子多用作特殊用途：渲染气氛、表现心情、丰富场景等等。而人们脚下踩的影子则常常会用几个简单的线条来表现（图11-6）。

图11-6

11.1.6 绘制效果图的用具和材料

1. 笔类工具

（1）油画棒，也称固体油画笔，可涂抹和擦刮。

（2）蜡笔，即蜡质材料制成的笔，其绘画工艺与油画棒类似。

（3）毛笔，笔头由动物毛制成，可蘸颜料绘画。其中有中国传统的毛笔、水彩笔、水粉笔、油画笔（图11-7）等。

（4）喷笔是一种精密仪器，能制造出十分细致的线条和柔软渐变的效果。当时喷笔的作用是帮助摄影师和画家用作修改画面的。但是很快喷笔的潜在机能被人们所认识，得到了广泛的应用和发展。喷笔的艺术表现力，惟妙惟肖，物象的刻画是尽善尽美，明暗层次细腻自然，色彩柔和。随着科学技术的飞速发展，喷笔使用的颜料日趋多样化、专业化。喷笔应用的范围越来越广。已涉足一切与美化人们生活相关的领域，作品显见美术厅、广告招贴、商业插图、封面设计、广告摄影、挂历、画、建筑画、综合性绘画。喷笔技法在高等艺术院校作为一种必修课，成为艺术造型中强有力的表现技法。

喷笔接上气泵（空气压缩机）可喷绘出0.5～25.4mm直径的点。宜用水彩水粉、墨水等水性颜料。喷画常用颜料一般说来，凡是颜料溶剂调和后，颗粒比较小，均可作为喷画用的颜料。

水彩类、树脂类、油彩类这三种类型的颜料，以水彩类使用最为广泛。

每一种颜色都要掌握它的性质，如黑色等矿物质的颜料颗粒较粗，需要研磨以后再用。如桃红、曙红、玫瑰红等色被覆盖力较差，常有泛色现象，喷画时应谨慎使用。墨汁是不透明的黑色颜料，色质细腻均匀，是喷绘黑白作品的上等颜料。彩色墨水其色素由微粒子组成，有独特的光泽和鲜明的色调，透明度好，可补充画面的色彩而不失其画面的结构清晰，也可和其他颜料混合使用。

第十一章 产品设计表现

油性马克笔

水性马克笔

针管笔

色粉

图 11—7

随着喷笔使用越来越多，其颜料日趋专业化，国外已生产出专业的喷笔颜料，备受艺术界的青睐，其艺术语言表达更加完美、成熟。

2. 使用颜料

种类很多，且在绘画材料中表现最为丰富。颜料有水性颜料和油性颜料两大类。油性颜料如油画颜料、油性马克笔颜料等。水性颜料有水彩色、水粉色（广告色）、中国画色、水性马克笔颜料、照相透明色等。一般效果图以水性颜料为主，极少用油画色去表现。

（1）水彩颜料，具有半透明性质，颗粒细，附着力强，但覆盖力弱。它能加强产品的透明度，特别是用在玻璃、金属、反光面等透明物体的质感上，透明和反光的物体表面很适合用水彩表现。

（2）水粉颜料，应用范围广，色素纯正、色彩鲜明、不透明，具有较高的浓度、遮盖力强，适合较厚的着力方法。在强调大面积设计，或强调原色强度，或转折面较多的情况下，用水粉颜料绘画最合适。

（3）中国画色，兼有水粉、水彩的特点。

（4）马克笔颜料，是用于马克笔上的颜料，有水性和油性两种。水性具有浸透性，遇水即溶，绘画效果与水彩相同。油性也具有浸透性、挥发较快，能在任何材质表面上使用，具有水粉色及印刷色效果。

（5）照相透明色，是一种非常透明的颜料，可产生一种意想不到的效果。可用其进行背景处理，也可直接表现产品。

3. 使用纸张

纸张的种类很多。从绘画的角度，任何纸张都可用来绘画，但不同的纸张有不同的效果和功能，适合不同的画种。如油画纸只适合画油画，或者说最适合画油画，而水彩纸适合画水彩，宣纸适合画国画等。除上述三种纸以外，还有新闻纸（分有光和无光）、素描纸、水粉纸、灰卡纸、铜版纸、白卡纸、色卡纸。纸张种类不同则纸质重量也不同，一般是克数越多纸越厚。各种因其吸水性的不同可产生不同的画面效果。一般，纸张质地较结实的绘图纸，水彩、水粉画纸，白卡纸（双面卡、单面卡），铜版纸和描图纸等均可使用。市面上有进口的马克笔纸、插画用的冷压纸及热压纸、合成纸、彩色纸板、转印纸、花样转印纸等，都是绘图的理想纸张，使用时可按需而定，但是太薄、太软的纸张不易使用。效果图大多选用150～300g之间的纸，太薄的纸只适合画速写性的效果图。同时，每一种纸配合不同工具的特性而呈现不同的质感，如果选材错误就会造成不必要的困扰，降低绘画速度与表现效果。例如，平涂马克笔不能在光滑卡纸上和渗透性强的纸张上作画。

(1) 有色纸张表现说明

1) 设计师们很喜欢选择有色纸张来进行效果图表现，市面上有色纸的颜色、品种丰富，我们一般选用的纸张颜色明度为中性，而且多为设计师所要表达构思形态的固有颜色。因为在程式化的产品效果图画法中，由于假定了光线的入射角度，那么固有色所呈现的面积是最多的，所以这样也大大加快了效果图的表达效率，只需要画好预想的形态，加深暗部、阴影，提亮受光部和必要的细节刻画，最后运用水粉或白色铅笔提取高光，就完成了绘制的过程。

2) 特别说明：采用有色纸或自刷底色高光法时，要尽可能有效利用底色，留出恰当的区域，或不是将有价值的底色全部涂抹掉，仅起到衬纸的作用。

(2) 方格纸图纸表现说明

1) 方格纸图纸一般适合用来表现外观相对简洁的形态，更重要的是可以让我们准确地把握产品的形态和比例尺度，同时也可以方便地与工程师进行有效的交流。

2) 如果条件允许，一定要按1∶1的尺寸来绘制，因为这样可以为我们在思考过程中提供直观具体的实际尺度，用来分析相关机构、结构的合理程度。如果受不可克服的条件限制，那就选择合适的比例来画，以方便换算、测量。

4. 尺

直尺、界尺、曲线尺、圆模板、椭圆模板、云尺、丁字尺、曲线尺、卷尺、放大尺、比例尺、三角板、槽尺、切割用的直尺、万能绘图仪、大圆规等（图11-8）。

5. 其他用具

调色用具：调色盘、碟、笔洗、色标、描图台、制图桌、工具（包括裁纸刀、刻模用的各种美工刀和刻刀，以及胶水胶带）。

图11-8

11.2 绘制效果图的基本技法

11.2.1 效果图快速画法

1. 快速效果图

设计师通常追求的是创造力和想像力。随着产品的不断开发，需要把设计师最初产生的构思表达出来，这就是快速效果图，英文称为"sketch"，有略图、草图、拟定、勾画的意思,是将创造性的思维活动,转换为可视形象的重要表现方法。换句话说,就是利用不同的绘画工具在二维的平面上,运用透视法则,融合绘画的知识技能,将浮现在脑海中的创意真实有效地表达出来。创意和符号学、信息传达之间有着深厚的关系,而快速效果图就是达到这个目的的阶梯。

一般采用我们熟悉的视角来表现产品的主要特征面。主要物体和前景应该画得色彩丰富、用笔要肯定、对比要强烈、形体要明确。要求画得没有拘束,注意线条的起始,快速移动手腕,画出有气势、有生气的流畅线条和笔触,要画得放松。但要注意避免形体松散、单薄。在快速效果图中包括了一种单色草图画法。单色草图以线条优美流畅取胜,它们就是直线与曲线和透视的三者结合。要画的快、准、好,其实,单色画法的好不好最主要的看线条的曲直度,即线条流畅(图11-9)。

图11-9

2. 渐层法

渐层法是绘制各种效果图较为理想的表现技法。它与水彩表现和麦克笔表现有点相像,可调好底色画出明暗、色彩变化,也可用原色层层叠加。深入刻画产品的结构和细部,使表面质感表现的不断完善。

图 11—10

3. 水性材料表现说明

（1）水性材料一般要选择较为厚实的纸质，最好通过湿裱法将纸固定到平整的工作板面。在刷底色时，宜用宽大的笔刷，也可使用展开后对折的胶卷暗盒。底色色相也类似有色纸的道理，多为要表现形态的固有颜色。刷色时要控制好颜色水分，注意体现入射角度的光感变化，在需要的部位留白处理。

(2) 透明颜色着色顺序由浅到深。利用毛制笔的弹性和渗水性，将不同的颜色和水分置于笔刷的不同部位，通过水的作用，将会在画面上出现生动自然的融合润染效果。

(3) 可以使用电吹风来控制所需的干湿程度（图11-11）。

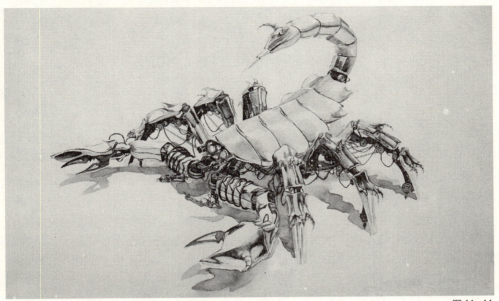

图11-11

11.2.2　写实法

通过图纸完全的将产品的形体结构、质感、空间感表现出来。对设计的内容要作全面、细致的表现。色彩方面不仅要对环境色、条件色作进一步表现。有时还须描绘出特定的环境，以加强真实感和渲染力，尤其是对细节要不厌其细的表达。将产品效果图中的主体刻画生动到位，再加上合适的环境渲染，将使画面更生动、更具启发性。这种画法近似于绘画，将物体放在特定的环境中，不但要考虑物体本身造型的比例和尺度，而且要考虑到环境的选择和处理，使整个画面协调一致，突出产品性能结构和外观造型特点。写实画法在绘制中要熟练掌握绘画工具，使画面着色均匀，颜色衔接柔和，过渡自然，质感强，效果逼真。此外，它还可成为独立的艺术作品而存在（图11-12～图11-14）。

图11-12

图 11-13　　　　　　　　　　　　　图 11-14

11.2.3　坐标投影法

坐标投影法是一种立体、直观，又有严格尺寸概念的多视面的图纸。不但可以从各个角度把产品的式样加以说明，而且通过图纸对设计者的意图会一目了然。这是一种做图简便而又能较充分的说明设计要求的直观立体绘图方法。这种方法绘制出的效果图，完全可以做到忠实于原设计的意图。尺寸比例准确。而且是个多视面的图纸，可以表示每个视面及部件的形体特征，便于视图。虽不标注尺寸数据，而从画面的坐标上可以推算出设计者给予它的尺寸。可以直接根据图纸来做模型和实样。

11.2.4　勾线淡彩法

钢笔淡彩表现以明快而流畅的线条作为基本的造型语言，钢笔线条以用力的轻重体现出粗细变化；以速度的快慢体现连与断的关系。随着物体结构的改变，钢笔线条还能将各种不同的材质表现出来。并辅以清淡透明的水彩色来表现物体（图11-15）。

图 11-15

11.2.5　色彩归纳法

色彩归纳画法与套色木刻有类似之处，把所要表现的颜色根据设计要求，归纳成几种颜色，突出色彩主调。它的特点是：富有装饰效果，鲜明的黑白对比（这里的黑与白是指色度的对比）等。这种归纳法的色彩既要单纯、明朗，也不能过多使用对比性原色和纯度过强的色彩。色调的概念要强，要善于在两个以上相同的色彩之间，设置起间隔作用的色彩，以便起到色彩过渡的作用，这样就会给人以悦目的色彩感。色彩经过高度提炼、概括、归纳后，一定要有明确的主调。在运用色彩时，要使其多样而又不破坏统一，特别像这种归纳画法,使用色彩受限制,更要深思熟虑,用好每一块色彩使画面达到典雅和谐的效果(图11—16~图11—21)。

图11—16

图11—17

图11—18

图11—19

图11—20

图 11-21

11.2.6 渲染法

图 11-22 是采用透明的水彩或照相水色进行绘画，画面明亮简洁，层次丰富具有表现力。

11.2.7 色底擦粉法

1. 色粉笔表现的特点。色粉笔作为绘图工具与炭精棒相似，都可将粉状物存留于纸上。色粉笔表现可产生喷绘的效果，明暗过渡均匀，彩粉的均匀分布有真实优雅的画面效果。粉与粉相混，为画面生动提供了可能。

2. 色粉表现技法。由于色粉笔的材料性质与炭精棒的材料性质有些类似，因此，色粉笔的技法与炭精棒的技法基本相同。色粉笔可直接涂绘在纸面上；也可用皱、擦的手法晕染色粉。此外，还可用纸制成模板遮挡在轮廓边缘，将色粉笔涂在纸模板上，再擦到画面上，这样的画面能做到边缘清晰、色块没痕迹。

3. 尽量使用纸质致密、不易起毛的纸张，

图 11-22

这样可以保证纸张能承受外力的作用。另外，色粉在保存时，请勿受潮。

4. 最好用细网材料将色粉研磨成均匀粉粒或用刀刮削成均匀粉粒，然后蘸取使用，也可以将色粉直接涂在纸上。上色时，可以用纸张配合简单遮挡，控制擦色粉的区域。我们可以在擦色粉时才进行混色，这样色彩会更加生动丰富，产生类似于毛制笔刷的自然润然效果。色粉擦拭不要重复太多次数，以不超过3次为宜。重复次数太多，这样一方面会擦伤纸张，另一方面容易使颜色变脏、不透气。

5. 根据个人习惯合理分配每个手指、手掌的不同着色任务。如果手易出汗，建议使用棉或软质纸巾等来代替手的工作。

6. 高光可以使用水粉颜料和橡皮擦来精心点取（图11-23～图11-26）。

图11-23

图11-24

图11-25

图11-26

11.2.8　有色纸画法

设计师们很喜欢选择有色纸来进行效果图的表现，市面上有色纸的颜色、品种丰富，我们一般选用的纸张颜色明度为中性，而且多为设计师所要表达构思形态的固有颜色。因为在绘制效果图中利用纸的颜色加快了效果图表达效率，只需要画好预想的形态，加深暗部、阴影、提亮受光部和必要的细节刻画，最后用水粉或白色铅笔点取高光，就完成了绘制的过程。采用有色纸或自刷底色绘图时，要尽可能有效使用底色，留出恰当的区域，而不是将有价值的底色全部涂抹掉，仅起到衬纸的作用。

图 11-27　　　　　　　图 11-28　　　　　　图 11-29

11.2.9　彩色铅笔表现

1．彩色铅笔表现的特点。彩色铅笔的表现，一般是以线条的排列来形成画面，画面效果清淡，宜采用毛糙面纸。彩色铅笔本身含蜡质，色与色不能相混，只能一层一层地叠加，没有完全盖住的会透出下一层色彩，以达到色彩在空间混合的效果（即通过观察者的视觉组合，将不同色相在空间相混合）。

2．彩色铅笔表现的基本技法。彩色铅笔的点与铅笔不同，本身在材料的使用上就有很大的差别，但彩色铅笔的运笔、线条排布与铅笔技法很相似。要涂得均匀，尽可能避免交叉线条，特别是垂直交叉。在色彩混合时，不可能像水彩与水粉颜料那样，在调色板上混成理想的颜色后再涂到画面上。而只能靠涂抹多少来控制深浅，靠不同色相的叠加来改变色彩的属性。如果某一绿色再叠加上少许蓝色，就成为蓝绿色。涂抹色彩不宜过浓。

图 11-30

11.2.10 喷绘表现

喷绘技术能获得极为精致、逼真的效果，能体现极其细微的变化，有极强的表现力。喷绘技法在绘制中有一定的难度。首先要具备气泵、喷枪等设备；水彩和水粉是其主要的颜料；还要刻制遮挡用模板；熟练掌握喷笔及工具的使用方法。喷绘技法在各类效果图中均有采用。如图 11-31、图 11-32。

图 11-31　　　　　　　　　　　　　　　　　图 11-32

11.2.11 效果图绘制范例

在绘制汽车效果图之前要进行认真的观察和分析，做到意在笔先。在本阶段要对构图上的对比和均衡、物象的主次、色块之间的安排、画面总的色彩调子等进行分析。根据深入设计的方案在描图纸或设计用纸上用2B铅笔或者水性签字笔画底稿。轮廓线要求简明精确，用笔强调明暗变化，通过用笔的明确线条和明暗变化来表达产品的形体。为了达到好的效果，可以在制作前把头期图纸通过复印拷贝的方式，拷贝到正规图纸上。

在车的轮毂处等粘贴遮挡纸，这样在绘制的时候可以放心地绘制效果。遮挡纸的运用非常重要，要注意技巧。遮挡纸粘贴后，马上进行绘制，不宜时间过长，避免取下遮挡纸会有毛刺或粘剂等。

用喷枪、水粉、水性铅笔或色粉处理过渡面。用折叠的棉布或是面巾纸把色粉涂均。明亮的反光部位则留白。开始用水粉笔着色，把大的车体关系表现出来。如果选用喷枪或水润则要注意尽可能一次到位，因为当重复使用时会在遮挡纸和纸面之间留下水痕。在绘制时把以前绘制的地方用遮挡纸盖好，以免不小心弄脏以前绘制好的画面(图 11-33)。

图 11—33

　　汽车玻璃的处理应注意反光和过渡部分的细节对比。反光处把汽车内部的部件绘制的清楚一些，这样可以表现出玻璃的质感，使用薄画法使玻璃区域带有透气性。注意细节的描写包括整个车身上的投影要连贯，光源要统一。一些辅助轮廓线可以适当的取舍，以表现出风格和味道。在绘制轮胎时运用由深到浅的方法，要考虑到颜料的特性。车身的明暗交接线处用马克笔或是水粉笔画出较明显的笔触，使车身硬朗起来。当然，笔触本身要注意巧妙的变化。

　　汽车大灯是整个车出彩的地方，所以要注意高光的运用，要把细节表现清楚到位。同时汽车轮胎的细节处理要完整，光源处理要和整车保持一致，注意明暗处理和高光的运用。

　　最后通过绘制背景衬托出汽车。在产品效果图中背景起到了烘托气氛的作用。形式上呈现为两种类型：一种是深底色，黑托白；一种是浅底色，灰托黑白。可以通过单色、过渡色或是环境色的方式表现。背景也可以运用肌理的处理方式，如湿画法、干画法、水纹、撒盐、特殊材质等。在采用方法之前，先用遮挡纸处理好外轮廓及车体本身。尤其是车体的外轮廓，遮挡时要准确。同样背景不宜过厚。车灯光线可用水粉遮盖的方法画上去，注意干湿结合，要让光线边缘和背景融为一体。这样一张完整的效果图就完成了(图 11—34)。

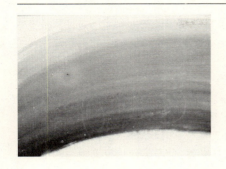

图 11-34

11.2.12 电脑效果图

1. CAID与产品设计表现

随着计算机硬件的发展与性能的提升，CAID（计算机辅助工业设计）应用已经对传统的设计方式产生了质的影响。如今，几乎任何一家现代工业体系下的制造企业或设计公司都需要利用计算机辅助来完成产品的概念设计。在CAID环境中，通过利用计算机高速运算能力、逻辑判断能力、巨大的存储能力与设计师独有的创造能力相结合，能够使设计师的创作灵感得到更大的释放空间和自由。

产品设计表现是CAID应用的一个分支，它涵盖概念设计草图直到制作可视性方案的全过程，其主要目的是为了利用计算机生成几近真实图像的视觉方案来传达设计师构思中的概念设计，使设计方案达到科学严谨的可评估化要求，让设计团队或团队以外的其他非专业人员都能够进行预览并参与评估。

传统设计表现一贯是利用传统绘图工具以二维输入方式绘制产品设计草图与效果图。而由于表现工具的先天局限与表现方法非数字化形态的种种弊端日益败露，而计算机作为现代数字化设计工具以及传达信息的主流媒体，其优势也是显而易见的。例如可操控性使"方案修改"变得灵活简单，文件存储与管理也更加系统化，而三维模型可以记录更多的信息并提供全方位的物理角度参数与尺度，非常接近真实评估要求。在信息网络与计算机技术高度发展的今天，可以看到在产品设计表现领域中，计算机在设计创意中的实际效用已经达到无法替代的地步。

在利用CAID系统进行的产品视觉表现阶段，由于计算机不参与生产加工，因此它并不需要与企业生产作链接，所以没有严格的参数化要求，也不需要进行复杂的技术数据化分析。尤其在许多专业设计室与设计类院校中，拒绝了枯燥繁琐的大型CAD/CAM系统软件，而采用了专门适合于设计表现的概念设计软件，形成了一系列非规定性的表现制作流程。并且伴随着各类CAID软件的兼容性与交叉适应性日益完善，使各类软件交叉使用的过程中的表现方法变得更加灵活，更具随意性（图11-35、图11-36）。

2. CAID软件分类

常用的CAID软件分为三类：大型CAD/CAM/CAE软件系统、微机版造型软件系统和专业三维造型设计系统。

（1）大型CAD/CAM/CAE软件系统

大型CAD/CAM/CAE软件系统是集成化程度较高的大型软件系统，如世界著名的CATIA、Unigraphics、Pro/Engineer等，这类软件通常集成了基于并行工程应用环境的设计模块，各个模块基于统一的数据平台，具有全相关性，三维模型修改，能完全体现在二维及有限元分析、模具和数控加工的程序中这类软件适于在大型企业中推广。

（2）PC版造型软件系统

PC版造型软件系统，运行环境更大众化，易于推广普及。功能包括：参数化特征实体造型、曲面造型、尺寸驱动、全数据项管、装配设计和管理、工程绘图、钣金设计、数据

图11-35

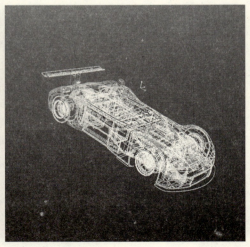
图11-36

分析、模具设计、数据交换、网络支持等，适用于中、小型产品的开发和设计工作，如著名的 Autodesk、SolidWorks、SolidEdges 等产品（图11-37）。

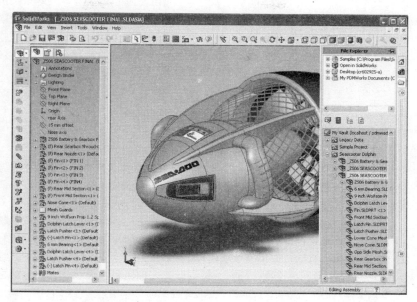

图11-37

(3) 造型设计软件

专门面向三维造型设计，可以服务于三维动画工程。这类软件都提供了多样化的三维建模手段，个别软件还对工业设计提供了专门的支持，包括概念设计模块、曲面建模、数据转换等功能，如著名的 Alias studio tools、Pro-Designer、Rhino 等。

3. CAID表现程序与方法

作为一名工业设计师至少需要掌握一种计算机辅助软件来表现自己的设计概念，把设计思想转化为可视化媒体。然而，如何选择主修软件是一个值得关心的问题，能否科学的选择设计工具会直接影响到设计者本身的设计程序或理念，成为扩展设计价值的一个重要因素。

一些大型商业CAD软件，如Pro/E、CATIA等属于集成度很高、数据分析、生产一体化软件。由于需要直接为加工制造提供数据信息，所以高度精密的参数化设计使软件的操作状态变得十分严谨，且计算精度非常高，对应制作过程也相应复杂。一般来讲这些软件往往需要专门的机械设计人员来操作使用。这类软件的目的很明确，就是为了企业的设计制造生产提供完整的技术信息参数，而不仅仅是为了提供给设计师或客户的预览方案，所以在视觉美学效果方面也没有苛刻要求。这类软件通常不适合被用于创意审美表现。

然而在设计过程中,设计方案效果图常常被视为一种具有一定商业价值含量的产品,这就要求产品效果图不但有精确的尺寸与严谨的造型,还要有很高的审美价值作为它本身内在的价值补充。随着计算机硬件的发展,以往许多的专业工作站及造型软件和电影工业高端软体被移植到 Windows 桌面平台,并且能够流畅而高效的运行,这些软件在高性能个人计算机硬件的支持下,为产品设计表现提供了极佳的可视效果,甚至可以媲美电影工业级的视觉方案。

利用计算机辅助设计表现通常分为三个阶段:建立数字模型;渲染数字模型;后期设计表达。

(1) 建立数字模型

1) 建模原理

所谓建模的概念就是通过CAID软件,将概念形体生成为三维数字模型。由于实体模型能够完整定义形体的物质特性,因此工业建模普遍采用实体建模方式。一般实体模型可以通过以下方法建立:

① 基本实体建模:通过定义参数建立立方体、柱体、管状体、球体等标准几何形体的特征尺寸生成基本体。基本体是具有特殊性质的几何形状,在设计中可以通过组合、切割生成较复杂的形体,但很少单独使用。

② 布尔建模:通过多个物体之间相结合、相切割、相交叉而生成实体的建模方式。

③ 特征建模:赋予2D曲线一定的几何特征形成实体,如拉伸、扫描、放样等。此方法广泛应用于实体建模。

④ NURBS曲面建模技术:通过定义NURBS曲线而生成光滑曲面的标准建模方式。NURBS是工业设计应用最为常用的建模方式之一。如图11-38、图11-39。

2) 建模方式

在建模方式中,实体模型建模是CAD/CAM系统架构的主导建模方式,如著名的

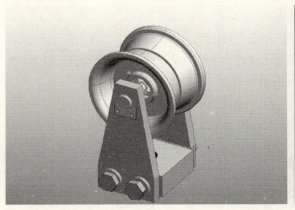

图 11-38

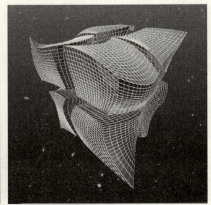

图 11-39

CATIA、Unigraphics、Pro/E、Solidworks等CAD软件。实体建模方式建立的模型造型非常严谨，参数化信息完整，并且模型直接可以用于CAM(计算机辅助加工)系统，形成设计生产数字连接。与之相比，另一种名为NURBS的建模方式具有更大的灵活性，NURBS即Non-Uniform Rational B-Splines的缩写，是非统一有理B样条的意思。NURBS建立的物体是以线数定义的方式，准确性很高，对于复杂曲面的物体，如人物、汽车等有很大的优势。它不但擅长于光滑表面，也适合于尖锐的边。它的最大好处是具有多边形建模方法及编辑的灵活性，但是不依赖复杂网格细化表面。NURBS能够比传统的建模方式更好地控制物体表面的曲线度，使用NURBS建模可以得到任何可以想像的造型。所以NURBS的建模方式特别适合复杂的曲面造型，由于缺乏生产级参数化功能，所以对于概念设计创意没有过多的限定，操作的灵活性与表现的审美水准更接近概念设计师的操作习惯与设计要求，从而充分发挥设计者概念方案阶段的思维表达。

另外，在产品设计建模方面，还有人很喜欢用一些CG动画软件用来做工业产品建模。当然，这些软件都具有强大的建模系统，如3ds max、MAYA等等，他们都是十分著名的动画软件，但是由于它们并不是为工业设计专业开发的产品，所以都不具有工业级的尺度功能与分析校准能力，因此在建模方面只能达到"准工业"的水平。而对于产品设计来讲，无论是简单的实体还是复杂的曲面、精确的尺度、严谨的形体是最基本的要求，造型软件必需要有一定的精确度与严格的尺寸定义界面。现在，基于个人计算机系统的造型设计软件如Alias studio tools、Rhinoceros是业界比较常见的，这类软件利用NUBRS建模方式，由于易用性与兼容性都很高，所以成为很多设计室与专业院校的主要建模工具(图11-40)。

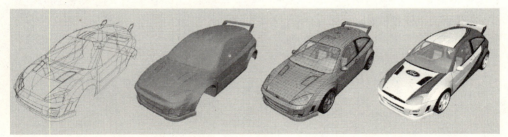

图11-40

① Alias studio tools

Alias/wavefront公司的Studio软件是目前世界上最流行的概念设计与可视化设计软件。广泛应用于工业设计(包括汽车设计)、影视动画特技等行业。Studio软件包括Studio/paint、Design/Studio、Studio、Surface/Studio和AutoStudio等五个部分，提供了适用于从早期的绘制草图、造型，一直到制作可供加工采用的最终模型等任意设计阶段的工具。先进的动画工具还可让设计师更真实地观测到设计方案，另外还可应用逆向工程把模型数字化。整个设计流程天衣无缝，适合所有的产品设计工作(图11-41)。

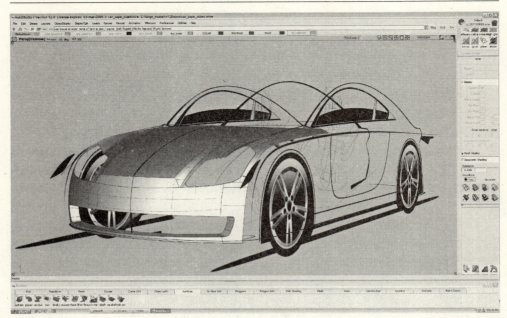

图 11—41

② Rhinoceros

Rhinoceros（简称Rhino）是由美国Robert McNeel & Assoc开发的专业3D建模软件，它广泛地应用于三维动画制作、工业设计、科学研究以及机械设计等领域。Rhino是全世界第一套将Nurbs曲面引进Windows作业系统的3D电脑辅助工业造型软件，它是一套功能强大、易学易用以及投资成本低廉的3D/CAID软件。Rhino与Alias studio tools一样使用工业标准NURBS建模方式（图11—42）。

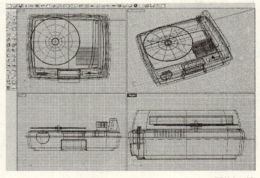

图 11—42

(2) 渲染数字模型

渲染模型是指在数字模型的建立完成以后，首先定义材质、灯光、摄影机等属性，并通过仿真照明计算，得到逼真的渲染可视化模型效果。在渲染引擎方面，多年来 CAID软件本身的渲染器功能十分局限，这是由于一直以来它们自身的渲染模块没有受到重视，使得最终渲染效果质量很粗糙，极其影响所要表现的预览效果图。后来有很多设计者直接利用了效果出众的CG渲染器来解决此类问题，并得到了业界认可。近几年来CG软件发展迅速，同时计算机硬件性能日益提升，主流PC系统已经具备了早先的图形工作站硬件的性能，使得很多高级渲染器移植到Windows平台，它们效果出色，且售价低廉，简单易学，一直以来为产品设计表现提供高质量的技术支持。只要设计者的操作技艺精通，这些高品质的渲染器都可

第十一章 产品设计表现

以制造出具有电影工业级的仿真效果。在设计表现领域,很多设计者都不断提高自己的渲染表现能力,因为效果图的预览质量已经成为一种商业价值被包含在整个设计过程中。

  高质量的渲染器基本上都是作为单独的产品进行销售,通常它们被分为不同的版本支持不同的建模软件。利用CAID软件建立模型,再通过通用接口倒入CG软件进行后期渲染是一种常用的表现方式,利用CAID的高精度模型与加入高品质的渲染引擎,可以实现近乎真实的产品设计渲染效果。大多数CG软件几乎都支持NURBS模型导入。目前最常用的软件当属3ds max,3ds max是当前世界上销售量最大的三维建模、动画及渲染解决方案,它最大的特色应是拥有众多的插件支持,虽然本身欠缺一些功能,但几乎都有强大的插件进行补充,好的插件还经常会被整合到下一个版本中。同时它拥有很多技术先进的渲染插件,如Brazil、Vray、FinalRender、Mentalray等(图11-43)。

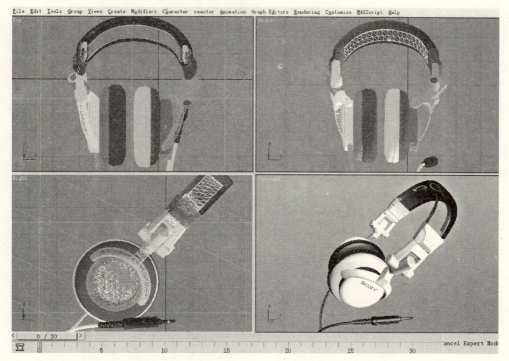

图11-43

1) MentalRay

  MentalRay是Mental Images公司制作的经典渲染引擎,其功能包括完整的灯光、光线跟踪、反射、折射、焦散、全局光。Mental Ray渲染器可以在不同的平台上运行,并且支持3dms max、MAYA、XSI等各种不同的大型三维设计软件。强大的处理能力和完全开放式的Shader编写,是其成为业内公认的最强大的渲染器之一。

  与3ds max默认渲染器相比,Mental Ray渲染其能达到完全真实的光能传递效果,并且支持多处理器和网络渲染。它使用了不同于Scanline渲染(3ds max默认渲染)的渲染方式——

分块式渲染。这种渲染方式能够更好的解决内存，系统会智能的选择渲染的区块(图11—44)。

图11—44

2) Finalrender

FinalRender这个名为"最终渲染"的渲染系统的是一套功能强大效果出众的产品，它是直接针对3ds max而开发的渲染器，目前已经对3ds max很多更新版本进行支持。FinalRender的一个重要特点是加入了真实且快速的整体灯光照明控制器，而且FinalRender是第一个能够支持"3ds max所有标准材质"的外挂渲染器。

人们通常说的GI(Globe Illumination)就是指全局照明控制器，FinalRender就是这样一个完全成熟的整体灯光控制工具（它是以3ds max 的标准材质格式来计算光迹跟踪的）。FinalRender在使用上与3ds max完全相同，当安装了FianlRender后，它就自动成为了与3ds max普通渲染器一样的默认渲染引擎(图11—45、图11—46)。

图11—45

图11—46

3) Brazil

Brazil 渲染器是由SplutterFish公司研究开发的渲染器，渲染效果十分出众。目前已经将控制参数完全整合到了渲染控制面板中,成为3ds max的超级渲染器。如果不打开二级光,渲染速度还是比较快的,它的光能传递速度比光线跟踪速度快得多。Brazil渲染器操作界面非常简便,不像FR那样需要设置很多次全局照明参数,用它制作天光效果、玻璃和金属材质是效果最好的。

Brazil以前作为一套免费的max热辐射渲染引擎曾经一度被人称颂。Brazil渲染器由一些不同的模块组成,每个模块都有其自身的特效功能,如散焦、光线跟踪和全局照明等,利用它可以制作出完全仿真的光线效果,是目前最好的渲染器之一(图11-47、图11-48)。

图11-47

图11-48

(3) 后期设计表达

如今,工业设计方案效果的最终展示,已经进入多媒体、多元化的发展阶段,设计师将可以利用许多可记载媒介全方位的向人们传达设计信息,各种传达方法也更加灵活多变,效果预览中的互动已经成为趋势,这种方式缩短了设计师与别人的沟通距离,提高了反馈效率,使设计方案及时得到完善。

1) 平面展示表达

二维平面效果是概念传达最为常用的方法,无论是图像文件还是输出成图纸,都是很高效、很经济的方法。其中制作工业设计版面是工业设计平面展示的一种常用手段,它是以图片加文字的方式,在统一的尺寸范围内,对方案设计进行的综合性说明,是一种常用于竞赛或出版的设计表达方式。

2) 三维动画设计表达

将概念模型渲染成动画效果,可以使预览者多角度,全方位的进行鉴赏与评估。还可以利用虚拟现实技术使概念设计向他人转达更加逼真的信息。

3) 网络媒体设计表达

随着互联网技术的高速发展,网络传输带宽与效率也大大提升,这样的网络环境为产品网络展示提供了硬件环境支持,现在很多企业和设计室制作自己产品的网络说明文件,配合声音、图像以及人性化的操作界面,增加产品概念浏览的舒适性与趣味性(图11-49、图11-50)。

工业设计教程

图 11—49

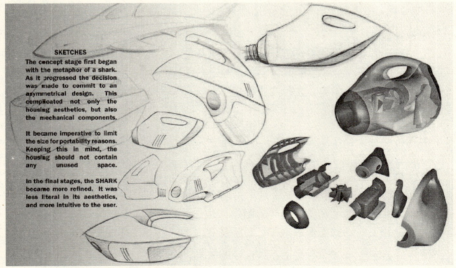

图 11—50

4. 平面绘图表现

广义上，CAID 系统除了三维造型、绘制软件，也包括一些二维平面绘图软件，如常见的 Painter、Photoshop、CorelDraw、Illustrator 等。这些平面绘图软件具备了许多特殊的绘图能力，构架在计算机的媒体上，全面超越了传统意义上的表现形式。这些软件对于拥有熟练手绘技能的设计师来讲，他们可以在不改变传统绘图技法的条件下，创造出生动逼真，甚至于照片级的产品草图与概念效果图。

在平面图像中，图像类型大致可以分为两种：即向量式图像与点阵式图像。这两种类型的图像各有特色，也各有其优缺点，两者之间的优点恰巧可以弥补对方的缺点，因此在绘图与图像处理的过程中，往往必须将这两种形态的图像交叉运用，才能相互搭配截长补短。

(1) 向量式图像

向量式图像也称为矢量式图像，它以数学的矢量方式来记录图像内容，它的内容以线条和色块为主。例如一条线段的数据只需要记录两个端点的坐标、线段的粗细和色彩等，因此它的文件所占的容量较小，也可以很容易地进行放大、缩小或旋转等操作，并且不会失真，精确度较高并可以制作三维图像。但向量式图像有一个缺陷：很难制作色调丰富或色彩变化太多的图像，而且经常绘制出来的图形不是很逼真，无法像照片一样精确地描写自然界的景象，同时也不易在不同的软件间交换文件。向量式图像软件包括有：FreeHand、Illustrator、CorelDraw 等（图 11—51、图 11—52）。

图 11—51

图 11—52

(2) 点阵式图像

点阵式图像是由许多点组成的，通常把这些点称为像素（pixel）。当许许多多不同色彩的点（即像素）组合在一块后便构成了一幅完整的图像。点阵式图像在保存文件时，它需要记录下每一个像素的位置和色彩数据，因此，图像像素越多（即分辨率越高），文件也就越大，处理速度也就越慢。但由于它能够记录下每一个点的数据信息，因而可以精确地记录色调丰富的图像，可以逼真地表现自然界的图像，达到照片级的品质。

点阵式图像弥补了向量式图像的缺陷，它能够制作出色彩和色调变化丰富的图像，同时也可以很容易地在不同软件之间转换文件，这都是点阵式图像的优点；而其缺点则是它无法制作真正的3D图像，并且图像缩放和旋转时会产生失真的现象，同时文件较大，对内存和硬盘空间容量的需求较高。点阵式图像的软件包括有：Adobe Photoshop、Corel Photopaint、Design Painter 等（图 11—53、图 11—54）。

在设计表现的过程中，由于分工与用途不同，每种设计软件在不同的领域发挥着不同的效用。然而作为设计者应该全方位的了解各种图形设计软件的共性与个性，根据自己的需要客观的选择主修软件工具，并且要学会灵活运用一些非主修图形软件的优点来补充自

图 11—53

图 11—54

已处理的工作。比如可以利用两种以上的动画软件辅助建模，利用平面绘图软件来修补三维效果图或是制作材质贴图等等。

5. 设计表现的计算机硬件

　　CAID软件对计算机图形运算性能都有比较高的要求，这些运算能力与计算机的硬件配置息息相关。在大、中型的企业中，为了达到具有高度协同能力CAD/CAE/CAM大型软件的要求，图形工作站（Workstation）系统是首选，它们本身具有很高的性能指标，同时这些工作站连接成为局域网，成为资源共享的平台，形成整个设计、评估、生产、管理一体化的综合运行体系。但是对于许多小型设计室与专业设计院校来讲，由于购买力与应用范围有限　通常不会购买不经济的高级图形工作站系统，而一般购买低端桌面图形工作站或是通过DIY的手段针对性的构建高品质图形"准工作站"系统。如果是通过"DIY"（自己组装）手段，那么正确的选配图形硬件将对设计工作有很大帮助。

在计算机硬件中，有些配件的性能对执行图形处理的效率有直接的影响，并且有些时候需要针对使用软件不同进行选择优化配置。一般情况下，为工业设计工作配置一套桌面计算机系统最应该受到重视的硬配件有以下几种：中央处理器(CPU)、内存、显示图形卡、显示器、输入设备。

CPU是计算机核心构件，它决定了系统的整数运算和浮点运算能力；同时决定整个图形处理的效率，尤其是最终渲染部分的工作将全部由CPU来完成。如果采用双CPU系统，那么对于支持双CPU的软件来讲，效率的提升将是十分可观的。系统中的内存决定吞吐数据的速度；它将影响实时交互渲染速度与纹理填充速度。图形显示卡决定3D加速能力与实时渲染能力；通过显示卡的硬件加速能力在实时渲染的时候，会辅助CPU完成图形的交互，这样可以有效缓解CPU的负担，从而得到速度与质量的大幅提升。显示器作为系统输出终端，不可避免的要受到重视，因为它直接影响输出图像的显示质量。一台优秀的显示器可以做到对图形图像最为忠实的还原：无论是线性、颜色、亮度都能够接近真实，从而不会对设计造成负面影响。对于输入设备，鼠标是系统中最主要输入设备，它直接影响设计者与计算机的交流。由于很多三维软件已经支持三键鼠标，因此选购带滚轮的三键鼠标是必要的，而对于光学鼠标来讲，扫描频率与刷新次数却十分重要。此外，在平面绘图领域，绘图板是最常用的绘画工具，它的操作方式与传统画笔极其相似，十分符合绘画习惯。选购时要注意不同档次的手写板具有不同的精度与尺寸。

11.2.13 效果图的特殊技法

用特殊的工具材料和手段，创造特殊的效果。

1. 刀刮法：用一般削铅笔的小刀在着色先后刮划，是破坏纸面而造成特殊效果的一种方法。着色之前先在画纸上用小刀或轻或重、或宽或窄地刮毛，以破坏部分纸面，着色之后出现较周围颜色重一点的形象。这是因刮毛之处吸色能力强，所以变重了些。它表现虚远的模糊形象或隐约可辨的细节效果较好。

着色过程中进行刀刮，水多时会产生重的刀痕，水少时浮色被刮掉又会产生较亮的刀痕，处理有关细节可用此法。另外在颜色完全干透之后，用刀刮出白纸，或轻巧断续地刮，以表现逆光时的亮线、亮点或较小的亮面、闪动的光点和冬天飘落的雪花等，虚虚实实，自然有趣。

2. 蜡笔法：用蜡笔或油画棒，着色前涂在有关部分。着色时尽可大胆运笔，涂蜡之处自然空出。用以描绘稀疏的树叶、夜晚的灯光、繁杂的人群等都比较得力，可以收到事半功倍的效果。

3. 吸洗法：使用吸水纸（过滤纸或生宣纸）趁着色末干吸去颜色。根据效果需要，吸的轻重、大小可灵活掌握，也可吸去颜色之后再敷淡彩。用海绵或挤去水分的画笔吸洗画面某些部分，也别具味道，有异曲同工之妙。

4. 喷水法：有时在毛毛细雨的天气下画风景写生，画面颜色被细雨淋湿，出现一种天趣，引人入胜。有时在着色前先喷水，有时在颜色未干时喷水。喷水壶要选用喷射雾状的才好，水点过大容易破坏画面效果。

5. 撒盐法：颜色未干时撒上细盐粒，干后出现象雪花般的肌理趣味。撒盐时，应视画面的干湿程度，过晚会失去作用。盐粒在画面上要撒得疏密有致，随便乱撒会前功尽弃（图 11-55）。

图 11-55

6. 对印法：在玻璃板或有塑料涂面的光滑纸上，先画出大体颜色，然后把画纸覆上，像印木刻一样，画面粘印出优美的纹理，颇得天趣。此种效果用细纹水彩纸容易见效，以对印为主，稍作加工即可成为一幅耐人寻味的水彩画。有的局部使用对印方法，大部分仍然靠画笔完全。

7. 油渍法：水与油不易溶合，利用这一特性，着色时蘸一点松节油，会出现斑烂的油渍效果，使平凡的色块增加变化，也是颇具天趣的。

思考与练习题

1. 用钢笔淡彩画法作小商品、家电产品、交通工具产品图各一张。
2. 用色粉、彩色铅笔、马克笔综合表现画法作简单和复杂产品设计效果图各一张。
3. 用水粉画法作浅色底色、深底色、综合表现产品效果图各一张。
4. 用透明水色画法由简到繁画出表现图三张。

第十二章 工业产品成型方法

12.1 金属材料成型工艺及成型设备

金属材料是产品制造中使用最广最多的一种材料,一般的金属材料具有一定的刚度和韧性,且可以在很高的温度下仍保持一定的机械强度,因此成型方法一种类型是金属材料液态成型加工工艺,如铸造成型和焊接成型。另一种类型是金属材料固态成型加工工艺,如锻造成型、切削加工成型、冲压成型和挤压成型的方法。近些年一些新的成型方法迅速发展,例如特种铸造成型、爆炸成型、激光切割、水切割、电火花蚀刻以及粉末冶金领域的模压成型、注射成型等成为现代制造技术的重要组成。

12.1.1 金属材料的生产方法

这里的金属材料是指钢、铝、铜等材料的市场供应状态,它是用于制造产品零部件的可选用材料的初始状态。其中钢材是重工业及轻工业产品使用最多的材料,品种繁多,这里以钢材为例介绍金属材料的生产方法。钢材是钢锭、钢坯或钢材通过压力加工制成我们所需要的各种形状、尺寸和性能的材料。根据断面形状的不同,钢材一般分为型材、板材、管材和金属制品四大类。

大部分钢材加工都是用专用机械设备,通过压力加工,使被加工的钢(坯、锭等)产生需要的塑性变形。钢材被加热至一定温度时进行压力加工,我们称为热加工,在室温下进行压力加工称为冷加工,主要加工方法见 4.2 金属材料一节。

12.1.2 铸造成型

铸造是一种液态金属成型的方法,工艺实质是使高温液态金属在铸型内凝固成型。铸造成型的过程是将金属材料加热至液态,然后浇注到与零件形状和尺寸相似的铸型空腔中,待冷却凝固后,得到零件毛坯的工艺方法。它是工业生产中制造零件毛坯的主要方法,应用范围广泛。

图 12-1 铸造青铜

铸造的工艺特点,可以制作各种尺寸、重量、形状的零件毛坯,小至几克,大至几十吨。特别是具有复杂内腔的毛坯,只能用铸造的方法可以生产。铸件与设计尺寸、形状接近,目前可以达到无余量的精密铸造。工业生产中大多数金属材料,特别是一些脆性材料,都可以用铸造的方法成型。常用的金属材料有铸铁、钢、铜、铝、锌、镁等及其合金。铸造的原材料来源广,废品、废料可以重新熔炼回用,材料利用率高,成本

图 12-2 铝铸件

低。铸造成型有多种方法，常用的方法是砂型铸造，此外还有压力铸造、金属型铸造、熔模铸造、离心浇铸、真空吸铸、电磁铸造、消失模铸造等。

1. 砂型铸造

砂型铸造是用型砂制作铸型，完成铸造的工艺方法。这种方法可以铸造各种形状，各种尺寸的铸件，铸造材料不受限制，生产规模不受限制，因此使用广泛。砂型铸造设备简单，主要由木制砂箱和型砂组成，型砂是在石英砂中加入适量的黏土、煤粉、水等，在混砂机上混制而成。但是砂型铸造工艺过程复杂，对操作人员技术能力要求高，铸件的表面粗糙，尺寸精度难以保证。

砂型铸造的铸型是由型芯和外型两部分组成，外型是形成铸件的外形轮廓，型芯部分是形成铸件内腔的形状。图12-3中是由上箱和下箱成对构成的砂箱铸型，称作两箱造型，它是最基本的造型方法。用手完成砂型的填砂、紧砂、起模、合箱等造型过程称手工造型，使用机器完成这一过程称机器造型。机器造型提高了铸件的质量，提高了生产效率，改善了生产条件，使铸造生产过程向着机械化、自动化的方向发展。

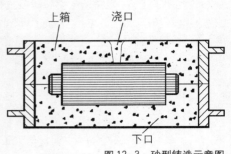

图12-3　砂型铸造示意图

2. 熔模铸造

熔模铸造是用蜡料、塑料等易熔的材料制成样型，在样型的外表面粘附多层耐火材料，待耐火材料层硬化干燥后，再经过高温焙烧将样型熔化，便可进行浇注而得到铸件的一种铸造方法。熔模铸造的样型多用石蜡、硬脂酸制作，因此还称作"失蜡铸造"，是一种精密铸造的方法。熔模铸造具有很多特点，铸件的尺寸精度高，表面光洁度高，后期的加工余量小，甚至可以做到无加工余量。熔模铸造适用任何金属材料及合金材料，尤其是难以切削加工的耐热和高硬度合金，例如镍基高温合金、不锈钢等合金。这种方法适合铸造重量不太大，形状非常复杂或薄壁的铸件。

熔模铸造是实现铸件精化的重要方法之一，由于这种方法便于实现机械化操作，在航空、车辆、机械、电气产品、切削刀具等方面有广泛的应用。在产品设计中适用于形状复杂的金属模型的制作，还可用于金属工艺品的制作。但是，熔模铸造生产工艺复杂，成本较高，同时由于蜡模的尺寸不易做得太大，因此铸件的体积受到一定限制。

3. 消失模铸造

消失模铸造（又称实形铸造）是将与铸件尺寸形状相似的泡沫塑料实体模型或用聚苯乙烯泡沫塑料粘结组合成模型簇，刷涂耐火涂料并烘干后，埋在干石英砂中振动造型，浇注熔融状态的金属时使模型气化，液体金属占据模型位置，凝固冷却后复制出与泡沫塑料模型相同铸件的新型铸造方法(图12-4)。

消失模铸造有下列特点：

与一般铸造方法比较，无需铸造型模，因此无分型面，也就不存在飞边毛刺，制件的设计无需考虑铸件的拔模斜度，铸件质量好。材质不限，大小皆宜，尺寸精度高，表面光洁，减少清理，内部缺陷大大减少，组织致密。

可实现大规模、大批量、机械化、自动化生产。对环境无污染，可实现清洁生产，大大改善作业环境、降低劳动强度、减少能源消耗，成本低。

与传统铸造技术相比，消失模铸造技术具有与无伦比的优势，被国内外铸造界誉为"21世纪的铸造技术"、"铸造工业的绿色革命"。近年来，消失模铸造技术在国内外已经成为改造传统铸造产业应用最广的高新技术。

4. 金属型铸造

金属型铸造是利用材料自身的重力将液态金属浇铸到金属材质的铸型中，经冷却凝固后，打开金属铸型，得到铸件的一种方法。

金属型铸造与砂型铸造相比的特点是铸件的尺寸精度高，有一定的表面光洁度，切削加工量小，生产效率高。由于采用金属铸型，便于采用垂直分型面或多分型面的结构，可以装置加热、冷却、抽芯、顶出等机构，适应形状较复杂的铸件。用于制作金属型铸型的金属材料，应具备足够的热稳定性，在高温下能保持一定的强度和韧性，应具有良好的机械加工性能。例如浇铸铝合金、铜合金可使用合金铸铁，浇注铸铁、铸钢可使用合金钢材料。

金属型铸造主要用于有色金属合金铸件，如内燃机的缸套、活塞，摩托车的变速箱，电子产品中的散热器等轻合金金属构件(图12-5)。

5. 离心浇铸

离心浇铸是将铸型安装在离心机上，把液体金属

图12-4 消失模铸造塑料模型和成品

图12-5 金属型铸件

浇入到旋转的铸型中,在离心力的作用下,金属液沿着铸型的内壁分布并随之冷却,待凝固后形成铸件。离心浇铸不需要铸型的型芯,便可铸造中空的回转体铸件,控制浇铸金属液的体积,便可得到需要的壁厚。由于铸件是在离心力的作用下凝固结晶,因此结构组织密实,无气孔,铸件的质量性能好。用此种方法可以铸造套筒、滑轮、齿轮等圆柱形的制品,及双金属制件。离心浇铸有立式和卧式两种成型方法,大多数金属均可用此方法成型,还可用于聚酰胺、聚乙烯等热塑性塑料的成型。一些光学玻璃、建筑用装饰品、艺术雕刻等玻璃制品也采用离心浇铸成型(图12-6)。

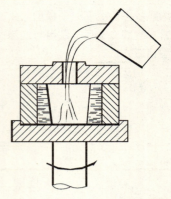

图12-6　离心浇铸

12.1.3　板料成型技术

板料制件在工业产品中随处可见,小至垫片,大到飞机蒙皮均由板料加工成型。板料成型是利用模具在冲压机的作用下,对薄板进行分离或塑性变形的加工方法。材料的分离或变形是由于用模具对材料的冲断或压制成形的作用,因此板料成型工艺又称作冲压工艺,制件称作冲压件。通常冲压加工过程是在室温下进行的,故又称为冷冲压。

图12-7　图三辊卷板机

图12-8　电动机械压力机

1. 冲压设备与模具

冲压设备有很多种,大致分为剪切下料设备、弯曲成型设备和压制设备。剪切下料机械设备多种多样,包括小型手动式台剪和便携式电剪机,大型剪切设备有电动剪板机、振动剪床、龙门剪床等。弯曲成型设备有板料折弯机、卷板机。压制设备有电动机械压力机、液压压力机。计算机控制的数控冲压设备发展很快,在自动化生产中发挥着不可替代的作用。

模具是使板料分离或变形的主要工艺装备。常用的有冲裁模、弯曲模和拉伸模等，分别对板料进行冲裁、弯曲变形和拉伸变形加工。模具的结构及其合理性设计直接影响冲压件的表面质量和生产效率。由于模具保证了冲压工艺精度，制件的尺寸和形状的一致性好，质量稳定。因此在产品装配过程中及产品维修时保证了零件的统一性和互换性。

图12-9 是冲裁模具的简图，图中数字分别为：1冲头、2上模板、3下模、4下模板、5冲件、6压板、7定位柱（导柱）、8橡胶或压簧。由于是冲裁模具，因此冲头和下模的刃口必须锋利，之间要有适宜的间隙。压板的作用是，当冲头向下移动时，压簧通过压板将冲件压紧不变形，同时当冲头回位时迫使冲件从冲头上脱下，故而也称作卸料板。定位柱保证冲头和下模相互之间位置的精确配合，工作时不产生移位。

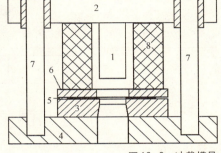

图12-9　冲裁模具

2. 冲压的基本工序

冲压工艺按工艺形式可分为分离工序、成型工序和复合工序。分离工序是使坯料在模具的作用下沿着一定的轮廓线断裂而分离，如剪裁、冲孔、落料、修边等。冲孔和落料统称冲裁，都是使坯料分离的工序，其过程完全一样，不一样的是冲孔是为了获得孔，冲下来的是废料。落料时被分离下来是制品，或作为下一道工序的坯料。为了保证模具的使用寿命，提高生产效益，冲裁件的形状设计尽量简单，不要出现过小的孔径或锐角，应避免长而窄的槽，这是冲裁制件设计的基本要素。成型工序是使材料在不被破坏的条件下进行塑性形变，使成品的尺寸、形状符合设计要求，常用弯曲、拉深、胀形、翻边等工艺。弯曲是使板料在模具的压力下产生塑性形变，弯曲成一定角度的制件。弯曲件的弯曲半径不能设计得过小，弯曲半径随着板料厚度的增加而加大，否则制件外层容易出现断裂。拉伸工艺是将平板坯料通过拉伸模制成各种截面形状的空心制件的冲压工艺，截面形状可以是回转体、矩形体或较复杂的形状，如不锈钢锅、金属水杯、油箱、车辆的覆盖件等。拉伸时毛坯板料各部分的变形不一样，结果壁厚不一致，往往发生断裂、皱褶的缺陷，因此拉伸件的拉伸深度尽可能设计的小一些。成型工艺除上述方法外，还有胀形、翻边、旋压等方法。在现代生产中常将两种工序在同一模具中完成，如落料和弯曲，我们称为复合工序，这种模具成为复合模，它不但可以提高产品质量，还可以提高生产效率。

图12-10　冲压件

冲压工艺要求冲压材料要有较高的塑性和韧性，如果材料的性能较低，将无法保证制品的质量。选择材料的原则，要兼顾造型、功能的设计要求和冲压工艺的要求,要在保证上述要求的前提下,选用材料的厚度尽可能的薄,并优先选用黑色金属,这样可以降低材料的费用,提高产品的市场竞争力。一般的工业产品可选用普通碳素结构钢板、低合金结构钢板、优质碳素结构钢板。制作器皿、器具可选用酸洗薄钢板,钢板厚度为 0.25~2mm。镀锡薄钢板适于进行表面涂饰和印刷,因此适合做印刷装饰的外观制品,常用于制作罐头桶、食品包装盒等有食品卫生要求的制品。

冲压工序类型与工序特征   表 12-1

工序名称			工序简图	工序特征	工作简图
分离工序	切断			用裁剪机或模具切断板料	
	冲裁	落料		用模具冲压分离下来的那部分是制件	
		冲孔		用模具冲压分离下来的那部分是废料	
	切口			将板料用模具沿不闭合线切断,同时将被切开部分弯曲变形	
变形工序	弯曲			用模具将板料弯曲成所需形状	
	压型			用模具将板料局部压型,如加强筋等	
	拉深			用模具将板料压成一定深度的空心件	

冷冲件是工业产品中很常用的构件,从生活用品、儿童玩具、家用电器、仪器仪表、运输机械,到飞机、舰船及军事武器等无处不在。工业产品的外壳和外观结构件通常使用的就是金属板材冲压件,如电冰箱、洗衣机、空调器等外壳。

第十二章 工业产品成型方法

冲压成型能够制造很小的精细零件,如表针、集成电路插脚、小齿轮等。又能制造车辆的梁架和蒙皮、钢结构建筑的桁架、压型板,电冰箱和洗衣机的箱体等大型制件。它可以制成复杂的形状,制品表面光洁度高,一般不用再机械加工,而且材料利用率高,适合成批大量生产。

图 12-11 多工序冲压成型

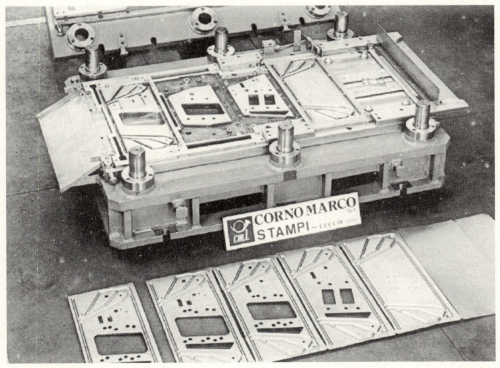

图 12-12 多工位冲压成型

335

3. 特种冲压

特种冲压成型不同于上边介绍的普通冲压工艺，在成型设备、成型介质、成型能量等方面均有特殊性，特种冲压有软模成型、旋压成型、喷丸成型、爆炸成型等。例如，软模压制成型的方法是由柔性材料代替金属材料制作成型的凸模或凹模，形状模具为单模，图中所示为典型的橡皮成型的原理。图12-13中1是模具护套，2是橡皮软模，3是金属型模，4是制件。从图中可以看出工作时，金属板料在用橡胶制

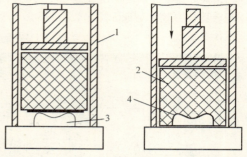

图12-13 软模压制成型

作的软模和用金属制作的硬模的挤压作用下，产生与硬模形状一样的塑性形变。当成型机抬起时，橡胶垫复原，可以反复使用。橡胶衬垫可以是实心橡胶块，也可以是层状橡胶块。

生产小批量的产品时，金属型模可以用硬木或钢筋环氧树脂来代替，采用橡胶衬垫成型大幅度降低了模具成本。显然利用这种工艺生产复杂的形状很困难，而且所生产的部件的最大深度也受限制，然而，通常使用该工艺来生产厚度在1.5mm以下的小批量的金属零部件。

12.1.4 切削加工成型

切削加工是金属（同样适用木材、塑料等非金属材料）加工常用的一种方法，属于金属材料固态成型加工方法之一。切削加工的实质是利用相互接触的刀具和工件做相对运动，毛坯工件上的一部分金属被切除，其结果是使工件达到设计图纸要求的形状、尺寸及表面质量。切削加工有两种形式，手持工具进行切削加工，称为钳加工成型。利用机床设备进行切削加工，称为机械加工。

1. 机械加工成型

机械加工是利用车床、铣床、刨床、磨床、钻床、镗床等机床设备，对工件进行车、铣、刨、磨、钻、镗等加工成型方法。

（1）车削加工

车削加工是工业生产中普遍使用的一种切削方法，一般用于加工具有回转表面的轴类和盘套类的零件。车削加工主要加工内容是车外圆、车锥面、车成形面、车端面、车螺纹、切回转槽，另外还可以在车床上用钻头、扩孔钻、铰刀、丝锥、板牙和滚花工具等进行攻丝、钻孔、镗孔、滚花等加工。车床有多种型号和种类，最常用的是普通车床，普通车床的加工对象广，主轴转速和进给量的调整范围大，普通车床主要区别是最大工件回转直径。此外是各种专用车床和特种车床，其中自动车床能按一定程序自动完成中小型工件的多工

序加工，能自动上下料，重复加工一批同样的工件，适用于大批量生产。仿形车床能仿照样板或样件的形状尺寸，自动完成工件的加工循环，适用于形状较复杂的工件的小批和成批生产，生产率比普通车床高10～15倍。立式车床的主轴垂直于水平面，工件装夹在水平的回转工作台上，刀架在横梁或立柱上移动。适用于加工较大、较重、难于在普通车床上安装的工件，一般分为单柱和双柱两大类。联合车床主要功能是用于车削加工，但增加一些专用附件后，还可进行镗、铣、钻、插、磨等加工，具有"一机多用"的特点，适用于小型工作室、工程车、船舶或移动修理站上使用。

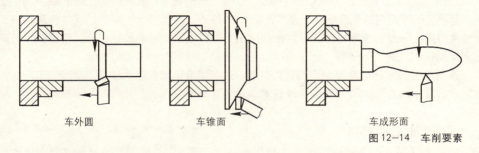

图 12-14 车削要素

车刀是主要的切削刃具，在切削工作时，车刀要承受很高的抗力和温度。因此车刀的材料要有相当高的强度、韧性，还应在高温状态下，保持一定的高硬度。常用的车刀材料主要有高合金工具钢和硬质合金钢。

（2）铣削加工

用铣刀在铣床上对工件进行切削加工的过程称作铣削。与车削不同的是，主运动是铣刀的快速旋转，工件随工作台面的缓慢直线运动，是进给运动，在接触过程中工件被铣切。使用不同的铣刀，可以铣切平面、立面、台阶、凹凸圆弧、V型槽、T型槽、燕尾槽、轮齿、螺纹和花键轴外，还能加工比较复杂的型面，铣削加工的效率较刨床高，广泛应用于机械制造和模型制作（图12-15）。

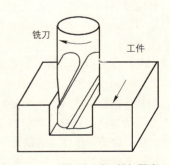

图 12-15 铣切要素

铣床种类很多，在生产中主要使用的是卧式铣床、立式和万能式铣床。加工大型的工件需要用龙门铣床，它有多个铣刀头，可对工件同时进行多表面加工，加快了生产速度，提高生产效率。另外，按控制方式，铣床又可分为仿形铣床、程序控制铣床和数控铣床等。

（3）刨削加工

使用刨刀在刨床上对工件进行切削加工的过程称作刨削。工艺过程是，刀具的纵向往复运动为主运动，工件的横向间歇移动，为进给运动，在接触过程中工件被刨切（图12-16）。刨床主要加工各种平面（水平面、垂直面和内外斜面），各种沟

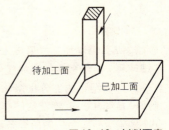

图 12-16 刨削要素

槽(直角槽、V型槽、T型槽、燕尾槽)和成型面。刨床有牛头刨床、龙门刨床,再有一种是立式刨床,也称作插床。

(4) 磨削加工

磨削加工是用快速旋转的砂轮对工件的表面进行切削加工的过程。砂轮主要是由尖锐无规则的小颗粒(磨粒)组成,磨削是由于是砂轮的高速旋转,磨粒切入工件的表面,因此磨削工艺可以看作是多刀多刃的切削过程(图12-17)。

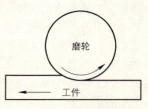

图12-17 磨削加工

磨削加工是制件加工成型工艺的精加工工序,一般是车、铣、刨加工后的最后加工工序。磨削加工时磨削的深度很小,通常在0.1mm以下,因此可以使制品的尺寸精度和表面光洁度很高。一般的金属材料均可以磨削加工,选择相应型号的砂轮,可以磨削硬度较高的金属材料和玻璃、陶瓷等非金属材料,还可以磨削塑料、橡胶等软材料。

磨削加工形式一般是磨削平面和内外圆,还可以磨削齿轮、螺纹等。磨削加工设备按磨削方式有平面磨床、内圆磨床、外圆磨床及各种专用磨床。

2. 钳加工成型

钳加工是用手工工具进行金属等材料加工的工艺方法。钳加工是由经过专业训练的人员,手持工具进行机械加工不易完成的工作。基本操作有划线、锯割、锉削、钻孔、攻丝、套扣、研磨等,还包括部件或整机的装配、设备维修等内容。虽然生产的自动化程度越来越高,先进的机械设备不断出现,但是由于钳加工工具简单,操作灵活,受场地、环境条件的限制小,在企业生产和产品试制、模型制作等工作中仍是不可缺少的金属加工方法。

12.1.5 焊接成型

焊接的工艺本质是将两个分离的金属工件,通过局部加热或加压,或加热和加压并用,使其达到原子间的结合,而形成一个不可拆卸的整体的工艺方法。

焊接的特点是节约材料,焊缝强度高,密封性好,生产效率高。大多数金属都能进行焊接,由于焊接性能有很大的区别,因此需要不同的焊接方法和工艺过程。其中低碳钢的焊接质量最好,并且可以用多种焊接方法进行焊接,因此在自行车、汽车、船舶、建筑、桥梁及空间技术等领域广泛应用。传统的焊接工艺方法很多,可分为熔焊、压焊、钎焊三类。

1. 熔焊

熔焊是焊接加工中最基本,使用最广泛的一种方法,由于热源的不同,可分为电焊和气焊两种,而最多用的是手工电弧焊(习惯称为电焊或手弧焊)。电焊是利用电弧产生的高热使焊件需结合的部分呈熔化的状态,融化的材料相互扩散融合,冷却凝固后成为一体。手弧焊设备简单,主要设备是交流电焊机或直流电焊机,起弧后工作电压为20～30V,对人身比较安全。其次是夹持焊条用的焊钳、清除焊缝表面焊渣用的清渣锤、钢丝刷等工具,再有是保护操作者的皮肤和眼睛的手套和面罩等。

电焊条在电焊过程中,既是起着电极的作用,同时又是填充焊缝的金属。焊条的种类、规格有多种,要根据焊件的厚度和焊接的金属种类选择不同的直径和焊条种类,如结构钢焊条、不锈钢焊条、铸铁焊条、铜及铜合金焊条、铝及铝合金焊条等。

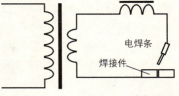

图 12-18 电焊原理

气焊是用乙炔和氧气混合后燃烧产生的高温热能使焊件和焊丝熔化进行焊接,用同样的设备,可对金属进行切割,俗称气割。气焊的热源温度比电焊低,不易焊接厚板,生产效率低,现在多为电焊代替。

由于生产的发展、产品市场的需要,一些新的熔焊技术相继出现,例如,埋弧自动焊、二氧化碳气体保护焊、氩气保护焊(氩弧焊)等离子弧焊结和切割等。其中氩弧焊是用氩气作为保护气体的一种电弧焊方法,焊接过程中,由喷嘴射出的氩气在电弧及熔化的金属周围形成连续封闭的气流,使得电弧及熔池的金属不被氧化。氩弧焊是一种高质量的焊接方法,通常用于不锈钢、铜、铝、镁、钛及其合金等材料的焊接。

2. 电阻焊

电阻焊又称压焊,其工作原理是,利用低电压大电流通过两焊件之间的接触点(或接触面)时产生电阻热,高热能量使焊件局部呈塑性或熔化状态,同时在压力的作用下焊接成一体。电阻焊不需要其他的焊接材料和焊剂,焊接速度快,生产效率高,适合手工操作也容易实现焊接自动化。按焊接头的形状不同有三种焊接形式,即点焊、缝焊、对焊,其工作原理如图 12-19 中所示。电阻焊在生产中多使用点焊,主要用于较薄的钢板、铝板、铜板、不锈钢板的焊接,如汽车驾驶室、火车车厢的箱体、电器仪表、炊具及各种小型金属件等构架结构和箱体结构。由于受到设备功率的限制,点焊一般适用于厚度 3mm 以下的金属板材的焊接。

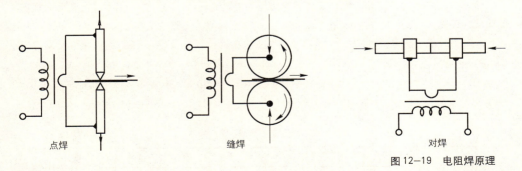

点焊　　　缝焊　　　对焊

图 12-19 电阻焊原理

3. 钎焊

钎焊的焊接机理是,选用比工件材料熔点低的填料金属(称作钎料),将工件和钎料同时加热到稍高于钎料熔化的温度,液态钎料借助于毛细管的作用流布于焊件之间(浸润作用),冷凝后的钎料填充焊件的间隙使焊件连接在一起。

根据钎料的熔点不同,钎焊有软钎焊和硬钎焊区别,软钎焊钎料的熔点不超过450℃,主要成分是锡、铅、镉、锌及合金。常用的锡铅合金钎料,用松香等做焊剂,用电烙铁加热使其熔化,在电子、电器等产品的生产中,焊接电子线路板和电子元器件。锌铝软钎料适合于铝及铝合金的焊接,50%的铟与50%的锡制成的钎料可用于金属与玻璃的连接。软钎料焊接头强度较低,只适合受力较小和工作温度较低的制件。硬钎焊的钎料熔点高于450℃,常用的钎料有铜钎料、铜锌钎料、铜磷钎料、银钎料和特种钎料,熔剂多用脱水硼砂。硬钎焊的焊接接头的强度要高于软钎焊且适合较高的工作温度,焊后外观质量好,可用于结构件的焊接,如自行车车架等钢材料、铜及铜合金材料。软钎焊的热源一般用电烙铁或电炉,硬钎焊用火焰加热、电阻加热、电感应加热等方法。

4. 新焊接成型技术

焊接成型技术伴随着科学技术整体水平的推进,向着焊接设备机械化、焊接操作自动化、开发焊接新技术、开发新型高热能源的方向发展。相继研究出了等离子弧焊、高能电子束焊、摩擦焊、超声波焊接、激光焊接和切割、爆炸焊接等现代焊接技术,这些新的焊接方法具有普通焊接方法无法相比的特点。

等离子弧加工是利用高温等离子电弧的热量,使工件局部熔化、再凝固达到焊接的目的。等离子弧通常用来焊接薄金属板,也可进行切割。图12-20使用等离子技术制成的音箱网罩。

图12-20 音箱网罩

激光焊接技术,是利用聚焦后的激光束轰击金属表面产生高热能,使其熔化,冷却后形成焊接缝。用计算机控制的激光焊接可以焊接复杂的形状和各种常规方法难以焊接的问题,外观性能好,可焊接各种金属材料。还可切割金属和非金属材料及复合材料。

摩擦焊接的基本原理是,两个焊件的焊接面相对高速旋转,在压力作用下进行摩擦时机械能转变为热能,当给予足够的运动速度和摩擦压力时,材料发生塑性变形与流动,在界面之间材料扩散及再结晶,维持一定时间,即可实现焊件之间的牢固连接,使其连接成一个整体。摩擦焊接工艺简单、接头质量高、适合异种材质的焊接、生产效率高、生产过程无"三废"产生。

不同的焊接方法有不同的特点,不再逐一叙述。焊接成型在现代材料加工成型技术中,是一种不可替代的工艺方法,目前焊接已发展成为一门非常活跃的独立学科。

材料的可焊性　　　　表12-2

	铜及铜合金	铝及铝合金	不锈钢	灰铸铁	普钢
电弧焊	差	差	良	良	良
气焊	良	可	可	可	良
点焊	良	良	良	不	良
钎焊	良	差	可	差	良
缝焊	不	差	良	不	良

12.2 塑料制品成型工艺及成型设备

塑料按照热成型工艺可分为热塑性塑料和热固性塑料。热塑性塑料加热时变软，可塑成需要的形状，冷却后硬化定型。再加热又变软，可再塑造新的形状，冷却后又定型，可反复成形，再生利用，具备这种性能的塑料称为热塑性塑料。热固性塑料加热成型是物理变化和化学变化的过程，其过程是不可逆的，因此形状不能再改变。除酚醛塑料、氨基塑料和环氧树脂等少数塑料外，基本上都属于热塑性塑料。这一类塑料成形工艺简单，制件有一定的机械强度，但耐热性差，成品易变形。根据热塑性塑料，加热变软，冷却硬化的热性能，在工业生产中加工成型的方法有以下几种。

12.2.1 注射成型工艺

注射成型又称注射模塑或注塑。注射成型法是将塑料颗粒在专用的注射成型机的料筒内加热到预定的温度，当塑料软化至流动状态时，料筒内的柱塞或螺杆用一定的压力，将熔融状态的塑料由料筒末端的喷嘴以很快的速度注射到金属模具中，冷却定型后脱模，便得到与模具型腔的形状完全吻合的制品。全自动注射成型机通过电子程控系统的控制，实现温度，注射压力，注射时间，锁模，保温，脱模的全自动控制。注射成型法的生产效率高，安全，劳动强度小，适合自动化连续生产。可生产形状复杂的产品，尺寸精确，成品一致性好。是当前塑料制品的主要成型方法，小至几克，大至几公斤的塑料件均可用注射成型方法制造。

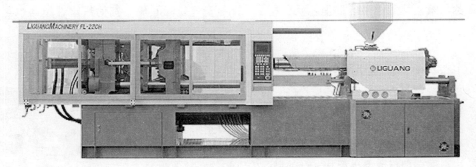

图12-21 卧式注射成型机

12.2.2 挤出成型工艺

挤出成型也称为挤压模塑或挤塑，生产时将塑料颗粒加入挤出机的料筒中，在料筒中加热至软化，借助内螺旋杆的推动，连续不断将物料由机头挤出需要的形状，冷却后定型。只要改变机头，便可挤出不同的形状。这种方法用来生产各种管、棒、板、丝、膜、异型材和电线、电缆的外绝缘

图12-22 模塑用塑料颗粒

套等。挤出成型还用于热塑性塑料的染色、造粒、共混等。挤出成型适用于几乎所有的热塑性塑料,用量较大的塑料是聚氯乙烯、聚乙烯。由于生产工艺简单,生产过程具有连续性的特点,因此生产成本相对较低。我们见到的用于给排水PVC管、洗衣机的波纹排水管、塑料门窗用PVC型材等塑料型材都是用挤出成型方法生产的。

12.2.3 吹塑成型工艺(中空成型)

这种方法用来生产各种形状的中空塑料制品和塑料薄膜。生产过程是将加热软化后的管状塑料坯子放进模具内,由管口吹入压缩热空气,使管坯处于高弹性变形状态,管状塑料坯子迅速膨胀紧贴模腔,冷却后脱模,即成空心制品。

图12-23 吹塑成型塑件

常见的吹塑制品有瓶、桶、罐、箱以及包装食品、饮料、化妆品、药品和日用品的瓶形容器。大的吹塑容器通常用于化工产品的润滑剂和散装材料的包装上。其他的吹塑制品还有球、玩具等。对于汽车制造业,燃料箱、轿车减震器、座椅靠背、中心托架以及扶手和头枕覆盖层均是吹塑的。对于机械和家具制造业,吹塑零件有外壳、门框架、制架或有一个开放面的箱盒。把连续挤出的管坯用压缩空气吹胀,形成管状薄膜,冷却后折叠卷绕成双层平膜,就是塑料薄膜的生产过程。

最普通的吹塑原料是高密度聚乙烯。其他聚烯烃也常通过吹塑来加工,根据用途,苯乙烯聚合物、聚氯乙烯、聚酯、聚氨酯、聚碳酸酯和其他热塑性塑料也可以用来吹塑。

12.2.4 吸塑成型工艺

吸塑工艺用来制造薄壁产品。首先将塑料薄板加热变软,塑板靠自重贴附在胎具上,在胎具与塑料板之间施加负压,由于胎具上的成型模周边排列有小孔与真空泵连通,使塑料板与成型模紧贴在一起,冷却后脱模,再修去不需要的边料即得到与成型模形状一样的制品。常用的塑料薄板有ABS、PP、聚酯等材料。主要是制造透明包装和箱包,产品的模型制作也常用这种方法(图12-24)。

12.2.5 模压成型工艺

将定量的粉状原料,加入金属模具中,将模具加热,塑料粉软化,加压使原料充满模腔,原料受热发生化学反应而固化,脱模即得成品。这种方法适用于热固性塑料的加工。

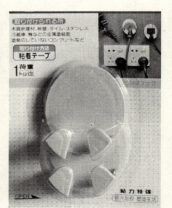

图12-24 商品吸塑

12.2.6 压延成型工艺

压延成型的工艺过程,首先将塑料颗粒及辅料(增塑剂、稳定剂、润滑剂等)在高速捏合机内捏合、熔化,再经挤压机挤出后,通过两个不同方向旋转的辊筒间隙,经冷却得到塑料片状制品或薄膜。调整辊筒间隙的大小,控制熔料的流量,可制成一定厚度和宽度的连续均匀的片状材料或薄膜。压延成型的薄膜经过雕刻有花饰图案的辊筒即成雕花膜,再将雕花膜和底衬布一起送入压延辊筒热压,就是人造革的生产过程(图12-25)。

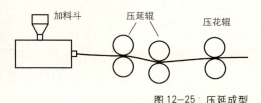

图12-25 压延成型

12.2.7 共注射成型工艺

是指用两个或两个以上的注射单元组成的成型机。可以将不同品种塑料或不同颜色的塑料同时或先后注入同一模具内的成型方法。这种方法可生产多种色彩或多种塑料的复合制品。控制两个注射单元的启闭时间或喷嘴的形状,能使制品呈现预期的图案或无规则的云纹效果或辐射形状的图案。

12.2.8 塑料制品的后加工

塑料制品的后加工内容有机械加工、表面处理、粘接、装配等工序。机械加工一般是在成型后的制件上切削、钻孔和制作螺纹等。由于塑料成型时,细长的孔、与模具闭合方向不一致的孔、内螺纹等不易或不能完成的工作,均需要进行后加工。一些产品零件、样机、设计模型等使用板、棒、管等塑料型材制作,也要用机械加工或热变型的方法成型。

塑料制品的表面处理是进一步提高制件的质量,有多种加工方式,常用的有出光、镀铬、喷涂等。如出光工艺,目的是增加制件表面的光泽度。经过表面喷塑、电镀、真空金属镀膜等工艺处理,一方面提高表面强度达到保护的作用,同时可以掩盖制品表面的瑕疵,再有就是改变塑料件表面的质感,提高制件表面的装饰性。

装配是将塑料制件与塑料制件、塑料制件与其他材料的制件用不同的方法连接成完整产品的过程。连接方法一种是使用紧固件连接,再有就是利用塑料易粘接的性能,使用热熔粘接、溶剂粘接、胶粘剂粘接方法进行连接。热熔粘接又称塑料焊接,利用热塑性塑料加热变软,直至熔化的特性,将制件需连接处经过热气流或热传导等方法加热到适当温度,材料呈黏流态,结合处在一定压力下经冷却后便结合成一体。溶剂粘接方法是同材质塑料制件粘合常用的方法,有机溶剂被塑料吸收溶化,形成黏稠状,加适当压力,待溶剂完全被吸收和挥发后,结合成一体,它是一种可逆的物理过程。胶粘剂粘接是利用黏合力很强的胶粘剂将塑料制件或与其他材料粘合在一起,胶粘剂多为树脂型,固化时间短,甚至是瞬间粘合,因此是一种很有发展前途的粘合方法。

压辊

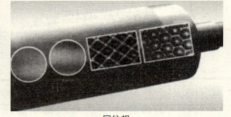
网纹辊

图 12-26 压延辊筒

常用塑料的溶剂和黏合剂　　　　　　　表 12-3

材料名称	黏合性	溶剂和黏合剂
聚苯乙烯	好	三氯甲烷、二氯甲烷、二甲苯(用5%PS碎屑溶成胶液)、502
有机玻璃	好	三氯甲烷、二氯甲烷、冰醋酸、丙酮(最好制5%胶液)、502
ABS	一般	甲苯、二甲苯、二氯甲烷、ABS专用黏合剂、502、聚氨酯胶
PVC	一般	四氢呋喃、环乙酮、二甲基甲酰胺、硬聚氯乙烯胶、热熔接
尼龙	好	甲酸、苯酚、间苯二酚(用5%尼龙溶制胶液)
PU泡沫塑料	好	聚氨酯胶、氯丁橡胶胶粘剂
PS泡沫塑料	一般	醋酸纤维素胶、聚氨酯胶
电木、电玉	剥离性差	502、914、各种单组分、双组分环氧树脂胶

聚乙烯和聚丙烯很难粘合只能用热熔胶,工艺复杂。

12.3 纤维增强复合材料的成型技术

复合材料通常由两种或两种以上不同性质、不同形状的单一材料通过复合工艺组合而成的新型材料,它既能保留原组成材料的主要特色,又能通过复合效应获得原组分所不具备的性能,还可以通过材料设计使各组分的性能互相补充并彼此关联,从而获得新的优越性能。

最常见最典型的复合材料是纤维增强复合材料,主要包括玻璃纤维、碳纤维、和有机纤维或其制品(如芳纶纤维等)增强的树脂基复合材料,在一般的工业产品中广泛应用玻璃纤维树脂基复合材料,通常又称作玻璃钢(FRP)。

玻璃钢产品可以根据不同的使用环境及特殊的性能要求,自行设计、制作而成,因此只要选择适宜的原材料品种,基本上可以满足各种不同用途对于产品使用时的性能要求。因此,玻璃钢材料是一种具有可设计性的材料品种。

玻璃钢产品,制作成型时的一次性,更是区别于金属材料的另一个显著的特点。只要根据产品的设计,选择合适的原材料铺设方法和排列程序,就可以将玻璃钢材料的制作和制品成型同时地完成,避免了金属材料通常所需的二次加工,从而可以大大降低产品的物质消耗,减少了人力和物力的浪费。

玻璃钢的成型制作技术有多种方法,常用的有浇注成型技术、手糊成型技术、喷射成型技术、纤维缠绕成型技术、卷管成型技术、连续制板生产工艺,先进的成型技术有模压料成型技术、袋压成型技术、拉挤成型技术、管道连续成型技术、离心浇注制管成型技术、增强反应注射模塑成型技术、RTM成型技术,以及几种热塑玻璃钢成型技术等。

12.3.1 浇注成型技术

浇注成型是树脂及其添加增强材料的树脂材料成型的一种方法。其过程是将添加了固化剂的聚酯树脂或环氧树脂和其他配合料浇注到设定的模具内，经固化成热固性制品的过程。

以环氧树脂为例，浇注成型的工艺方法，从不同的工艺条件去理解有不同的区分方法。从物料进入模具的方式可分为浇注和压注。浇注是指物料靠自身重力流入模具。它又分常压浇注和真空浇注，真空浇注的技术要点就是尽可能减少浇注制品中的气隙和气泡，为了达到这一目的，在原料的预处理、混料、浇注等各个工序都需要控制好真空度、温度及工序时间。压注指物料在外界压力下进入模具，并且为了强制补缩，在物料固化过程中，仍保持着一定的外部压力。

图12-27 树脂工艺品

图12-28 树脂草坪灯

从物料固化温度来区分可分为常温浇注法和高温浇注法。选用常温或高温浇注法由浇注材料的本身性质所决定的，其根本区别是浇注材料固化过程中所必需的温度条件。

从物料固化的速度来区分可分为普通固化法和快速固化法。物料进入模具至拆模所需的时间为初固化时间，普通固化法固化剂采用三乙醇胺，在加热的情况下，需几个甚至十几个小时完全固化。快速室温固化法，固化剂采用乙二胺只需十几分钟至几十分钟便可固化。

环氧树脂等热固性树脂添加的增强材料可以是玻璃纤维、碳纤维、布头粉等纤维材料，也可以根据使用性能的需要添加金属粉、各种石粉、水泥等填充材料。加入有机染料可染成各种颜色的制品。环氧树脂的种类和牌号最多，性能各异。环氧树脂固化剂的种类更多，再加上众多的固化、改性剂、添加剂等，可以进行多种多样的组合和组配。从而能获得各种各样性能优异的、各具特色的环氧固化体系和固化物。几乎能适应和满足各种不同使用性能和工艺性能的要求。这是其他热固性树脂所无法相比的。

环氧树脂浇注是由于环氧树脂浇注产品集优良的电绝缘性能和力学性能于一体，它外观完美、尺寸稳定、可以获得较好的透明度，因此环氧树脂浇注在模型制作、工艺品(仿玉制品)尤其是电器工业中得到了广泛的应用和决速的发展。

12.3.2 手糊成型工艺

手糊成型是用手工成型为主的制作方法。手工操作成型最大的特点是：可进行高技术、高难度、有特殊性能要求的产品设计，制品不受形状和尺寸的限制。同时具有操作简便，不用机械设备、成本低，因此适合小批量和单件玻璃钢制品的生产及大型玻璃钢艺术雕塑的制作。

由于所使用的树脂品种不同，因比有聚酯玻璃钢、环氧玻璃钢、酚醛玻璃钢之称。手糊成型玻璃钢制品一般使用不饱和聚酯树脂作基体材料，采用玻璃布做增强材料。玻璃布分为无碱和中碱两类，无碱玻璃布目前是应用最广泛的一种玻璃纤维，它具有良好的电气绝缘性及机械性能，玻璃钢制品一般选用无碱玻璃纤维。它的缺点是易被无机酸侵蚀，故不适于用在酸性环境。主要用于生产各种电绝缘层压板、印刷线路板、各种车辆车体、贮罐、船艇、模具等。中碱玻璃布其特点是耐化学性，特别是耐酸性优于无碱玻璃，但电气性能差，机械强度低于无碱玻璃纤维10%～20%，中碱玻璃布主要用于生产涂塑包装布和过滤织物，以及用于耐腐蚀场合。

图12-29　玻璃钢汽车配件模型

图12-30　无碱玻璃布

手糊成型的操作过程是：首先在模具上或模型上涂一至两层脱模剂，待脱模剂干燥后将加入固化剂、增塑剂的树脂均匀涂刷一层，随着将裁剪好的玻璃布铺贴在树脂胶层上，再用毛刷或刮刀将玻璃布压紧，迫使树脂均匀地浸入织物，同时将气泡排净。根据实际需要将上述步骤重复二至三遍或更多遍，至所需厚度，在室温常压下使基体完全固化后，经脱模、修边、打磨完成全过程。

12.3.3　喷射成型技术

喷射成型是将无捻粗纱一边连续不断的切断一边同树脂一同喷射在开模上，直至堆积到所需的厚度，把堆积料压紧整形，在室温常压下固化成型。

喷射成型的工艺过程如喷射成型示意图所示（图12-31），图中1为无捻粗纱玻璃纤维，在2切断器中将无捻粗纱切成短切纤维，3和4储料罐中分别装有引发剂的树脂和有促进剂的树脂，5为空气压缩泵，压缩空气将短切纤维和树脂在喷枪7内混合并喷射到膜具9上，沉积到一定厚度时，用压辊压实并排出气体，经固化后得到制件。电动机8带动回转模具台旋转，10为排气管道。

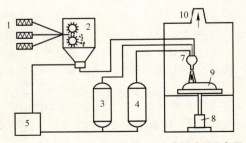
图12-31　喷射成型示意图

喷射成型由于使用短切纤维并且用喷射方法,因此制品无搭接缝,外观性能好。生产效率高,适合批量生产。主要用于制造浴盆、汽车车身、船体、各种容器等。

12.3.4　纤维缠绕成型技术

纤维缠绕成型是制造圆筒形、球形、盒形或复杂形状回转体的玻璃钢制品的主要方法。它是将连续的纤维束或带,浸以树脂胶,按照一定的排列方法,连续的缠绕在模芯或衬胆上,固化后成为制品。

纤维缠绕成型方法的特点是纤维连续不断,因此制品机械强度高。便于机械连续化生产,劳动强度小。这种方法用来制造大型管道、高压容器、火箭和导弹的外壳、锥形雷达罩等制品(图12-32)。

图12-32　缠绕成型的立体广告制品

12.3.5　模压料成型技术

模压料成型使用的材料是一种称作片状模塑料(Sheet Moulding Compound,简称SMC)的聚酯玻璃钢的新型模塑料,是玻璃钢模压成型时所使用的一种半成品材料。这种模塑料是片状的夹芯材料,中间是充分浸渍了多组分的不饱和聚酯树脂糊的短切玻璃纤维,两面覆盖聚乙烯薄膜。树脂糊中包含不饱和聚酯树脂、引发剂、化学增稠剂、填充粉料及颜料、脱模剂等成分。使用时按照制品的形状和尺寸裁切后,撕去两面的聚乙烯薄膜,按需要的厚度叠放在金属模具腔内,经加压加热一定时间,固化后得到成品。

SMC模压工艺还有很多优点,例如制品形状、尺寸准确、表面光洁、制品外观及尺寸重复性好。另外这种方法操作简单,模压成型时间短,复杂结构也可一次成型,玻璃钢成型工艺有多种,尤以这种工艺生产效率高。SMC模压制品可用之于结构件、连接件、防护件等,广泛应用于工业、农业、交通运输、电器、化工、建筑、机械和国防等众多领域。随着中国汽车工业的飞速发展,市场对玻璃钢汽车零配件的需求也越来越大,需求的玻璃钢部件包括:车门、引擎罩、前后围板、前后保险杠、前脸车灯框、仪表板、风道、电瓶箱体、导流板、挡泥板、车轮开口罩、空调器外壳等。

12.3.6　树脂传递模塑成型技术

树脂传递模塑技术 (Resin Transfer Moulding,简称RTM),是21世纪后期以来国际复合材料工业迅速发展起来的新型工艺技术,该技术可广泛应用于汽车、建筑以及航空航天等领域。树脂传递模塑成型法的工作过程是:在模具型腔内放置一定形状和尺寸的无碱玻璃纤维等增强材料之后合上模具并夹紧,聚合物的树脂和引发剂按比例混合后从注射孔压入模腔,在压力作用下增强纤维材料被树脂浸透,固化后得到制品。

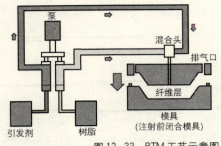

图12-33　RTM工艺示意图　　　　　图12-34　RTM成型的汽车部件

树脂传递成型属于闭合模成型方法,因此成品的形状和尺寸精度高,产品的一致性好,提高了零件的互换性能。成品的机械性能完全达到汽车制品的要求,外观质量很好,其平整度和边、角、线的清晰度,可以和塑料注射制件的表面质量相媲美,不需任何处理就可以直接进行表面喷涂。这种方法应用范围广泛,尤其适用各种汽车和游艇的部件、单椅、组合椅、排椅、航空座椅、公用电话机外壳及其他高表面质量的制品。

12.4　木制品成型

12.4.1　框架结构及其结合方法

传统木制品都是框架形式,以榫卯装板为主的结构。这是实木在发展中形成的最理想结构。它以较细的纵横撑挡为骨架,以较薄的装板铺大面,以榫卯连结,既经济又结实轻巧,无论支撑类或贮藏类木制品都能采用,一直持续了几千年。形成了最完美的结构形式。但是框架结构对材料与工艺要求较高,对与机械化生产有一定困难且成本较高,这是不足之处。

框架结构常用的接合方法有榫接合、胶结合、木螺钉接合几种,而榫接合为最基本的接合方法。

1. 榫头的分类

(1) 以榫头的形状分有直角榫、燕尾榫和圆棒榫。

直角榫:凡榫尖与榫舌成90°角的榫头都属于直角榫一类,框架结构中大都采用直角榫。

燕尾榫:不成90°角的为燕尾榫,用于抽屉角的结合,传统家具这种榫较多用,特点是坚固。

圆棒榫:利于机械化生产而产生的。

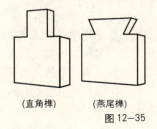

(直角榫)　　(燕尾榫)
图12-35　　　　　　　　　　　　　　　　图12-36　圆棒榫

(2) 以榫头的数目分：单榫、双榫、多榫。
(3) 以榫的深度分：不贯通榫（暗榫、半榫）；贯通榫（明榫、通榫）。
(4) 以榫孔的深度和侧面开口程度分：开口榫、开口榫不贯通榫、闭口不贯通榫。

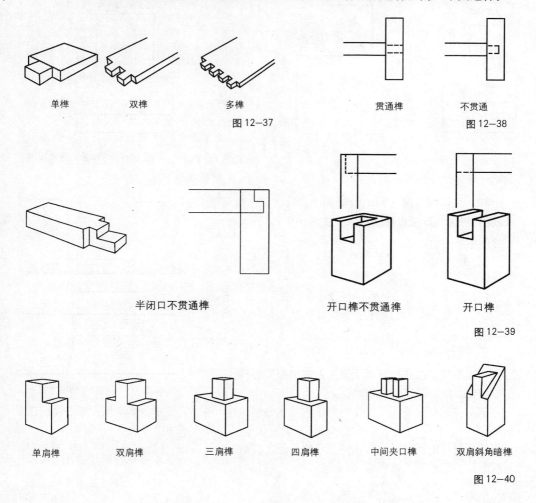

单榫　　双榫　　多榫
图 12-37

贯通榫　　不贯通
图 12-38

半闭口不贯通榫　　开口榫不贯通榫　　开口榫
图 12-39

单肩榫　双肩榫　三肩榫　四肩榫　中间夹口榫　双肩斜角暗榫
图 12-40

(5) 以榫头的肩胛分：单肩榫、双肩榫、三肩榫（截肩榫）、四肩榫、中间夹口榫、双肩斜角暗榫。

2. 榫结合的技术要求

木制品的损坏常常出现在接合部位，榫接合如果设计得不合理或加工得不正确就必然要影响其强度，有关接合的基本技术要求有如下几点。

(1) 榫头的宽度：单榫的厚度应近于方材厚度或宽度的二分之一；双榫的总厚

度应在工作的宽度的二分之一到三分之一之间；当木材截面大于40×40mm时应为双榫。

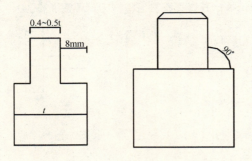

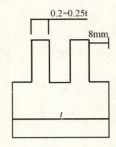

图12-41　榫舌的技术要求

（2）榫舌的厚度有mm：6.8、9.5、12、13、15等几种规格，榫舌的厚度应等于孔的宽度或小于0.1～0.2mm，则强度最大。

（3）榫舌的宽度：榫舌的宽度比孔长度大0.5～1mm，普通硬木大于1mm时配合最紧密。

（4）暗榫的孔应比榫深2mm，通榫长度至少长于孔深3～5mm，如果明榫处用插销，榫长应比孔身长出20～30mm。

3. 圆棒榫

它是在框架结构的基础上发展起来的新型结构，它利于机械化生产，要求精度很高。

图12-42　榫孔的技术要求

圆棒榫的材料需无节、无朽的硬木如水曲柳、柞木等，它要求含水率低、加工误差在－0.2～+0.2mm之间。连接硬木的误差为－0.2～0，软木或中密度为0～+0.2。

圆棒榫的取用为被接合木件厚度的五分之二到二分之一，长度为直径的3～4倍，胶合剂为脲醛胶、聚醋酸乙烯树脂（白乳胶）。

12.4.2　板式结构

凡主要部件用各种人造板作基材，并以联接件接合的木制品都称为板式结构，板式结构由于简化了结构和加工工艺，便于机械化、自动生产化生产，是目前广为应用的，而且有很大发展空间的一种结构类型。

人造板的构造：细杠板、双包镶板、蜂窝板、多层板、中密板、刨花板。

人造板的封边：不同的板材又有与它相适宜的封边方法。如薄木封边、金属封边、塑料封边。

板的联接结构:根据联接件的种类和使用方法的不同,板式结构可分为固定结构和拆装结构两种。

1) 固定式结构

以下这几种常见的板式固定式连接方法在使用中可以结合起来使用,但必须保证连接强度,使木制品在使用中不会产生摇摆、裂角和影响门、抽屉的开启,并力求结构处理与外观造型美观、协调。

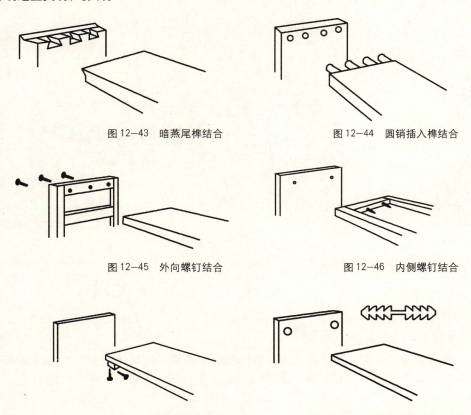

图 12-43　暗燕尾榫结合　　　图 12-44　圆销插入榫结合

图 12-45　外向螺钉结合　　　图 12-46　内侧螺钉结合

图 12-47　替木螺钉结合　　　图 12-48　隔板尼龙倒刺结合

2) 折装结构

便于远距离输运、收藏,在生产上更为简便,但加工精度要求非常高,这只是在大机械化、自动化生产的条件下才能保证,甚至在功能上折装结构还可以自由组合,产生多种造型与使用功能。

偏心件连接、圆棒榫连接(一般起定位作用)和其他方法结合使用倒刺螺母与螺钉结合。

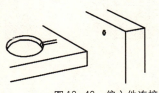

图 12-49　偏心件连接

12.5 玻璃制品成型

12.5.1 压制成型

压制成型是在模具中加入玻璃熔料后加压成型。一般用于加工容易脱模的造型，如较为扁平的盘碟和形状规整的玻璃砖。其工艺过程及产品如图12-50。

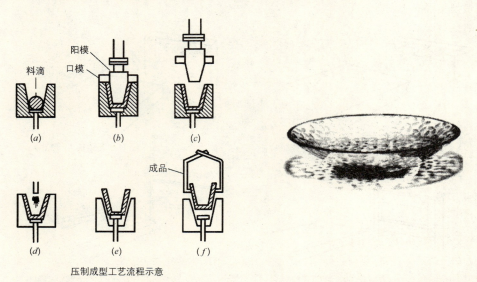

图12-50 玻璃压制成型及产品
(a)料滴进模；(b)施压；(c)阳模、口模抬起；(d)冷却；(e)顶起；(f)取出

12.5.2 吹制成型

吹制成型是先将玻璃熔料压制成雏形型块，再将压缩气体吹入热熔融的玻璃型块中，吹胀使之成为中空制品。这样的加工方法用于加工瓶、罐等形状的器皿，如图12-51。

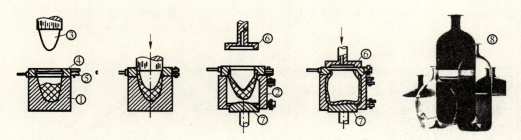

图12-51 压吹法成型及产品
①—雏形模；②—成型模；③—冲头；④—口模；⑤—铰链；⑥—吹气头；⑦—模底；⑧—产品

12.5.3 拉制成型

拉制成型是利用机械拉引力将玻璃熔体制成制品,分为垂直拉制和水平拉制。主要用于加工平板玻璃、玻璃管、玻璃纤维等,如图12-52。这种方法在制造时精确的厚度和均匀度较难控制。

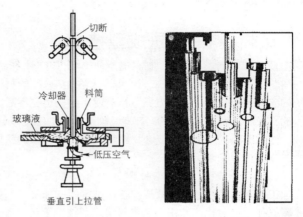

图12-52 玻璃拉制成型及产品

12.5.4 压延成型

压延成型是利用金属辊的滚动将玻璃熔融体压制成板状制品。在生产压花玻璃、夹丝玻璃时使用较多。压花玻璃的理化性能基本与普通透明平板玻璃相同,仅在光学上具有透光不透明的特点,可使光线柔和,并具有隐私的屏护作用和一定的装饰效果,如图12-53。

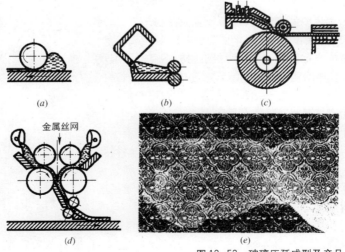

图12-53 玻璃压延成型及产品
(a)平面压延;(b)辊间压延;(c)连续压延;(d)夹丝压延;(e)压花玻璃

12.5.5 其他

随着科技的发展,产生了一些更加先进的成型加工方法。如浮法玻璃的加工:熔融玻璃从池窑中连续流入并漂浮在相对密度大的锡液表面上,在重力和表面张力的作用下,玻璃液在锡液面上铺开、摊平。再经过一系列的处理,得到上下表面平整、互相平行、厚度均匀的优质平板玻璃。

12.6 材料的先进成型技术

随着科学的发展,新型材料的不断出现,如超硬合金、新型复合材料、超高强度高分子材料、功能材料及特种陶瓷、纳米材料等材料,新的材料具有一些特殊的性能,难以用传统的方法加工成型。另一方面,材料使用结构也在不断变化,例如为了达到汽车轻型化的目的,采用全铝和碳纤维的轻车架,改进零件的结构设计(如空心齿轮、轴等),使用发泡铝板、微孔塑料、纤维增强复合材料等轻质材料。新的材料、新的结构导致研发新的成型技术的重要性越来越突出。

粉末冶金成型、电火花加工技术、化学铣切成型、快速原型技术、爆炸成型技术、激光加工技术、仿形制造、数控加工成型等新的加工成型技术在生产、模型制作、科学研究领域发挥不可替代的作用。先进材料成型技术正在向着无余量、精密化、柔性化、计算机化、智能化、虚拟化和清洁化方向发展。

12.6.1 粉末冶金成型

粉末冶金是一门新的金属材料成型技术,它通过制造金属粉末并将金属粉末为主要原料经过混合、成型、烧结工艺,制造材料或制件的技术。是一门综合冶金、材料、加工成型的等技术的边缘科学。

粉末冶金成型工艺过程是:制取金属粉末(包括纯金属粉末、合金粉末、金属化合物粉末),将金属粉末、石墨等制成一定形状的坯料,经过材料熔点以下温度的烧结,获得所需性能的制品。它是一种节能、省材、高效的生产方式。粉末冶金成型工艺与陶瓷的生产工艺过程相似,有时又称作金属陶瓷法。

粉末冶金能够制造用其他工艺方法不能或难于制造的材料和制品。例如一些有特殊性能要求的材料和制品,一些使用难熔金属材料(钼、钨、钛等)和复合材料制作的零件。粉末冶金的成型工艺使用普通模压法和注射成型法等方法,直接制造出高质量的,与成品的外形和尺寸相似的,无切削或少切削的制品如齿轮、轴承等。

图 12-54 粉末成型液压机

12.6.2 激光加工成型技术

激光是一种方向性强、单色性好、相干性好的高亮度光束,经过聚焦后的激光束能够在空间上和时间上形成高度集中的能量。大功率激光作为当前能量密集最高的一种能源,应用于各种典型零件的加工,形成崭新的激光加工技术领域。激光加工设备是由激光发生器、光学传输系统、聚焦系统、加工成型系统、计算机控制系统等组成,是集光、电、机、材料与数字技术于一体的综合的交叉性应用技术。其加工精度与效率很高,可实现常规加工方法无法完成的加工。

1. 激光焊接

经过聚焦后的激光束具有极高的能量密度和极小的光斑,轰击金属表面时,能量的高度集中能够可使其熔化或气化,因而是一种进行材料焊接和切割的理想热源。激光焊接的实质是激光与非透明材料进行量子能量传递的过程,宏观上则表现为反射、吸收、升温、熔化、气化和凝固的过程。

图 12-55 激光焊接机

激光焊接时焊接材料达到熔点的时间仅仅是微秒级或毫秒级,另外由于能量非常集中,热影响区域小,无材料硬化、脆化及变形现象,因此激光焊接的外观性能好。用 CO_2 激光器焊接厚 10mm 的钢板,焊缝的宽度只有 1mm。激光焊接不适合焊接高反射率和高透明度的材料,利用这个特性可焊接玻璃器皿里的金属零件。由于激光束加工的方法是非接触加工,便于用计算机程序控制加工过程,激光光束与工件之间可进行二维、三维的相对运动,完成平面的和立体的焊接成型。

2. 激光切割

按照激光切割的机理,激光切割有多种方式,如激光气化切割、激光熔化切割、激光氧气切割等。

激光气化切割的原理是:受到激光束照射时,材料被迅速加热至熔点发生气化,气化的微粒物质以蒸发的形式逸散掉,形成切割缝。激光气化切割一般多用于切割薄金属片、塑料、橡胶、皮革、木材、纸、纤维等。

激光熔化切割的原理是:用激光束将切缝处的材料迅速加热至熔点,借助与激光束同轴喷射的惰性气体流(如氩气、氦气、氮气等)将熔融的材料吹掉,形成切割缝。这种方法主要用于切割不锈钢、铝、钛及其他合金材料。

激光氧气切割的原理是:金属材料被迅速加热至熔点时,用纯氧与熔融的金属发生强烈反应而产生大量的热量,产生的热量又加热了下一层金属,金属继续被氧化,同时借助气流将氧化的金属吹掉,形成切割缝。激光氧气切割主要用于碳钢、钛钢及其热处理钢等容易氧化的金属材料。

用激光切割与其他切割方法相比更具特点。

(1) 由于激光的光斑极小，因此切缝宽度小（一般为0.2~0.3mm），比其他切割方法材料损失少。切口两边平行，切缝与表面垂直性好，成品背面不粘附熔渣。

(2) 切割速度快。例如采用2kW激光功率，8mm厚的碳钢切割速度为1.6m/min；2mm厚的不锈钢切割速度为3.5m/min。切缝区域以外的材料升温很小，加工件的变形很小。

(3) 激光切割是非接触是加工，不存在刀具磨损和工件划痕等质量问题。由于全部操作过程式由计算机程序控制的，因此不但可以切割形状非常复杂的坯料，而且可以获得很高的尺寸精度，切缝表面干净，无熔渣，所切割的坯料不必再作二次的加工处理。

图12-56　激光切割的制品

(4) 激光切割几乎可以适用于任何材料。由于切割过程不需用模具和专用工具，因此既适合批量生产也可以制作单件制品。

(5) 清洁、安全、无污染。大大改善了操作人员的工作环境。

激光切割具有其他切割方法无法比拟的显著优点，因此已经和正在取代一部分传统的切割工艺方法，特别是各种非金属材料及金属基和非金属基的复合材料的切割。它是发展迅速，应用日益广泛的一种先进加工方法。

从目前应用情况看，用 CO_2 激光切割已广泛应用于小于12mm厚的低碳钢板、小于6mm厚的不锈钢板及小于20mm厚的非金属材料。激光切割工艺已经广泛用在工程机械结构件、大电机硅钢片、自动电梯结构件、各种电气柜、开关柜等产品的生产中。可以制作要求均匀切缝的特殊零件，最广泛应用的典型零件是包装印刷行业用的模切版，它要求在20mm厚的木模板上切割出缝隙宽为0.7~0.8mm的槽，然后在槽中镶嵌刀片。还可以用于装饰、广告、服务行业用的不锈钢（一般厚度<3mm）或非金属材料（一般厚度<20mm）的图案、标记、中英文字体等制作。对于三维空间曲线的切割，在汽车、航空工业中也开始获得了应用。

3. 激光打标

用激光打标可以实现商品的永久标记，图像、文字标记可通过计算机快速的编辑制作和变换。激光打标可替代腐蚀、压印、喷墨等传统的打标方法。激光打标的方法可用在金属、塑料、陶瓷、玻璃、皮革、纸张上，打印材料适用面广。

12.6.3　快速原型技术

快速原型技术(rapid prototyping，简称RP)是20世纪80年代后期研制成的一种先进的成型技术，是制造技术的一次重大突破。快速成形技术是一种集CAD、CNC(计算机数控)、精密机械、激光技术、高分子材料等学科于一体的高新技术，能快速将CAD三维数字模型制成实物原型或直接制造产品零件。实物原型与数字模型相比，它不仅提高了CAD模型的可视性和直观性，还可用于功能测试，从而可以对产品的形体设计和结构设计、功能设计进行全面快速的评价、修改，加速了新产品的设计周期。将快速成形技术与精密铸造和塑料加工工艺结合起来，可以快速、经济地制造供小批量生产用模具，从而能批量生产塑料件和金属件，为新产品的设计、试制、批量生产提供良好的条件。

探讨快速原型技术，首先定义原型的概念，从产品开发、设计的角度讲，一个具备产品属性的创新设计，无论用什么形式表达，都可以看作是原型。表达的形式包括从概念设计到产品之间的全部的有形的和无形的表现。确切地讲，用手绘或用电脑软件绘制的平面的、三维的图形，还是各类的草模型、功能模型，或者是最终的产品均为原型。根据上述的概念，原型有分析原型和物理原型两种形式。分析原型是指设计图纸或电脑中显示的视觉三维图像，是非有形的表现。物理原形也称作实物原型，它在视觉上和触觉上都与最终的产品相似。我们通常认为的原型习惯提物理原型，图纸或图像和实物原型比较，后者可以给设计人员提供更真实的感受和更精确的数据，这能够为企业各功能部门之间提供一个交流的平台。

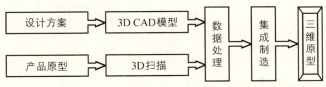

图 12-57 快速原型技术原理图

快速原型制造技术是一种基于离散／堆积方式的新型加工技术，其基本过程是用CAD绘制的3D图形，或用三维模型反求的方法获得图形数据，生成的STL文件，进行分层切片的数据处理。成型机部分在处理后的数据的控制下，采用分层累加的方法，按特定的成形方法（薄材叠层LOM、粉末烧结SLS、熔积成型FDM、光固化SLA等）每次只加工一个截面，然后自动叠加一层成形材料，这一过程持续进行直到所有的截面加工完毕，即生成三维实体原型。

快速原型制造技术不产生废料，不污染环境，是一种绿色制造技术。系统柔性高，只需修改CAD的模型，就可以完成产品制件的修改。快速原型制造没有传统生产中的模具，制件形状也不受加工工艺的约束，甚至是传统成型工艺中的"禁区"，因此可以说是一次设计要素的突破。

图 12-58 快速原型设备

从制造原理上讲，快速原型技术一改"去除"为"堆积"的加工原理，给制造技术带来了革命性的飞跃式发展。基于RP原理的快速制造技术,在创新设计、反求工程、快速制模各方面都有了长足的进步。

快速成形技术是快速制造的核心,能在几小时或几十小时内直接从CAD三维模型制作出原型,提供了一个信息更丰富、更直观的实体。RP技术的应用可大大加快产品开发速度,从而缩短开发周期,提高产品质量,降低成本,避免开发的投资风险。在互联网支持下,这种由快速设计、反求工程、快速成形、快速制模等构成的快速制造技术的设计—生产模式,必然是21世纪产品开发的主流模式。

12.7 现代制造技术

制造是将原材料通过一定的方法转化为产品的过程,制造技术是这个过程中所使用的一系列技术的总称,是创造物质产品的基础,是人类创造物质文明和精神文明的工具,是制造业生存和发展的主体技术,是经济持续增长的根本动力。现代制造技术不是单一的工艺

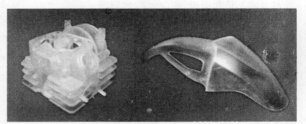

图12-59 RP技术制作的摩托车零件

过程,而是信息技术、计算技术、现代管理科学、与制造科学的交叉融合,并将其综合应用于制造业的全过程,实现优质、高效、低耗、清洁、灵活生产,取得理想经济效果的制造技术的总称。现代制造技术是高端科学技术的应用和价值体现,是产品快速更新,适应中小批量差异品种的生产模式,提高市场竞争能力的重要手段。

进入21世纪,消费价值观发生了结构性的变化,它必将导致产品结构向个性化和多元化的方向发展。市场由消费者被动接受产品到由设计引导消费的时代即将终结,未来是消费者引导设计、引导制造的时代。传统的制造技术无法适应市场环境发生的变化,现代制造技术已成为满足消费市场需求、发展经济、加速高新技术发展的技术体系。

与传统制造技术相比,现代制造技术具有以下的特征:

1. 传统的制造技术是指产品制造过程中的工艺方法及生产设备,现代制造技术则涵盖了从市场信息、产品设计、加工制造、质量控制到市场营销、用户服务等整个产品生命周期的全过程。形成"市场—产品设计—制造—市场"的现代制造技术体系,在这个体系中"市场、设计、制造"等概念被赋予了全新的内涵。

现代制造系统是将现代信息技术与生产技术相结合的一种理念,是一种适应国际间经济竞争的全新模式。当今在国际上已应用的有计算机综合制造系统(CIMS)系统、柔性制造系统(Flexible Manufacturing System—FMS)、智能制造系统(IMS)及快速原型技术、敏捷制造技术等高技术含量的生产控制方法和生产管理方法。

2. 现代制造技术融合了计算机技术、传感技术、自动化技术、精密制造技术、激光技术、材料科学及现代管理的理念,呈现多学科、多技术交叉优化、集成化的发展态势。

3. 传统制造技术的学科专业单一细化,各专业之间界限分明,现代制造技术系统中引

入了"并行工程"又称"同步工程"的概念。并行工程在设计功能上执行并行开发的程序,打破功能部门界限,各专业、学科、技术之间的不断交叉、融合,形成了综合、集成的新技术。由于实现信息共享,因而加速了从概念设计到产品制造的时间过程。它要求设计人员从设计的开始就要全面地考虑产品生命周期的全过程,包括制造、质量、成本、服务及报废处理等所有因素。

4. 现代制造技术强调以人为本,重视制造过程中组织和管理模式的集成化、先进化、合理化,使之成为先进的生产技术与先进的管理模式相结合的新的生产模式。人员素质要求更高,要具备更高的技术、员工之间有高度的信任和协作精神,要充分发挥企业的群体优势。

5. 绿色制造是一个综合考虑环境影响和资源效率的现代制造模式,其目标是使得产品从设计、生产、包装、储运、使用到报废的整个产品生命周期中,对环境的影响(负作用)最小,资源的使用效率最高。绿色制造的提出是人们日益重视环境保护的必然选择,发展不能以环境污染为代价,国际制造业的实践表明,通过改进整个制造工艺来减少废弃物,要比处理工厂处理已经排放的废弃物大大节省开支。从可持续发展战略的观点看,绿色制造是必然选择,它将成为现代集成制造系统的一个重要的组成部分。

从以上的分析中我们可以看到:各种先进制造技术的因素是相互关联、彼此交叉的,主要特点是系统与集成。

思考与练习题

1. 为什么说产品的构件或零部件的成型工艺将对设计的可行性和生产的可靠性起着至关重要的影响。
2. 为什么说材料的先进的成型技术(如激光成型、快速原型等),可以说是一次设计要素的突破。
3. 掌握常用油漆的种类与特性。
4. 使用方法训练,刷涂一块 30×30cm 胶合板(采用透明醇酸漆种涂饰工艺)。

第十三章 产品表面处理

13.1 材料表面的机械处理

材料表面的机械处理常用在要求不高,或是其他处理方法的前道工序,再或是有特殊表面肌理效果要求的情况下,用物理的方法,而不是用化学的方法加工材料的表面的方法。处理方法,一般采用磨光、滚光、抛光等方法获得平整、光亮的表面,或使用喷砂、压花、拉丝、磨刻的方法,在金属、塑料、木材、石材、玻璃及复合材料表面获得设计的肌理和光泽效果。

研磨:是一种"减材料"的加工方法,可以提高材料表面的平整度,去除表面的锈蚀和杂物。如木材和塑料、石材等材料经过锯割、刨削等加工后,在砂带(轮)机上或手持砂纸进行磨光。研磨处理可以使制件达到精确的形状和尺寸,提高制品表面的光洁度,选择不同粒度的砂带(纸、轮),可以获得不同的粗糙度。一般的成型材料均适于磨光处理,这种加工方法设备简单,应用广泛,是木制家具制作和模型制作中表面处理的预处理工序。

抛光:抛光是一种精细研磨的加工方式,可以使零件表面获得很高的光亮度,具有特殊的装饰效果。抛光工艺是使用粘有不同粒度金刚砂的毛毡轮,对零件进行粗磨、细磨,再用粘有抛光膏的布质抛光轮进行细抛光。一些装饰性材料如有机玻璃、无机玻璃、亚克力(图13-1)、大理石制品、电镀件等,经过抛光加工可以获得很高的光泽度。抛光根据要求有三种方式,毛面抛光、光亮抛光、镜面抛光。毛面抛光,表面有均匀的磨纹。光亮抛光,是对已经磨得很细但仍有磨痕的表面进行抛光,使表面平滑、细腻、光亮。经抛光处理的表面具有很高的反射率的加工,反射的图像像镜子一样清晰,通常被称为镜面表面加工。

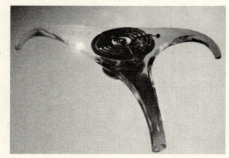

图13-1 抛光处理的亚克力材料

一些较小的零件无法用通常的打磨、抛光等方法加工,可以采用"滚光"的方法处理表面。小零件的"滚光"加工通常是在六角形的卧式滚桶中进行,零件和磨料经过一定时间的互相撞击和滚磨,表面被磨光。

对于要求高装饰性的表面,如轿车和高档木制品的漆面还要进行打蜡上光。一般先用砂蜡对漆面进行细微的磨平抛光,增加面漆的光泽度。最后再涂一层光蜡,擦拭后可使表面光滑、细腻、明亮如镜。

磨刻:加工的方法与磨光相似,其过程用雕刻机等设备在玻璃器皿、玉石、木制品的表面磨制一定深度的文字、图饰。

喷砂：喷砂工艺是将粒度较小的硬质砂粒,用专用的喷砂机,在1~5大气压的风压下,喷射在材料上,将材料的表面层磨削、打毛,获得均匀的砂光效果。用喷砂工艺可以制作磨砂玻璃,在钢材料、铝材料及不锈钢的表面获得质地细腻、柔和的砂面或较粗糙的肌理效果,同时又不失金属质感。用掩模或镂刻等方法进行局部加工时更可以得到预期的图案效果。

混合喷砂工艺是通过在材料表面施以适当目数的喷丸溅射处理形成无泽表面,然后通过掩饰处理,覆上塑料膜,进行表面抛光加工,最后形成抛光和无泽的混合表面。

压花：使用带花纹的轧辊对不锈钢薄板、塑料薄膜施加一定的压力轧制而成,材料表面花纹呈现一定深度的凹凸,可以压制各种图案、网纹、波纹、线状图案、珍珠状和皮革纹。经压花处理的不锈钢薄板用在建筑帷幕墙及室内外装饰,用于室外可以减少在阳光下发出的眩光。在室内使用时,如果有轻微的划痕和小面积压痕都不太明显,适用于电梯镶板、柜台、壁板和入口处。

压花玻璃是常用的一种装饰玻璃,经过特殊压制工艺,可使玻璃的单面或双面带有凹凸纹饰,其特有的装饰性一方面可以透过光线,充分采光,另一方面又能有效地限制和阻止清晰透视,起到良好的隐秘效果。压花玻璃的装饰图案立体感强,花型设计丰富多彩,装饰效果独具匠心。或朦胧幽静亮丽活泼；或古朴典雅；或豪迈奔放。适用于既需采光又需隐秘的各类公共及个人场所,如办公室、会议室、宾馆、医院、运动场、健身房、浴室、盥洗室等。成品可同普通平板玻璃一样,可做切割、磨边、钻孔以及钢化、砂光、丝印等再加工处理。

机械处理的方法还有其他一些方法,如用缎面机可以在铝等材料表面打出缎面效果,表面形成漫反射层,高雅漂亮。直拉丝处理,可在金属表面拉制精细长直线纹饰。在金属表面施以不规则的圆弧状震动研磨加工,可得到不规则的圆弧线面的纹饰。不同的处理方法可以使表面呈现独特的个性与时尚的装饰效果。

13.2 表面层改质处理

表面层改质处理是通过在金属表面制取人工氧化膜或无机盐覆盖膜的方法,有目地的改变金属表面的物理的或化学的性能,同时获得新的色彩和质感。工业产品常用的黑色金属、铝、铜、镁及它们的合金均可进行氧化改质处理,经过处理的表面氧化层一方面起着保护层的作用。由于金属氧化层质地坚硬,结构紧密,因此提高了表面的耐磨损性能,氧化层隔绝了材料与空气的接触,可以有效地防止金属锈蚀。不同金属的氧化层具有不同的颜色,有的金属氧化层可以染成各种需要的色彩,还可以处理成仿瓷的质感,因此具有很好的装饰性能。优良的理化性能和外观性能,使得氧化改质处理的工艺在日用产品、文化用品、电子产品及飞机制造、建筑构件等产品中广泛应用。由于氧化处理基本上不增加也不减少零件的材料,仍保持零件的最初尺寸,因此是精密仪器、射击武器的首选表面处理方法。铝氧化层的绝缘性能很好,在微电机和集成线路器件中用作高质量的绝缘层。氧化膜的人工制取,不同的金属用不同的方法,归纳起来有化学氧化法和电化学氧化法两种方法。

13.2.1 铝及铝合金的氧化处理

铝为银白色有光泽的轻金属,在空气中很容易与氧气发生作用,氧气能在很短的时间内使铝及铝合金表面生成一层很薄的自然氧化膜,光亮的铝表面因而变暗。铝表面的自然氧化膜比其他金属的氧化膜厚并且致密,所以能够阻止空气中的水分和有害气体的侵蚀,起到一定的保护作用。但是自然生成的氧化膜不仅薄(约为 0.01~0.015μm)、不均匀且疏松、多孔,尚不能作为可靠的防护层,无法满足使用要求。用于结构材料时,纯铝的机械强度在有些场合不能满足使用要求,所以要加入少量的金属元素(如镁、铜、锌等)或非金属元素(硅)制成各种牌号的铝合金。铝合金具有较大的强度和硬度,但是同时也增加了腐蚀的敏感性,较容易生锈,因此往往需要在铝及铝合金表面制取一定厚度的氧化物膜。

1. 化学氧化法

将铝及铝合金制成的零件浸在含有铬酸盐(缓蚀剂)的弱碱性溶液中,在其表面便生成一层氧化膜(Al_2O_3)。用化学氧化法获得的氧化膜比较薄(大约 0.5~4μm),膜层较软,没有足够的强度,容易被磨损,不宜单独使用。但是呈松孔状的化学氧化膜有较好的吸附能力,可以吸附各种染料、润滑油、石蜡、树脂等,常作为油漆的良好底层。化学氧化法优点是设备简单、操作方便、成本低、可加工大型件,有较广泛的应用。

2. 电化学氧化法

电化学氧化法是用电化学方法在铝及铝合金零件表面获得一层附着力很强的氧化膜,这层薄膜可防止金属的腐蚀,并可做金属着色的基底。因为零件是连接在阳极上,又称作阳极氧化法。处理的机理就是在电场的作用下,加速铝及铝合金表面氧化膜的形成。

氧化膜薄,耐高温,是一种很好的绝热和抗热保护层,导热系数明显低于金属,同时能抵抗水汽和腐蚀性气体的侵蚀,这些特性使铝氧化技术在工业产品中有着广泛的应用。

一种称作瓷质阳极氧化法的工艺,所获得的氧化膜呈灰白色的不透明膜,因其外观与搪瓷釉层相似,所以称瓷质阳极氧化法。这种膜层不但硬度高、耐磨性能好,有较高的绝热性和电绝缘性,且外观性能极佳。

氧化膜是与基体金属直接生成,与基体结合很牢固,但是膜层比较脆,当受到较大的弯曲变形和冲击负荷时,容易发生网状裂纹,因此制件要成型后再进行氧化处理。

为了提高制件的装饰性经常在氧化后进行染色处理。由于氧化膜呈松孔的状态很容易吸进染料,封闭后表面呈一定的色彩,这种金属质感的色彩是其他涂料所无法比拟的。工业纯铝、铝镁合金、铝锰合金的氧化膜,可以染成各种鲜艳夺目的颜色。铝硅合金或含有其他杂质较高的合金,因膜层呈暗色,只能染成古铜色、深褐色等较深的颜色或黑颜色。因此在外观设计时要根据材质确定或调整相应的色彩。铝及铝合金的氧化和染色工艺,使零件表面的氧化膜变成不易退色的且硬度较高的着色表面,常用于高档日用品、文化用品、工艺品、IP产品中的装饰件,如化妆品的瓶盖、灯具、锅、音响设备的面板和手机上的旋钮、按键等点睛部位。

为降低经阳极氧化形成氧化膜的孔隙率,为了提高氧化膜的性能,氧化后需要进行封闭处理(填充处理)。一般用热水封闭氧化膜的松孔,水与氧化膜的水化作用而生成含水氧化铝,也可用水蒸汽进行封闭,封闭后的氧化膜可提高表面的防护能力,改善覆层中着色的持久性。

铝制件在氧化、着色前要进行预处理,除掉表面的锈蚀、杂质、油渍。如果需要高光效果的氧化表面,氧化前还要对材料表面进行磨光、抛光等出光处理。有一种"微蚀处理"的工艺,氧化前将基材浸入低浓度的酸溶液或碱溶液中将基材表面进行轻微腐蚀,控制好溶液浓度和时间,材料表面呈微小颗粒状态,得到一种均匀度高的亚光效果,经"微蚀"处理后的铝材再进行氧化处理,其表面尽显了自然色彩和肌理,将材料的自然美表现得淋漓尽致。

在镁中加入适量的其他元素制成的各种镁合金,具有质轻、机械强度高、比强度大(强度与比重之比)的性能,在航天、航空工业中及汽车、自行车行业为了减轻零件自身的重量常用镁合金制造一些零件。如飞机的支架、桁条、轮毂,发动机的支架、机匣、车辆的结构架等。但镁合金化学性质活泼、抗蚀能力低,也需用氧化方法提高表面的防护性能,其方法与铝制品的方法一样。

13.2.2 黑色金属的氧化和磷化处理

钢铁表面层的化学氧化处理俗称发蓝(发黑),将钢铁制件在空气中加热或浸入含有苛性钠、硝酸钠或亚硝酸钠的溶液中处理,使其表面生成一层很薄的氧化膜,因为氧化处理后的零件表面生成的氧化膜呈蓝黑色而得名。钢铁材料进行氧化处理成本低、工效高、能够保持制品的尺寸精度,常用作机械模具、精密仪器、兵器、弹簧、标准件和日用品的防护及装饰。

进发蓝处理的钢制件表面氧化膜的厚度较小,大约为 $0.5～1.5\mu m$。钢材的合金成分不同,氧化膜的色泽上有所差异,碳素钢和低合金钢零件氧化后呈黑色和黑蓝色,铸钢件的氧化膜为暗褐色,高合金钢呈褐色或灰紫色。

黑色金属另一种表面处理方法,是将钢制件浸入磷酸盐溶液中,使金属表面获得一层不溶于水的磷酸盐保护薄膜,这一过程称为磷化处理。磷化膜的颜色呈灰色或暗灰色,其亮度不如发蓝膜,磷化膜的厚度一般为 $5～15\mu m$,远大于发蓝膜。经磷化处理的金属,其原有的机械性能、磁性等性能基本保持不变。

氧化膜和磷化膜的硬度高,脆性大,但是制成的膜层的微观状态呈现孔管状,有很强的吸附能力,一般成膜后再用涂油处理或涂清漆,以增强抗腐蚀能力。由于氧化和磷化处理不改变零件的尺寸,并且设备简单,操作方便,费用低,生产效率高,因此在一般的紧固件、五金工具,以及机械设备、运输车辆,自行车等产品中的一些零件作为防护层,在各种武器上用作润滑层和保护层。

13.3 表面被覆处理

表面被覆处理是将另一种材料,用涂敷或镀膜的方法覆盖制品表面的处理过程,它是工业产品应用最广泛的表面处理方法。表面被覆处理的作用,一方面保护了基体材料不受损伤,另一方面是满足了产品外表面的装饰效果。表面被覆的工艺方式、被覆的材料种类繁多，可以获得理想的表面肌理、色彩及光度，视觉艺术效果丰富多彩，同时它也是提高产品自身经济价值的途径，因此它是工业设计要深入探索的重要课题。

表面被覆处理由于被覆的材料和工艺方式不同，有以电镀为主要方式的镀层被覆，有在基体材料表面涂装高分子材料等涂料的涂层被覆。产品制件表面的被覆处理随处可见，如木器制品表面的油漆涂饰，钢材制品或涂漆或进行表面镀层处理，还有搪瓷、釉面陶瓷器皿、景泰蓝等被覆工艺。

13.3.1 镀层被覆

镀层被覆是用化学镀或电镀的方法，在金属或塑料、陶瓷等制品表面形成均匀、致密、结合良好的金属或合金沉积层的过程，多用于钢材表面镀铬、镀镍、镀锌、镀锡、镀钛、镀银等被覆处理。多层电镀是在同一基体上先后沉积上几层性质或材料不同的金属层的电镀。经选择的镀层材料有很好的抗腐蚀能力，硬度高，不同的镀层材料由于性能不同，功能效果和装饰效果也不同。如镀铬和镀镍多为镜面镀层，表现为冷、硬的质感，由于它在使用环境中的镜像反射作用，会营造出一个高雅、飘渺的环境气氛。镜面电镀适合小面积被覆和产品的点睛部位，面积较大时，往往由于不能保证制品表面平整度，容易产生环境影像扭曲现象，造成视觉污染，这一点如不注意往往造成设计的败笔（图13-2）。

镀锌处理费用较低，一般用在钢结构件和螺钉等非外观件表面的处理，主要起到防护作用。镀锌处理工艺在工业产品中，尤其是轻工产品、电子产品的内部结构件多采用此方法，如台式计算机机箱的背板、音像设备的传动系统等（图13-3）。

图13-2　镀铬处理的钢制件　　　　　　图13-3　镀锌处理的钢制件

镀锡一般用于黑色金属薄板表面地镀层处理，镀锡薄板通常称作"马口铁"，"马口铁"符合食品卫生的要求，因此多用于金属食品的包装及食品机械。

表面镀钛处理工艺由于工艺的成熟，成本的降低，在生活用品中也有较多的应用。金属表面的镀钛层，硬度高、不易磨损、质感和色泽好，同时具备很好的功能性和装饰性。

镀金和镀银多用在铜制件的表面，由于价格较高，一般用在电子器件和工艺品的表面。

一些非金属材料如塑料、陶瓷、环氧树脂板等制品，由于属于非导电体，不能直接用电镀的方法,在表面形成金属镀层。电镀之前首先要在制件表面形成导电层,可以用喷镀或进行表面活化后化学沉积铜制成导电层,然后再镀铬、金等金属层。化学沉积法早有应用,例如利用硝酸银溶液在玻璃上沉积银镀层的"银镜"生产浸渍法。

塑料制品表面镀铬处理,使制品获得金属的质感和高亮的光泽,用以代替金属制件(图13-4),在工业产品中有广泛的应用。现代汽车的具有装饰功能的零部件多采用塑料件,其中一些塑料制件经过镀铬、镀镍处理,使得制件的耐蚀性、抗热振性、表面强度和装饰性都得以改善。塑料的品质对电镀性能影响很大,有些塑料根本不能电镀,有些与镀层的结合力很差;有些耐老化性差在使用中易变形,造成镀层起泡、剥落。ABS塑料是一种广泛用于电镀的塑料,因为ABS塑料中的B组分(丁二烯)可溶于电镀的粗化液中,使塑料表面呈微孔状,具有亲水性,通过"钮扣"效应,获得较强结合力的电镀层。

ABS塑料的综合性能较好,材料价格较低,加工制作容易、效率高、价格低,制件表面进行电镀后,其外观性能与金属制件几乎无区别。常用ABS塑料件经电镀后代替金属材料制作一些零件,广泛应用于视听产品、工艺品、生活用品、装饰用品等产品中。

设计需要进行电镀处理的塑料件,其表面形状即要符合模塑成型的工艺要求,还要符合电镀工艺的要求。图13-5中左面的两个零件表面的转折处未能设计成圆角,因此电流密度大,造成镀层过厚。在凹入处由于电流密度小,同时电镀液不流通而造成钝化现象,致使凹入部分镀层很薄。图13-5右边塑料件的设计充分考虑了镀件表面电流密度的均匀和电镀液的流动性,因此得到均匀的镀层。

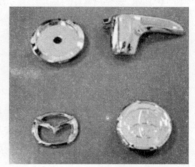

图13-4 表面镀铬的塑料

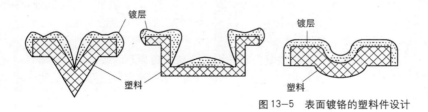

图13-5 表面镀铬的塑料件设计

经电镀处理的ABS塑料件在工业产品中,应用非常广泛。由于塑料零件容易制成较复杂的形状,价格低、重量轻,并且有较好的强度和耐腐蚀性,在汽车工业中如窗门把柄、镜架、门锁钮等,在家用电器产品中把柄、旋钮、按键、扬声器装饰圈,其他如淋浴用花洒、自来水龙头、打火机零件、化妆品包装及工艺品等大量使用表面镀铬的塑料件。

"真空溅射"方法可以在非金属表面沉积金属皮层,其工作原理是在真空装置中,镀层金属在高电压的电场作用下以离子状态轰击镀件,结果在镀件表面沉积一层金属材料,这种方法也称作"真空镀膜"。例如在塑料表面沉积铝金属层,可以得到彩色的金属表面层塑料制件。将不锈钢的手表壳和手表带放在真空镀膜机中进行真空蒸发镀钛，可以获得银白色或金黄色的钛镀层。

13.3.2 涂层被覆

用喷涂、刷涂或其他的方法在制品表面形成一层涂料的涂层，称为涂层被覆。制件可以是金属材料也可以是木材、塑料、织物、玻璃、水泥等几乎是任何材料，涂料品种很多，可以是有机涂料也可以是无机涂料，一部分是天然涂料，而大部分是有机合成涂料。涂层被覆在工业产品和建筑装饰中广泛应用，例如在汽车工业中，涂装技术是重要的工程技术，车身、货厢、底盘、发动机、电气设备及塑料件等都需进行涂装，其中车身涂装，尤其是高档轿车车身涂装，以工艺复杂、工序多、涂层质量要求高等特点而最具代表性。

1. 涂层被覆的作用

（1）保护作用：制品经过涂层被覆处理可提高制品表面的防护能力，由于涂料在制品表面形成一层膜，能够将空气、阳光、水分及腐蚀性介质（酸、碱、盐、二氧化硫等）隔离开，使得制品的抗腐蚀、抗赃污的性能提高。

（2）装饰作用：经过涂层被覆处理制品的表面改变为涂层的色彩、光泽、肌理，使其达到设计装饰效果。

（3）信息表达作用：通过产品涂层被覆的设计向消费者传达两种信息，一种是情感信息，即视觉的、触觉的属性以及文化的内涵。另一种是物性的信息，即通过涂层材料的性能和品质，传达产品的功能属性。我们通过涂层的色调以及色彩的对比、渐变组合，色彩图案的构成，表达活泼的、激情的或宁静、温馨的情感信息。表达产品功能属性的的方式较多，例如通过涂层的色彩，传达工业信号色，在机械设备上高温、高电压的部位及消防器材表面，涂敷红色油漆就是表达一种警示信息。在电器设备上甚至手机上的开关按键，用红、绿两色表达通过与禁止的信息等，均为传达一种功能的工业信号色彩。

（4）功能作用：由于各种涂料的性能，可以赋予产品具有一定的隔音、隔热、防水、绝缘、防污、防虫、防锈、防腐的功能。在军事上涂层被覆具有伪装作用，如车辆、坦克等涂成草绿色，舰艇涂成蓝灰色等伪装色。还有一种抗红外线涂料，可以防止敌人利用红外线拍照发现目标。

2. 涂层材料的种类

涂层材料可分为两大类：即通用型涂料和特种涂料。通用型涂料在建筑、家具、运输机械、轻工产品、农业机械等方面获得了广泛的应用。经过涂覆的产品，美化了环境、保护了材料，提高了自身的价值，创造了巨大的社会和经济效益。

随着科技的发展，涂料用途的开拓，逐步形成以满足特定环下的特种用途的具有特殊组成和性能的涂料系列。这就是特种涂料，又叫专用涂料。专用涂料是为了满足航天、航空、舰船、光纤、核能……等国民经济各部门的特殊要求而发展起来的涂料分支，是上述领域中不可缺少的配套材料，由于这类涂料性能优异、制造方便、价格低廉，日益受到使用者的欢迎。因而特种涂料发展很快，品种不断增多，性能提高很快。

特种涂料按用途可划分为：飞机蒙皮涂料、船舶涂料、耐热保护涂料、耐核辐射涂料、金属热处理保护涂料、润滑耐磨涂料、油罐内壁防腐涂料、导电涂料、防火涂料、有机消融防热涂料、强反光涂料、示温涂料、光纤保护涂料、地图制版用涂料、磁性涂料等。

通用型涂料的种类较多，分为无机和有机的两大类。工业产品的涂料一般为有机的高分子材料，其中以油漆为主要的涂料，常用的油漆有以下几种。

醇酸漆：是由醇酸树脂加入颜料（清漆不加颜料）、催干剂后溶于有机溶剂制成。醇酸漆的漆膜坚韧、有较好的机械性、有很好的光泽、耐油性、价格低。其缺点是表面干结快而粘手时间长，因此漆膜容易起皱，耐水和耐碱性能差。

醇酸漆的施工，刷涂、喷涂均可，由于易起皱，因此每层不宜过厚，稀释剂为X—6（或市场供应的醇酸漆稀释剂）。干燥时间为常温24小时，或在60～70℃的温度下干燥3小时。

醇酸漆由于具有良好的耐久性、耐候性和保光性，广泛用于室内外木材和各种金属表面，如门窗、家具、桥梁、机械设备、电动工具、日用品等。

硝基漆：是以硝酸纤维素为主体，加以其他树脂、颜料（清漆不加颜料）、增塑剂，溶于有机溶剂而成。

硝基漆是目前比较常见的木器、金属及装修用涂料，其特点是干燥迅速，表面"指触干"只需几分钟（实际干燥需要1小时），这是任何一种油漆所不及的。由于干燥快，漆膜表面粘结灰尘的机会少，可以保证涂装质量。硝基漆常温快速干燥的性能，而不用烘烤设备，可以提高工作效率，降低成本。漆膜的机械强度高，坚硬耐磨，干燥后可在表面打蜡抛光。面膜有较好的光泽、耐水、耐油、耐化学药品、不易变色。但是硝基漆的固体含量低，干燥结膜后膜层薄，一般需要涂敷多层。由于硝基漆的溶剂挥发快，因此流平性差，施工时多用喷涂方法。

硝基漆根据性质和用途的不同，分为内用和外用两大类。外用硝基漆的质量较高，具有良好的耐气候性，遇日光不易分解，不泛黄，漆膜表面强度高，适用于各种车辆、室外设施、仪器仪表及其他金属、木制品。内用硝基漆适用于室内使用，漆膜容易粉化、龟裂。内用漆价格低，适用于家具、仪器仪表及日用品。

硝基漆的施工现场以12～25℃，相对湿度40%～70%为宜，湿度过高时，由于溶剂挥发快，表面温度迅速降低而吸湿，致使漆膜发白。稀释剂为X—1、X—2硝基漆稀释剂，工作黏度为20～25秒。

聚氨酯漆：聚氨酯涂料是目前较常见的一类涂料，可以分为双组分聚氨酯涂料和单组分聚氨酯涂料。双组分聚氨酯涂料一般都具有良好的机械性能、较高的固体含量、各方面的性能都比较好。是目前很有发展前途的一类涂料品种。主要应用方向有木器涂料、汽车修补涂料、防腐涂料、地坪涂料、电子涂料、特种涂料等。缺点是施工工序复杂，对施工环境要求很高，漆膜容易产生弊病。单组分聚氨酯涂料应用面不如双组分涂料广，主要用于地板涂料、防腐涂料、预卷材涂料等，其总体性能不如双组分涂料全面。

氨基漆：氨基漆是一种高级烘漆，用单纯的氨基树脂制作的油漆，漆膜硬度高但质地脆，而且附着力差，一般与醇酸树脂混合用，因此实为氨基醇酸漆。

氨基漆的漆膜坚韧，亮度高，色彩鲜艳，经高温烘烤不变色、不泛黄，尤以白色和浅色更为显著，具有良好的保色性能。在室外使用，不粉化，不龟裂，居有良好的耐气候性。耐水、耐油、耐溶剂及化学药品。由于氨基漆性能优良，广泛用于金属制品表面的装饰与保护，主要用于汽车面漆、仪器仪表、医疗器械及热水瓶、自行车等。

施工时以喷涂为主，在 90～100℃ 的温度下，经过 2.5～3 小时干燥。

丙烯酸漆：丙烯酸漆有较强的附着力和机械性能，漆膜光泽性好，附着力强、耐冲击、柔韧性佳、保光保色性好，有极好的耐气候性，适用于湿热地区和航空工业，如飞机的表面以及铝、镁合金的涂装。丙烯酸漆分为热塑性（自干型）和热固性（烘干型）两种，自干型丙烯酸涂料主要用于建筑涂料、塑料涂料、电子涂料、道路划线涂料等，具有表面干燥迅速、易于施工、保护和装饰作用明显的优点。热固性质量更优，但需要在 120℃～140℃ 的温度下烘烤 20～30min，且价格较贵，目前用于某些高级自行车、轿车及电器、金属饰件的涂装。

水性涂料：采用水性体系，除了少量的成膜剂外，以去离子水作为主要溶剂，基本上杜绝了施工时溶剂（有机溶剂）的大量挥发。水性木器涂料主要有聚丙烯酸酯和聚氨酯两大类。丙烯酸乳液木器涂料具有固体含量高、干燥速度快、硬度高、成本低及耐候性好等优点，水性聚氨酯涂料有单组分和双组分之分。

UV 固化涂料：VU 固化涂料是一种单组分涂料，在 VU 光照射下可快速发生反应从而形成干燥的膜层。固化反应的速度非常快，仅需数十秒钟便可形成物理和化学性能好的柔韧性涂膜。所用树脂的性能差异很大，因此配成的涂料的涂膜性能也各不相同。

对批量较大的工序，最佳的选择是 VU 紫外线固化体系，其固化速度取决于 VU 吸收剂的选用，一般在 1 秒内至数分钟不等。其体系内的溶剂本身多为可反应性单体，可直接固化成膜，从而减少溶剂的挥发。

首先，我们必须先明确了解，什么是钢琴漆？

钢琴漆：钢琴漆是一种高档的烤漆工艺，表面喷涂的是"不饱和聚酯漆"。与普通的高亮喷漆相比，钢琴漆有两大本质的不同点：第一，钢琴漆有很厚的底漆层，钢琴漆的表层，如果用力敲碎，是会像搪瓷一样碎裂的，而不是像普通的漆层一样剥落的；第二，钢琴漆是烤漆工艺，而不是喷漆工艺，经过了一次高温固化过程。

钢琴漆在亮度、致密性、膜层质感特别是稳定性上要远远高于聚氨酯漆等普通的喷漆，如果不发生机械性的损坏，钢琴漆表层经过多年后依然光亮如新，而普通的亮度喷漆早已氧化渗透不复旧观了。

钢琴漆，除了由于钢琴表面的涂饰，还用于高档音箱、高档家具、木壳座钟及工艺品的表面。

3. 特种涂料

有耐热漆、绝缘漆、耐酸漆。特种漆是因为具有某方面的特殊性能而得名，普通的油漆涂层在较高的温度下，漆膜会变色、龟裂，迅速老化，因此在电动机、烘箱、电热炊具等的表面要涂敷专用耐热漆。在需要耐酸或有绝缘要求的地方，要选用专用的耐酸漆或绝缘漆。

水晶胶：水晶胶是一种现代表面涂装用装饰材料，主要成分为高分子透明树脂，简称甲组分；环氧丙烯酸树脂加催化剂，简称乙组分，分软质水晶胶和硬质水晶胶两种。软质水晶胶一般适用于底板软质材料的商标、标牌，如不干胶商标、软塑料标牌、纸质商标等。硬质水晶胶一般适用于硬质底板的商标、标牌、证章等。

强反光型交通标志漆：强反光型交通标志漆是高科技水溶性乳胶涂料，适宜各种交通地面路标指示，如广场、人行道斑马线及车行道地面划线、高速公路地面标志及机场交通标志等。该产品可以直接涂饰于硅酸盐水泥或混凝土界面、沥青界面。

该产品含有强力光反射的微玻璃珠成分，当漆表膜逐渐被磨掉时，漆内含的微玻璃珠则能够发挥很强的反射作用，标志作用更加突出。特别适宜于需要强力夜视效果或夜视效果较弱的地面，如机场跑道、大型室内需显示行路或标志的地面及夜晚难于辨别的场所等。该产品是快干型、无毒无味，有三种颜色供选择：白色、黄色和国际标准残疾专用蓝色。

特种涂料种类繁多，性能各异，大多数是功能性涂料，这里不一一累述。

4. 涂装施工的基本方法

(1) 刷涂：是一种古老而普通的方法，特点是设备简单、灵活性大、任何尺寸的产品均可施工。缺点是劳动强度大、生产效率低。刷涂时注意：刷涂垂直的表面时，最后一遍应自上而下进行；刷涂水平的表面时，最后一遍应按光线照射的方向进行；刷涂木材的表面时，最后一遍应顺着木材的纹理进行。

(2) 空气喷涂：空气喷涂是用专用喷枪在一定的空气压力下，将涂料喷成雾状液，均匀地沉积在被涂物体上的一种涂装方法。其特点是漆膜分布均匀、光滑平整、工作效率高、施工方便，对于较大面积和快干漆尤为适用。缺点涂料使用率较低，稀释剂使用量大，污染环境。施工时喷枪的空气压力应为3~6个大气压，喷嘴与物面的距离，一般以250~400mm为宜，再有喷出漆的流动方向应尽量与物体表面垂直，操作时喷枪的运动速度应均匀一致。

(3) 静电喷涂：利用高压电场的作用，将涂料喷到物体表面的方法，是一种先进的施工方法。被涂装的物体连接地线作为高压阳极，涂料喷口为阴极并施以负电压，雾化后的涂料液滴，带着负电荷在高压静电场作用下，飞向带正电荷的制品进行涂装。其特点是生产效率高、适合流水作业，尤其是材料利用率高，可达90%以上，涂层质量好。国内的重要汽车生产线，中涂和面漆涂装均已采用高速旋杯自动静电喷涂机，以提高漆膜外观质量和涂着效率。静电喷涂可喷涂各种油漆亦可喷涂塑料漆。

(4) 电泳涂装：基本原理是和电镀相似，将零件浸于电泳槽内并接上阳极，槽箱体连接电源阴极，电泳漆在直流电场的作用下，在零件的表面形成一层带有胶黏性的漆膜，烘干后成为光亮坚固的漆膜。特点是由于使用的是水溶性漆，无漆雾，生产环境好，可进行自动化生产，生产效率高，无有机溶剂，安全可靠。主要用于汽车、军工、造船及轻工产品。

(5) 浸涂：浸涂法就是将被涂制件浸没于涂料中，取出后让表面多余的漆液自然滴落，除去过量涂料，经干燥后达到涂装的目的。此种涂装方法适用于小型的五金零件、薄片以及结构比较复杂的制件。这些制件采用喷涂方法会损失大量的涂料，用刷涂等方法费时费工，有些部位难以涂装到。采用浸涂的方法，省工省料，生产效率高，设备与操作简便，可与机械化、自动化生产配套进行连续生产，最适宜单一品种的大量生产。但这种方法难以保证质量，仅适用于对外观要求不高的零件。

(6) 淋涂：淋涂方法，也称为流涂或浇涂，是将涂料喷淋或流淌过工件表面的涂装方法。它是浸涂法的改进，虽需增加一些装置，但适用于大批量流水线生产方式，是一种比较经济和高效的涂装方法。它是以压力或重力通过喷嘴，使漆液浇到物件上。它与喷涂法的区别在于漆液不是分散为雾状喷出，而是以液流的形式，如同喷泉的水柱一样。采用此方法，被涂物件放置于传送装置上，以一定的速率通过装有喷嘴的喷漆室，多余的涂料回收于漆槽中，用泵抽走，重复使用。此种涂装方法，能得到比较厚而均匀的涂层，涂层可由双组分配合施工，也可用光固化涂料配套。适用于因漂浮而不适宜浸涂加工的中空容器，尤其对大型物件、长的管件和表面形状复杂的制件，用淋涂进行涂覆特别有效，工作效率高。其缺点为：溶剂挥发消耗量大，主要用于平面涂装，不能涂装垂直面，需要完善的安全防火设施。

13.4 产品表面文字、图饰的印制

在产品及包装容器的表面制作文字、标记、符号、图饰，一方面具有独特的装饰效果，堪称"点睛"之笔，同时也是叙述产品的名称、品牌及功能的有效方法。制作的方法多种多样，常用胶印、丝网印、热转移印、水转移印、移印印制的方法及金属刻蚀、激光打标等方法制作。

13.4.1 丝网印刷

1. 丝网印刷的原理及应用

印刷有凸版印刷、凹版印刷、平版印刷和孔版印刷四种的形式。丝网印刷是孔版印刷术中的一种主要印刷方法。

丝网印刷是一种古老的印刷方法。其印刷的基本原理是：丝网上版膜通透的网孔能够透过油墨，漏印至承印物上；其余部分的网孔被堵死，不能透过油墨，在承印物上形成空白。传统的制版方法是手工的，现代较普遍使用的是光化学制版法。这种制版方法，以一定目数的聚酯等纤维丝网为支撑体，将丝网绷紧在网框上，然后在网上涂布感光胶，形

图13-6 平板丝网印刷机

成感光版膜，再将底版密合在版膜上，经曝光、显影，印版上不需过墨的部分受光形成固化版膜，将网孔封住，印刷时不透墨，印版上未封闭的网孔印刷时油墨透过，在承印物上形成墨迹。印刷时在丝网印版上倒入油墨，油墨在无外力的作用下不会自行通过网孔漏在承印物上，当用刮墨板刮动油墨时，油墨通过网印版转移到承印物上，从而实现文字、图像复制。丝网印刷最初用蚕丝为网材，故在国际上早期称丝网印刷为"绢网印刷"（图13-6、图13-7）。

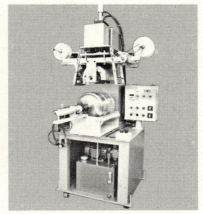

图13-7　丝网滚印机

2. 丝网印刷的特点

丝网印刷的特点很多，最根本的一点是印刷适应性强，所以人们称之为除空气和水不能印刷外，在所有不同材料表面上都能进行印刷，而且不受印刷面积大小的限制。丝网印刷同其他印刷方法相比具有以下特点。

（1）成本低、见效快。丝网印刷既可以机械化生产，也可以手工作业。这种印刷方法所需设备和材料费用较其他印刷方法低，另外其制版方法也较简便。

（2）由于丝网版有较好的弹性，除在平面物体上进行印刷之外，还可以在圆柱体、曲面物体表面进行印刷，比如各种玻璃器皿、塑料瓶、瓶罐、漆器、木器、金属制品、纺织品等等，在平印、凸印、凹印方法所不能印刷的，它都能印刷。

（3）可以使用许多种类的油墨，既可用油墨印刷，也可用各种涂料或色浆、胶浆、漆料等进行印刷。

（4）墨层厚实、立体感强。在四大印刷方法中，丝网印刷的墨层较厚实，图文质感丰富，立体感强。丝网印刷应用于印制盲文，墨层厚度可达300μm。

（5）印刷幅面大。现在平印、凸印、凹印和柔性版印刷都受到印刷幅面尺寸的限制，而丝网印刷却可以进行大幅面印刷。特别是目前随广告市场的迅速发展、网印大型户外广告印刷品在广告市场中所占比重日益增大。

（6）丝网印刷的再现性，精密性不如其他印刷方法。

丝网印刷作为一种应用范围很广的印刷，根据承印材料的不同可以分为：织物印刷、塑料印刷、金属印刷、陶瓷印刷、玻璃印刷、电子产品印刷、彩票丝印、广告丝印、不锈钢制品丝印、光反射体丝印、丝网转印电化铝、丝印版画以及漆器丝印等等。

丝网印刷在一般的工业产品中，主要是在产品表面印制商标、文字标记。此外，还有其他应用，如高档轿车后窗电热除雾装置的丝印，这种丝印的方法是在平滑的玻璃上把专用"银膏"用丝网印刷成线条，并在对玻璃进行弯曲处理的同时进行烧制。当后窗模糊结雾时，让线条通过电流而发热，提高玻璃表面的温度，去除水汽。制作印刷线路板、玻璃表面的化学蚀刻、金属表面的化学铣切等工艺中的掩模，多采用丝网印制（图13-8）。

13.4.2 热转印

热转印就是将花纹图案印刷到耐热性胶纸上,通过加热、加压,将油墨层的花纹图案印到成品材料上的一种技术。利用热转印膜印刷可将多色图案一次成图,无需套色,简单的设备也可印出逼真的图案,可以减少由于印刷错误造成的材料(成品)损失。在处理圆柱形、弧形、锥形或球面等以及平面产品的表面印刷,大都以丝网移印为主,但由于丝网的网线及套色的精准度有限,只适合印刷一些普通线条色块图案。至于要求精准度高、立体感强的层次图案,就需要使用铜版印刷的热转印技术,事实上热转印技术已普遍使用于要求图案美观的笔类、文具、玩具、日用品类产品,成为立体彩印的新趋势,如图13—9。

图13—8　丝网印

图13—9　热转印产品

热转印是根据热升华原理工作的,其原理是先把彩色图案以特制转印墨水印在转印专用纸上,再配合专用的简单设备以烫印的方法转印到产品的表面。热转印是印制图案于各种材质商品上的新方法,特别适合制作少量多样的个人化商品、以及印制包含全彩色图像或照片的图案。利用热转印膜印刷可将多色图案一次成图,无需套色,简单的设备也可印出逼真的图案。

热转印技术还可使用各种不同的转印材质,达到不同的印制效果,最主要的有胶膜转印与升华转印。

胶膜转印:胶膜转印的转印纸含有胶质,通过加温、加压将胶质图案印在产品表面。

升华转印:升华转印是新一代的技术,采用特殊的升华墨水与升华转印纸。图案印在商品上不会产生胶质,如果转印到衣服上,墨水是直接升华到织物纤维上面,与染布一样牢靠,且色彩艳丽,更适合色彩丰富的图案。

热转印技术广泛应用于电器、日用品、文具、建材装饰等。并不是所有产品都能用热转印方法印制文字、图案,其原因是产品的耐热度、平滑度等因素。由于具有抗腐蚀、抗冲击、耐老化、耐磨、防火、在户外使用保持15年不变色等性能目前已运用热转印技术成熟开发出的商品包括:衣服、布质提包、帽子、抱枕、马克杯、瓷砖、手表、鼠标垫、杯垫、奖牌、锦旗等上百种商品。热转印设备用于装饰铝型材、各类金属版材,可达到木制品或大理石的效果。陶瓷类商品采用热升华转印,在约200℃的温度下,将墨水升华到商品上，色彩锐利，图案牢靠度高。在玻璃上用热转印印刷的图案效果是丝网印刷完全不可能实现的，与贴花纸相比较，热转印在玻璃上装饰就要简单的多了，可以容易地在玻璃瓶上实现彩色照片印刷。

13.4.3 水转印

水转印被称为比较环保的技术，大概与它脱离印刷过程中的油墨有关，是目前最新兴的一种高效印制方法。水转印利用水的压力和活化剂使水转印载体薄膜上的剥离层溶解转移，基本流程为：1.膜的印刷：在高分子薄膜上印上各种不同图案。2.喷底漆：许多材质必须涂上一层附着剂，如金属、陶瓷等，若要转印不同的图案，必须使用不同的底色，如木纹基本使用棕色、咖啡色、土黄色等，石纹基本使用白色等。3.膜的延展：让膜在水面上平放，并等待膜伸展平整。 4.活化：以特殊溶剂(活化剂)使转印膜的图案活化成油墨状态。 5.转印：利用水压将经活化后的图案印于被印物上。6.水洗：将被印工件残留的杂质用水洗净。7.烘干：将被印工件烘干，温度要视素材的素性与熔点而定。8.喷面漆：喷上透明保护漆以保护被印物体表面。9.烘干：将喷完面漆的物体表面干燥。

水转印技术有两类，一种是水标转印技术，另一种是水被覆转印技术，前者主要完成文字和写真图案的转印，后者则倾向于在整个产品表面进行完整转印。被覆转印技术使用一种容易溶解于水中的水性薄膜来承载图文。由于水被覆薄膜张力极佳，很容易缠绕于产品表面形成图文层，产品表面就像喷漆一样得到截然不同的外观。被覆转印技术可将彩色图纹被覆在任何形状之工件上，为生产商解决立体产品印刷的问题。亦能在产品曲面加上不同纹路，如皮纹、木纹、翡翠纹及云石纹等，同时亦可避免一般板面印花中常出现的虚位。且在印刷流程中，由于产品表面不需与印刷膜接触，可避免损害产品表面及其完整性。

13.4.4 移印

移印是一种间接的可凹胶头印刷技术，目前已成为各种物体表面印刷和装饰的一种主要方法。工艺过程很简单：先将设计的图案蚀刻在印刷平板上，把蚀刻板涂上油墨，然后通过硅胶头将其中的大部分油墨转印到被印刷物体上。

转印头由有弹性的硅胶制成，可被做成许多不同的形状。它的作用是从蚀刻板上取得图案，并把图案转印到基质上。由于转印头具有很好的弹性，因此不但可以在平面上印制图案，特别适合在球面上和各种曲面上印刷，用多个转印头可以多色套印，常用的有双头、四头移印机。如图13-10。

图13-10 曲面移印

13.4.5 激光打印

采用激光打标可实现商品的永久标记，文字或图像标记，可替代腐蚀、网印、喷墨等传统打标方法。

激光打标技术是采用计算机受控激光作为加工手段，其基本原理是：计算机控制高能量、高密度的激光束在机械零部件、电子元器件、仪器仪表等需要进行标记的工作表面进行扫描，使表面材料达到瞬间气化或发生化学变化改变颜色，刻蚀出具有一定深度或颜色的文字、图案等，从而在工件表面留下永久性标记。激光打标技术作为一种现代精密加工方法，与腐蚀、机械刻印、印刷等传统加工方法相比，具有无与伦比的优势。

1．激光加工是非接触加工方法，与工件之间没有加工力的作用，具有无接触、无切削力、热影响小的优点，保证了工件的原有精度，同时，对材料的适应性较广，可在多种材料的表面制作出非常精细的标记，且耐久性非常好。

2．激光的空间控制性和时间控制性很好，对加工对象的材质、形状、尺寸和加工自由度都很大，特别适合自动化加工和特殊面的加工。材料适用面广，可在金属、塑料、陶瓷、玻璃、皮革、纸张上打印。

3．由于使用计算机制作文字、图案，便于制作和更改方便、快捷。

4．激光加工是一种清洁的无污染的环保加工方法。

5．标记清晰、持久、美观、并可有效防伪。

13.5 其他的表面处理方法

13.5.1 金属材料及玻璃制品的化学铣切

金属材料的化学铣切是一种无切削加工工艺，是将金属毛坯经过酸性或碱性溶液的腐蚀，得到所需要的几何尺寸和形状（图13-11）。

在工业生产中化学铣切工艺主要是用于一般机械加工方法很难加工的零件，如在很薄的金属板材上进行加工或在曲面零件表面进行加工等。化学铣切工艺和设备简单、生产效率高、加工成本低，可以蚀刻复杂的文字、图饰，因此有着广泛的应用。

我们以铝板画的制作方法介绍化学铣切的工艺过程。首先选取尺寸适合的铝板，表面用碱液（或洗涤剂）除油后用清水漂洗干净，再用细砂纸（最好用木炭）将表面砂光。第二步涂覆保护层，用油漆、合成橡胶或虫胶漆（漆片溶在酒精液中）等在铝板表面上作画，将不被腐蚀的地方遮盖。第三步待漆干后用苛性钠水溶液（150～230克／升）或三氯化铁的废液进行腐蚀（应注意溶

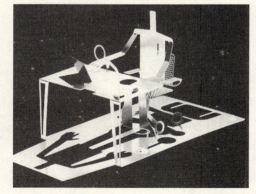

图13-11 化学铣切的不锈钢薄板模型

液对人的皮肤有很强的腐蚀,不要直接接触腐蚀液),大约每10分钟刻蚀深度为0.3mm,随时观察刻蚀的深度,达到满意的深度时,取出用清水彻底漂洗干净。最后,磨去表面的保护层,在凹下的部分填涂颜色(油漆、油画颜料、环氧树脂等或丙烯颜料),干燥后在整个版面喷涂或刷涂罩光液,罩光液可用脱色虫胶漆、清漆、油画上光液等,至此一幅铝板画全部完成。

铜版画表面蚀刻处理的过程与铝板画的蚀刻完全一样,铜、铝版画刻蚀完成后还可进行氧化处理、出光处理、作旧等表面工艺,以获取不同的艺术效果。

不锈钢的表面通过覆膜工艺将文字、图案、标志覆在钢板表面,再将钢板浸在特制的液体中,将未覆膜的部分进行浅层蚀刻处理(图13-12),使不锈钢表面出现预期的文字、图案。在一些建筑装饰中,如电梯及室内外装饰、装潢,尤其是电梯内部镶板、柜台台面容易留下手印、轻微的划痕很不美观。如果选用布纹、网纹、花纹表面,就不那么明显了,在这些敏感的地方不宜使用镜面不锈钢材料。

图13-12 蚀刻不锈钢

用同样的工艺可用铝和铜材料制作徽章、商标、标牌、仪器仪表的面板等。

在玻璃制品的表面进行化学蚀刻的方法,常用来制作玻璃装饰品。传统的工艺是在玻璃表面热涂一层石蜡,再依据图案将需要蚀刻的部位,用刀具除去石蜡层,用氢氟酸腐蚀后,清除石蜡层可得到晶莹剔透的玻璃工艺品。

蚀刻墨是一种直接在玻璃上网印的油墨,用丝网印版印在玻璃上的文字图形的蚀刻墨,在玻璃上停留数分钟后进行水洗,即形成砂面(消光效果)的文字图形,代替了原来的HF腐蚀及喷砂工艺。这种油墨不含强酸,操作较简单,其消光效果与蚀刻有异曲同工之妙(图13-13)。

图13-13 玻璃的砂面

13.5.2 化学抛光—微蚀

化学抛光是指材料在化学介质中表面微观凸出部分较凹陷部分优先溶解,从而得到光亮平滑表面的一种抛光工艺,和机械抛光、电化学抛光一样,是金属制品获得光亮镜面的重要手段,是改观制品外表、提高其经济价值的重要工序。一般的金属材料均可进行化学抛光处理,如不锈钢、普碳钢、铜、铝等及合金,不同的金属使用不同配方的抛光液。

由于化学抛光不需要电源,设备简单,效率高,成本低,免除了工件装挂的繁琐,更不受几何形状和尺寸的限制,特别是对尺寸小或形状复杂的工件在不能进行其他方式抛光时,采用化学抛光能达到光亮、美观、整平的良好效果。

13.5.3 玻璃冰花丝印

冰花俗称桔皮纹,它实际上是非常细小的低熔点玻璃颗粒。这种细小的玻璃颗粒,含铅成分高,有彩色和无色两种,彩色的有红、黄、蓝、绿、白等颜色,还可配制出多种中间色调。丝印玻璃冰花装饰,是先在玻璃表层丝印有色或无色的玻璃熔剂层(助熔剂),然后再将冰花玻璃颗粒撒在这层玻璃熔剂层上。通过500℃~590℃的烧结,使玻璃表面的熔剂层和冰花颗粒层共熔而产生浮雕效果的。如在玻璃上丝印的是有色熔剂,而冰花玻璃颗粒是透明的,通过高温共熔,则玻璃冰花纹样部位的熔剂层退色,而在玻璃面上形成有色、隆起的透明浮雕纹样。丝印冰花装饰,素雅大方,多用于建筑玻璃装饰和工艺美术玻璃装饰,如高档玻璃器皿、灯具等的装饰。

13.5.4 玻璃的"蒙砂"处理

"蒙砂"是在制品玻璃上,将需要的区域粘附玻璃色釉粉,经过580℃~600℃的高温烘烤,使玻璃色釉涂层熔化在玻璃表面,并显示出具有与玻璃主体不同颜色的一种装饰方法。粘附玻璃色釉粉,可用排笔涂刷,亦可用胶辊滚涂。通过丝印加工,可以得到砂面的镂空图案。其方法是:通常在玻璃制品表面上,用丝印的方法印制一层由阻熔剂形成的图案纹样。待印上的图案纹样风干后,再粘附玻璃色釉粉。然后经过高温烘烤,没有阻熔剂的区域,釉粉便熔融在玻璃面上,而印制了图案的地方由于阻熔剂的作用,蒙在图案上的釉粉不能熔在玻璃面上。烘烤后透明的镂空图案便透过半透明的砂面而显现出来,形成一种特殊的装饰效果。蒙砂丝印阻熔剂,由三氧化二铁、滑石粉、黏土等组成,用球磨机研磨,细度为350目,丝印前用黏合剂调合至适当黏度。

13.5.5 皮革表面的罩印处理

大多数皮革要具备使用性能必须进行表面涂饰,即利用合适的化工材料在皮革表面形成一个修饰层,一方面增加皮革的美观,另一方面使皮革在使用过程中具有耐热、耐寒、耐干湿擦和耐撞等性能。常用的涂饰材料主要有蛋白质类、丙烯酸树脂类、聚氨酯类和硝化纤维类。这些涂饰材料要在皮革表面形成良好的修饰层,本身须满足以下要求:涂层美观,要与皮革表面有良好的粘着力,在皮革表面形成的涂层要有很好的延伸性,涂层应有较好的卫生性能,即有良好的透气性,以保证穿着的舒适。同时,涂层还要具有一定的耐热、耐寒和耐老化等性能,皮革工业中常将这些涂饰材料称为成膜物质。

在皮革制品的表面进行真皮彩色印花(图13-14),开辟了高附加值真皮制品的新途径。此技术适用于各种真皮,各种花色图案的印制,且印制后的真皮具有花型图案色泽明快、柔和、附着力强、不掉色、不遮盖真皮性等优点。可广泛应用于皮制服装、鞋

图13-14 真皮彩印

帽、箱包、装饰品等产品。

13.5.6 热喷涂技术

热喷涂是用火焰、等离子射流、电弧等热源将粉末状(或丝状、棒状)材料加热到熔化或半熔化状态并加速(或雾化后加速)形成高速熔滴以高速撞击基体，在其表面沉积成覆盖层的过程，这是一种新的表面处理方法。热喷涂技术具有广阔的选择材料和应用范围，无论是金属、合金还是陶瓷、玻璃、水泥、石膏、塑料、木材都可以作为喷涂的基体材料。喷涂材料也是多样的，金属、合金、陶瓷、塑料、复合材料都可选用。根据需要选用不同的涂层材料可以获得耐磨、耐蚀、耐热、抗氧化等方面的一种或几种性能，也可获得其他特殊性能的功能涂层。

热喷涂技术具有以下特点：

1. 涂层材料几乎不受限制，包括金属材料，无机材料和有机材料等，可以使基体的表面获得另一种材料的质感。

2. 被喷涂制件的尺寸大小和形状不受限制。可以在整体表面上进行喷涂，也可以在局部表面上进行喷涂，在一个制件上可以喷涂一种或多种材料，此外，还可制成具有特殊性能的不同材料的复合涂层或叠加涂层。

3. 施工时由于是加热喷涂材料，制件基体受热温度低，工件变形小，因而热喷涂也被称为"冷工艺"。

4. 涂层厚度可在较大范围内选择，由喷涂形成的厚度可由数微米到数毫米。用特殊工艺可以制造机械零件实体，即喷涂成形制品。它还可以用于恢复零件因磨损或其他原因造成的尺寸不足。

热喷涂技术在工业上的应用非常广泛，热喷涂已在航空航天、机械、能源、交通、化工、轻纺、兵器等各个领域里都不同程度的获得应用，并在高新领域里发挥了作用。

13.6 涂装工艺

13.6.1 木制品的油漆涂装工艺

1. 保持木材纹理的油漆涂装

用高级木材尤其是硬木材料制作的木制品，如用红木、花梨木、水曲柳木、柞木、柚木、樟木、榉木、黑胡桃木等阔叶树木材制作的家具、室内装饰制品及工艺品、乐器、胶合板等制品，为了保持木材的纹理，显示其自然美，通常采用保持木材纹理的油漆涂装工艺。常用的油漆品种有虫胶清漆、醇酸清漆和硝基清漆，涂装施工过程如下。

(1) 前处理—白茬处理

砂磨：先后用1号和0号的砂皮，顺木材纹理将

图13-15 保持木材纹理的涂装

木材表面和填刮的腻子,通磨一遍,再用毛刷将表面清理干净。

去毛:用干净的布在热水中浸湿,遍擦木材表面,使木材表面的"浮毛"吸水膨胀后翘起,待干燥后将翘起的"浮毛"用0号的砂皮砂净。

脱脂:如松木、柏木含油脂多,涂不上色,致使油漆后出现"白斑",且涂装后油脂多的部分容易返粘。应再漆饰前挖掉或用烧热的烙铁将油脂烫掉,也可用25%丙酮水(或硝基稀料)刷涂,将表面油迹溶解干净。

(2) 漂白

经过漂白可以使木材天然色素氧化、退色,将色斑和不均匀的色调消除。浅色木材或要染成与原来木材颜色无关的任意色彩时,要进行漂白处理。漂白方法很多,通常用浓度为12%~15%的过氧化氢(双氧水),刷涂木材表面,色重时可多刷几遍,一般情况下,刚刚刷时变深,干后变浅。如制品体量小时,可全部浸入溶液中。市场销售的双氧水浓度为30%,应加一倍水稀释。

(3) 染色处理

为了使木材纹理清晰、生动和得到理想的色彩,可进行染色处理。染色有水色染色和油色染色两种。水色又有用颜料和染料两种方法,染料的配方可参考表13-1。表中黑纳粉和黄纳粉是由几种酸性燃料混合制成,配置溶液时水的温度要在90~100℃为好。

染色配比　　　　　　　　　　　　表13-1

重量百分比	浅柚木色	柚木色	深柚木色	栗壳色	深红木色	浅红木色	古铜色	深蟹青色	浅蟹青色
黄 纳 粉	3.5	4	2.5	12.5			4	3	2
黑 纳 粉					14	16			
黑 墨 水	1.5	2	4.5	25	20		16	10	8
热　　水	95	94	93	62.5	66	84	80	87	90

(4) 罩光

用醇酸清漆、硝基清漆(腊克漆)或树脂漆刷涂或喷涂,每涂饰一遍干后用旧砂皮通砂一遍,最后一遍经48小时干燥后打蜡出光。

2. 掩盖木材纹理的油漆施工

用各种颜色的酚醛油漆或醇酸油漆等漆料涂装木制品表面,它不仅遮盖了木材表面的纹理,同时还掩盖了表面的一些缺陷,因此对木材的表面质量要求不高(图13-16)。下面以白色家具的油漆方法介绍施工过程。如图13-17。

图13-16　色漆的涂装

(1) 首先将表面的胶痕、油迹、松脂清除干净,后用1号砂皮顺着木纹的方向通磨一遍。

(2) 用虫胶液(也称泡力水,用漆片溶在95%的酒精中制成)和白老粉(大白粉、双飞粉)调成厚浆糊状,然后用刮刀把表面全部嵌尽,表面要平整。干燥后用1号旧砂皮,顺木纹将表面砂平。

(3) 将适量的"利德粉"或大白粉,加入到虫胶液中,加入量使得虫胶液成为白色即可。然后用羊毛板刷顺木纹,自上而下,从左至右刷涂三度(三遍)。每一度干透后,都要用旧的砂皮将表面砂一遍。

(4) 刷过三度后表面基本呈白色,将表面仔细擦干净,刷涂腊克漆。腊克漆用稀释剂按1:1稀释,用羊毛刷均匀刷三度,干燥后用旧砂皮通砂一遍。

(5) 用细砂布包裹脱脂棉,浸稀释的蜡克漆(腊克漆:稀释剂=1:2)均匀涂抹一遍。

图13-17 白色家具

图13-18 法式家具"翡冷翠"

(6) 经过36小时彻底的干燥,用360~420#水砂纸,沾稀肥皂水,顺木纹的纹理方向通砂一遍,手感应很平滑,将表面清理干净。最后用浸透煤油的棉布沾家具砂蜡,顺木纹用力擦磨,直至表面发热为止,再用干净软布擦净表面,涂上光蜡,待未干时使用柔软的布擦一遍,全部过程完毕。

这是一种高档白色漆饰的方法,可以避免普通白色油漆变黄的缺陷,长期不变色,膜层厚,有瓷质感。在虫胶液中加入颜料可以获得各种色彩的表面,传统的法式家具的"翡冷翠"(图13-18)漆饰和中式家具中的"立粉"使用的是同样的工艺。

13.6.2 金属制品的油漆涂装工艺

1. 预处理:预处理是金属制品涂装必须的一道工序,常用机械打磨和化学侵蚀的方法进行表面除锈、去油污、磨平的处理,必要时进行人工氧化、磷化等表面处理。

2. 涂底漆：底漆是涂在金属表面的第一层油漆，其作用有很好的防锈功能，同时底漆与金属有良好的结合力。底漆的品种较多、性能有所区别，不同的金属材料应选用相应的底漆。

3. 填刮腻子：填刮腻子是为了消除制件表面的划痕、凹陷、工艺缝等缺陷，以获得平整的表面。

4. 涂二道底漆：在底漆和腻子涂层上涂覆的一层底漆，通常称为二道底漆或二道浆。由于腻子经过打磨后会有许多针孔和磨痕，涂二道浆可以填平针孔和磨痕的，并且增加了与面漆结合的强度，使面漆更显丰满。

图13-19 金属制品漆饰

5. 涂装面漆：在二道底漆的基础上涂装一层或几层表面漆，从而获得需要的色彩和表面的质感，面漆应具有很好的表面强度和对环境的稳定性。最后经过干燥，必要时还要进行抛光、打蜡，完成全部涂装工序(图13-19)。

金属制品的表面用油漆或塑料漆进行涂装，是工业产品广泛使用的方法。由于产品的价值和使用环境不同，因此使用涂料的品质和涂装的工艺各不相同。轿车的表面涂装是一种高档的油漆工艺，我们知道，轿车面漆起到保护车厢不被腐蚀与美化外观的作用，轿车的漆面要求映像率高，光亮如镜，是整车质量最重要的指标之一。喷涂油漆占轿车生产总费用的比例较高，而且购买者首先注意到的是面漆的颜色和喷涂的质量，对买卖成交的影响很大。因此汽车生产厂家十分重视轿车面漆技术，往往投入巨大的资金和人力去发展和改进轿车的面漆，强调抓住人们视觉的第一印象。

为了提高市场竞争力，对车身喷涂工艺进行了多方面的改革。例如，漆前表面预处理工艺一般经过9～15道工序，以达到最好的防腐和清理效果。底漆涂层由过去的阳极电泳涂装法改为阴极电泳涂装法，可使材料耐腐蚀性提高了5～6倍。底漆烘干后，车身所有焊接的缝隙都要涂上一种密封胶，保证车身具有良好的气密性和防水性，车身底部要涂聚氨脂、聚脂树脂等涂层，防止小石子和硬物的冲击。下一步再进行中涂，以强化漆面的硬度，防止崩裂现象出现，提高漆面的映像清晰度，为面漆创造平滑的基础。然后喷涂面漆，增强映像清晰度和耐酸能力。面漆以普通本色漆和金属闪光色漆、珠光色漆等三种为主，现在轿车多用金属闪光色漆和珠光色漆，喷涂这些面漆后再喷涂罩光清漆，可令整个车身明亮如镜。

现在轿车车身的喷涂工艺一般按照这些程序进行，普通轿车车身要喷涂三层，由阴极电泳底漆、中涂和面漆组成，有些中高级轿车车身要喷涂4～5层，由阴极电泳底漆、中涂1～2层和面漆1～2层组成，以达到较高的外观装饰性。

13.6.3 玻璃制品表面处理

玻璃的表面处理是对玻璃成型加工后为了获得所需的表面效果而做的处理。包括：消除表面缺陷的研磨、抛光、磨边处理；形成特殊效果的喷砂、车刻、蚀刻、彩饰、涂层等。

第十三章　产品表面处理

1. 研磨：磨除玻璃制品表面缺陷或成型后残存的凸出部分。
2. 抛光：用抛光材料消除玻璃表面在研磨后仍残存的缺陷，获得光滑平整的表面。
3. 磨边：磨出玻璃边缘棱角和磨去粗糙截面。
4. 喷砂：通过喷枪用压缩空气将磨料喷射到玻璃表面，形成花纹。
5. 车刻：用砂轮在玻璃制品表面刻磨图案，如图13-20。
6. 蚀刻：先在玻璃表面涂敷石蜡等保护层并在其上刻绘图案，再利用化学物质（多用氢氟酸）的腐蚀作用，蚀刻所露出的部分，然后去除保护层，即得到所需图案。
7. 彩饰：利用彩色釉料对玻璃表面进行装饰，如图13-21。常见方法有以下几种。

图 13-20　玻璃车刻后的产品

150×280mm
倒挂金钟

300×420mm
大酒坛酒仙图

图 13-21　彩饰的玻璃制品

(1) 贴花——用彩色釉料在特殊纸上印刷所需图案，再将花纸贴到制品表面。描绘——直接用笔蘸釉料进行涂绘。

(2) 贴花——用彩色釉料在特殊纸上印刷所需图案，再将花纸贴到制品表面。喷花——先制作所要图案的镂空型版，将其紧贴在玻璃制品表面，然后用喷枪喷出釉料。

(3) 贴花——用彩色釉料在特殊纸上印刷所需图案，再将花纸贴到制品表面。贴花——

用彩色釉料在特殊纸上印刷所需图案,再将花纸贴到制品表面。

(4) 印花——采用丝网印刷用釉料在制品表面印出图案。

在进行完彩饰后,还要进行烧制,使釉料牢固地熔附在玻璃表面,并且使彩釉表面平滑、光亮、色彩鲜艳而持久。

思考与练习题

1. 为什么说在产品的设计中,通过材料表面效果的设计,可以使材料的感觉特性表现为产品的功能属性。
2. 用实例阐述,通过对材料的表面进行合理的处理,可以提高产品的经济性。
3. 举例说明玻璃常用的表面处理方法。
4. 举例说明玻璃材料在产品设计中的应用。
5. 举例说明陶瓷材料的加工工艺及三个主要程序。
6. 举例说明陶瓷材料在产品设计中的应用。
7. 掌握常用油漆的种类与特性。
8. 使用方法训练——刷涂一块 $30 \times 30cm$ 胶合板(采用透明醇酸漆种涂饰工艺)。

第十四章 产品三维模型制作

14.1 产品模型制作概述

产品模型制作与表现是现代工业产品设计过程中的关键环节,在设计阶段发挥着重要作用。长期的设计实践证明,在设计阶段通过产品实物模型模拟未来真实产品,不但能够将设计概念具象化,以此来表达设计思想、传递设计信息、说明设计内容;而且还能利用产品模型提前预测、反馈、获取各种设计指标,为实际生产奠定基础。

无论是设计的构思阶段还是进行再深入设计,由于将三维实物模拟表现贯穿于设计的全过程,所以每一设计阶段的实体模型都成为对设计进行分析和研究的依据。在产品设计过程中进行模型制作与表现是一种非常便捷且十分合理的设计方法。

设计师不但要具备知识综合运用的能力,同时还要具有创造性的表现能力。产品模型制作是理论与实践紧密结合并创造性地进行设计实践的过程,掌握三维立体表达方法,在模型制作、表现过程中可以帮助设计师发现和避免设计中存在的许多问题。制作与表现过程实际是设计的不断深入与完善过程,如果将模型制作过程简单地理解为只是把二维平面表现内容转化成三维实体的过程,模型制作也就失去了它的真正含义。正因为如此,将设计构思具象化地表现出来应成为设计师必备的设计能力,也是设计师综合设计素质的体现。

进行模型制作是设计师通过对科学、艺术、社会学、哲学、心理学、人机工程学、材料学、工艺学等学科知识的理解与综合运用,产生设计概念与设计意图并将设计概念与意图以有型形态表现出来,进而分析和研究产品功能、结构关系、形态比例、材料应用、加工工艺、肌理效果等诸多设计要素的综合运用问题。通过产品模型制作与表现过程,不但能够对设计内容进行综合分析、评价、验证,还可以缩短设计周期、降低研发成本投入、减少不必要的浪费,为实际生产环节奠定基础。

设计阶段进行产品模型制作是产品设计开发过程中不可缺少的关键环节,充分理解模型制作的意义,正确掌握这一设计方法,利用各种模型材料通过相关加工手段实现设计概念具象化是设计的重要环节。无论是沿用传统的手工制作方式还是运用现代科技加工手段进行模型制作,都是工业设计师应当掌握的重要设计手段。

14.2 产品模型制作的重要性

通过产品模型制作不但可以掌握立体表达设计的方法,实现创造性地设计过程,还可以作为实物依据来展示、评价、验证设计。

14.2.1 掌握立体表达设计的方法

通过产品模型制作能够使设计师逐渐具备空间形体塑造能力，直接以空间形态表达设计构思。这种方法建立的产品模型具有立体、全方位的展示效果，便于进行综合设计分析。虽然在二维平面上表现三维形态是一种很方便的方法，却存在着一定的局限性，会产生某些表现差异，模型制作可以弥补二维设计表现的不足。由于产品大多以三维形态出现，利用立体表现方法在设计的不同阶段使用不同介质、采用不同加工方法建立产品模型是设计能力的综合体现。

14.2.2 模型制作是设计实践过程

产品模型制作是创造性地进行设计实践的过程。在设计表现中经过对形态、尺度、结构、色彩、材料等因素的反复推敲与调整过程，不断获得各种直观感受由此引发设计联想。通过综合设计表现过程可以非常真实、全面地对设计内容进行分析与研究找出设计中存在的缺点与不足，不断补充和完善设计。

14.2.3 模型是展示、评价、验证设计的实物依据

由于产品模型与各设计阶段相互关联，借助产品模型可以在产品正式投产之前对设计进行展示、交流、研讨、评价、实验与综合分析，同时产品模型为验证各种设计指标提供了实物依据：

1. 通过产品模型进行产品功能、结构设计的合理性分析；
2. 研究人—机—环境之间的协调关系问题；
3. 分析产品表面色彩、材质肌理、造型形态的运用是否符合产品特点及其心理感受；
4. 利用模型研究、试验新科学、新技术、新材料、新加工工艺在产品设计中实际应用的可能性；
5. 通过样机模型缩短开发周期、预测产品市场销售前景、避免盲目生产投入、进行产品生产成本核算、确定产品是否批量投产等等。

14.3 产品模型的种类与用途

根据产品模型在各设计阶段所发挥的实际作用进行区分，可以将产品模型分为构思模型、实验模型、展示模型、手板样机四种类型。

14.3.1 构思模型

构思模型在设计的初期阶段使用。制作的目的是及时、快速地将设计者脑海中不断涌现出来的大量设计构思形象各异地表现出来，便于为设计的再深入过程提供推敲、分析、比较的实物参照依据，如图 14-1、图 14-2 所示。

在构思模型制作过程中，可以概括地表现出产品的整体外观形态、各局部比例尺度及

图 14-1

图 14-2

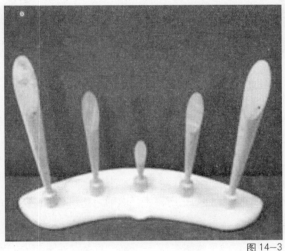
图 14-3

图 14-4

其形态结构连接关系，但对模型细节处理的要求不是很高，不必拘泥于尺寸精确度、外观的精细度、色彩肌理等细节方面的表达。

14.3.2 实验模型

实验模型是根据产品的特殊需要对产品的结构、形态、功能、性能等进行实验测试并验证合理性的模型。主要用于产品的内外部结构分析、人机功能分析、材料应用分析、受力情况分析、加工过程分析等问题的实验与应用研究，如图 14-3、图 14-4 所示。

实验是为了获得真实的数据，为验证产品关键部位的合理性，要求被实验部分的形态、功能尺寸、结构连接方式与配合关系等设计因素均按实际设计要求进行制作，便于实验时获得准确的设计指标反馈，进而继续修正设计。

14.3.3 展示模型

展示模型主要用于表现完整的外观设计，具有展示、宣传、交流、评价作用。当完整的设计方案确定以后，展示模型应按照外观设计要求仿真表现出产品的形态、色彩、肌理和材质效果等外部特征，应体现出强烈的真实感和观赏效果，如图14-5、图14-6所示。

图 14-5　　　　　　　　　　　　　图 14-6

展示模型的制作，要求具有精确的外观尺寸，各局部形态之间的比例关系、结构变化应表达清晰。外部的每个细节都要进行精细处理以保证完整的外观形式美感，增强视觉效果。

14.3.4 手板样机

手板样机是产品设计的最高级表现形式。无论对产品设计的外观形态还是对内部结构的表现都有严格的要求，应完全按照综合改进后的设计要求进行真实、准确的制作。手板样机是正式产品投产之前进行各种设计指标综合考察、检验的实体依据，如图14-7、图14-8所示。

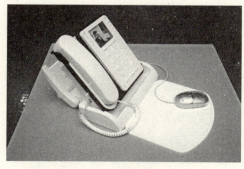

图 14-7　　　　　　　　　　　　　图 14-8

通过样机进行产前分析，可以缩短生产实验周期；合理安排生产过程与生产工艺；实际测算产品生产总成本；进行产品市场销售前景预测；确定批量生产的可能性。

14.4 常用模型材料成型方法

如果按照制作材料区分模型,可以将模型分为黏土模型、油泥模型、石膏模型、不饱和树脂(玻璃钢)模型、塑料模型、木质模型、金属模型、纸制模型等,也可以使用不同材料综合运用于同一个模型上,下面介绍几种常用模型的制作方法。

14.4.1 油泥模型成型方法

1. 油泥材料的特点

油泥是人工合成材料,主要成分有灰粉、油脂、树脂、硫磺、颜料等。市场上有专用模型油泥出售,但价格比较高,油泥材料如图14-9所示。

油泥不易干裂变形,具有一定的黏合性及硬度,可以反复使用。油泥材料具有很强的塑造性能,刮、削、填补比较容易,因此可以塑造出极其细致、精密的形状。油泥具有遇热变软的特性,需要在一定工作温度下进行加工。

图14-9

2. 油泥模型制作的主要设备、工具及辅助材料

(1) 工作台

市场销售的专用工作台价格昂贵,一般情况下根据使用要求自行制作简易的工作台,如图14-10所示。工作台面上应有坐标线,坐标线用来控制X、Y坐标位置上的形状及尺寸。

图14-10

(2) 红外线烘干箱

如图14-11所示。用于软化油泥。常温下的油泥比较硬,必须将其软化以后才能够很方便地附着于内芯上。油泥的软化温度控制在60℃最为适宜。

(3) 油泥刮刀

油泥刮刀是制作油泥模型时使用的主要工具,可以对油泥进行刮削、镂刻、剔槽、压光、切割等处理。各种刀具的用途不同,其形状也不相同,刀头一般为金属材质,手柄为木质。

市场上有专用油泥刀出售,品种、规格比较齐全,也可根据加工需要自行制作。

1) 刮刀类:如图14-12所示。主要用于刮削出平面或弧面。刃口部位为直线或弧线形,刃口有锯齿形和平口两种形状,便于刮削、找平。

图14-11

2）镂刀类：如图14-13所示。主要用来镂挖、镂切凹槽形状，刃口用扁片状金属条圈合成特定形状，刃口一般为平口。

（4）度量器具

如图14-14所示。度量工具有角尺、直尺、分度规、高度规等。依靠度量器具界定、标记模型各部位的尺寸。

模板是根据图纸而取出的各关键部位的截面形状，通过已经做好的模板用于界定形态的边缘形状。

（5）刮片

如图14-15所示。刮片材料一般为有弹性的金属薄钢板，厚度从0.12~1mm不等，也可以用塑料板制作。各种曲线形状的刮片用于加工不同的曲面形状，还可以使用刮片精刮和压光油泥模型表面，使表面光洁、顺畅，为在油泥模型表面进行贴膜处理打好基础，因为专用的油泥贴膜非常薄，如果油泥模型表面不光洁或有缺陷反应在贴膜表面上则非常明显。

（6）切割工具

如图14-16所示。用于切割聚氨脂发泡材料，市场销售的聚氨脂发泡材料一般都是整料，使用时应根据形状需要对整块材料进行切割。黏合剂用于将切割后的聚氨脂发泡材料相互粘合，使用双组分类黏合剂或白乳胶均可以进行粘合。

（7）聚氨脂发泡材料

如图14-17所示。主要用于制作油泥模型的内芯，由于油泥材料较重，使用聚氨脂发泡材料充当内芯可以降低油泥模型的重量。

（8）木板、木条

用木板、木条制作油泥模型的支撑架。

图14-12

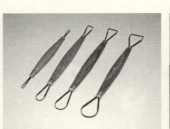
图14-13

图14-14

图14-15

图14-16

图14-17

(9) 专用胶带

如图14-18所示。胶带宽窄不一,可用于装饰油泥模型表面的结构线、槽等,但主要用于界定表面的形状变化,尤其是曲线形状、面与面的转折变化,通过胶带贴出变化关系以后依照胶带的边缘进行油泥加工。

(10) 贴膜、橡胶刮板、喷壶

如图14-19所示。贴膜用于装饰油泥模型表面,市场有售各种颜色的油泥模型专用贴膜。贴膜时先在油泥模型上用喷壶喷水,再将薄膜贴上,然后用橡胶刮板轻刮薄膜,同时将膜下的水分挤出,使得薄膜牢固贴敷于油泥模型表面。

图14-18

图14-19

3. 油泥模型的成型方法

用油泥材料既可以制作构思模型,也可用于制作展示模型的原型,原型是指已经设计定型的形态。借助油泥材料制作标准形态以后进而复制其他材质的展示模型。也可以在油泥原型表面上直接进行贴膜处理成为展示模型。

下面以制作原型模型为例,讲述油泥模型的制作过程。

(1) 制作内芯

聚氨脂发泡材料质轻、疏松且有一定强度,加工时也比较方便,因此经常利用聚氨脂发泡材料制作油泥模型的内芯,内芯的作用是减轻油泥模型重量、增加模型的强度。

制作的内芯形态要小于标准原型尺寸。如制作形状变化不大的内芯先用切割工具在整料上截取出若干薄板料,薄板料的厚度视模型体量的大小决定,以不影响模型强度为宜,如图14-20所示。用截取的板料搭出大致形状,板料的结合部位用黏合剂粘牢、粘实,如图14-21所示。形状复杂内芯可直接用整料切割出大致形状。

(2) 制作支架

图14-20

图14-21

支架用于支撑内芯并将油泥模型支撑到一定高度,便于模型底部形态的加工。制作体量较小的油泥模型,支架可用细木工板与木条制作,如油泥模型体量很大,支架应选用金属材料制作。

支架由支架板与支腿组成,用木板制作支架板时应注意面积要小于内芯的底面,支架腿用木条或木板制作,支架板与支架腿用金属圆钉连接,支撑高度以能够方便底部制作为宜,如图14-22所示。

(3) 安装支架与内芯

为防止支架在工作台上挪动,保证在加工过程中坐标位置不变,应将支架固定于工作台上,可用比较厚的双面胶带将支架与工作台相互粘合,此方法既防止支架挪动又可以方便地将支架与工作台分离。

先将双面胶贴于支架的底部,再将支架与工作台相互粘合,如图14-23所示,支架与工作台固定后换用黏合剂将内芯与支架板粘牢。

图14-22

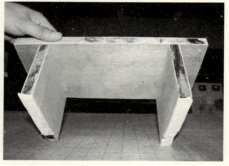
图14-23

(4) 内芯表面上贴油泥

在内芯表面上贴油泥之前,先将整条的油泥放入加热箱里加热软化,软化温度控制在60℃。在遇热变软的整条油泥上每取下一小块后迅速用手指进行贴附,如图14-24所示,贴附过程中要有次序地将油泥贴满内芯表面,如图14-25所示。如果油泥厚度没有达到预定要求继续按次序进行加厚贴附,当油泥层达到一定厚度时等待自然降温并具有一定硬度后再进行塑造。

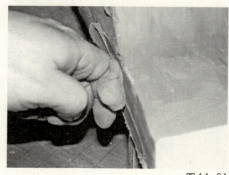
图14-24

图14-25

(5) 制作模板

模板是界定形态的重要工具，通过制作若干个 X、Y、Z 三个方向的模板可以准确界定出各部位的形态变化。

模板的截面形状是根据三个正投影方向的视图而获得，一般情况下在三个正投影视图上获取几个关键部位的截面模板即可。对于一些局部变化比较复杂形态可根据实际情况继续参照三视图取出该局部的截面模板形状。

各关键截面图形取出后用薄的双面胶带将图纸粘在三合板或薄塑料板上以增强截面模板平直度，如图14-26所示。用切割工具沿图纸截面边缘形状进行切割，切割后将模板边缘用金属挫或砂纸打磨光顺，如图14-27所示。

图14-26

图14-27

(6) 粗刮油泥

由于贴附在内芯表面上的油泥粗糙不平，应选用有锯齿形刃口的刮刀进行粗刮。刮削过程中随时用模板量卡端面形状，在量卡过程中用模板的底边对准该模板所在的坐标线位置，模板一定要与工作台面垂直或水平以防止卡出的边缘形状发生变化，通过模板观察油泥贴层的盈亏情况，突出的部分继续刮削，缺少的部分及时添加油泥以后再继续刮削，直到模板与坐标位置准确吻合，如图14-28所示。

用锯齿形刃口的刮刀将凹突不平的油泥表面找平以后换用平口的刮刀将麻面刮平，如图14-29所示。

图14-28

图14-29

(7) 精刮油泥

通过粗刮过程，基本形状加工完成，需要对局部进行精细加工制作。

1) 面的精刮

将被加工部位用专用胶带贴出加工界线，如图14-30所示。先用刮刀刮出基本形状，换用与该面形状相近的弧线刮板继续精刮，刮削时双手握稳刮板，用力要均匀，刮削过程中随时用该部位的模板观察是否刮削到位。

2) 角的精刮

根据面与面之间倒角或圆角的大小，用胶带准确贴出加工界线，选用事先做好的圆弧刮板以胶带作为加工界线逐渐刮削，如图14-31所示。当弧形模板与油泥表面之间无缝隙表明该圆弧已经达到形状要求。

图14-30　　　　　　　　　　图14-31

3) 凹陷部位的加工

加工凹陷部位使用镂刀类刮削工具。根据图纸尺寸用度量工具如：高度规、直尺、卡规等画出凹陷部位的边缘形状，使用合适形状的镂刀由浅入深、逐渐挖削出凹陷的形状，如图14-32所示。

4) 表面压光

用刮刀或刮板加工出的表面看似平整光滑，实际会留存很多细小的刮痕，这些细小的刮痕会影响贴膜质量，因此，精刮操作完成以后马上对该部位进行压光处理。压光用的刮板要薄而且有弹性，刃口要光滑、顺畅，刮削时用力要轻，动作要连贯，刮板与模型表面之间的角度控制在20°~30°，此角度在压光过程中不易损伤模型表面，如图14-33所示。

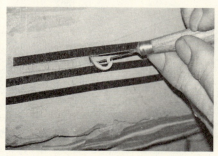 

图14-32　　　　　　　　　　图14-33

14.4.2 石膏模型成型方法

1. 石膏材料的特点

石膏($CaSO_4 \cdot 2H_2O$)是一种含水硫酸钙矿物质,呈无色、半透明、板状的结晶体。未经煅烧处理的石膏称为生石膏,石膏经过煅烧失去部分水分或完全失去水分以后形成白色粉状物,称为"半水石膏"或"熟石膏",用于模型制作的石膏粉是已经脱去水分的无水硫酸钙,如图14-34所示。

石膏粉价格便宜,从化工商店购回的石膏粉要做凝固实验,检验石膏凝固后的强度是否符合制作要求。

石膏粉溶水后发生凝固反应,在石膏溶液凝固之前具有比较好的流动性,可以浇注出各种各样的形状。

质量好的石膏粉与水发生反应在凝固以后有热量发生,凝固成型以后的石膏硬度适中,强度也比较好,不容易发生变形,制作出的模型适于长期保存。

凝固以后的石膏加工性能良好,易于修整、打磨,能够满足各种造型制作要求,石膏质地比较细腻,比较适合制作展示模型。

石膏粉是一种非常理想的模型制作材料,被广泛用于模型制作中。

2. 石膏模型制作的主要设备、工具及辅助材料

(1) 工作台:在工作台上进行石膏模型加工。可使用油泥模型用工作台。

(2) 切削刀具:各种刃口的刀具都可以作为切削加工石膏的刀具,如图14-35所示。

(3) 回旋体成型机:在自制的回旋成型器上直接获取回旋体石膏原型,如图14-36所示。

(4) 度量工具、模板:度量工具界定各部位尺寸。模板界定模型截面边缘形状。使用的度量工具及模板的制作方法参见油泥模型制作章节。

(5) 橡胶桶、橡胶手套、小铲:如图14-37所示。使用橡胶制品容器调制石膏溶液,便于将剩余的凝固石膏清理干净。带上橡胶手套用小铲收取石膏粉以及调和石膏溶液时可避免损伤皮肤。

图14-34

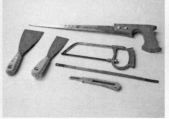

图14-35

图14-36

(6) 型腔材料：如图14-38所示。当浇注石膏溶液时需要围合成一个型腔。可根据形状需要选用木板、塑料板、KT展板或黏土等材料搭建型腔。

(7) 热熔枪及胶棒：如图14-39所示。热熔枪将胶棒熔化后用于粘接、和密封不同形状的型腔。

(8) 脱模剂：化工商店有售。浇注石膏溶液之前在型腔内部和原型表面涂抹脱模剂，便于取下凝固的石膏，根据多年的实践经验，选用医用凡士林作为脱模剂既经济又好用如图14-40所示。

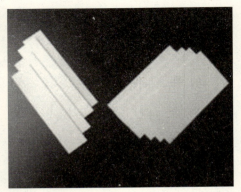

图14-38

图14-37　　　　　　　　　图14-39　　　　　　　　　图14-40

3. 石膏模型成型方法

(1) 雕刻成型

雕刻成型是指对凝固的石膏作减法加工，获取外观形状。

1) 制作型腔

根据形状需要选用适合的材料围出一个几何型腔，型腔的长、宽、高尺寸要略大于设计尺寸，先将底面形状画于工作台面上，如图14-41所示，用热熔枪溶化胶棒后将型腔板沿底面形状固定于工作台面上。

型腔所有漏缝的地方都要封胶，防止石膏溶液从边缝漏出。如浇注的体量过大一定要对型腔外侧壁进行支撑，防止石膏溶液涨开型腔，如图14-42所示。

2) 调制石膏溶液的注意事项

① 石膏粉与水的溶合方法：将足够用量的清水倒入橡胶制品容器内，用小铲将石膏粉均匀、快速地撒入水中直到液面以上如图14-43所示。

切记不要在撒入石膏粉的同时进行搅拌，如若不然，第一容易将空气搅入石膏溶液中使凝固的石膏中产生大量气孔，第二容易使凝固后的石膏硬度不均匀，两者都会影响加工质量。

等待石膏粉被水全部自然浸透以后戴上橡胶手套沿同一旋转方向充分搅拌，如图14-44所示。

第十四章 产品三维模型制作

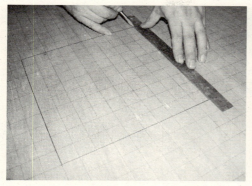
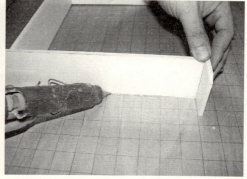

图 14—41　　　　　　　　　　　　　　　　图 14—42

图 14—43　　　　　　　　　　　　　　　　图 14—44

② 石膏粉与水的比例：当石膏粉与水融合时一般情况下将石膏粉刚好填充到液面为宜。有时为了增加石膏溶液的流动性水可以适当多加一些，但是水分不能过多，如果水分过多石膏溶液不易凝固，即便凝固以后也没有强度和硬度。

如果利用石膏制作压模，石膏粉的用量相对要多一些，以增加石膏的硬度与强度。

3）浇注石膏坯体

将搅拌均匀的石膏溶液细流轻缓地注入搭建好的型腔中，控制石膏溶液在型腔中缓缓上涨，如图 14—45 所示。最好是一次性足量完成浇注，避免因两次调和出现硬度不均的现象。等待石膏溶液凝固成型并有热量发出后打开型腔，获取石膏坯体，如图 14—46 所示。

4）精细加工

凝固的石膏在没有脱去水分的时候比较容易加工。利用切削工具进行削、铲、刻、刮等加工方法细致创建原型，加工过程中应随时借助度量工具及模板检验模型尺寸及形状，参看图纸仔细推敲模型的体面关系是否准确，把握好造型形状。

等到石膏模型完全干燥后可用细砂纸仔细打磨石膏，更够获取更加光滑顺畅的表面。

(2) 旋转成型

395

图 14—45

图 14—46

对于回旋体的加工，可以使用旋转成型的方法。
1）制作负型模板
依照设计形状制作负型模板。模板的材料可以是塑料或金属，与石膏接触的部位要制作出刮削刃口，如图 14—47 所示，将制作好的模板固定在回旋体成型机上。
2）缠绕防滑麻绳
在摇柄上缠绕细麻绳，可使石膏溶液流挂在麻绳上，麻绳缠绕直径要小于回转体直径，短于回转体轴向长度，结束缠绕后系紧麻绳，防止在摇柄上打滑，如图 14—48 所示。
3）调和石膏溶液
要分多次、少量调和石膏溶液，第一次相对黏稠一些，黏稠的石膏溶液既容易流挂在麻绳上面又能加快凝固速度，再次调和要逐渐减少石膏粉用量，相对稀薄的石膏溶液容易整形，能够获取理想的表面。
4）浇注石膏溶液
先用灰铲将比较黏稠的石膏溶液挂到麻绳上，如图 14—49 所示，边挂边转动摇柄，其后继续调制石膏溶液并慢慢浇注到摇柄上，浇注同时转动摇柄向模板一侧，直到获得完整的形状如图 14—50 所示。

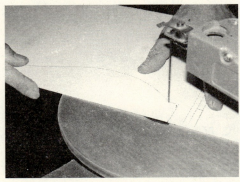
图 14—47

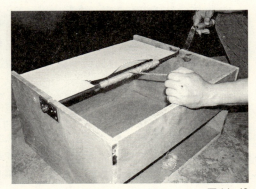
图 14—48

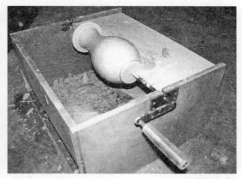

图 14-49　　　　　　　　　　　　　图 14-50

5）落件

等到石膏凝固成型具有一定硬度以后，连同回转体取下摇柄，轻轻将回转体从摇柄上退出。

6）整形

清整回转体两端面及径向，用石膏浆将中心的孔洞填补找平，完成回转体制作。

(3) 反求成型

反求成型即复制成型。通过对已有原型的复制，重新生成外观形态相同但材质不同的原型。

在手工模型制作过程中反求成型的方法被经常使用。反求成型先需要借助黏土、油泥等材料制作出标准的原型，原型制作完成以后可以利用石膏、树脂等材料制作出原型的负型（阴模具），再通过负型采用不同材料重新复制出原型的形态。

石膏不但可以直接制作原型，也是制作负型的良好材料。以石膏材料为例进行负型制作。

1）翻制负型

用石膏制作负型时被复制的原型最好采用黏土、油泥等材料，这些材料相对比较柔软，翻制过程中不会对石膏模具的内表面产生伤害。

将制作好的原型稳固于工作台面，如图 14-51 所示。

原型表面上涂抹脱膜剂后轻轻勾画出分型线，如图 14-52 所示。

图 14-51　　　　　　　　　　　　　图 14-52

用泥条、型腔板搭建型腔。可用泥条衬垫至分型线位置，在型腔板搭建过程中如有弯曲转折比较复杂的地方，用刀子将型腔板一面割开，弯曲成弧线形状，如图14-53、图14-54所示。

调制石膏溶液并浇注到搭建好的型腔中，浇注时要轻缓、均匀地使石膏溶液充斥到型腔内每个角落，等待石膏凝固成型并有热量放出时去除型腔，用切削工具将负型的边缘修饰平整，如图14-55所示。

一般情况下负型由多块组合而成，每块负型之间需要准确定位才能确保翻制的原型形状不发生形变，所以每块负型之间需要有定位结构。在翻制出来的负型上挖出半圆形凹陷定位孔，如图14-56所示，当再浇注与之相连的另一块负型时将会出现半圆凸点。凹凸点结合可以准确定位各分型的合模位置。

用羊毛刷或棉纱布蘸取脱模剂（医用凡士林、肥皂液等）在已经做出的负型面上均匀涂抹2～3遍，涂抹过程中避免出现拉纹或皂泡，如图14-57所示。

继续搭建型腔，依次翻制出其他部位的负型，如图14-58所示。

重复依照上述操作过程完成多块负型的制作。

全部负型制作完成以后，从原型上小心地逐块脱下负型，如图14-59所示。用清水和柔软的毛刷清洗负型内表面上的泥渍，同时修整负型内表面，遇有小突起的地方将其轻轻刮除，当心不要伤害周围的表面，遇有小塌陷或气孔需要进行修整，用柔软的毛笔蘸上清水后再蘸

图14-53

图14-54

图14-55

图14-56

第十四章 产品三维模型制作

图14-57

图14-58

取一点儿干燥的石膏粉快速填补于塌陷或气孔部位,再用干净、湿润的毛笔刷平该部位。

负型修整完成以后在每块负型上按顺序编号后合模,用有弹性的橡皮绳紧紧将模具缠绕在一起,放置于平整、干燥的地方,如图14-60所示。

图14-59

图14-60

2) 复制

通过负型模具利用不同材料复制原型。

采用石膏材料为例复制原型。

在负型模具内表面均匀涂抹脱模剂,如图14-61所示。

用黏土封闭合模线防止石膏溶液溢出,如图14-62所示。

将调制好的石膏溶液缓缓注入模具中,轻轻晃动模具让石膏溶液中的空气溢出表面,如图14-63所示。

石膏凝固发热后依次取下模具,遇有不易脱离的模具块不可强行拔下,用橡皮榔头敲击即可慢慢松动。

取出复制的原型以后如发现有缺损的地方需要进行修整。一个转换了材质的原型被复制完成,如图14-64所示。

图 14-61

图 14-62

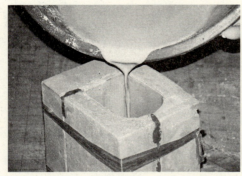
图 14-63

图 14-64

14.4.3 塑料模型成型方法

1. 塑料的成型特点

构成塑料的原料是合成树脂和助剂（助剂又称添加剂）。

合成树脂种类繁多，如果按照合成树脂是否具有可重复加工性能对其进行分类，可将合成树脂分为热塑性树脂和热固性树脂两大类。热塑性树脂如：聚乙烯树脂、聚丙烯树脂、聚氯乙烯树脂等在加工成型过程中一般只发生熔融、溶解、塑化、凝固等物理变化，可以多次加工或回收，具有可重复加工性能。热固性树脂如：不饱和聚脂树脂、环氧树脂或酚醛树脂等在热或固化剂等作用下发生交联而变成不溶、不熔，不能够再进行回收利用，丧失了可重复加工性。

助剂主要包括稳定剂、润滑剂、着色剂、增塑剂、填料等。根据不同用途而加入的防静电剂、防霉剂、紫外线吸收剂、发泡剂、玻璃纤维等能使塑料具有特殊使用性能。

由于树脂有热塑性和热固性之分，加入添加剂后分别称为热塑性塑料和热固性塑料。利用塑料的加工特性合理选用部分热塑性塑料和热固性塑料均可作为产品模型制作的材料。

热塑性塑料质量轻盈、质地细腻、表面光滑、色泽鲜艳，常见的有无色透明、红、蓝、绿、黄、棕、白、黑等颜色。热塑性塑料具有弹性、韧性，强度也比较高。

热塑性材料遇热变软、熔化，具有良好的模塑性能，另外，热塑性材料具备机加工性能可以进行车、铣、钻、镗、磨等加工，通过模塑加工或机加工成型后的模型精致、美观，适于制作展示模型与样机外壳。

热塑性塑料也有易变形、刚性差等缺陷，采用塑料制作模型成本较高，加工过程中对设备、工具及制作技术要求等都比较严格。

热塑性塑料的品种、规格齐全，有板材、管材、棒料等，市场均有售，如图14-65~图14-67所示。

手工模型制作中常使用聚甲基丙烯酸甲酯（PMMA有机玻璃）、聚氯乙烯（PVC）、丙烯腈－丁二烯－苯乙烯（ABS）等热塑性塑料作为模型材料。

2. 热塑性塑料模型制作的主要设备、工具及辅助材料

（1）画线工具：高度规、画规、画针等。用于塑料表面画出加工形状，如图14-68所示。

（2）切割工具：勾刀、手工锯、曲线锯等，如图14-69所示，将画出的形状落料。

（3）锉削工具：金属板锉、什锦组锉、木工锉等，如图14-70所示。用于锉平、倒角、倒圆、修整工件内、外边缘。

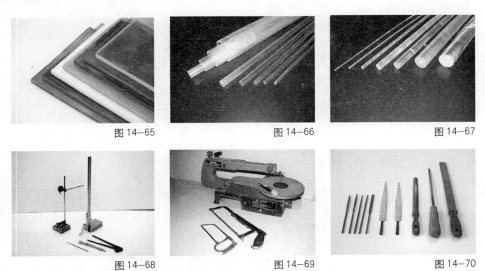

图14-65　　　　　图14-66　　　　　图14-67

图14-68　　　　　图14-69　　　　　图14-70

（4）磨削工具：砂带机、电动修磨等，如图14-71所示。用于磨削、修整工件的面、内外边缘。

（5）切削设备、工具：车床、钻铣床、手持钻等。

车床用于车削回旋体工件或在工件的轴向打孔、制造螺纹等，如图14-72所示。

铣床可在工件上进行铣边、铣孔、铣槽、铣台等加工操作，如图14-73所示。

工业设计教程

图 14—71

图 14—72

图 14—73

台钻、手持钻用于钻削不同直径的通孔、盲孔，如图 14—74 所示。

注意：如需使用大型电力设备进行加工，要请有经验的技师进行指导操作。

（6）度量器具：直尺、方尺、角尺、云形尺、高度尺、游标卡尺等，借助度量工具界定工件各部分形状、尺寸，如图 14—75 所示。

（7）夹持工具：台钳、夹紧器等，用于固定、夹紧工件，便于加工操作，如图 14—76 所示。

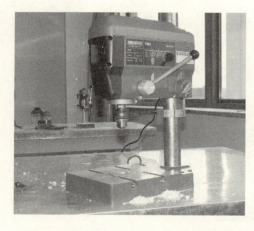

图 14—74

图 14—75

图 14—76

（8）加热设备、工具：红外线干燥箱、热风枪等，用于软化塑料，如图14-77、图14-78所示。

（9）冷却工具：水槽、水盆等，模塑成型后的工件马上放置水槽中进行冷却处理，如图14-79所示。

（10）塑料焊枪、焊丝：用于焊接塑料零、部件如图14-80所示。

图14-77　　　　　　　　图14-78　　　　　　　　图14-79

（11）黏合剂、注射器：黏合剂的种类繁多，粘连塑料零、部件时应选用与材料性能相对应的黏合剂进行粘接。如图14-81所示。

（12）表面处理工具及辅助材料：抛光机、抛光皂、布轮如图14-82所示，原子灰、水砂纸如图14-83所示。

抛光机用于抛光工件表面，原子灰用于攒平工件接缝、凹陷部位，水砂纸用于打磨、修整工件表面。

图14-80

图14-81　　　　　　　　图14-82　　　　　　　　图14-83

3. 塑料模型成型方法

（1）冷加工成型

冷加工成型是指被加工材料在未加热情况下而成型的过程。

1）画线、下料

购置的热塑性塑料是半成品材料，根据制作要求在半成品材料上取下所需的材料。下料时按照加工图纸尺寸用画针、画规借助度量，如直尺、曲线板、高度尺等工具在材料上精确画出零部件的形状，如图14-84所示。

画出工件轮廓形状后用切割工具如：勾刀、手工锯、曲线锯等工具沿轮廓外侧进行切割加工，如图14-85所示，切割时注意留出精细加工余量。

图 14-84　　　　　　　　　　　　　　　　　图 14-85

2) 修形

下料后的工件称为粗坯工件。粗坯工件边缘比较粗糙，需要进行精细加工。使用金属板锉、什锦组锉、风磨头、砂带机等工具对粗坯工件的内、外边缘进行磨平、倒角、倒圆等处理。

如需在工件上开出孔或槽可用台钻、手持钻、铣床等设备工具在工件上进行钻孔、开孔、铣槽、铣边等加工操作。

用水砂纸蘸水打磨工件边缘，磨掉加工的痕迹，使用抛光机抛光塑料表面可提高工件的光洁度。

(2) 热加工成型

热加工成型是指被加工材料在加热后进行加工成型的过程。

利用热塑性塑料遇热变软的物理特性通过模塑加工成各种复杂的形态。手工模型制作中多采用模具压制方法加工成型。

1) 弯曲成型

棒材、管材的热弯曲成型

计算曲线形状的实际展开长度，下料长度要长于曲线展开长度 5～10cm。

选用细木工板或中密度板制作正、负型模板，模板厚度应高于被加工材料的直径。在板上画出两条要弯曲的曲线形状，如图 14-86 所示，用曲线锯沿曲线切割，如图 14-87 所示，用木工锉修整、光顺被切割的部位，将其中一块模板固定在工作台面上，如图 14-88 所示。

当用管料加工曲线形状时由于在转弯处容易出现径向变形，为防止这种情况发生，加工前应将管内做填充，填充材料用经过烘干的细砂比较适宜，填入细砂时务必要填满、填实，用圆形木楔堵实、堵严两个端口，如图 14-89 所示。

用红外线干燥箱、热风枪等加热工具均匀加热材料，薄壁的管材加热温度控制在 100℃～120℃，棒料加热温度控制在 120℃～140℃。

将受热软化的材料放置在固定模板与活动模板之间，推挤活动模板使材料与两块模板紧紧靠严、贴实，如图 14-90 所示。

用毛巾不断地蘸取冷水冷却工件，当工件表面已降低到常温以后迅速取下工件放入水槽中,等到工件完全冷却定型后取出。根据图纸要求将多余的长度切割下去,修整端面或端口,如图 14—91 所示。

将管中的细砂倒出,用清水冲洗干净、凉干。

2)板材的热弯折成型

在板材上画线、下料以后修整边缘形状达到尺寸要求,在弯折部位画出标记。

用细木工板或中密度板按照弯折角度制作折弯模,如图 14—92 所示。

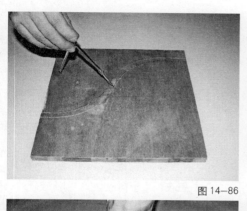

图 14—86

图 14—87

图 14—88

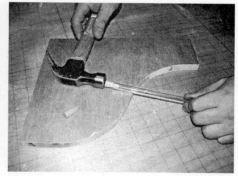

图 14—89

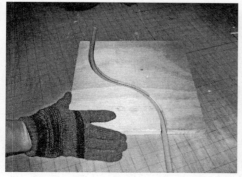

图 14—90

图 14—91

用热风枪等加热工具在折弯部位均匀加热,其他部位用湿毛巾遮挡住,防止受热变形,如图14-93所示。

当折弯部位变软后将标记对齐正模的转折线,用平直的木板压紧、压实塑料板材,如图14-94所示,用湿毛巾蘸冷水降温,降至一定温度后迅速取下工件放入水槽中继续降温冷却定型。

3) 曲面成型

曲面形态的成型过程比较复杂,需要借助阴、阳模具才能将加热软化的塑料板材压制成型为曲面形态。

① 通过原型翻制石膏阴模:

按设计要求用黏土或油泥制作出标准的曲面形态。搭建型腔,用热熔枪熔化塑料胶棒将型腔与底板密封,将调制好的石膏溶液注入于型腔中,等待石膏凝固成型以后打开型腔取下石膏阴模,在阴模的最凹陷位置打通孔,将用于压型过程中放出塑料板与阴模之间的空气,石膏阴模内表面有缺损的地方需修整完善,上述步骤如图14-95~图14-100所示。

② 通过石膏阴模翻制石膏阳模:

由于塑料板材是夹在阴、阳模具中间压制成型,所以在阴、阳模具之间要留有间隙,间隙量的大小由被压型的塑料板材厚度所决定。

先在被压制的塑料板材上取下两条宽3cm左右的长条,将两条塑料板分开放置在工作台上,在两条塑料板下面铺上一层塑料薄膜,将加热后的油泥放置在两条塑料板之间,用比较硬的圆棒擀压油泥成片,片的厚度要擀压成与塑料板厚度相同,上述步骤如图14-101~图14-103所示。

图 14-92

图 14-93

图 14-94

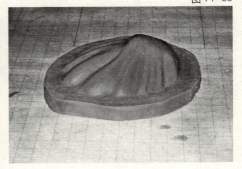

图 14-95

第十四章 产品三维模型制作

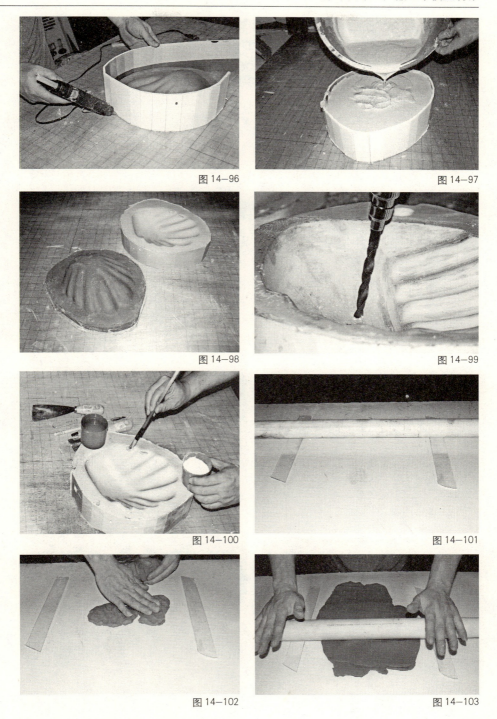

图 14—96

图 14—97

图 14—98

图 14—99

图 14—100

图 14—101

图 14—102

图 14—103

407

根据阴模内表面形状变化切割油泥片，掀起泥片放置在石膏阴模内表面，轻轻将泥片与石膏内表面贴实并铺满阴模内表面，泥片有间隙的地方要接补整齐，上述步骤如图14-104～图14-106所示。

沿石膏阴模外侧搭建型腔，用热熔枪密封有缝隙的地方，调制石膏溶液注入到型腔中，等到石膏凝固成型以后打开型腔取下石膏阳模，在阳模的最高点位置打通孔，用于放出压型过程中塑料板与阳模之间的空气，修整阳模表面，完成石膏阳模制作。上述步骤如图14-107～图14-109所示。

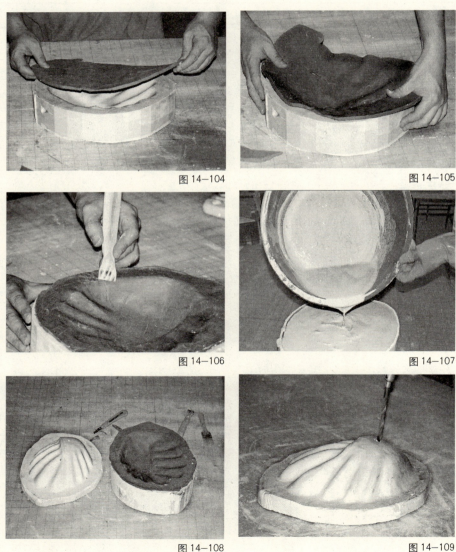

图 14-104

图 14-105

图 14-106

图 14-107

图 14-108

图 14-109

③ 压型：

根据曲面形态估算展开面积，下料。下料时一定要留出足够余量防止塑变时用量不足。

在红外线干燥箱中将塑料加热软化至模塑温度（100℃～140℃），为防止烫伤应戴上手套用夹钳取出软化的塑料板，迅速放置在石膏阴、阳模具之间并对模具施加足够的压力使塑料板塑变成型，用冷水持续不断地注入到石膏模具的出气孔中冷却塑料板材，降低到一定温度后迅速取出放入冷水槽中继续冷却成型。上述步骤如图14-110～图14-115所示。

④ 修形：

用曲线锯沿压制成型曲面边缘将多余的部分切割下来，夹紧工件用金属板锉、什锦组锉、风磨头、砂带机等工具修整曲面边缘，用水砂纸蘸水打磨轮廓边缘，磨掉工具加工的痕迹，如果使塑料表面提高光洁度可用抛光机及抛光皂抛光塑料表面。

(3) 塑料工件之间的连接

热塑性塑料模型大多是由零、部件组合而成，通过对零、部件的连接、组装才能形成一个完整的塑料模型。一般采用粘合、焊接等方法组装成型。

1）黏合剂粘接

粘合之前要进行如下操作：水砂纸打毛粘接部位；皂液除去零部件上的灰尘、油脂，用清水清洗工件后凉干；戴上干净的手套拿取工件防止二次污染。

当粘接有机玻璃、ABS塑料用三氯甲烷溶剂比较理想。粘接时将三氯甲烷溶剂吸入玻璃注射器内，将被粘接工件固定摆放到位，针头靠于工件的接合缝隙处轻缓推入溶剂，等到溶剂完全挥发后方可取下工件。上述步骤如图14-116～图14-118所示。

用树脂类胶粘剂粘合工件应注意胶粘剂要均匀涂抹于粘接部位，不要涂出粘接部位以外，将被粘接的工件夹紧，等到胶粘剂固化以后方可取下工件。

2）焊接

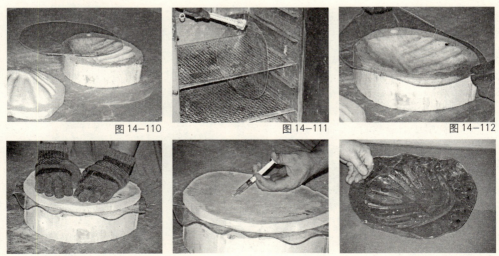

图 14-110　　　　　图 14-111　　　　　图 14-112

图 14-113　　　　　图 14-114　　　　　图 14-115

焊接是将塑料焊丝加热到熔融状态以后粘接工件。

焊接前在焊接部位做倒角处理，如图14-119所示。使熔融的焊丝能够填入其中，同时也要在焊接部位进行打毛、除尘、除脂等前期处理。

焊接加工时将工件固定摆放好，用塑焊枪在熔融焊丝的同时匀速推动焊丝粘连工件，如图14-120、图14-121所示。

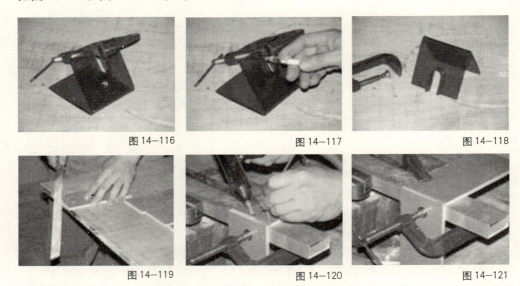

图14-116　　　　　　　　图14-117　　　　　　　　图14-118

图14-119　　　　　　　　图14-120　　　　　　　　图14-121

14.4.4　玻璃钢模型成型方法

1.玻璃钢材料的特点

用玻璃纤维来增强塑料俗称玻璃钢。玻璃钢主要由玻璃纤维与合成树脂两大类材料组成，它是以玻璃纤维及其制品（玻璃布、带、毡等）作增强材料来增强塑料基体的一种复合材料。玻璃纤维起着骨架作用而合成树脂主要作用是粘结纤维，两者共同承担载荷，所以玻璃纤维又称为骨材或增强材料，树脂称为基体或粘结剂。塑料基体可以是不饱和聚脂树脂、环氧树脂或酚醛树脂，三种树脂属于热固性树脂。

热固性树脂呈液态透明或半透明黏稠状，如图14-122所示。耐腐蚀性和电绝缘性好。加入固化剂后经过一段反应时间能够固化成型，固化剂能够控制固化时间，在固化成型之前树脂仍呈液态状。在手工制作中可以通过模具裱糊制作出形态复杂的玻璃钢模型。

图14-122

热固性树脂固化成型后强度、硬度较高但刚性较差,固化反应过程中易产生热收缩现象。由于玻璃钢主要由树脂和玻璃纤维组成,玻璃纤维及其制品对玻璃钢的质量能产生比较明显的影响,如玻璃纤维织物经纬方向纱捻粗细变化,织物孔径大小以及玻璃纤维自身的质量都会对玻璃钢造成影响,使得玻璃钢各方向受力不均易发生变形等。

2. 制作玻璃钢模型的主要设备、工具及辅助材料

(1) 天平:如图14-123所示,用于称量固化剂、促进剂的投放量。树脂与固化剂、促进剂的调和比例严格,固化剂、促进剂用量大小直接影响成型质量。

(2) 固化剂、促进剂:热固性树脂需加入固化剂、促进剂方能固化成型。根据热固性树脂的种类,购置相关的固化剂、促进剂。

(3) 填充材料:树脂中适量加入一些填充材料不但可以节约部分树脂材料,还可提高玻璃钢模型强度并产生不同的质地效果。填充材料可以是石膏粉,滑石粉等。

图14-123

(4) 脱模剂:裱糊之前在模具内表面涂抹脱模剂使得裱糊成型的玻璃钢从模具上脱取下来,化工商店有专用脱模剂出售,也可用医用凡士林替代。

(5) 容器、灰铲、油画刀:如图14-124所示。使用容器调和树脂,由于树脂中掺入填充材料后需要搅拌才能成为均匀的呈膏状物,又由于灰铲或油画刀的刀头是金属材料有一定的弹性,所以搅拌时不但使用方便还可以利用它们直接在模具内表面抹挂树脂,非常方便、灵活。

(6) 玻璃纤维及其制品:如图14-125所示,用树脂作为粘接剂糊裱玻璃纤维布、丝、毡等,用于增强玻璃钢模型的强度。

(7) 鬃刷、丙酮溶液:如图14-126所示,裁剪玻璃布成不同形状,用鬃刷糊裱玻璃纤维制品,裱糊后马上用丙酮溶液浸泡鬃刷清除上面的树脂,一旦树脂凝固于鬃刷上便不可使用。

(8) 原子灰:修整、填补已成型的树脂模型表面凹陷部位。

(9) 打磨器、砂纸、刮片、美工刀:修整已成型的树脂模型表面。

图14-124

图14-125

图14-126

3. 树脂模型成型方法

树脂模型成型的方法很多，如手糊成型、层压成型、模压成型、缠绕成型、挤出成型、注射成型、浇铸成型等。

手工制作树脂模型经常采用裱糊成型、浇铸成型的方法完成，本节只介绍裱糊成型的过程与方法。

(1) 前期准备工作

1) 用黏土、油泥等材料制作出标准的原型；
2) 利用石膏制作原型的负型（参见石膏负型模具的制作方法）；
3) 精细修整模具内表面；
4) 按顺序合模并捆绑结实，将模具外表面的分型部位用黏土封严防止树脂溶液流出；
5) 在模具内表面均匀涂抹脱模剂，便于树脂模型与模具分离；
6) 制作时选择通风条件好的工作环境。

(2) 调和树脂

由于树脂模型需要多次裱糊过程才能完成，所以每次调和树脂要按照下述步骤完成调和过程。

1) 将称重的不饱和聚脂树脂放入橡胶桶，记录下树脂的重量。
2) 按比例将称重后的促进剂与固化剂先后加入树脂中，促进剂与固化剂俗称红水与白水。

树脂与促进剂、固化剂之间有严格的重量比例，树脂与促进剂的重量比例为100∶2～4，树脂与固化剂的重量比例也是100∶2～4。如果工作环境温度比较低促进剂与固化剂的投放量相对要大，工作环境温度比较高促进剂与固化剂的投放量要小。

树脂中加入促进剂与固化剂以后在一定时间内会发生固化反应，如果在恒温工作环境下进行操作，投入不同比例的促进剂与固化剂可控制树脂的固化时间，利用这一特点可在树脂固化以前完成一次裱糊操作过程。

3) 先将经过天平称重的促进剂放入树脂中并充分搅拌均匀，后将经过天平称重的固化剂放入树脂中并充分搅拌均匀。

特别提出注意的是固化剂与促进剂应当分放保存，如两者相混会发生快速反应容易出现危险。

4) 为了增加模型强度可适量在树脂中加入一些填料，如石膏粉、化石粉等。

(3) 裱糊

1) 用鬃刷蘸取调制好的树脂均匀地在模具内表面涂刷一遍，有沟槽的地方一定要充斥进去，第一遍树脂刷涂的好坏直接影响模型的表面效果，如图14-127所示。
2) 等待第一遍树脂凝固成型以后根据模具内表面形状变化将玻璃布裁剪出适合形状。
3) 重新调制适量的树脂一边刷涂一边贴玻璃纤维布，两块玻璃布之间要搭接在一起。玻璃布与第一层树脂之间要贴实、粘牢，均匀贴满内表面后等待固化成型，如图14-128所示。
4) 如果有厚度要求，按上述操作过程反复几次即可。操作完成以后等待模型自然固化成型。

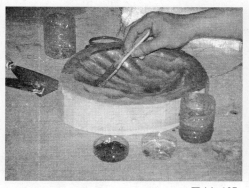
图 14-127

图 14-128

(4) 整形

1) 将树脂模型取出。

2) 清理粘在模型外表面上的石膏，用打磨器或砂纸将模线、凸点打磨掉，去掉模型边缘的玻璃布并修整边缘。

3) 模型表面如有凹陷或缺损的部位用原子灰填补、找平。

4) 用蘸水的水砂纸通体打磨模型表面，获得一个完整的树脂模型。整形步骤如图 14-129～图 14-131 所示。

图 14-129

图 14-130

图 14-131

14.4.5　木模型成型方法

1. 木材成型特点

木材是一种自然生长的材料，种类繁多，不同树种的木质、颜色、肌理各不相同。木材的利用价值很高，已广泛应用于人们的日常生产、生活中。

树木在自然生长过程中形成年轮，如果沿不同方向切割木材会出现各种美观的自然纹理，利用自然生长的原木材料进行制作，能够充分体现出朴实的自然之美。

由于树木在生长过程中内部纤维组织间应力不均，脱水后容易产生裂纹，吸水受潮后容易产生变形。

木材是一种非常经典、实用的造型材料，其加工成型性能比较好，具有强度、硬度和韧性。用于模型制作的木材主要有松木、椴木、水曲柳、楸木、柞木、红木类等。原木材料经常应用于模型的外观。根据使用要求可将原木材料切割成薄厚不等的板料和不同截面形状的棒料，如图 14-132 所示。

现代加工技术合成的半成品木制品使得自然原木的利用率大为提升，通过加工处理不但保留了原木的自然特征，甚至改变了自然原木的天然缺陷，既节约了原材料也方便了使用。半成品木制品的种类、规格比较齐全，如细木工板、胶合板、纤维板、刨花板等，可将半成品材料应用于产品模型制作中。如图 14-133 所示。

2. 制作木模型的主要设备、工具及辅助材料

木材的加工设备、工具种类很多，既有传统的手工操作工具又有机械化加工设备。现代加工设备工具为加工过程提供了更大的便捷性，不但提高了高效率、减轻工作强度，也使加工品质更加完美。传统加工工具操作灵活、方便，加工细腻，能表现出复杂的形态变化。

下面主要介绍手工制作中一些常用的工具。

(1) 刨类工具

1) 平刨类：如图 14-134 所示。平刨有长平刨、短平刨之分，长平刨主要用于刨削出平直的面、边；短平刨主要用于局部找平。

2) 线刨、槽刨、滚刨：如图 14-135 所示。线刨、槽刨能在木料上沿直线方向开出不同样式的槽、边。滚刨能够将木料的边刨削出弧线形状。

(2) 锯类工具

1) 拐子锯：如图 14-136 所示。拐子锯有粗齿、细齿之分，宽条、粗齿的拐子锯主要用于破料，可将大木料锯割成小木料，切割时比较省力。窄条、细齿的拐子锯既能沿直线切割木料也能在木料上进行曲线切割。

2) 刀锯：如图 14-137 所示。刀锯手持方便，操作灵活，主要用于切割薄料板材以及在板上掏孔等加工操作。

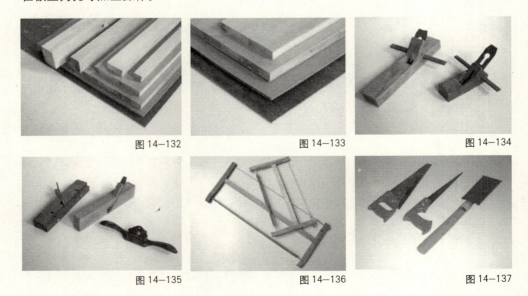

图 14-132　　　　　　图 14-133　　　　　　图 14-134

图 14-135　　　　　　图 14-136　　　　　　图 14-137

(3) 开孔类工具

1) 凿类工具：如图 14-138 所示。凿的种类很多，用榔头击打凿子可在木料上开凿出不同形状的通孔或盲孔。

2) 钻孔类工具：如图 14-139 所示。用于在木料上钻削不同直径的通孔或盲孔。

(4) 量具

加工过程中用于测量、复核加工尺寸，如图 14-140 所示。

1) 卷尺、直尺（钢板尺）等：测量长度加工尺寸。

2) 直角尺、角度尺等：借助角度尺画出及测量加工角度。

(5) 画线类工具

画出加工轮廓线痕迹，如图 14-141 所示。

1) 木工铅笔：精细画出加工界限。

2) 墨斗：利用墨斗弹出较长的直线。

3) 勒线器：在木料上勒出线迹。

4) 两脚画规：画圆与弧线。

(6) 整形工具

1) 木锉：用于锉削和修整木制工件的边、孔及不规则的表面，如图 14-142 所示。

2) 锤：羊角锤、鸭嘴锤，如图 14-143 所示。羊角锤由于形似羊角故称为羊角锤，一头用于敲打，一头可起钉子。鸭嘴锤形似鸭嘴故称鸭嘴锤。锤用于整形、连接木制工件等操作。

3) 钳子、旋凿（改锥）：如图 14-144 所示。钳子用于夹持、夹断某物体。旋凿用于装卸各种型式和规格的木螺丝。

图 14-138

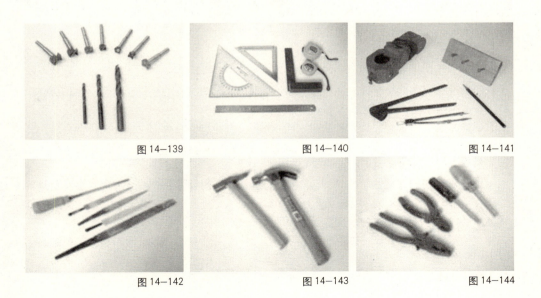

图 14-139　　　　　图 14-140　　　　　图 14-141

图 14-142　　　　　图 14-143　　　　　图 14-144

3. 木模型成型方法

木模型主要由棒类工件与薄板类工件组合而成，因此每个单件在连接、组装前都需要加工出准确的形态与尺寸。

(1) 棒料类实木工件加工

1) 锯割下料

根据使用情况在原木上破料、截取所需的用料。手工方法破料使用锯类工具，破料前要在原木上用墨斗弹出被锯割的直线痕迹，如图14-145所示。

弹线后使用粗齿的拐子锯沿弹出的墨线线痕进行锯割，如图14-146所示。锯割过程中手、腕、肘、肩膀要同时用力，送锯要到头，不要只送半锯，送锯时一定要顺劲下锯，不要硬扭锯条，提锯时用力要轻，并使锯齿稍稍离开锯割面。

初次锯割很容易发生锯偏、跑线等问题，解决跑线的方法是随时观看锯条的投影线是否与墨线重合。

图14-145

图14-146

2) 刨平

锯割下来的毛料表面粗糙，需要用刨子将锯割面刨平、刨光。刨削前应观察被刨削面上的凹凸部位，先刨削突起部分，刨削时双手的食指与拇指压住刨床，其余三手指握住刨柄，推刨时刨子要端平，两胳臂必须强劲有力，不管木材多硬应一刨推到底，中途不得缓劲、手软。当被刨削面大致平整后再沿木料的通长进行刨削，如图14-147所示。

观察平面是否刨平可将钢板尺水平立起与被刨削的平面相互接触，如果在钢板尺与被刨削的平面之间无缝隙则证明第一个面已经刨平，如图14-148所示。

继续用相同的方法刨削相邻的一个面。如查看两个相邻面是否垂直可用木工直角尺同时靠紧相临的两个面，如无缝隙证明两个面相互垂直，查看过程中要多找几个观测点进行测量，确保两个相邻面的每一部位都相互垂直，如图14-149所示。

刨削第三个面，用勒线器紧贴在第一个被刨平的面上并且滑动，相邻面上被勒画出直线，如图14-150所示。以该线为界线刨平第三个平面。继续用勒线器勒出第四个平面的界线，沿该界线将其刨平、刨光。

第十四章　产品三维模型制作

图 14—147

图 14—148

图 14—149

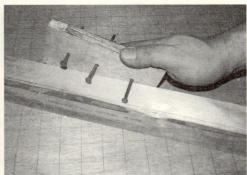

图 14—150

棒料的四个标准平面加工完成以后可以继续进行异型面加工，如使用线刨、可以在面上刨削出装饰性很强的线条，用滚刨可以倒边棱。如图14—151所示；使用槽刨可以在加工面上刨削出边台或凹槽，如图14—152所示。

图 14—151

图 14—152

(2) 板料类实木工件加工

1) 实木薄板的平面加工

薄木板材的平面加工主要是将大平面刨平、刨光,而后在平面上加工出各种形状的孔、槽等。

刨削前查看整个平面是否有突起、翘曲的部位,用短平刨将这些部位大致找平。换用长平刨继续刨削平面,刨削过程中随时用钢板尺检查横、纵两个方向的平整度,尺的立面与被刨削的面相互贴合后如无缝隙则证明该面已经刨平。

2) 实木薄板的立面加工

薄板材的立面可以加工成直线或曲线形状,在已经刨削平整的面上借助量具、画线工具画出直线或曲线形状。

用锯条窄、细齿的拐子锯加工曲线形状的立面,窄锯条在锯割过程中转动灵活不容易夹锯,用曲线锯也可以完成曲线加工,如图14-153所示。

锯割成型以后直线形立面用平刨精加工,使用木锉、滚刨等工具精加工曲线立面,如图14-154所示。

(3) 半成品木制品的再加工

半成品木制品大多为板类制品,如细木工板、胶合板、纤维板、刨花板等,标准长宽尺寸为2440×1220mm,厚度自3mm以上不等。也有特殊规格尺寸的板材。

由于半成品板材其板面平直、光滑,因此省去了大平面的刨平工作,可直接在板材上进行下料、开槽、开孔等加工操作。

如果需要在细木工板、刨花板、中密度板等半成品板材上进行加工,可参考实木板类的加工方法。

有些薄的半成品板材能够弯曲,如胶合板或纤维板等,利用能够弯曲的特点可以加工出延单方向发生曲线变化的面。

可用实木板材或半成品板材制作支撑骨架。根据曲面的宽度和展开长度在整张的胶合板或纤维板上画线、下料,由于板很薄可直接用锋利的刀尖沿界线进行切割。薄板与骨架相互连接的部位涂抹白乳胶,用加紧器夹住薄板与骨架,等待白乳胶彻底干燥后再将加紧

图 14-153

图 14-154

器撤掉，也可直接用小圆钉将薄板钉紧在骨架上。

(4) 木制工件的连接

木制工件相互连接的方式很多，如：榫卯结构连接、螺钉连接、偏心件连接、胶粘剂连接等，在木制模型制作过程中应根据实际情况正确使用连接方式。具体连接方式参看第十二章中12.4 木制品成型结合方法。

14.4.6 金属模型成型方法

1. 金属成型特点

金属材料是采用天然金属矿物原料如：铁矿石、铝土矿、黄铜矿等经冶炼而成。现代工业习惯上把金属分为黑色金属和有色金属两大类，铁、铬、锰三种属于黑色金属，在人类生产、生活中铁和钢的使用量要占到金属材料中90％以上，我们非常熟悉的钢铁是黑色金属的一种，其余的所有金属都属于有色金属，如铜、铝、金等。在金属材料中适当加入一些微量元素可以使金属材料产生特殊性能。

常用金属材料具有强度、硬度、刚度、韧性、弹性等物理特性，加工制作过程中的延展性、机械加工性能良好。

选用金属材料进行模型制作，虽然能够获得理想的质量，但制作成本相对比较高，常需要专用加工设备经多道加工工序才能成型。

市场供应状态下的常用金属材料有各种规格、形状的板材、管材、棒材、线材等，可直接选用作为模型制作材料，如图14–155所示。金属材料在功能模型、展示模型及样机模型中经常使用。

图14–155

2. 制作金属模型的主要设备、工具及辅助材料

用于金属加工的机械设备、工具种类繁多，本节主要介绍在手工模型制作中涉及常用的一些设备、工具。

(1) 画线类工具、材料

1) 蓝油：兰色液态涂料，提前涂抹于画线部位，画线后能清晰表现划痕。

2) 画针：在金属表面画出线形痕迹。

3) 画规：在金属表面画出弧线线形痕迹。

4) 样冲：定位、标记关键加工部位，如工件上有钻孔部位用样冲在将要打孔的中心位置冲出一个凹陷，便于导向钻头按正确位置加工，上述工具材料如图14–156所示。

(2) 切削类设备、工具

1) 车床：利用车床可将金属材料切削加工成复杂形状的回转体，如图14–157所示。

2) 钻铣床：如图14–158所示。既能在金属材料上钻削出大小不同的孔，也可以铣出不同形状的边、槽。

图 14-156　　　　　　图 14-157　　　　　　图 14-158

(3) 切割类设备、工具

1) 无齿锯：如图 14-159 所示。用于下料切割棒、管类型材。

2) 手工锯、錾子：如图 14-160 所示。手工锯用于局部切割板、棒、管类材料。錾子可錾断金属板料，镂空金属板。

3) 手工剪板器、铁剪：如图 14-161 所示。用于剪断金属板材。

(4) 锉削、磨削类工具

平板锉、弧面锉、什锦组锉：锉削工具用于锉平、倒角、倒圆、修整工件内、外边缘。

(5) 螺纹制作工具

如图 14-162 所示。手工制作螺纹使用的工具有各种规格的丝锥、板牙，使用丝锥、板牙可以在金属工件上攻丝、套扣。

(6) 电动砂轮机

电动砂轮机主要用于磨削各类金属刀具及磨削金属工件边角上的锐边、毛刺，如图 14-163 所示。

(7) 度量类工具

直尺、方尺、角尺、高度尺、游标卡尺等，借助度量工具界定工件各部分形状、尺寸。

图 14-159　　　　　　图 14-160　　　　　　图 14-161

图 14-162　　　　　　图 14-163　　　　　　图 14-164

(8) 焊接类工具

1) 电焊机、亚弧焊机：如图14-164所示，将金属工件焊接成一个整体。
2) 电烙铁、锡焊丝：熔融锡焊丝后连接金属工件，如图14-165所示。

(9) 整形类工具

如图14-166所示。

1) 台钳：夹持工件于台钳上便于加工操作。
2) 手夹钳：尖嘴钳、平嘴钳等，用于夹持、弯曲金属线材。
3) 金属榔头、木榔头、木拍板：调整金属板材、管材、棒材、线材的弯曲变化形状。

3. 金属模型成型方法

(1) 画线、下料、修形

1) 管材、棒材、线材的画线、下料、修形

用管材、棒材、线材制作不发生曲线变化的工件时要准确画出长度尺寸。在要画线的部位沿周圈涂抹蓝油，蓝油干燥后将材料垂直靠在画线方箱的V型槽中，一只手扶持工件，另一只手用高度规画出周圈线形痕迹，如图14-167所示。

图14-165　　　　　　　图14-166　　　　　　　图14-167

取下工件用无齿锯或手工锯在加工界线的外侧切割，留出一定的精细加工余量，用锉削（平板锉）或磨削（电动砂轮）的方法加工至轮廓线。

用管材、棒材、线材制作曲线变化的工件时先计算曲线展开长度，再留出足够长度的加工余量后下料，弯曲成型后按照图纸尺寸画出两端轮廓位置用切割工具切下长度余量。用金属锉刀修整端面或端口。

2) 板材画线、下料、修形

用蓝油在画线部位将板材表面均匀涂抹一层蓝油，干燥后依照加工图纸尺寸借助度量工具及画线工具准确画出工件的展开加工尺寸轮廓。

使用手工剪板器、铁剪或手工锯沿轮廓外侧切割金属板材，留有一定的精细加工余量，如图14-168所示。

使用錾削工具加工内部轮廓，如图14-169所示，錾削时一只手握住錾子，另一只手握持榔头用力敲击錾子的顶部。沿画线部位留有一定的精细加工余量，逐渐移动錾子进行錾削。錾断金属板以后用金属锉加工至内轮廓线。也可使用钻铣床铣出边缘轮廓。

(2) 弯曲成型

1) 管材、棒材、线材的弯曲成型

直径比较大的管材、棒材进行弯曲加工，手工操作方法难度很大，需要借助弯管设备加工成型。

对直径较小的管材、棒材和线材进行弯曲加工可以用手工操作方法完成。

① 冷弯棒材和线材：

按曲线变化提前制作胎模，胎模可用木板制作，如图14-170所示。

图 14-168　　　　　　图 14-169　　　　　　图 14-170

将被弯曲材料与胎膜夹持在台钳或夹紧器上用木榔头敲打材料逐渐发生弯曲变形，经过反复敲打、调整至与胎膜完全吻合完成曲线形状加工，如图14-171所示，按图纸尺寸截掉加工余量，修整两端。

② 热弯棒管材：

为防止管材在弯曲过程中发生径向变形，应采用热弯成型的方法。

按曲线变化提前制作胎模，胎模用石膏制作。

热弯成型之前在管中填入烘干的细砂，用圆形木楔塞住管的两端。

将弯曲的部位用喷灯或在炭火上加热烧红，将烧红部位靠在胎模上弯曲成型。

2) 板材的折弯成型

使用折弯机械对金属板材进行折弯加工可获得理想的加工质量。

手工折弯时在弯折部位用两条角钢分别对称放置在金属板材的两面，将角钢与板材同时夹紧在台钳上，将一块实木板条垫在折弯部位用锤子沿折线方向移动击打如图14-172所示。

拍至折弯角度后继续用木拍板整形板材使表面平直，如图14-173所示。卸下工件后如

图 14-171　　　　　　图 14-172　　　　　　图 14-173

有不平直的地方，用木板垫在该处用榔头击打木板，调平翘曲与不平直的部位。

(3) 金属工件的连接

1) 焊接

金属工件间常采用焊接方法连接。用电焊机、气焊机焊接金属管、棒、板材需要掌握熟练的操作技术，操作时要有专业人员指导加工。

用电烙铁、锡焊丝焊接金属工件是手工操作常用的方法。

焊接前将焊接部位表面除去锈渍、油脂。

通电加热至一定温度，用焊头接触锡焊丝使其熔融焊接结合部位，焊丝冷却后可将两个工件连接在一起，如图14-174所示；

无论采用何种方法进行焊接，焊接后用金属锉修整焊接部位，锉削掉焊熘、焊渣，如图14-175所示。

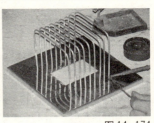

图 14-174

图 14-175

2) 紧固件连接

采用各种规格、样式的紧固件连接金属工件是一种常用的连接组装方式。组装方便、省时省力。有些紧固件本身就是很好的装饰造型。

① 用螺纹制作工具采用手工方法制造螺纹需注意以下几点：

根据紧固件规格、尺寸按下面公式计算打孔直径：

孔径值 = 螺纹直径 - (螺距 ×1.2)；

螺纹直径是指被选用的紧固件螺纹外径，螺距是指螺纹之间的距离。这是一个经验打孔尺寸，严格尺寸应参照机械加工手册查找打孔直径值；

孔口要做倒角处理；

换用大于孔径的钻头倒角孔口，如图14-176所示，便于丝锥进入孔内。

② 攻丝过程中注意：

按头锥、二锥、三锥顺序攻丝；

铰杠夹紧丝锥将丝锥放入孔中，攻丝时必须保持丝锥和孔口垂直，向下旋压铰杠，当感觉丝锥切入有力时慢慢旋转铰杠进行攻丝操作。铰杠旋转3~4圈以后反转铰杠1~2圈使切屑断落，如图14-177所示。

图 14-176

图 14-177

图 14-178

适时在孔中加入机油保持润滑与降温；

用紧固件连接两工件，如图 14-178 所示。

用紧固件连接两薄壁工件，可直接在工件上打通孔，穿入螺钉后用螺母紧固。

14.5　模型表面装饰

产品模型成型以后需要进行表面处理与装饰，一方面通过模型表面装饰能使产品模型具有真实感，展现未来产品的型、色、质，充分表现产品外观设计内容，另一方面通过表面处理对模型本身起到一定的保护作用。

手工模型表面的装饰主要采用涂料涂覆、贴膜等方法完成，通过涂覆、贴膜把具有各种色彩、纹理、质感的涂料、薄膜加工到模型表面上。

14.5.1　油泥模型表面装饰

对油泥模型进行表面装饰主要使用油泥专用贴膜。贴膜表面具有不同的色彩、肌理效果。市场销售的油泥专用贴膜有黑、白、灰、红、蓝、绿、深茶、镀铬等颜色，还有无色透明的贴膜，在无色透明的贴膜上可根据设计要求喷涂颜色。

油泥专用贴膜极薄，有一层衬纸衬托薄膜。薄膜有很好的延展性，贴附力比较强。

1. 贴膜前的准备工作

贴膜前用干净潮湿的毛巾擦拭油泥模型表面，清除油泥模型表面的杂质、灰尘。贴膜周围环境要求无土无尘，如果模型上存有极细小的颗粒都能造成薄膜凸起，影响表面质量。

2. 贴膜步骤

油泥模型是一个整体模型，要在整体中表现出各局部形态的颜色、肌理及组合变化关系，应分别对各局部进行表面贴膜处理。

（1）按油泥模型上的某一局部形状大致裁剪贴膜，要留出一定余量，将剪下的贴膜放入水中浸泡；

（2）用喷壶喷湿模型上贴膜部位；

（3）剥落贴膜的衬纸，捏住贴膜的四个边角覆盖在要贴膜的部位；

（4）用干净的毛巾轻轻下按贴膜将贴膜下的水分挤出，如图 14-179 所示。改用橡胶刮板继续从贴膜的中间向四周刮、挤出气体及水分，刮贴薄膜时轻轻用力防止损伤薄膜，如图 14-180 所示；

当刮到两个局部形态之间的结构连接线部位时沿结构线的边缘用非常锋利的刀片切割多余的薄膜，如图 14-181 所示；

遇有急剧凹陷或凸起变化的形状部位用电吹风轻微加热薄膜，以增加薄膜的延展性。继续以同样的方法将其他部位刮贴完成。

（5）模型表面全部贴膜以后用非常细窄的专用胶带粘贴出表示结构线、合模线的位置及形状，完成油泥模型表面装饰，如图 14-182 所示。

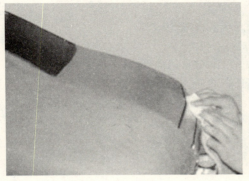

图 14-179

图 14-180

图 14-181

图 14-182

14.5.2　石膏模型表面装饰

1. 表面装饰材料

(1) 工业酒精、虫胶（漆片）：工业酒精用于溶解虫胶。

(2) 涂料：各色油漆、罐喷漆等，涂饰模型表面。

(3) 硝基稀料、醇酸稀料：硝基稀料稀释硝基涂料，醇酸稀料稀释醇酸涂料。

(4) 细砂纸：打磨涂料层。

(5) 低黏度遮挡纸：用低黏度纸遮挡住不被涂饰的地方。

(6) 转印纸：将转印纸上的文字、图形转移到模型表面上。

2. 工具

(1) 气泵、喷枪：喷涂涂料于模型表面。

(2) 羊毛板刷：刷涂涂料于模型表面。

3. 涂料涂覆步骤

石膏模型表面装饰主要使用涂料涂覆的方法完成。

(1) 去除石膏模型上的粉尘、杂质，工作环境要求无土无尘。

(2) 刷涂虫胶溶液。

刷涂涂虫胶溶液可在模型与涂料之间形成一个隔离层，目的是防止油漆涂料直接与石膏接触。如果油漆涂料直接与石膏接触虽经过多次刷涂也不容易获得光滑的表面。

在石膏模型上涂刷虫胶溶液一般为2～3遍。用羊毛板刷将稀释的虫胶溶液沿同一方向按顺序均匀刷涂整个模型，注意虫胶溶液浓度不能过高，等待虫胶溶液完全干燥以后用高目数的水砂纸蘸水打磨模型表面，用潮湿的毛巾除去粉尘。

继续涂刷虫胶溶液，第二遍涂刷的方向与第一遍呈十字交叉。每次涂刷以后都要用砂纸轻轻打磨，注意涂刷过程中不能产生流挂现象。

最后一次涂刷虫胶溶液要非常稀薄、涂刷均匀，等待干燥以后可以使用油漆涂料进行表面涂覆。

(3) 涂覆涂料

用油漆涂料涂覆模型表面主要采用刷涂、气体喷涂等方法完成。无论采用何种方法进行涂覆，要求每一次涂覆过程都要稀薄而均匀。如果油漆涂料浓度比较高，根据涂料类型选用相应的稀料进行稀释。

如果使用羊毛板刷涂刷油漆涂料，操作过程与刷涂虫胶溶液的方法相同。

如果使用气体喷涂或罐喷漆喷涂要注意喷口与模型之间的距离，距离太近涂料容易产生流挂现象，距离太远部分涂料不能喷涂到模型上造成涂料浪费，将喷涂距离控制在20～30cm之间比较理想。

喷涂过程中匀速移动喷枪或罐喷漆，不要只在一个地方来回喷涂，第一遍喷涂不均匀的地方可以通过下一次喷涂过程逐渐覆盖，不要力图一次喷匀，如果在一个地方反复喷涂极容易造成流挂现象。

油漆完全干燥以后用高目数水砂纸蘸水打磨，除尘后继续下一次喷涂，重复上述喷涂方法，经过多次喷涂操作直至获得理想的表面质量。

(4) 如果模型上有文字、图形表现，可将转印纸上的相关文字、图形转印到模型表面上。

14.5.3　塑料模型表面装饰

1. 表面装饰材料

(1) 涂料：各色油漆、罐喷漆等，涂饰模型表面。

(2) 硝基稀料、醇酸稀料：用于稀释涂料。

(3) 低黏度遮挡纸：用低黏度纸遮挡住不被涂饰的地方。

(4) 原子灰：填补塑料之间的粘合缝隙。

(5) 橡胶刮板：刮抹原子灰。

（6）细砂纸：打磨模型和涂料层。
（7）清洁剂：可用洗衣粉、肥皂代替，用于清除塑料表面的油脂与灰尘。
（8）转印纸：将转印纸上的文字、图形转移到模型表面上。

2. 工具

气泵、喷枪：喷涂涂料于模型表面。

3. 涂饰方法

（1）组装成型后的塑料模型可能在粘接部位出现缝隙，需要用原子灰填实、攒平。由于原子灰加入固化剂后在一定时间内便凝固成型，因此根据实际用量调和原子灰避免造成浪费，用橡胶刮板将调和好的原子灰攒于接口缝隙及凹陷部位，等待原子灰完全凝固、干燥，将水砂纸裹在木板上打磨攒灰的部位，打磨过程中经常蘸取一些清水，使用这种方法容易将原子灰打磨光滑、平整。清除打磨的灰尘，观察攒灰部位，如有缺陷继续调和原子灰将该部位攒平。

（2）用清洁剂清洗塑料模型表面上的油渍、灰尘。

（3）用水砂纸蘸水打毛涂饰部位的表面，目的是增加涂料与模型表面的黏结性，用潮湿的毛巾除去打磨掉的灰尘。

（4）由于塑料模型表面比较光滑，表面涂饰主要采用喷涂的方法，喷涂过程参见石膏模型涂装方法。

（5）塑料模型上不做涂饰的部位用抛光机抛光，抛磨过程中经常在布轮上加一些抛光皂。注意高速旋转的布轮与塑料表面接触会产生高热，容易将锐角磨圆产生变形，抛光过程中不要用力使模型接触布轮。

14.5.4　玻璃钢模型表面装饰

1. 表面装饰材料

（1）涂料：各色油漆、罐喷漆等，涂饰模型表面。
（2）硝基稀料、醇酸稀料：用于稀释涂料。
（3）原子灰：填补缺陷部位。
（4）橡胶刮板：刮抹原子灰。
（5）细砂纸：打磨模型和涂料层。
（6）低黏度遮挡纸：用低黏度纸遮挡住不被涂饰的地方。
（7）转印纸：将转印纸上的文字、图形转移到模型表面上。

2. 工具

（1）气泵、喷枪：喷涂涂料于模型表面。
（2）羊毛板刷：刷涂涂料于模型表面。

3. 涂饰方法

树脂模型翻制完成后表面需要修整，用调和好的原子灰补齐、攒平缺陷部位，原子灰干燥后用砂纸通体打磨模型表面，精修每一个细部，清除灰尘后便可以进行表面涂饰。表面涂饰过程可参见石膏模型涂饰方法。

14.5.5　木制模型表面装饰

1. 表面装饰材料

(1) 涂料：各色油漆、罐喷漆等，涂饰木模型表面。
(2) 硝基稀料、醇酸稀料：用于稀释涂料。
(3) 细砂纸：打磨模型和涂料层。
(4) 腻子：透明腻子、水腻子、油腻子、原子灰等，填补木材自然疤痕、裂缝、接口部位。
(5) 染色剂：黑纳、黄纳、双氧水等。改变木质表面颜色但能保持木材的自然纹理。
(6) 橡胶刮板：用于刮抹水腻子、油腻子、原子灰。

2. 工具

(1) 气泵、喷枪：喷涂涂料于模型表面。
(2) 羊毛板刷：刷涂涂料于模型表面。

3. 涂饰方法

(1) 保留纹理的涂饰
1) 保留纹理的涂饰能够充分体现出木材的自然生长纹理，展示材料的天然之美。用砂纸将木模型通体打磨一遍，用蘸热水的棉布擦拭模型表面进行去毛处理。
2) 如果需要改变木质本身颜色可用化学染色剂刷涂模型表面。常用的化学染色剂有黑纳与黄纳，化工商店有售。染色剂与水调和，控制好浓度能调和出多种近似色。如果做漂白处理可用双氧水刷涂木材表面。
3) 染色剂干燥后用透明腻子涂刷模型，等待透明腻子完全干燥以后用水砂纸通体打磨，用潮湿的棉布除去灰尘。用透明涂料（清漆）喷涂或刷涂模型表面。表面涂饰过程可参见石膏模型涂饰方法。

(2) 掩盖纹理的涂饰
1) 掩盖纹理的涂饰主要掩饰木材的自然生长缺陷，在模型表面通体涂刷油漆涂料。
在模型表面通体刮腻子（油腻子、水腻子、原子灰），油腻子和水腻子可以自己制备。油腻子主要用油漆（最好使用涂饰该模型表面的油漆）、滑石粉、石膏粉与水相互融合成膏状物，油腻子干燥快、硬度高、附着力强，根据每次用量多少进行调制。水腻子主要用白乳胶、滑石粉与水相互融合成膏状物，水腻子干燥慢、硬度低、附着力相对较弱但容易打磨。也可用原子灰替代自制的腻子，全部使用原子灰充当腻子造价会很高，但能够获得非常理想的表面质量。

2）腻子干燥后用砂纸通体打磨光滑，除尘后选择面漆进行涂饰，表面涂饰过程可参见石膏模型涂饰方法。

14.5.6 金属模型表面装饰

1. 表面装饰材料

(1) 涂料：各色油漆、罐喷漆等，涂饰模型表面。
(2) 硝基稀料、醇酸稀料：用于稀释涂料。
(3) 砂布、细砂纸：打磨模型和涂料层。
(4) 原子灰：填补焊口及凹痕。
(5) 橡胶刮板：用于刮抹水腻子、油腻子、原子灰。
(6) 清洁剂：可用洗衣粉、肥皂代替，用于清除金属表面的油脂与灰尘。
(7) 防锈底漆：防止金属受潮腐蚀金属。

2. 工具

(1) 气泵、喷枪：喷涂涂料于模型表面。
(2) 羊毛板刷：刷涂涂料于模型表面。

3. 涂饰方法

(1) 用清洁剂或稀料清洗金属模型表面，除去上面的油脂。
(2) 原子灰填补焊口、凹痕。
(3) 砂布打磨金属上的锈痕及干燥后的原子灰，打磨光整后清除灰尘。
(4) 在模型表面喷涂或刷涂防锈漆，防锈漆要薄而均匀。
(5) 根据表面色彩要求涂饰油漆，表面涂饰过程可参见石膏模型涂饰方法。

思考与练习题

1. 通过模型制作过程领悟模型制作在产品设计中的实际意义，归纳总结在设计中作用。
2. 根据原创设计制作一个完整的油泥原型。
3. 通过原型翻制成其他材料的展示模型。

第十五章 设 计 管 理

15.1 设计管理的产生

随着科技的进步和日趋复杂化、市场的瞬息万变,面对激烈的竞争,新产品开发设计效率要求不同专业的人员共同参与、协作完成。作为设计师的工作内容也在不断发生变化,传统意义上的设计已经渐渐不能满足企业及社会的发展。

管理是由计划、组织、指挥、协调及控制等职能等要素组成的活动过程,其基本职能包括决策、领导、调控几个方面。过去,企业管理层受所学专业知识的限制,在决策项目时不了解设计规律和特点,很容易对设计的理解、认识和导向上产生偏差,因而使设计师的思想意图不可能得到充分的贯彻实施。同时,设计师对管理知识的欠缺,也导致总站在自我的角度思考问题,不顾及管理的需要。再加之相同项目下,不同专业的设计研发人员思想观念的差异,工作执行中极易形成沟通的障碍。所有这些,都在很大程度上影响了设计在企业中发挥应有的作用。

管理创新与技术、设计创新具有十分密切的关系,新技术、设计只有与新的管理方式相结合才能带来新的生产力。如果新技术和设计与落后的管理思想和制度共生,新技术、设计只能被扼杀。

在现代的企业行为中,缺乏科学有效的管理,必然造成盲目、低效的设计和没有生命力的产品,从而浪费大量的时间和宝贵的资源,削弱企业的竞争力,甚至给企业带来致命的打击。所以,需要工业设计与产品技术研发融为一体,也日益需要与管理结合在一起,于是设计管理形成了一个新的研究领域,并发展成为应对激烈市场竞争的最具潜力的工具。

20世纪的发展道路表明,设计、技术创新与管理创新是同步发展的,人类每一次重大的技术、设计创新都会引发一次显著的管理创新,19世纪末的产业技术革命导致了科学管理的兴起,20世纪末开始的以信息技术、生物技术等为代表的技术创新也正在对管理创新发挥推动作用。

1965年英国皇家艺术学院曾对设计管理作的定义是:设计管理的功能是定义设计问题,运用最适当的设计师,及使这位设计师于有限与妥协的预算下,解决设计问题。在当时借以鼓励企业设计活动能经由广泛的、合理的、有计划的步骤,使客户、公司员工及相关人员对公司有整体品质的认同。

日本学者认为,日本产品能具国际竞争力,在设计的应用与行销上经常创新的重要因素是掌握"设计管理",强调在设计部门进行的管理,"为设计部门工作的效率化,而将设计部门的业务体系化的整理,以组织化、制度化而进行管理"。

自从1966年英国Royal Society of Arts首度提供设计管理奖项以来,关于设计管理的问题已经被争论了四十余年。设计管理总的来说是结合了工业设计和管理两方面的内容,其概念和定义大致可分为两类：一种基于设计师的层面上，即对具体设计工作的管理；而另一种则基于企业管理人员的层面，即对特定企业的新产品设计以及为推广这些产品而进行的辅助性设计工作所作的战略性管理与策划。

2003年，Borja de Mozata博士在设计管理协会（DMI）的支持下，提出了设计管理定义的统一模型，把错综复杂的设计管理概念作了三个层次的分类。这个模型源于1993年Patrick Henzel的概念模型，主要用来分析时装业，2002年，Borja de Mozata博士在对33个获得欧洲设计奖企业进行调查时，发现这个模型也适用于这些行业，因此该模型具有了一种普遍的指导意义，之后Borja de Mozata博士又对其进行了系统地总结。它从三个层次分析了设计价值的创造，分别是：通过美学和感觉的差异来创造价值。通过与"格式塔"心里场的协调来创造价值。通过在系统中引起变化来创造价值。此模型比较完整地阐述了设计管理所涉及的内容，为我们分析和指导设计管理提供了一个清晰的理论框架。

在现代的企业行为中，不管是以设计为背景，还是以管理为背景去理解，设计管理的基本内涵已逐步走向一致。设计管理研究的是在各个层次整合、协调设计所需的资源和活动，并对一系列设计策略与设计活动进行管理，寻求最合适的解决方法，以达成企业的目标和创造出优良的产品。

15.2 设计管理的概念、内容、意义

15.2.1 设计管理的概念

设计管理是提高企业设计研发效率的战略工具，是有组织地结合创造性、合理性去完成企业的战略目标。主要是研究整合和利用管理层、工业设计师、工程技术人员及各方面专家的知识结构，以开发、设计为龙头，实现组织目标并创造有生命力的产品。创造出越来越具体化的属于其企业自身的产品形式，逐渐形成企业文化与品牌的形象。

设计管理的定义：根据目标消费者的需求，有计划、有组织地进行研究与开发管理活动。有效地积极调动设计师的开发创造性思维，把市场与消费者的认识转换在新产品中，以新的更合理、更科学的方式影响和改变人们的生活，并为企业获得最大限度的利润而进行的一系列设计策略与设计活动的管理。

15.2.2 设计管理基本内容

1. 设计管理的基本内容

设计管理的最终目标是提高产品项目确立的准确性，并提高产品开发设计的效率和效果。在企业产品研发项目中，产品设计越来越成为一项有目的、有计划、与各学科、各部门相互协作的组织行为。设计需要建立在企业的经济基础、创新理念、工艺水平、生产条件的基础之上；设计需要市场情报部门的支持；设计必须符合企业发展战略的要求；设计必须符合社会化生产、市场规律及相应的指导方针、设计准则的要求等。在项目中具体的设计工作，如设计方法、程序、理念等，都有必要结合企业自身的特点开展工作。

(1) 企业设计战略管理

设计战略是企业经营战略的组成部分之一，是企业有效利用工业设计这一有利资源，提高产品开发能力，增强市场竞争力，提升企业形象的总体性规划。设计战略是企业根据自身情况作出的针对设计工作的长期规划和方法策略，是对设计部门发展的规划，是设计的准则和方向性要求。

设计战略一般包括产品设计战略，企业形象战略，还逐步渗透到企业的营销设计、事业设计、组织设计、经营设计等方面，与经营战略的关系更加密切。加以管理的目的是要使各层次的设计规划相互统一、协调一致。

(2) 设计目标的管理

产品的设计项目必须有明确的目标。设计目标是企业的设计部门根据设计战略的要求组织各项设计活动预期取得的成果。企业的设计部门应根据企业的近期经营目标制定近期的设计目标。除战略性的目标要求外，还包括具体的开发项目和设计的数量、质量目标、效益目标等。作为某项具体的产品设计活动或设计个案，也应制定相应的具体目标，明确设计定位、竞争目标、目标市场等。管理的目的是要使设计能吻合企业目标、吻合市场预测以及确认产品能在正确的时间与场合设计与生产。

(3) 设计程序管理

设计程序管理也称为设计流程管理，其目的是为了对设计实施过程进行有效地监督与控制，确保设计的进度，并协调产品开发与各方关系。由于企业性质和规模、产品性质和类型、所利用技术、目标市场、所需资金和时间要求等因素的不同，设计流程也随之相异，有各种不同的提法，但都或多或少地归纳为若干个阶段。

如英国标准局的"BS 7000：1989"手册，将产品创新程序规定为动机需求（动机——产品企划——可行性研究）、创造（设计——发展——生产）、操作（分销——使用）、废弃（废弃与回收）四个阶段；日本国际设计交流协会为亚洲地区制作的设计手册将设计行为分为"调查"（调查、分析、综合）、"构思"（战略、企划、构想）、"表现"（创意、效果图、模型）、"制作"（工程设计、生产、管理）、"传达"（广告、销售、评价）五个阶段。然而不管如何划分，都应该根据企业的实际情况作出详细的说明，针对具体情况实施不同的设计程序管理。

(4) 企业设计系统的管理

为使企业的设计活动能正常进行、设计效率的最大发挥，必须对设计部门系统进行良好的管理。不仅指设计组织的设置管理，还包括协调各部门的关系。同样，由于企业及其产品自身性质、特点的不同，设计系统的规模、组织、管理模式也存在相应的差别。从设计部门的设置情况来看，常见的有领导直属型、矩阵型、分散融合型、直属矩阵型、卫星型等形式。不同的设置形式反映了设计部门与企业领导的关系、与企业其他部门的关系以及在开发设计中不同的运作形态。不同的企业应根据自身的情况选择合适的设计管理模式。

设计系统的管理还包括对企业不同机构人员的协调工作，以及对设计师的管理，如制定奖励政策、竞争机制等，以此提高设计师的工作热情和效率，保证他们在合作的基础上竞争。只有在这样的基础上，设计师的创作灵感才能得到充分的发挥。

(5) 设计质量管理

设计质量管理使得提出的设计方案能达到预期的目标,并在生产阶段达到设计所要求的质量。在设计阶段的质量管理需要依靠明确的设计程序并在设计过程的每一阶段进行评价。各阶段的检查与评价不仅起到监督与控制的效果,其间的讨论还能发挥集思广益的作用,有利于设计质量的保证与提高。

设计成果转入生产以后的管理对确保设计的实现至关重要。在生产过程中设计部门应当与生产部门密切合作,通过一定的方法对生产过程及最终产品实施监督。

(6) 知识产权的管理

随着知识经济时代的到来,知识产权的价值对企业经营有着特殊的意义。在信息化、全球化的进程中,一方面对知识产权的保护意识越来越强,制度的制定与运用也日渐完善;另一方面在现实生活中有意无意的侵占和模仿十分严重。因此,企业应该有专人负责知识产权管理工作。对设计工作者来说,则首先要保证设计的创造性,避免出现模仿、类似甚至侵犯他人专利的现象。应有专人负责信息资料的收集工作,并在设计的某一阶段进行审查。设计完成后应及时申请专利,对设计专利权进行保护。

2. 设计管理在企业的角色与活动内涵

设计是以营销、美学、工学为核心的技术作业,但是其内容因现代科技文明进步与社会趋势的更迭,已从传统意义上的创新,转变成为整合不同专业领域的技术,用来创造新型、新功能的产品开发。所以,针对设计管理在公司的策略层面及技术层面的功能有四大活动范围。

(1) 协助完成公司的策略性目标

设计管理的责任是发展及检视公司设计策略,设计策略就是将设计的一致性运用于产品的创造发展,同时提升产品的辨识性以增加公司的企业识别,并且设计策略的建立,会得到公司内部的高级主管的认同,并且将它视为一项公司的正式活动。

(2) 创造公司产品的差异化

设计管理必须协助公司产品的差异化,所以要靠优良的设计与市场研究调查才能达到,并且完成公司目标以及达到客户满意度。因此在差异化的行动中设计的参与,会提供较新鲜有创意的构想使公司的产品与其他企业的产品有所不同。而市场调查将了解社会未来生活趋势,并且使设计能针对未来的需求作更深入的探讨,以满足未来消费者的需求,尤其是消费者日益重视产品的安全性、环境的维护、使用的方便性及产品所具有的身份地位的象征等,而设计师能够以深入的观察技能及敏锐的感受力,了解消费者的消费需求,以成为消费者的代言人。

(3) 管理设计资源

设计资源管理是将公司内部的设计工具、设计技术,提供给设计师使用,例如将各式各样的设计理论整理,提供给设计师作为探讨的内容,企业将设计理论与实务经验相结合,以提高设计广度。

另外设计顾问的聘请,将带给公司新趋势与新信息,并将给予公司设计师观摩设计方式的机会，以增加设计经验。而在外托设计案例的设计品质的掌握非常重要，不但要完成设计要求，并且需要设计技术的学习与设计经验的获得。

(4) 建立信息及构想的网络

设计师构想的发展，能够灵活运用或是构想的创新，往往可以从与其他设计师的沟通交流中而获得。设计师提出的不同观点，往往会使设计师的设计理念更加广泛、更加深入、更加有内涵，而这些设计师可能属不同的设计领域，或不同的地区、不同的生活文化，或是设计评论家。正因为这么多的不同，才造成更多不同的理念。其他设计信息的收集整理，例如设计相关书籍、各样的调查、各种分析预测等，都是设计师应注重的内容。另外各类的设计或是产品的展览，也是获得观念重要的地方，因此设计管理可因应公司内部的需求来建立信息的网络，并可将设计发展构想做更有系统的整理。

15.2.3 设计管理的意义

1. 促进技术突破和不同专业领域的合作，使得企业的各方面资源得以充分利用，提高设计制造的效率，推动各方技术迅速转化为商品。
2. 及时并准确获得市场信息，针对性地设计产品，为企业创造新的市场。
3. 合理正确地利用资源，利用先进技术实现设计制造的虚拟化，降低了人力物力的消耗，提高了企业产品的竞争力。
4. 协调企业各方面关系，创造出健康的工作氛围。
5. 有利于建立一支精干且稳定的设计队伍。
6. 有利于打造产品品牌，创造清晰、新颖和具备凝聚力的企业形象。

15.3 设计管理如何促进产品研发

15.3.1 管理程序是产品有效研发的保障

在项目确定以后，制定设计管理计划是保证项目成功完成的关键。中国有句老话"凡事预则立，不预则废"很恰当地表达出计划的重要性。

1. 要明确列出整个设计管理的任务和时间，将任务分解并工作细化，按照时间分解，大致确定某一时间段内的任务且要考虑任务的前后结构关系。
2. 按照任务的构成分解，主要考虑合理利用人力资源。
3. 分析资源需求，明确项目过程中可能涉及到的资源，考虑协调和解决办法。
4. 风险预测，并且找到回避风险的途径。
5. 明确职责所在，每一个组员的工作应该被写进计划。
6. 优化管理计划，细化时间计划。制作详细的甘特图日程表，设计管理计划总表，工作细化以及职责分配表，监控程序图等图表。重大事件与交流计划也应该被注意。
7. 在制定计划的过程中，应该听取组员的意见，同时设计管理者也必须建立相对的管理权威，形成自己的管理风格。设计管理计划的传达也是一个不可忽视的环节，要让团队组员理解计划并支持它。

8. 监控程序在计划执行的过程中是比较重要的。设计管理者要随时把握设计的进程，评价每一个阶段的目标，及时纠正设计方向的偏差。

9. 最后一个程序是设计管理的评价。建立完成标准十分重要，以此作为评价的标准。要客观的给予设计项目评价并总结其中的经验教训，工作中需要把每一次项目当作一个学习的机会。

15.3.2 提高产品设计创新的方法

1. 工作团队对于企业项目要有明确、稳定的目标。
2. 管理人员与项目团队高度互动是提高产品创新的有效手段。
3. 采取灵活的、不同的方法"迅速试探市场"，直到开发出符合消费者需求的产品。
4. 交流沟通只有灵活多样且无障碍，才能达到信息资源共享。
5. 建立高效的合作团队，把注意力集中在工作目标和任务上。

15.4 怎样做优秀的设计管理者

15.4.1 设计管理者的工作

现今的"设计管理者"可大体分为两类：设计师或管理人员出身。他们的设计管理各有各的特色，各有各的方法。但是设计管理在企业中的活动简而言之就两点：

1．企业的设计资源合理的配置，各部门间缺乏有效的协调，需要设计管理。
（1）设计师的选择。
（2）培养激发设计师的创造潜力与设计热情。
（3）与企业其他部门沟通且共同制订企业的发展策略与设计标准。
（4）使设计的概念在公司内外得到推广与重视。
（5）建立完整的设计资讯与市场的研究计划方法。
（6）建立完整的设计资料库，强化产品开发前置作业。
（7）设计设备及设计工具的整合和最佳化。

2．设计项目合理、系统地计划、组织、监督与控制，需要设计管理。
（1）针对项目选择设计师构建团队。
（2）制订设计项目目标及管理计划。
（3）组织收集设计资讯并进行评价研究。
（4）监督与控制设计项目的进度，保持进程与项目目标保持一致。
（5）每一设计步骤与其他相关部门之间的沟通检讨与确认。
（6）组织设计方案的评价、审核、修改与最终递交。

这样，设计管理表明：一方面是横向的，对象是设计团队、设计师等各种设计资源及企业其他部门，重心是协调；另一方面是纵向的，对象是设计项目，重心是策划管理。

当然，有些工作如团队的管理、与其他部门的协调等有时兼具有横向和纵向的作用，但明白了工作对象与重心也就自然能够在企业活动中游刃有余了。

15.4.2 设计管理工作对综合能力的要求

设计管理课程旨在让学生了解：影响创造与创新的要素；产品与生产、设计间之相关性；设计流程并对设计提供支援系统；工业创新者与工业设计师所从事工作之性质，以及与设计相关的各种法律保护。培养学生具有下列之能力：拟定设计策略之能力；决定设计政策之能力；撰写设计专案规范之能力；监督与控制设计专案进度之能力；界定、分析设计问题，评估设计资讯及评价研究方法之能力；选择设计师之能力等。

1. 管理设计工作所应具备的能力

(1) 设计计划为整个项目确立最终目标和项目过程设计（拟定设计策略之能力、撰写设计专案规范之能力）。

(2) 设计组织为项目确定行为主体（选择设计师之能力）。

(3) 设计监督应该包含评价和敦促两个方面（界定、分析设计问题，评估设计资讯及评价研究方法之能力）。

(4) 设计控制注重整个设计活动的进程以及是否和项目的目标保持一致（决定设计政策之能力、监督与控制设计专案进度之能力）。

在现实执行中，这四个部分总是互相交织、互动相生。设计计划在最早被提出，但它的作用将贯穿项目始终。设计组织在计划中需要被提出，然后实施，一般来说需要具有一定的稳定性，以保证项目的一致性。设计监督和控制从项目确立的时候就同步开始，类似船长的角色保证项目不偏离既定的航线。四者总是互相联系、不可分割。

设计管理的好坏直接影响到设计流程执行品质的好坏，尤其是管理者的行事风格及做事态度，会对属下造成莫大的影响，因此设计管理应讲求开放的心胸，具有创新的追求及活动力，才能使设计流程顺畅的运作，然后以一种团队小组的方式解决流程中所面对的各种问题。同时设计管理人员可以依各项任务的优先性、可运用的资源来排定设计程序，或依日程的限期逐项进行，或同时进行都可以。而管理者所作的这些设计管理或是建立设计程序，都是为了把设计资源适时应用在最紧要的任务上，使设计案有效率的进行，不至于产生空当，以确保设计案能在最短的时间内完成。

2. 设计管理者应具有的素质

(1) 要不断提升团队的水准，利用每一个机会去评估、指导，以建立员工自信。

(2) 要确保众人不仅有抱负，还要生活在抱负中。

(3) 要让员工焕发出冲劲与乐观主义。

(4) 要以诚恳、透明和信誉建立信任。

(5) 有勇气作出不讨好的艰难决定。

(6) 要抓问题核心，要求下属付诸行动。
(7) 要以身作则，鼓励员工有冒险精神。
(8) 要常常与团队庆祝成功。

15.5 设计管理与工业设计管理

设计管理所涉及的层面广泛，有时候更像是企业管理创新的一种新观念，其工作形式和企业管理没有什么大的本质区别。Turner提出的一般管理基本原则论（具有管理导向的设计管理），他认为设计管理与其他管理的形态并没有区别，涉及到一般管理的基本原则，如组织、财务以及指导与控制专案小组，这些管理法则非常相似。另一方面，可以理解为设计管理是企业管理创新发展而派生出来的一个分支，是整个企业管理系统的一个子系统，它是针对新产品创新的有效管理系统。

当前，无论设计管理作为现代企业管理的新观念，还是企业管理的重要环节，其内容都大致可以概括为：企业策略管理、设计目标管理、设计流程管理、项目的系统管理、设计质量管理、企业产品品牌管理、知识产权管理等。

工业设计管理是设计管理这个系统的子系统，这一点可以肯定。因为当代企业的生存和发展都离不开新产品的研发创新设计。就如同"设计"（此"设计"所指已经外延，包含工业产品设计、技术创新设计）系统包含"工业设计"系统一样。

有国外调研产品成功上市的资料显示，在改进型产品给企业带来的利益中，工业设计的功效占到85%左右，例如苹果电脑和ipod应用工业设计手段成功使企业重生；在创新型产品设计研发中，例如艾美佳移动存储器，应用设计管理成功占领市场，给企业带来丰厚的利润，改变了企业命运，其中工业设计的功效也占到高达25%左右。

无论是那种情况，通过这个资料也可以证明工业设计在产品创新中对企业具有相当关键和重要的作用。所以，研究工业设计管理对于生产企业来说，具有更为清楚的针对性和现实意义。

工业设计管理对于企业的作用大致可以总结为：协助完成公司的策略性目标；完善企业的形象、创造产品的差异化；管理设计资源；提高信息沟通效率等。

工业设计管理的内容也可以归纳为：1.发展、创造产品新概念、规范及增加其价值的目标下，追求团队组织、产生目标、改进流程、信息沟通的效率性。2.产品开发过程中，扮演具体化表达的工作，协调不同专业形成共识，致力于提高产品的附加值。3.其责任除顾及使用者及产品本身的需求外，还包括对环境、社会及文化等方面的研究。

从以上分析，可以清晰地显示：设计管理带有宏观和模糊性质，工业设计管理则具有较为具体的实际工作性质。理清这个内容，便于在学习和实践中保持清醒的头脑，通过设计管理、工业设计管理的学习和研究，深入认识工业设计，有效提高运用工业设计服务于企业和社会。

思考与练习题

1. 设计管理的核心内容是什么?
2. 产品创新设计成功的因素是什么?
3. 收集并分析设计管理促进产品研发设计的成功案例及相关资料,总结设计管理的关键所在。调查本土设计管理的现状,结合自己的对设计管理的认识,完成关于本土化设计管理建设的调研报告。
4. 练习形式:收集与调研相关资料,对比中外产品设计研发的差别,以调研报告的形式建设性地提出设计管理本土化建设。

后　　记

　　我国的工业设计发展已经驶入了极速运转的快车道。近一两年，我们欣喜地看到，几大城市的设计产业链正在规模化地蔓延开来，不论是国人还是国产品牌都开始在国际舞台上一显身手，大方亮相，而设计意识也逐渐在民众之间得到传播和升温。此时，后备的设计大军应该乘势迎上，抓住机会，担起重任。而当初，我们正是为了工业设计专业的学生，也是为了立志要投身此领域的人士，这些我国未来的设计力量，编写了这本书。

　　我们对这本教程读本的写作初衷是本着实用且通俗易懂的原则，有关全书的整体建构也是本着从初学者的角度打开这扇专业大门，读者可以依据自己的实际情况，选择不同的阅读顺序，既可以作为一本教科书，也可以作为一本工具书。

　　由于日常工作繁杂的原因，这本"十五"规划立项的书，直到"十一五"开局年的时候才终得以面世。虽然编委会的老师们在忙于教学之余，总期盼尽可能完整全面地写出自己多年的积累和经验，但时间的仓促，各种资料收集的不够全面，以及我们平日工作性质的限制，不能把各方面的知识深度和广度进行到底，且会有疏漏的地方。所以，所写内容如果能给读者一些的指导和帮助，是编委们的最大希望，也欢迎读者对本书提出批评，以期有机会进行修订和补充。

　　在书稿写作过程中，我要特别感谢天津美术学院的各级领导的大力支持。感谢我院蒋志华老师在书稿文字方面的鼎力相助。感谢天津社会科学院的徐恒醇老师为本书作序。还要感谢编委会的全体老师们在节假日和深夜灯下的辛勤劳动。特别要感谢我系秦文婕老师在撰稿之余所承担本教程的编审和整理工作。感谢提供本书插图的本系学生们和我们不得而知姓名的众多人士和企业。最后，要感谢中国建筑工业出版社所作出的巨大努力，使本书顺利出版。

二〇〇六年七月于天津美院

参 考 书 目

1. 李亦文编著，产品设计原理，化学工业出版社，2003
2. 谢庆森主编，工业造型设计，天津大学出版社，1994
3. 王宝臣、熊兆志、张乃仁等编著，工业品造型设计，天津科学技术出版社，1982
4. 黄国松，色彩设计学，中国纺织出版社
5. 张宪荣、张萱，设计色彩学，化学工业出版社
6. 张宪荣，现代设计辞典，北京理工大学出版社
7. 《产品设计》艺术与设计杂志社
8. 丁玉兰主编，人机工程学，北京理工大学出版社，2000
9. 龚锦编译，人体尺度与室内空间，天津科学技术出版社，1987
10. 朱涛译，人体工程学图解，中国建筑工业出版社，1998
11. 谢燮正等主编，人类工程学，浙江教育出版社，1987
12. 李乐山著，工业设计心理学，高等教育出版社，2004
13. 中国标准化与信息分类编码研究所等起草《中国成年人人体尺寸》
14. 王受之著，世界现代设计史．北京市：中国青年出版社，2002
15. 李青山主编，创造与新产品开发教程．北京市：中国纺织出版社，1999
16. 何晓佑编著，产品设计程序与方法．北京市：中国轻工业出版社，2004
17. 蔡军著，工业设计．吉林市：吉林美术出版社，1996
18. 简明、金勇进、蒋妍．市场调查．北京市：中国人民大学出版社，2005
19. 简召全主编，工业设计方法学．北京市：北京理工大学出版社，2003
20. 张展、王虹编著，产品设计．上海市：上海人民美术出版社，2002
21. 边守仁著，产品创新设计．北京市：北京理工大学出版社，2002
22. 芮延年、刘文杰、郭旭红编著．协同设计．北京市：机械工业出版社，2003
23. 《模制技法》杰奎姆·曼宁·切维利亚·克莱门特主编　董苏学译
24. 《材料概论》周达飞主编　2001年7月 化学工业出版社
25. 《木工手册》王寿华、王比君编．中国建筑工业出版社，1999
26. 曾山、胡天璇、江建民，浅谈设计管理．江苏无锡：《江南大学学报（人文社会科学版）》，2002
27. 杨君顺、唐波，设计管理理念的提出及应用，（陕西科技大学 设计学院，陕西 咸阳）
28. 罗先国，设计管理（大连轻工业学院艺术设计学院）
29. 邓成连，论设计管理(J)．台北：工业设计，1997

插图学生名单：王维佳、韦志彬、周同坤、王成旭、高鹏、于广琛、刘鹏、刘垚、江祯、李镇龙、程佳、孙慰、刘天龙、张希、刘万军、陈攀、胡国宁、石江、佟瑛等